勝ち組企業の「ビジネスモデル」大全

從破壞開始的成功商業模式

後發也能制人的大前流戰略思考

大前研一／著

商業突破大學綜合研究所／編著

Part 1 大前流的「二十一世紀商業經營模式」

Part 2 實際的個案研究「假如你是經營者」

CASE 1 永旺集團

CASE 2 思夢樂

CASE 3 唐吉訶德控股

Part 1

大前流的
「二十一世紀商業經營模式」

二十一世紀成功企業的模式，無需資源、人才就能掌握客群

日本是否打算重建「大和號」？

現代是數位顛覆（Digital Disruption）時代，也就是利用數位科技進行破壞性革新的時代。在這樣的時代之中，眼睜睜地看著堅守既有做法、維持傳統秩序的日本企業，一下子就被美國或中國端數位尖端企業＝「擁有全新染色體的企業」超越，無論是市場或客戶都一口氣被搶光。

日本曾經有過因被舊思維束縛，導致無法對抗世界而慘遭失敗的痛苦經驗。在第二次世界大戰的太平洋戰爭時期，日本建造了史上等級最高的戰艦「大和號」與「武藏號」。當時的日本執著於「製造能力」，也為了磨練製造技能，集結了全國的技術並且耗費龐大的人力與費用，打造了世界無可比擬的超大型戰艦。在當時那個時代，擁有航空母艦、戰機以及轟炸機等航空戰力就等於擁有致勝的關鍵。即便如此，由於日本的造船公司擁有高度的造船技

術，所以執著於製造比以前更好的「好東西」出來。然而，最後的結果就如各位所知的那樣。其實，大和號與武藏號都是非常精良的戰艦，但是卻被美國的航空母艦與戰鬥機・轟炸機等徹底擊垮，大和號還沒抵達主戰場、武藏號抵達菲律賓後，兩者都被輕易地擊沉了。我想表達的是，如果現在的日本企業永遠都被二十世紀的想法、做法束縛，一心只想鑽研原有的想法與做法，就會像以前的大和號、武藏號那樣，簡單地就被擊沉了吧。

在日本，為求擴大規模的企業併購案持續增加，例如鋼鐵公司與銀行的整合等，無論哪個業界都看得到合併吸收的案例。但是否應該多想想其他方法呢？我認為現在大部分日本企業的思維與以前建造大和號、武藏號對抗世界的想法，並無太大的不同。我希望日本企業應該要做與現今完全不同的事、體驗完全不同的經驗。因為現在已經不是只要精進技術做出好產品就能暢銷的時代了。

數位時代中，無法利用產品優勢做出差異

若是以前大量生產、大量消費的時代，日本公司內部都會擁有從設計、製造到銷售等一系列完整的功能與設備。然而，如果未來依舊採取這樣的做法，一旦市場需求逐漸減少或是世界局勢產生大幅度的變化，公司的營運就無法有彈性地應變。

事實上，當數位顛覆的時代來臨時，首先，擁有許多製造設備的公司就會開始出現各種

問題。日本家電製造商幾乎全面瓦解的理由，就是當一支智慧型手機（以下簡稱為手機）已經擁有錄影、照相以及音響等全部功能時，日本企業卻還抱持著落伍的想法，例如想持續經營製造錄影機的公司或製造音響設備的製造工廠等。日本廠商在數位相機全盛時期，曾經領導世界走在前端。然而，在一支手機即可滿足所有需求的時代中，日本廠商的腳步卻無法趕上時代變化的速度。

二十世紀以前，講求產品．服務的優異或差異是非常重要的，但是現在的時代已經難以用產品的優異或差異決勝負，因為現在是「數位時代」，類比時代的產品差異已經變得越來越小了。以家電來說，現在已經很少人會堅持哪家廠商的產品就一定比較好，而是講究產品本身的差異化。若是如此，如果沒有做出如Dyson吸塵器這種具絕對優勢的產品，就毫無獲勝的可能。

在類比時代中，透過技術人員、專業師傅的技術，產品的品質有著明顯的差異。不過就算是電視，由於每家廠商的每個產品都使用相同的半導體或液晶，所以製造的產品幾乎沒有太大的差異。以前SONY或夏普在好幾十年之間，在電視品牌界高居首位，市場遍及全球。但是後來當鴻海（鴻海精密工業，以下簡稱鴻海，台灣）的資本挹注美國的VIZIO液晶電視製造廠，美國市場便開始銷售便宜的電視，在二～三年的時間之內，他們在美國的電視市占率就位居第一位。

以前幾乎不曾發生過便宜電視暢銷的情況。不過，現在大家都使用數位技術，產品無法產生差異，所以就算沒有品牌的加持，便宜的產品也能夠搶攻市占率第一的寶座。在無法用產品的優異或差異決勝負的情況下，「便宜」是最能夠做出差異化的因素。只是在現在這個時代中，大部分家電廠商就算祭出低價策略也無法獲勝。不只是製造商，家電量販店就算苦心經營也仍舊無法起死回生。因為就算極力壓低從製造商購得的進貨成本，大聲疾呼「便宜賣喔！」消費者在亞馬遜等網路平台也能夠找到更便宜的同款商品。沒有實體店面＝不用負擔實體店面，所以基本上網路商店的成本本來就比較低，家電量販店再怎麼降價銷售，降價的空間還是有限。

成功企業的必要條件「不負擔成本」＝「第一解決要件」

那麼，在這樣的時代當中，成功企業的商業經營模式是什麼呢？針對這個問題，第一個回答是「不負擔成本」＝「第一解決要件」。

積極實現「不負擔成本」的「第一解決要件」的成功商業經營模式中，最具代表性的日本企業就是總公司位於大阪，製造感測器的廠商KEYENCE。感測器在目前受到市場關注的ＩｏＴ（Internet of Thing）領域裡，是非常重要的技術項目。KEYENCE公司從以前就以收益率極高而聞名，最主要的因素之一就是「公司內部沒有製造部門」。他們很早就實踐「共享經濟」的經營模式，公司不擁有實體物品而且有效地運用閒置資源。如果公司需要製作這種感測器，只要委託這個技術人員、這家廠商就好。他們熟知這樣的運作模式，委請外部的廠商製作，然後進貨。總之，他們知道客戶的需求以及製作者的能力，並且確實結合兩者。

透過網路提供印刷服務的Raksul既是實現共享經濟的先鋒，也是「不負擔成本的成功企業」之典型範例。這家公司內部沒有製造設備，也就是沒有印刷工廠。基本上，印刷工廠所擁有的機器數量一定要能夠印製所需印量的一倍以上。為什麼呢？因為印刷機器很容易故障，這是為了確保機器故障時，工廠也能夠印出所需印量的預防措施。Raksul活化了平常閒置的印刷機器，確實實現低成本策略。提供印刷服務的公司本身沒有印刷機器，想起來也真是厲害。但這就是Raksul有效運用全國印刷工廠中閒置的，也就是沒有運作的印刷機器的實際表現。

以往企業要印製DM或宣傳單、型錄時，都會先找數家公司比價，再根據對方的報價決定委託印製的公司。相對於這樣的做法，Raksul則是結合全國數萬家印刷公司，根據下單公司的需求找出適合的印刷公司。透過這樣的商業經營模式，客戶可以又快又便宜地收到貨品，印刷公司也能夠提高廠內機器的運作率，可以說是雙贏的局面。最近市場上也出現好幾家類似Raksul提供印刷服務的公司，他們的共通點就是，公司本身沒有印刷機器。

目前，日本企業，特別是多數廠商面臨的根本問題就是必須努力讓自己擁有的生產設備與人員持續運作，再設法努力賣掉製造出來的產品。這是「產品導向」的做法，優先重視企業的想法，而非重視客戶或市場的需求。一旦公司擁有生產設備，就會重視生產設備的運作效率，以至於無法清楚看到客戶的需求。明明客戶說「想要這樣的商品」，但是廠商卻一味地強調「請買我們製作的產品」。買家與賣家想法不一致，商品就賣不掉。若真要說，這也是理所當然的結果。當你思考「成功企業的商業經營模式為何」時，像這種擁有生產設備的經營模式、產品導向的思維等，都是大幅偏離時代的軌道，換言之，也可說是失敗企業的經營模式。

在二十一世紀的時代中，要重視的是從「客戶現在想要什麼」的想法出發，而不是一味地銷售製造出來的產品。還有，這世上有無數多的人能夠做出客戶想要的商品。Apple就算掌握研發、設計，製造卻幾乎完全委託給鴻海公司。然而，使用Apple手機的人，幾乎沒有人知道他們的手機是Apple委託鴻海的子公司富士康（中國・成都）製造的吧。

未來，成功企業的必要條件是公司不負擔製造設備或人員，同時又「能夠瞭解客戶的需求，傾聽客戶的意見，並且找出實現客戶想法的解決方式」。如果無法在最開始的階段思考並執行解決方案，也沒打算在全世界之中尋找有利公司的「第一解決要件」，就不可能成為成功企業。

二十一世紀「掌握客戶者」勝！

從前面說明的「非常瞭解客戶」、「仔細觀察客戶」的意義來說，擁有成功企業的必要條件「不負擔成本＝第一解決要件」的企業，也可以說是「掌握客戶的企業」，總之就是「掌握客戶者勝」。那麼，所謂「掌握客戶」指的是什麼呢？關於這點，以下舉幾個具體例子來說明吧。

最近，車商或ＩＴ相關企業陸陸續續投入資本在Ｕｂｅｒ這類使用手機叫車的ＡＰＰ上。其他的叫車ＡＰＰ公司還有很多，例如新加坡相當受到歡迎的「Grab Taxi」，或是中國的「滴滴出行」等。為什麼大家都爭相來投資這種叫車ＡＰＰ的公司呢？意想不到的是真正知道理由的人還真少呢。

其實理由非常簡單。未來汽車將會朝ＥＶ（電動汽車）以及自動駕駛的方向發展，另外，使用自助停車場的共享汽車服務也會不斷增加。在這樣的時代當中，再也不是注重擁有自己的汽車，而是應該與他人共享汽車。到了那時，對於現今的汽車製造商而言，最大的瓶頸會是什麼呢？那就是「不知道客戶在哪」。舉例來說，我自己到目前為止開過各種廠牌的汽車，但沒有任何一家車商正確掌握了客戶的資訊。例如，我到目前為止開過哪家廠商的哪種車款？哪輛車開了幾年後，什麼時候換了別種車？還有，我目前開的是哪種廠牌的車等等。隨著未來會更進一步地成為前述共享汽車的時代，車商將會更看不到客戶吧。也就是說，車商「並沒有掌握客戶」。

然而，叫車APP公司或提供共享汽車服務的公司卻透過手機與客戶連結，擁有客戶使用汽車的詳細相關資訊。就像這樣，與客戶直接連結的公司、掌握客戶資訊的公司，在二十一世紀中將會擁有強大的優勢。

「掌握客戶者勝」不只套用在製造商，也適用於通信或金融等各種領域。日本國內有數家掌握客戶資料的大型企業，其中一家就是本書個案研究之一的NTT（日本電信電話株式會社）。NTT幾十年來收取固定客戶的電話費，因此哪個人幾年之內從未延遲繳費，哪個人曾經延遲繳費幾次、金額分別是多少等，所有資訊都掌握得一清二楚。換句話說，NTT透過電話費的收取，公司不僅擁有支付功能，同時也擁有龐大的客戶信用資訊（支付能力）。因此，我以前就提過「NTT應該轉型成為銀行」。如果以他們所掌握的客戶資料、信用資訊為基礎，再加強平台（客戶管理．支付）功能的話，應該就能夠成為一家相當龐大的專業支付銀行了。

另一方面，關於掌握客戶信用資訊這點，本來應該最瞭解客戶的銀行卻沒有像NTT那樣掌握客戶資訊。就算與同一家銀行往來三十年、四十年，他們也沒有你的詳細信用資訊。如果有長期配合的專員，該專員某種程度就會掌握客戶的信用資訊，但是每換一個新的專員，該銀行就跟車商一樣，無法瞭解客戶的資訊了。

戰勝二十一世紀的企業就是緊緊抓住客戶的企業。還有，日本企業若想活用「掌握客戶」的這個強項而變得更為強大，就必須重整業界本身的體制。當然，重整業界體制需要政府的決斷力，但是企業自己也要先在腦中思考這件事。日本企業應該再次振作起來，再次認真地重新思考「我們真的有好好掌握客戶嗎？」假如答案是肯定的，那麼「未來還能夠持續掌握嗎？」「是否有被其他企業或中國等海外公司挖走所有客戶的危險？」

束縛日本企業的沉重枷鎖是「業界秩序」與「限制」

在二十一世紀的數位顛覆時代中，「第一解決要件」與「掌握客戶」非常重要。然而，為什麼日本企業無法實現這兩者以求迅速改變呢？理由大致有二，那就是「業界秩序」與國家．行政的「限制」。這兩個理由是企業改變的瓶頸，也是沉重的枷鎖，使得日本企業動彈不得而落後於全世界改變的腳步。

首先，讓我來談談所謂的「業界秩序」吧。金融領域的支付系統就是一個非常好的例子。

在中國，現在買東西結帳時，主要的支付方式就是使用手機付款的「手機支付」。大部分的人都已經不使用現金或信用卡結帳了。不過就在二～三年前，中國人都還在使用「銀聯卡」這種信用卡付款，而今到日本的中國觀光客幾乎沒有人使用銀聯卡。因為在瞬時之間，大家都已經透過手機與QR Code的線上支付系統，例如「支付寶」或「微信支付」等付款了。然而，在日本以手機支付的方式還不普遍，所以許多到日本旅遊的中國觀光客都會發出不滿的怨言：「日本無論是飯店或商店，能夠用手機支付的地方很少，這樣真的很不方便。」

中國的手機支付之所以能在短期間之內一口氣普及．滲透各角落，中國最大電商阿里巴巴以及提供中國最大通信軟體「WeChat（微信）」的騰訊等大型企業的興起影響極大。「支付寶」是阿里巴巴集團的子公司螞蟻金融服務集團所提供的服務；「微信支付」則是由騰訊公司提供的服務。這兩大企業不受傳統的業界秩序束縛，大膽地擴大事業版圖而獲得成功，也徹底改變中國的支付型態。為什麼他們能做到這點？那是因為中國本來就幾乎沒有所謂的業界秩序。

阿里巴巴與騰訊這兩家企業據稱合計掌握了十億以上的客戶。那樣的企業不受金融業界秩序的影響，開始提供對消費者而言非常方便的支付方式，整個國家當然就在瞬間從現金或信用卡的支付方式改成以手機支付的方式。親眼看到中國這樣的改變之後，再次深刻感受到原本沒有秩序的世界其後來居上的強大威力。順帶一提，印度也是突然廢止五百盧比與一千盧比的高額紙鈔後，開始逐漸轉移到電子錢包、電子支付等支付方式。

然而，日本卻無法像中國或印度那樣輕易地改變。這究竟是為什麼呢？因為日本國內有著多年建構起來堅不可摧的「業界秩序」。舉例來說，日本現在還有許多人使用信用卡支付，但是以信用卡支付的方式，賺最多的並非信用卡公司，而是銀行。銀行透過承辦信用卡支付的處理業務而賺錢。因此，想要一下子就摧毀這樣的業界秩序是不可能的。美國的Square公司建立了劃時代的支付系統，但基本上也是以信用卡支付為基礎的系統。明明現在就已經是手機支付的時代，但由於市場上還存在著業界秩序，所以還是無法脫離信用卡支付的模式。

所謂的業界秩序也可以說是行政領域，也就是所謂的縱向行政體系。就如我曾經提出「NTT要轉型成為銀行」的提案之所以無法輕易實現，就是因為通信事業與金融事業的行政管轄範圍不同的緣故。在日本目前的行政體系之下，總務省管轄的NTT無法成為金融廳管轄的銀行，也無法幫其他企業代收費用。雖然我一直建議「NTT與NHK合併就好了」，但是政府官員的想法都很落伍：「通信的NTT與播送的NHK不可能成為一家公司，通信與播送的性質不一樣。」日本的行政體系至今還無法擺脫二十世紀的框架。

總之，日本企業無法改變的理由，除了業界秩序之外，還有公家單位的重重「限制」。每次想要做什麼新的事情，國家或行政單位就會嚴格地指導、限制，「這個可以，但是這個不行」、「這個屬於這邊管轄的，那個則是別的行政單位負責」等，像這樣處處限制企業的自由，導致日本無論經過多久，都無法踏進二十一世紀的世界。業界一直請求不要處處限制，行政當局也一直堅持那樣的事是不被允許的。照這樣下去，日本企業永遠都無法改變。

由於「業界秩序」與「限制」這兩大理由，在日本若沒有經營銀行業務的相關執照，就不能從事銀行的相關業務。然而，中國的阿里巴巴等公司「難道不知道他們自己沒有銀行執照這類的東西嗎？其實不管是秩序或限制，他們都不在乎」。他們就是這樣一步步踏入金融（支付）領域。然後，如果自己沒有知識或技術，就從別家公司買來。最後，阿里巴巴集團就成為FinTech（Financial Technology，在金融業務中運用IT技術）領域中居世界首位的企業。NTT若想進入金融業轉型成為銀行，需要絕佳的跳躍能力，但是看看阿里巴巴與騰訊，他們根本連跳躍都不需要。

中國人「遵守約定的理由」為何？

中國，以及阿里巴巴或騰訊這類企業斜睨著迄今還拖著二十世紀老舊觀念與做法的日本，然後快速且輕盈地躍向二十一世紀。

中國企業之所以能夠如此快速地移動，是因為他們沒有前述的業界秩序與限制的束縛。不過，若要更進一步來說的話，那就是阿里巴巴的創始人也是目前的董事會主席馬雲，或是騰訊創辦人兼CEO的馬化騰等，都是以「業界新人」之姿跨入既有的業界之中，而這也是他們公司的強項。也就是說，他們一開始就是新人，沒有擁有各業界，特別是金融界的既得利益，所以他們不在意其他人的看法，可以自由且大膽地做任何想做的事情。假如他們原本就擁有強大的權力或既得利益，由於受到金錢或人的因素等種種阻礙，應該就無法像現在這樣大膽且快速地行動了。

目前阿里巴巴正在進行一件傳統經營者以及其他國家基本上無法辦到的事情。最近，他們發表並開始試辦一款「臉部辨識」的支付系統，稱為「微笑支付（Smile to Pay）」，這項發表震驚了全世界。假如這項支付系統普及了，就再也不用拿出手機結帳了。

iPhone X也引進臉部辨識技術。在極致應用AI的領域中，這項技術耗費了龐大的資金。另一方面來說，臉部辨識技術也可能遭人惡意使用，可以說是非常可怕的技術。因為如果更進一步進化・普及，別說是擁有臉部辨識技術了，連什麼人什麼時候在哪裡做了什麼事情等，全世界的人類都在其掌控之下。就像這樣，能夠掌握所有人類行蹤的，既不是美國政府也不是中國政府，而是Apple或阿里巴巴這類的公司。

阿里巴巴的另一個強項就是客戶（消費者）數量。據說阿里巴巴擁有八億左右的客戶。不過，如果只是散亂的八億人，那就沒什麼意義。重要的是阿里巴巴能夠累積・分析並且運用這八億人長年來的各種相關大數據，也就是阿里巴巴提供的「芝麻信用」。「芝麻信用」運用了網路購物或支付等行動履歷以及累積的資料量，給予每位消費者三五〇到九五〇的信用分數以評鑑該消費者的信用程度。

現在中國幾乎在各種領域中，都會運用這項技術用來提高工作效率。這套系統最棒之處在於可以透過大數據分析，清楚分辨出真正信用好與信用差的人。反觀日本，達到某種程度的年收入並且支付信用卡公司大筆年費，就能夠成為金卡或白金卡會員，這樣的信用程度令人質疑。

由於支付寶與芝麻信用的普及，中國人的生活模式或禮儀等也產生各種變化。其中有趣的變化之一就是「遵守約定」。以前經常發生就算打電話或透過網路預約飯店或餐廳，消費者當天卻不現身的情況。而今，中國大部分的人都變得會遵守約定準時現身了。理由之一是預約當時就已經透過支付寶全額支付，也就是預先付款；另一個理由是大家都不希望「芝麻信用上的信用程度降低」。有一個有趣的逸聞，據說適婚年齡的女性參加聯誼活動時，篩選男性的條件是信用分數必須超過八百分以上。特別是信用分數高的人為了維持自己目前的信用評等，會拚命地遵守約定。

當然也有這樣的情況，現在中國人拚命提高在阿里巴巴這種民間企業的信用程度，而中國政府還不把這樣的情況放在眼裡。這樣的狀況是在其他國家不曾見過的激烈變化。我想騰訊早晚也會開始提供同樣的服務吧。

阿里巴巴AI貸款系統「3・1・0」的驚人之處

如果要再舉一個阿里巴巴的厲害之處，那就是利用AI技術建立的「融資」系統，也就是貸款系統。阿里巴巴旗下的螞蟻金服（螞蟻金融服務集團）提供「網商貸」服務，也就是像銀行那樣，借錢給做生意需要金錢周轉的人。這套系統處理案件的速度之快，令人感到非常驚訝。當你從手機的APP提出貸款申請，電腦瞬間就會做出判斷，幾分鐘之後，錢就匯入你的帳戶裡。這個超高速的貸款系統稱為「3・1・0」，意思是借款人以手機輸入申請資料所需的時間約「3分鐘」，電腦判斷可否貸款的時間是「1秒」，由於是透過AI審查，所以所需人力為「0人」。這套系統之所以可行，就是因為阿里巴巴透過大數據的累積・分析，所以才能夠在瞬間做出「這個人無論借多少錢都沒問題」、「這個人只能借給他多少錢」等判斷。如果在日本的話，就算是來往幾十年的銀行，如果要辦理貸款，行員就會說「這是別部門的業務，由其他人處理」，更別說還要填寫令人感到不耐的大量申請文件。如果只是小額貸款，這樣的作業真是既浪費時間又浪費精力。然而，如果是阿里巴巴的話，透過「3・1・0」貸款系統，錢一下子就匯入借款人帳戶了。

日本銀行無論多麼努力也做不到這點，因為如果引進這套系統，大部分的銀行行員都要失業了。日本銀行宣稱今後將進行數萬人規模的裁員行動，但是若要我來說的話，我認為就算一年後裁掉所有員工也不是問題。現在日本國內只要有一家銀行即已足夠，行員也只要數人就夠了。雖然日本金融廳同意讓銀行合併，設法留口飯給他們吃，不過如果照這樣下去，今後應該也很難存活吧。合併相同的企業，設法達到規模經濟（企業太大就不會倒閉），這種做法只適用於二十一世紀之前的年代，而他們卻仍舊不瞭解這點。當事者與當局沒有這樣的危機感與認知，真令人感到遺憾。

如果整理並研討前面談論的各種狀況，可以說在FinTech領域當中，阿里巴巴與騰訊具體實現了成功企業的商業經營模式。因為他們是「如果想成為銀行，隨時都可以成為銀行的企業」。阿里巴巴與騰訊明天想成為銀行就可以成為銀行，而且他們如果買下日本的一家銀行，在世界上就立足成為銀行業，然後只需半年，就會成為世界上最大的銀行吧。擁有三、四千萬個帳戶，號稱全球最大的花旗銀行前執行長約翰．瑞德（John Reed）曾說：「我們現在是世界第一的銀行，但是若想成為真正的世界第一，在二十一世紀就必須擁有一億個客戶。所以，一億個帳戶是我們努力的目標。」從這句話可知，擁有八億客戶的阿里巴巴如果明天就開始經營銀行業務的話，其規模之大不言可喻。

銀行的業務分別發展為支付、貸款以及存款等三大部分。不過就算是存款，阿里巴巴也能夠輕鬆提供二～三％的利息，所以就算沒有實體店面，或者說就是因為沒有實體店面，所以他才能夠瞬間成為世界最大的銀行吧，因為這麼一來，因國家政策而採取零利率的所有存款就會完全被他們吸收過去。照這樣下去，在不久的將來，別說是銀行了，日本在各方面的領域都會被中國隨心所欲地操弄。據說入境日本的觀光客人數在二〇一六年為二千零四十萬人，二〇一七年為二千八百萬人，二〇二〇年將會到達四千萬人。在九州等地，平時就有二、三艘裝載以數千人為單位計算的郵輪停靠在博多等港口。為了因應入境日本的觀光客，特別是中國觀光客，支付系統可能就會從九州開始改變吧。當九州湧入那麼多入境觀光客，日本就不得不為了因應需求而盡快引進支付系統。

想成功，就得破壞秩序，「從零開始」思考

困住日本企業的枷鎖「業界秩序」與「限制」應該無法簡單去除吧。那麼，日本企業應該怎麼做才能夠實現成功企業的商業經營模式呢？如果想要找出答案，首先就要「試著從零開始」。在現今的時代中，就要像阿里巴巴與騰訊那樣，在與業界秩序、限制等無關的地方，從零開始做起才有機會快速達成目的。

首先，試著把公司所有的傳統做法或秩序歸零，例如公司傳統且已建立秩序的經營體系、固有的推銷手法，或是一直以來採購零件的流程等。然後，思考若想達到現在這個目的，應該要以什麼樣的形式重新建構整個公司，也就是從零開始重新建立公司。這時最重要的，就是暫時從根本重新思考「我們公司想做什麼？」

必須以「做什麼」這個部分為核心，然後從各個面向深入思考才行，例如「如果改變現在這個機制，我們現在做的種種工作真有其必要性嗎？」「如果從零開始建立這家公司，現在這樣的做法是必需的嗎？」

現在的時代，就算公司沒有聘請員工，也能夠透過群眾外包（Crowsourcing）的方式把工作委託給外面的人處理。雖然政府要求「要增加正職員工」，但是那種話可不能當真，因為負擔正職員工的成本就是公司無法改變的最大主因。

如果利用雲端運算（Cloud Computing）或群眾外包，則無論需要多少製造系統或人才，都可以從外面找來。如果以這樣的思維從零開始成立公司，無論是功能或事業群，應該就會發現無數「對我們公司而言，其實不需要」的東西。「現在要讓公司的員工做什麼呢？」這樣的思維絕對不行。「清楚確定自己的公司現在應達成的目的，對此應該做什麼？」一定要以這樣的想法出發，才能夠成為成功的企業。

就如CyberAgent公司的做法那樣，把已建立秩序的傳統人事體系歸零，讓新進員工擔任「應屆畢業生社長」，我覺得這樣的體系也是一個創新又有趣的方法。CyberAgent在徵才時，會問學生「你要不要嘗試當社長看看？」回答「我想試試看！」的人裡面，有幾位已經實際擔任子公司的社長了。若是一般的日本企業，員工進入公司就職後，長年以來都會在同一個部門做同一件事，所以對其他部門、其他工作完全不熟悉。

但是，如果試著讓應屆畢業生擔任社長，就能夠學到人事、會計、經營戰略或是金錢資源的運用等各種不同類型的事務。該公司到目前為止好像已經產生將近五十位應屆畢業生社長，而這套系統將帶給公司源源不絕的生命力。

「假如我是社長？」從這個立足點找出自己的答案

現在，日本企業需要的是類似CyberAgent「應屆畢業生社長」的顛覆想法。「如果是這樣的工作，進入公司第二年的員工或許做得來」、「如果是這件工作的話，或許適合去年剛進公司的新人來做」，讓人意外的是公司內部這類的工作還真多。即便如此，如果還以舊思維提議「論資排輩」的話，那麼日本企業將永遠都無法改變。

除了思考如何重整戰略或組織營運體系之外，最重要的是用人的方式也要向有彈性的公司學習、研究。還有，先破壞現有的秩序，這樣你就沒有退路，只能往前思考「假如自己是這家公司的社長，我會怎麼做？」並且從零開始，建立成功的商業經營模式。

本書收錄的各類型企業的個案研究，就是使用這樣的想法。以經營者的觀點思考「假如我是這家企業的社長，我會怎麼做？」這些即時個案研究「RTOCS」（Real Time Online Case Study）是重新編輯、收錄我擔任校長的商業突破大學（BBT大學）所提供的企業經營個案研究的內容。希望各位面對本書收錄的二十七個案例時，要以自己的方式進行思考訓練，動腦想想「假如我是這家公司的社長，我會如何處理眼前的問題？」「如果我是這家公司的高層，對於公司的這項事業，我會做出什麼決定？」

在此要注意的是，並不是要從這些案例找出共通點，如「因此，成功企業的商業經營模式就是這樣」、「原來這就是成功企業的運作模式」。重要的是，自己要透過每個案例動腦思考，找出自己的解答。例如，假如是我的話，我要如何把公司帶向成功之路？或是若要讓公司成功，應該引進什麼樣的商業經營模式比較好等等。

如果各位能夠參考本書的案例，找到最適合的商業經營模式以及自己的解答，把自己的公司打造成成功企業，則本書的出版就有價值了。

※關於本書收錄的個案研究

本書摘錄二〇一四年二月～二〇一七年三月ＢＢＴ大學進行的RTOCS部分內容，並加以編輯．收錄。

■本書收錄的個案研究全用於ＢＢＴ大學綜合研究所進行學術研究以及課堂討論，與該企業的經營判斷完全無關。■本書使用的所有資訊均為該企業公開大眾的資訊與報導，完全沒有使用非公開資訊．內部資訊。■各案例的見解、預測都是以課程進行當時的公開資訊為基礎，不保證現在或今後也是相同看法。另外，為了能夠根據當時的狀況進行考察，所以本書特地如實刊載，不另更新資料。■圖表及本文中所刊載的資料來自於ＢＢＴ大學綜合研究所判斷可信賴的各種資料來源，然而本綜研不保證資料的正確性．完整性。■若有使用本書資訊而產生任何損害，ＢＢＴ大學綜合研究所不負任何相關責任。

Part 2

實際的個案研究

「假如你是經營者」

CaseStudy 1

永旺集團

不被「過去的成功體驗」拖住腳步

假如你是**永旺集團**的CEO，當GMS（綜合超市）事業發生虧損，你要如何擬定未來的成長戰略？

※根據2015年6月進行的個案研究編輯・收錄

正式名稱	永旺株式會社
成立年份	1926年
負責人	取締役兼代表執行役社長　集團CEO　岡田元也
總公司所在地	千葉縣千葉市
事業種類	零售業
事業內容	零售、地產開發、金融、服務，以及藉由部分或全額持股來管理這些公司的事業活動
資本金額	2,200億700萬日圓（2015年2月底）
營業額（合併）	7兆786億日圓（2015年2月底）

雖然追求「規模經濟」，營業利益卻日益惡化

雖然集團的營業額持續成長……

永旺集團透過重複併購的擴大方式，成為日本最大的零售業者。集團的核心事業是GMS事業與SM（生鮮超市）事業，此外也發展了多樣化的零售事業，例如DS（暢貨中心）事業、中國・東協事業（海外GMS事業）、專賣店事業、藥房・配藥銷售事業、戰略型小型店事業（便利商店）、電子商務事業等。除了零售業之外，永旺集團也發展綜合金融事業、地產開發事業、服務事業等，多角化經營各類事業項目。永旺集團一貫追求大量進貨・大量銷售的「規模經濟」，不過雖然銷售額不斷成長，這幾年的營業利益卻持續惡化（圖1）。

營業利益惡化的原因是管銷費用升高

永旺集團的成本率每年持續減少，但是營業利益率卻不斷惡化。如果觀察永旺的成本結構變化（圖2），可以看出「規模經濟效益」確實降低成本率，然而，有好幾年管銷費率的增加卻多於成本率的減少，最後就造成營業利益率的惡化。一般來說，零售業的規模越大，

因為集中採購的緣故而降低了商品的進貨成本，甚至集中店舖管理與促銷策略等也能夠降低管銷費用，如此就可以壓低銷售一件商品的必要成本，這就是所謂「規模經濟效益」。永旺集團的成本確實看得到「規模經濟效益」運作的成果，然而綜合超市（GMS）的這種事業型態，甚至因為事業型態朝多樣化發展的結果，使得管銷費無法透過集中而發揮「規模經濟效益」。

應該改革的是利益率極差的事業

對於永旺集團而言，最大的煩惱是零售業這個主力事業的低收益率。從事業別的營業額構成比以及營業利益構成比來看，七兆七百八十六億日圓的營業額中，零售事業占八七％；另一方面，一千四百一十三億日圓的營業利益有八成以上是來自零售事業以外的事業（二〇一五年二月期，決算短信。決算補足資料、決算説明会資料）。

GMS事業等雖然是營業額超過三兆日圓的事業，但營業利益卻出現虧損，大部分利益都是來自於綜合金融事業或地產開發事業（SC，購物中心事業）的租金收入（圖3）。雖然營業額只有租金收入，而且金額也不高，但利益率卻非常可觀。

以下的資料提供作為參考，競爭對手7&I控股公司的便利商店事業營業額占集團的四五％，營業利益高達八〇％。永旺集團雖然也發展便利商店事業（Mini Stop等），但無論

圖 1　一貫追求大量進貨・大量銷售的「規模經濟」

永旺的（合併）業績變化
（每年2月期）

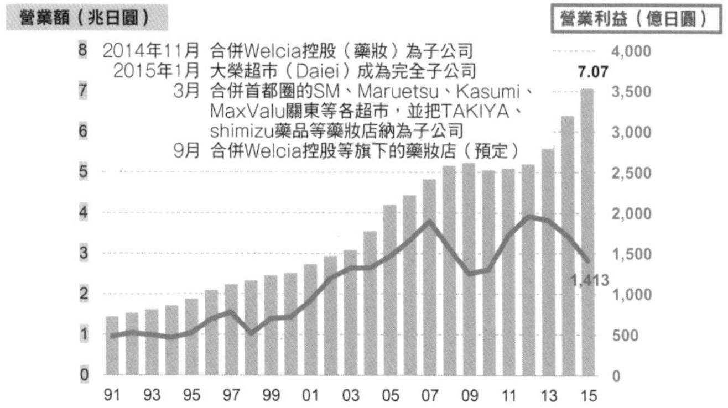
營業額（兆日圓）
營業利益（億日圓）
2014年11月 合併Welcia控股（藥妝）為子公司
2015年1月 大榮超市（Daiei）成為完全子公司
3月 合併首都圈的SM、Maruetsu、Kasumi、MaxValu關東等各超市，並把TAKIYA、shimizu藥品等藥妝店納為子公司
9月 合併Welcia控股等旗下的藥妝店（預定）
7.07
1,413
0
1
2
3
4
5
6
7
8
0
500
1,000
1,500
2,000
2,500
3,000
3,500
4,000
91
93
95
97
99
01
03
05
07
09
11
13
15

資料：決算短信、決算補足資料、決算説明会資料，由BBT大學綜研製作

圖 2　雖然成本率下降，管銷費卻增加，營業利益率也持續惡化

永旺的成本結構變化
（合併、每年2月期、%）

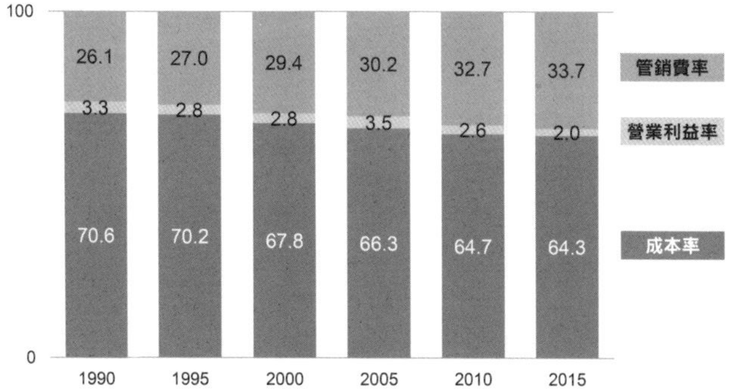
100
0
26.1
27.0
29.4
30.2
32.7
33.7
管銷費率
3.3
2.8
2.8
3.5
2.6
2.0
營業利益率
70.6
70.2
67.8
66.3
64.7
64.3
成本率
1990
1995
2000
2005
2010
2015

資料：決算短信、決算補足資料、決算説明会資料，由BBT大學綜研製作

是營業額或利益都不足以成為集團的主力事業。

在零售業界中，GMS或SM等各種事業類別的平均營業利益率都在二%前後，藥妝店等約在五%前後，自有品牌製造零售（SPA）在十～十五%左右，便利商店是十五～三十%。但是，永旺集團的主力事業GMS的營業利益率是虧損，SM・DS事業為〇・三%，其他應該把高利益率視為目標的各事業形態均不滿二%。永旺集團的問題已經嚴重到這樣的程度了。

社會結構變化導致GMS市場縮小

GMS的國內銷售額不斷滑落

其實零售事業的低迷不只是永旺集團的問題。日本國內的零售銷售額自一九九〇年代達到巔峰之後，這二十年來，整體一直呈現停滯狀態（圖4）。如果看其中的明細，就會發現除了便利商店、藥妝店呈現上升趨勢之外，其他的如百貨公司是下跌，而超市則是長期以來都沒有什麼太大的變化（圖5）。

如果針對永旺集團的基礎事業GMS事業觀察，就會發現在日本國內整體的營業額明顯

圖3　永旺的零售事業的各種業務型態都是低利益結構

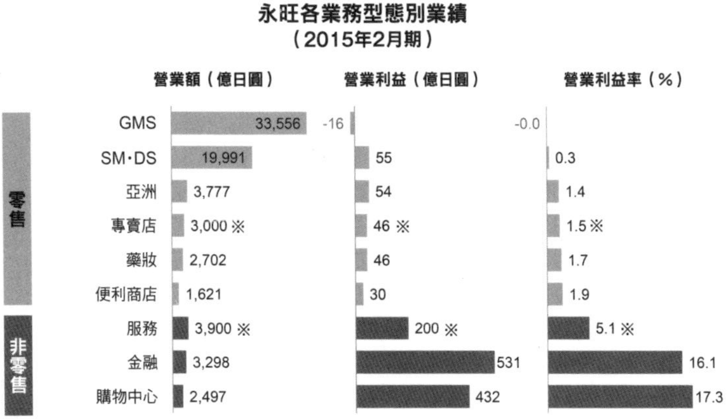
永旺各業務型態別業績
（2015年2月期）
營業額（億日圓）
營業利益（億日圓）
營業利益率（%）
零售
非零售
GMS 33,556 -16 -0.0
SM·DS 19,991 55 0.3
亞洲 3,777 54 1.4
專賣店 3,000 ※ 46 ※ 1.5 ※
藥妝 2,702 46 1.7
便利商店 1,621 30 1.9
服務 3,900 ※ 200 ※ 5.1 ※
金融 3,298 531 16.1
購物中心 2,497 432 17.3

※根據前期的實績，由BBT綜研推估計算

資料：決算短信、決算補足資料、決算説明会資料，由BBT大學綜研製作

圖4　國內的零售銷售額從90年代達到高峰後，就呈現停滯狀態

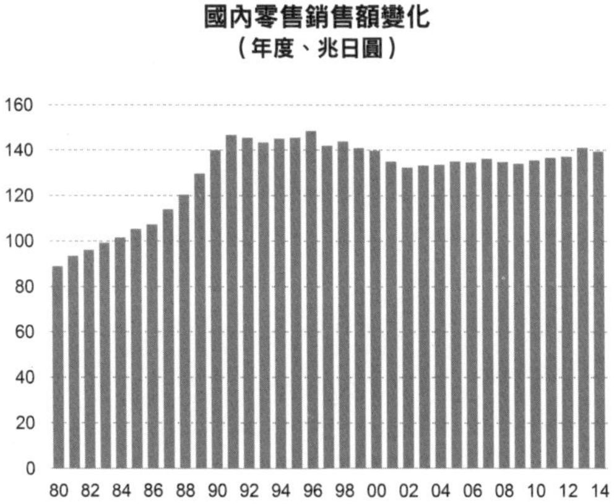
國內零售銷售額變化
（年度、兆日圓）
160
140
120
100
80
60
40
20
0
80 82 84 86 88 90 92 94 96 98 00 02 04 06 08 10 12 14

資料：摘自経産省《商業動態統計》，由BBT大學綜研製作

滑落（圖6）。為什麼會形成這樣的狀況呢？我們從其他角度來檢視看看吧。

社會結構改變導致消費模式改變

圖7（日本國內依家庭類型別看家庭成員的變化）可以看出以往是社會消費主力的「夫婦與小孩」家庭類型在一九八〇年代到達顛峰，之後就持續減少，另一方面，晚婚．高齡化的緣故使得「單身」家庭驟增。到了二〇〇〇年，這兩種家庭類型的數量產生交叉，可以預測未來這樣的差距會越來越大。

這個現象意味著永旺集團視為目標的家庭客群，也是重視便宜．大量消費．利用郊外大型商場的客群減少。夫婦在假日時間帶著數名小孩開車去郊外大型超市購物的這種消費模式開始瓦解。由於增加最多的單身家庭類型重視品質．選擇性消費．利用居家附近的小型商店，所以改變業務型態爭取這個客群乃是集團的當務之急。

因應社會結構改變的地區型中型超市

如果看［圖8／大型GMS與主要的地區性中型超市之營業額與經常利益率］，就會明白營業額高的永旺零售、伊藤洋華堂（Ito Yokado）、生活創庫（NUY）的經常利益率並不高；另一方面，屬於地區型中型超市的SanA（總公司位於沖繩縣宜野灣市的超市。在沖繩縣內無

圖5　超市的市場規模長期以來無太大變化

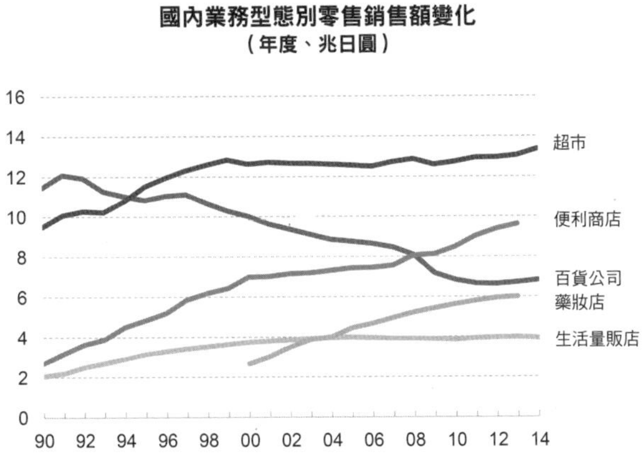
國內業務型態別零售銷售額變化
（年度、兆日圓）
16
14
12
10
8
6
4
2
0
90
92
94
96
98
00
02
04
06
08
10
12
14
超市
便利商店
百貨公司
藥妝店
生活量販店

資料：摘自経產省《商業動態統計》、JCSA（日本連鎖店協會）、JDSA（日本百貨店協會）、JFA（日本連鎖加盟協會）、JACDS（日本連鎖藥妝店協會）、JADMA（日本通信販賣協會）、日本DIY協會，由BBT大學綜研製作

圖6　特別是GMS業務型態的市場規模持續縮小

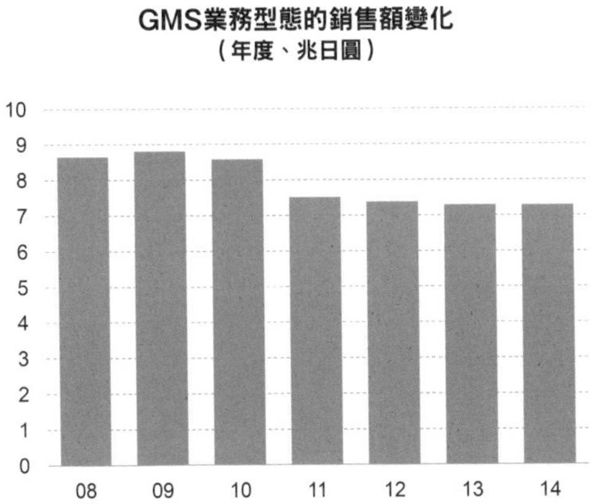
GMS業務型態的銷售額變化
（年度、兆日圓）
10
9
8
7
6
5
4
3
2
1
0
08
09
10
11
12
13
14

※以日本國內GMS營業額總和試算

資料：摘自Chain Store Age《日本の小売業 1000社ランキング》，由BBT大學綜研製作

論店數・營業額都高居第一）的經常利益率為七・一%，Ozeki（總公司位於東京都世田谷區，店鋪擴及千葉縣・東京都・神奈川縣的超市）有七・二%，Beisia、Yaoko（以埼玉縣為主的超市，包含千葉縣、群馬縣、茨城縣、東京都、栃木縣、神奈川縣等總共有一四四家店）以及成城石井等超市也都超過四%。

就像這樣，與地區緊密結合並鎖定商圈，能夠有彈性地因應地區需求的中型超市可獲得高利益率。這種戰略是一貫追求規模經濟、大量銷售全國一致性商品的永旺所難以提供的服務。今後把這種地區型超市的要素加入戰略考量，就顯得非常重要了。

永旺集團向來都是透過規模經濟來壓低成本、降低售價以獲得大量銷售。但是，由於家庭成員的結構改變帶來消費模式的改變，規模經濟的做法再也無法發揮功用了。

當務之急是因應「少量・選擇型消費」做出改變，並加強零售以外的服務

順應時代潮流改變業務型態以因應消費者的需求

未來，永旺集團若想在市場上繼續存活，就必須改變主力的零售事業的業務型態。無疑地，日本國內的家庭成員結構與消費型態已經產生很大的變化。永旺集團今後必須把業務型

圖7　家庭類型產生巨大變化，「重視便宜、大量消費、郊外大型店」的客群不斷減少（永旺的主要目標客群大幅度減少）

國內依家庭類型別看家庭成員的變化
（一般家庭、萬戶）

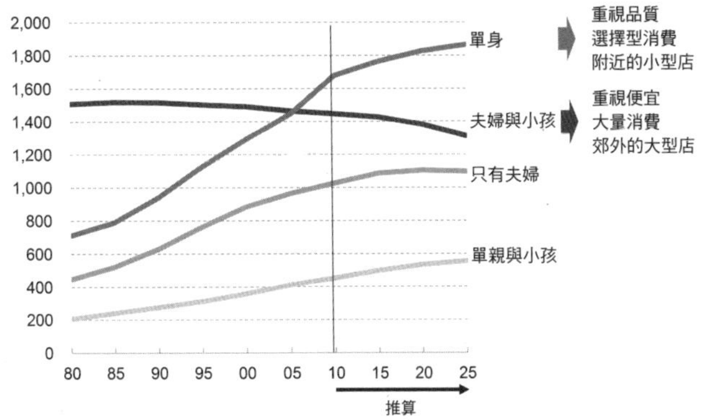
2,000
1,800
1,600
1,400
1,200
1,000
800
600
400
200
0
80 85 90 95 00 05 10 15 20 25
推算
單身
夫婦與小孩
只有夫婦
單親與小孩
重視品質
選擇型消費
附近的小型店
重視便宜
大量消費
郊外的大型店

資料：摘自国立社会保障・人口問題研究所、総務省統計局《国勢調査》，由BBT大學綜研製作

圖8　與地區型態緊密結合而獲得高收益的中型超市

大型GMS與主要的地區性中型超市之營業額與經常利益率（2013年度）

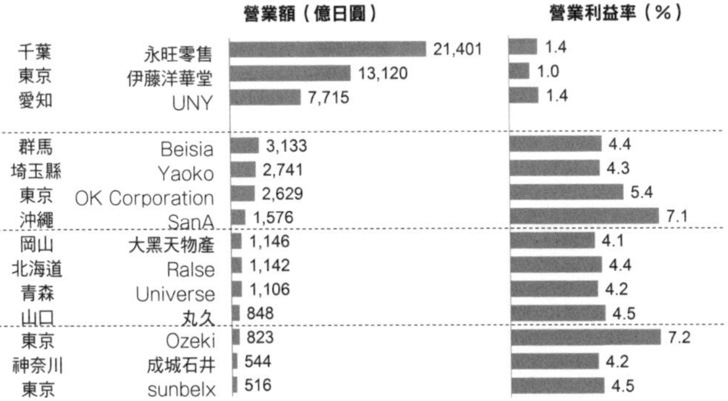
營業額（億日圓）
營業利益率（%）
千葉 永旺零售 21,401 1.4
東京 伊藤洋華堂 13,120 1.0
愛知 UNY 7,715 1.4
群馬 Beisia 3,133 4.4
埼玉縣 Yaoko 2,741 4.3
東京 OK Corporation 2,629 5.4
沖繩 SanA 1,576 7.1
岡山 大黑天物產 1,146 4.1
北海道 Ralse 1,142 4.4
青森 Universe 1,106 4.2
山口 丸久 848 4.5
東京 Ozeki 823 7.2
神奈川 成城石井 544 4.2
東京 sunbelx 516 4.5

資料：摘自日經MJ《日本の小売業調查》，由BBT大學綜研製作

態改變成可提供日益增多的單身家庭類型消費者更方便的服務，更進一步地與零售業以外的高需求服務合作，藉以達到增加客群的目的（圖9）。

由於社會結構的改變，消費模式與需求也產生極大的變化。總之，若想改變目前的狀況，就必須順應時代潮流改變業務型態才行。首先，我建議的第一個因應對策就是把以親子家庭為主要客群的「大量進貨．大量銷售模式」改變成「以單身家庭為主的少量．選擇型消費模式」。另外日益增加的銀髮單身家庭很難去郊外的大型量販店採購，這群人就形成採購的弱勢族群。因此，重要的是把業務型態改變成比現在更重視居家附近的地區性小型業務型態，有彈性地配合客群開發各類商品。

加強零售以外的服務，提高集客力

第二個提案是為了提高集客力，必須加強零售以外的服務事業。例如與生活直接連結的服務就可以加強文化中心的經營或是提供婚喪喜慶服務等。雖然永旺集團已經推出「永旺葬禮」的服務，不過還可以更進一步透過永旺集團的商店網為消費者提供一生中各階段的各項活動。

另外，在主要城市開立的店鋪也適合用來作為培育創業家、支援年輕人的創業育成中心。據說在永旺度過大半天，被稱為「永旺族」的人多是各地方的中．低收入者。不過，如

圖9　課題是因應時代變化改變業務型態，加強零售以外的服務

永旺的現狀與課題

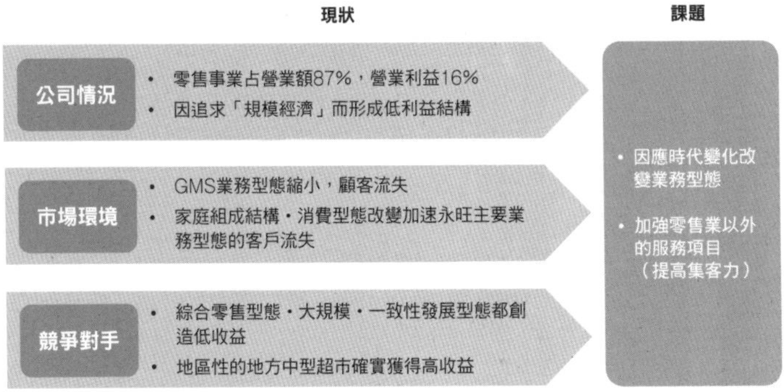

資料：BBT大學綜研製作

圖10　脫離傳統的郊外大型業務型態，改變為重視地區性、居家附近的小型業務型態；加強零售以外的服務或經營各種文化中心等，藉以提高集客力

永旺的未來方向（提案）

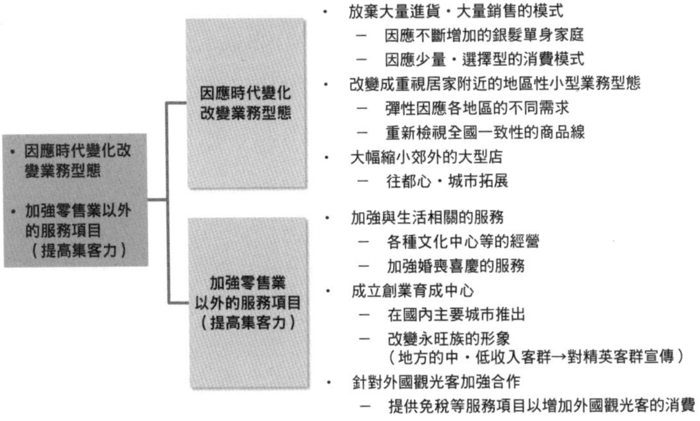

資料：BBT大學綜研製作

果加強創業育成中心的運作，也可以對社會的菁英族群宣傳永旺的存在。

透過地段的挑選，也可以把入境日本的海外觀光客視為目標客群提供服務。永旺的超市或購物中心都附有可以停好幾輛大型遊覽車的停車場，就像木更津永旺購物中心那樣的地方。這裡有家電量販店、藥妝店、流行服飾店以及各種專賣店等等，不僅聚集可強力吸引觀光客的商店，還提供免稅服務（圖10）。

以往透過規模經濟，營業額順利成長，也成功地透過一再的併購，順利提高集團的營業額，這是永旺集團以往的成功體驗。

但是，我認為就是這樣的成功體驗，才會使集團無法即時採取因應對策。未來，必須抱持危機意識，更積極挑戰未知的領域才行。

首先，要拋棄傳統的郊外大型業務型態。以此為突破點，同時一併進行各項改革。若不這麼做的話，永旺集團就不會有成長．發展的機會。

歸納整理

- ☑ 為了因應單身家庭類型的增加，把業務型態改為少量・選擇型消費的居家附近小型店，同時也開立重視地區性的店鋪等，因應時代變化改變業務型態。
- ☑ 加強店鋪的綜合效益，提供人一生中與生活相關的各項服務，例如經營各種文化中心或提供婚喪喜慶的服務等。
- ☑ 在主要城市開設創業育成中心，或是提供外國觀光客的免稅服務等，加強原有客群以外的集客力。

大前總結

傳統的「規模經濟」再也行不通，切莫依賴過去的光榮時刻。

在家庭結構與消費模式早已改變的現在，針對親子家庭大量進貨・大量銷售的商業經營模式再也行不通了。必須把零售以外的服務納入視野，針對少量・選擇型的消費模式做出適當的應對。若想成長，不能被過去的成功體驗絆住腳步，應該抱持危機意識挑戰未知的領域。

CaseStudy

2

思夢樂

提高世界通用的「品牌力」

假如你是**思夢樂**的社長，當女性服飾的市場已經呈現飽和狀態，你要如何擬定未來的成長戰略？

※根據2016年12月進行的個案研究編輯．收錄

正式名稱	株式會社思夢樂
成立年份	1953年
負責人	代表取締役社長 野中正人
總公司所在地	埼玉縣Saitama市
事業種類	零售業
事業內容	服飾零售
資本金額	170億8,600萬日圓（截至2016年2月）
營業額	5,460億5,800萬日圓（截至2016年2月）
員工人數	1萬7,229人（截至2016年2月）

與「對手」UNIQLO的戰略完全不同

以內銷為主的女性快時尚

思夢樂發跡於埼玉縣比企郡小川町，原是經營和服布料的島村吳服店。一九五三年成立株式會社，一九七二年改名為「株式會社思夢樂」，目前除了「思夢樂」之外，也發展其他多項時尚品牌。如果觀察業務型態的營業額構成比，可以看出光是公司主力品牌「思夢樂」的營業額就占八成以上（圖1）。

如果觀察日本國內服飾零售業的營業額排名（圖2），可以發現雖然思夢樂位居第二，不過第一名Fast Retailing（註：迅銷集團，除了核心業務UNIQLO（優衣庫）之外，旗下還擁有多個品牌）的營業額就占了日本全國的一半左右。兩家公司的共同點都是以低價位的休閒服飾為主，不過相對於Fast Retailing以男、女消費者為對象，思夢樂則幾乎是以女性為主要消費客群，這點可能是造成營業額差異的最大理由。其次，如果看全球服飾零售業的營業額排名（圖3），可以看出Fast Retailing位居第五，思夢樂則居十八名，兩家公司的營業額差距擴大到三倍。造成這個現象的理由是Fast Retailing積極發展海外市場，相對於此，思夢樂則幾乎只在日本國內發展。

透過集中管理的低成本運作

圖４顯示的是思夢樂供應鏈的特徵。思夢樂的採購、物流、店面營運等都由總公司集中管理，藉此實現徹底的低成本運作。公司與約五百家供應商共享銷售狀況與庫存情況，共同進行商品企劃，買斷所有訂貨商品而不會退回庫存，透過這樣的做法壓低進貨成本與銷售底價。另外，由於建構公司獨立的物流網，所以能夠適時地將某店賣不掉的商品轉移到其他店銷售。就像這樣，因為可以賣完所有採購進來的商品，當然就可達成高度的庫存周轉率。

從各個面向對比UNIQLO的戰略

圖５是思夢樂與UNIQLO的戰略比較。在商品‧顧客的區隔方面，相對於UNIQLO以所有年齡層為客群對象且男女各半的策略，思夢樂的客群則以女性為主，專打主婦與年輕女性。UNIQLO這個名稱據說就是「Unisexual Clothes」的簡稱，所以他們的市場區隔也反映了這樣的宗旨。在採購方面，相對於前述的思夢樂以集中採購的方式買斷商品，UNIQLO則是採取ＳＰＡ（Speciality Store retailer of Private Label Apparel：自有品牌製造零售業）的商品補充型做法。思夢樂跟廠商進貨，而UNIQLO則是銷售由總公司向中國或孟加拉的工廠下

圖1　以「思夢樂」為核心，發展出「Avail」、「Birthday」、「Chambre」、「Divalo」等不同品牌

思夢樂的業務型態別營業額構成比
（2016年2月期，100%=5,461億日圓）

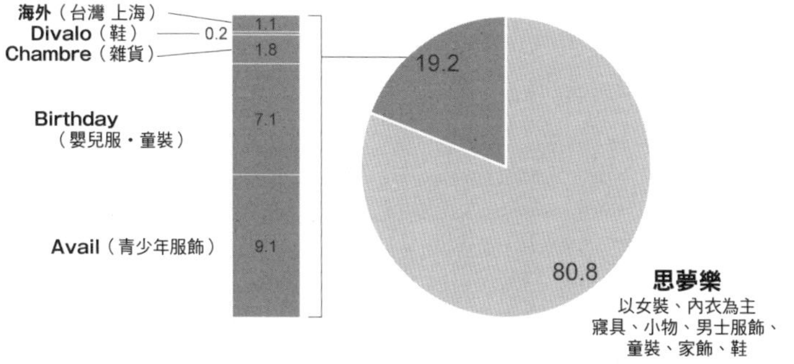
海外（台灣 上海）
1.1
Divalo（鞋）
0.2
Chambre（雜貨）
1.8
Birthday
（嬰兒服・童裝）
7.1
Avail（青少年服飾）
9.1
19.2
80.8
思夢樂
以女裝、內衣為主
寢具、小物、男士服飾、
童裝、家飾、鞋

資料：摘自しまむら決算資料，由BBT大學綜研製作

圖2　營業額居國內服飾零售業第2名，但只有Fast Retailing的1/2

國內服飾零售業的營業額排名
（2015年度、只有國內營業額、億日圓）

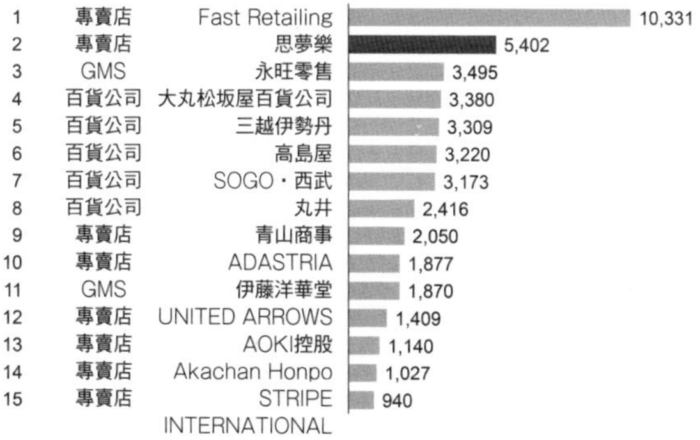
1 專賣店 Fast Retailing 10,331
2 專賣店 思夢樂 5,402
3 GMS 永旺零售 3,495
4 百貨公司 大丸松坂屋百貨公司 3,380
5 百貨公司 三越伊勢丹 3,309
6 百貨公司 高島屋 3,220
7 百貨公司 SOGO・西武 3,173
8 百貨公司 丸井 2,416
9 專賣店 青山商事 2,050
10 專賣店 ADASTRIA 1,877
11 GMS 伊藤洋華堂 1,870
12 專賣店 UNITED ARROWS 1,409
13 專賣店 AOKI控股 1,140
14 專賣店 Akachan Honpo 1,027
15 專賣店 STRIPE INTERNATIONAL 940

※統計日本國內服飾營業額，包含部分雜貨

資料：摘自ダイヤモンド・チェーンストア〈日本の小売業1000社ランキング〉2016年9月15日号、〈市場占有率 2016〉2016/5/1，由BBT大學綜研製作

單製造的商品，藉此達到極高的利益率。

因此，以商品戰略來說，UNIQLO製造少樣多量的商品，只改變衣服顏色；思夢樂則是跟廠商進貨，重視多樣少量、商品齊全。從物流方面來說，UNIQLO採取外包方式，思夢樂則是由公司內部處理。商店營運方面，思夢樂由總公司主導集中管理，UNIQLO則是讓店長擁有完全掌控的權力。

關於日本國內展店的戰略，思夢樂以郊外為主，開設一千三百四十五家店，UNIQLO則只開了八百三十七家店，雖然數量少於前者，卻積極在東京都的中心區域展店。另外，在海外展店策略方面，思夢樂只在台灣．上海共開了五十三家店，但是UNIQLO卻在美國、歐洲、亞洲等各國開了九百五十八家店，總數還多於日本國內的店數。

成本比率高，透過集中管理使管銷費率保持一定的低水準

接著來比較思夢樂與Fast Retailing的成本結構吧（圖6）。首先是成本比率，由於思夢樂是向廠商進貨，所以無論如何成本都會比較高。這二十年來，幾乎都維持在七〇％左右，相對於此，Fast Retailing的商品是由公司的簽約工廠製作，所以能夠壓低成本。可以看出二〇一五年的毛利約為五〇％。

不過，如果看看管銷費率，發現Fast Retailing在二〇一五年達到四〇％，這樣的費用

圖3　營業額居全球服飾零售業第18名，但只有Fast Retailing的1/3

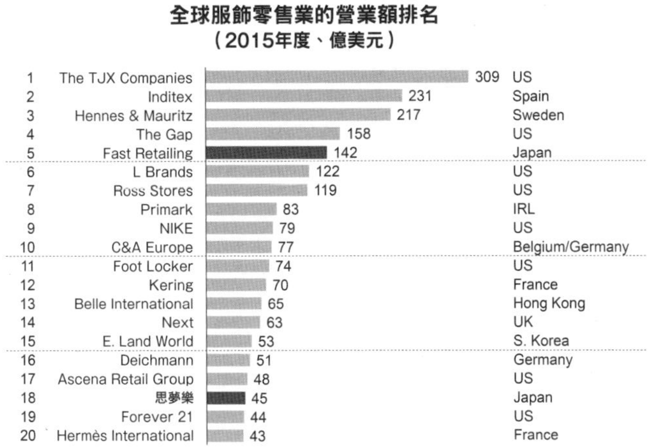
全球服飾零售業的營業額排名
（2015年度、億美元）
1 The TJX Companies 309 US
2 Inditex 231 Spain
3 Hennes & Mauritz 217 Sweden
4 The Gap 158 US
5 Fast Retailing 142 Japan
6 L Brands 122 US
7 Ross Stores 119 US
8 Primark 83 IRL
9 NIKE 79 US
10 C&A Europe 77 Belgium/Germany
11 Foot Locker 74 US
12 Kering 70 France
13 Belle International 65 Hong Kong
14 Next 63 UK
15 E. Land World 53 S. Korea
16 Deichmann 51 Germany
17 Ascena Retail Group 48 US
18 思夢樂 45 Japan
19 Forever 21 44 US
20 Hermès International 43 France

資料：摘自Deloitte《Global Powers of Retailing 2017》，由BBT大學綜研製作

圖4　採購、物流、店舖運作徹底集中管理，藉此達到低成本運作

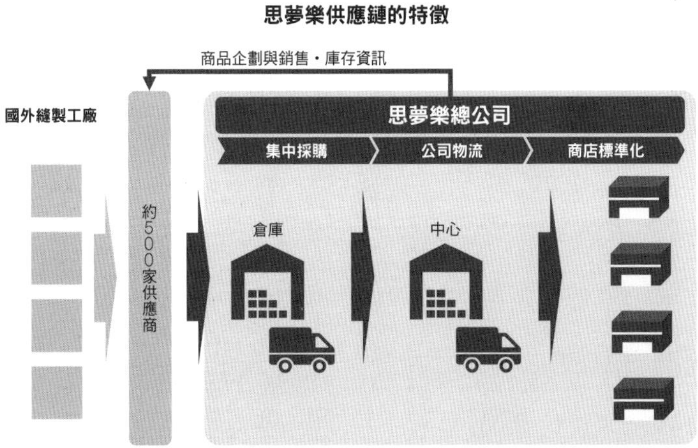
思夢樂供應鏈的特徵
商品企劃與銷售・庫存資訊
國外縫製工廠
約500家供應商
思夢樂總公司
集中採購
公司物流
商店標準化
倉庫
中心

資料：摘自各種文獻，由BBT大學綜研製作

大大地壓迫到利益的空間；思夢樂的管銷費率約為二五％，如此就可以達到低成本效益，可以說這就是集中管理所帶來的好處。

以買斷・賣斷模式實現高庫存周轉率

比較看看思夢樂與Fast Retailing的效率程度吧（圖7）。相對於思夢樂的庫存周轉率在一〇～一五％之間變化，Fast Retailing的庫存周轉率則持續攀升，最近已經超過二〇％。可以看出他們向生產國下了少樣多量的商品訂單，同時也必須負擔大量的商品庫存。另外，如果看庫存要花幾天才可以出貨的庫存周轉天數，思夢樂是接近四十天到五十天左右，Fast Retailing近年來則要超過一百天以上的長時間才能出貨，而且這樣的情況還有惡化的傾向。可知思夢樂買斷・賣斷的模式可以達到高度的庫存周轉率。

增加收益的同時營業利益卻逐漸惡化，業務型態呈飽和徵兆

圖8呈現的是思夢樂的業績變化。長期以來，思夢樂大致都保持增收增益的情況，不過二〇一三～二〇一四年開始，營業利益連續兩年減少，雖然二〇一五年度營業額有所成長，不過營業利益的惡化傾向已經確定。主要的原因是日圓急貶導致進貨成本增加，建設費高漲使得開店成本增加，以及到目前為止庫存增加所採取的降價銷售策略等。

圖5　與SPA不同，採取集中採購的買斷・賣斷模式，重視品項齊全

「思夢樂」與「UNIQLO」的戰略比較

	Fast Retailing（UNIQLO業務型態）	思夢樂（思夢樂業務型態）
商品・顧客區隔	男女各半・全年齡	女性為主・主婦・年輕人
採購	SPA・商品補充型	集中採購・賣斷型態
商品戰略	少樣多量・重視品質	多樣少量・重視商品齊全
物流	委外	公司內包
店舖營運	店長擁有較大的裁量權	總公司主導
國內展店策略	837家店，在都心積極展店	1,345家店，以郊外為主展店
海外展店策略	958家店，在美國・歐洲・亞洲展店	53家店，只有台灣・上海

※思夢樂為2016年2月期，Fast Retailing為2016年8月期的數值

資料：摘自《ユニクロvsしまむら》（月泉博）以及各種文獻，由BBT大學綜研製作

圖6　透過徹底的集中管理，將管銷費率維持在一定的水準以下

「思夢樂」與「Fast Retailing」的成本比較

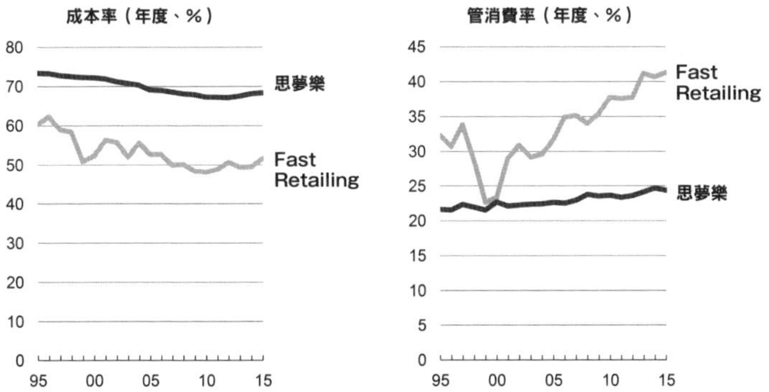

※思夢樂為2月期決算，Fast Retailing為8月期決算

資料：摘自各公司決算資料，由BBT大學綜研製作

接著來看看「思夢樂業務型態」中，店數與一年來客人數的變化。雖然店數不斷增加，但自從進入二〇一〇年代之後，來客數就呈現停滯狀態（圖9）。這是因為「思夢樂業務型態」這種針對女性快時尚的郊外型店鋪已經飽和，同時店鋪吸引客戶上門的集客力也不斷下降。甚至，如果比較思夢樂與UNIQLO之國內店數與國內營業額（圖10），可以看出思夢樂在日本國內的店數雖然比UNIQLO還多五百家，但是UNIQLO在國內的營業額卻反倒是思夢樂的一・八倍。這種情況意味著UNIQLO的店鋪集客力比較高，每家店的銷售力較強。

品牌形象低廉是集客力下降的原因之一

以下來看看思夢樂的平均客單價與每件商品的平均單價（圖11）。二〇一五年度，思夢樂的平均客單價是二千六百五十七日圓，每件商品的平均單價為八百八十六日圓。在成衣業界來說，這兩者都是相當低的價格。在合理的價格區間推出快時尚，這是思夢樂的業務型態特徵，也是吸引消費者的魅力。但是看到這樣的數字，就可知道熱銷的主力商品是小物之類的低價商品。其實除了服飾雜貨，思夢樂最近也推出「思夢樂彩妝品」，都是一些不到五百日圓的口紅＆腮紅等廉價化妝品。平均客單價低廉把思夢樂定位在廉價的品牌形象。這也可能是該公司集客力下降的原因之一。

接著來比較思夢樂與UNIQLO在大城市展店的戰略吧（圖12）。思夢樂總公司的所在地

圖7　利用完全的買斷・賣斷模式，達到高庫存周轉率

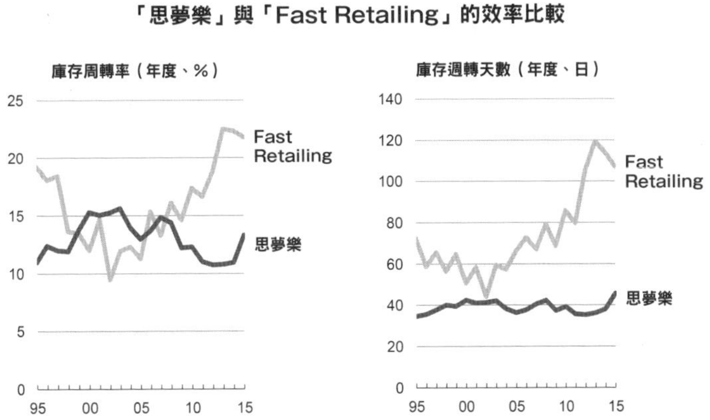
「思夢樂」與「Fast Retailing」的效率比較
庫存周轉率（年度、%）
25
20
15
10
5
0
95
00
05
10
15
Fast Retailing
思夢樂
庫存週轉天數（年度、日）
140
120
100
80
60
40
20
0
95
00
05
10
15
Fast Retailing
思夢樂

※思夢樂為2月期決算，Fast Retailing為8月期決算

資料：摘自各公司決算資料，由BBT大學綜研製作

圖8　雖然持續增加收入，但營業利益卻有惡化傾向

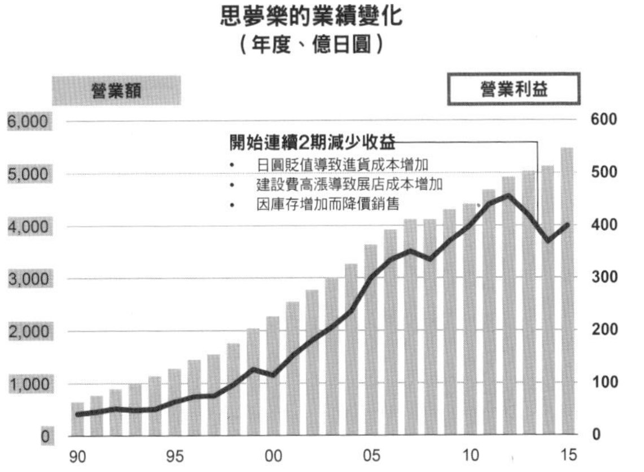
思夢樂的業績變化
（年度、億日圓）
營業額
營業利益
6,000
5,000
4,000
3,000
2,000
1,000
0
600
500
400
300
200
100
0
開始連續2期減少收益
• 日圓貶值導致進貨成本增加
• 建設費高漲導致展店成本增加
• 因庫存增加而降價銷售
90
95
00
05
10
15

※每年2月期決算

資料：摘自しまむら決算資料，由BBT大學綜研製作

埼玉縣的店數比UNIQLO還多很多，不過UNIQLO在東京都的店數則幾乎是思夢樂的一倍。雖然UNIQLO也是低價品牌，不過他們在銀座、新宿、澀谷等熱鬧地區或都心的車站內部都積極設點。

另一方面，思夢樂展店則是以首都圈的郊外或地方城市的主要幹道為主。

原本UNIQLO展店也是以公司發跡的山口縣等地方城市的主要幹道為主，但後來成功以自己獨創的商品往東京都心發展。由於集中在都心設點很容易吸引外國觀光客的目光，因此提高日本成衣品牌的品牌力，這也是UNIQLO成功發展海外市場的原因（圖13）。

相形之下，不能否認思夢樂給人的深刻印象就是地方都市的「廉價」快時尚。最近消費市場也出現所謂「思夢人（Shimarer）」的客群，也就是全身穿搭思夢樂各種商品的客群。如果看到平均客單價的低廉就可理解這是地方都市的（低所得）年輕客群。雖說有這樣的客群，不過一般人對於思夢樂的既有印象還是停留在針對主婦客群的地方都市品牌吧。

最關鍵重點是「擺脫廉價形象」，以世界的思夢樂為目標

從強與弱、機會與威脅等面向整理現狀與課題

圖9　雖然擴大展店數量，來客人數卻呈現低迷狀態，這是「思夢樂業務型態」飽和的徵兆

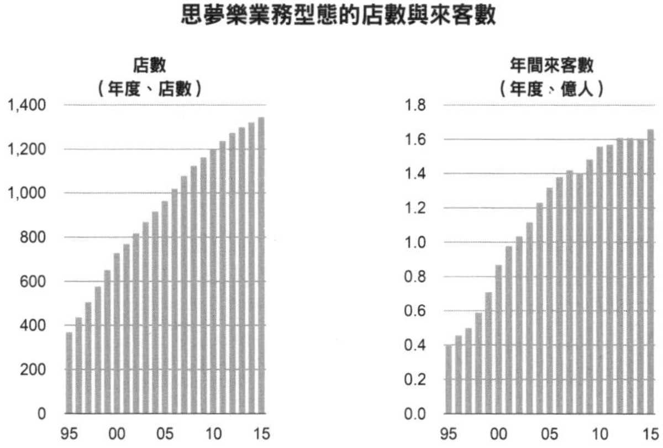

※每年2月期決算

資料：摘自しまむら決算資料，由BBT大學綜研製作

圖10　國內店數大幅超越UNIQLO，但國內營業額卻遠低於UNIQLO

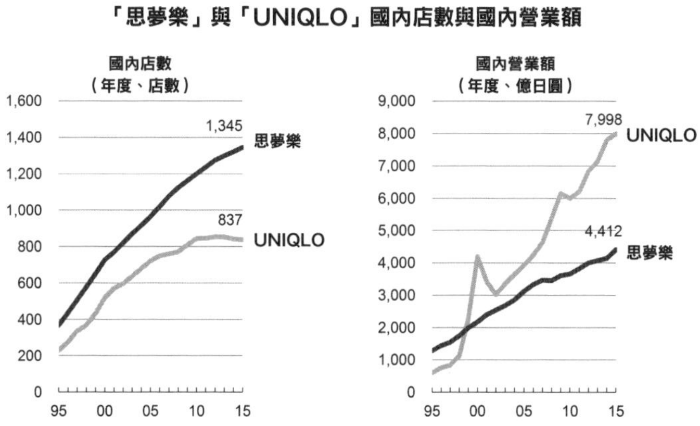

※只有國內思夢樂業務型態、國內UNIQLO業務型態的數值
※思夢樂為2月期決算，Fast Retailing為8月期決算

資料：摘自各公司決算資料，由BBT大學綜研製作

與UNIQLO比較之後，以下來整理思夢樂的現狀。首先最大的「強項（Strengths）」就是採購、物流以及透過店鋪的集中管理而達到低成本運作。另一方面，可以說 思夢樂的最大「弱點（Weaknesses）」就是廉價的品牌形象吧。廉價的品牌形象導致店鋪的集客力下降，另外，因為品牌力低落，所以也沒有發展海外市場。還有，思夢樂主要客群是女性，而且是首都圈以外的郊外地區或是居住在地方城市的主婦與年輕人，甚至是低所得客群，目標客群極為有限。未來擴大客群就等於擴大「機會（Opportunities）」。最後，店鋪缺乏特殊魅力，集客力低，顧客不斷流失等問題將成為未來的「威脅（Threats）」。

以下就把這些現狀整理成思夢樂所面臨的課題吧（圖14）。

第一個課題就是運用思夢樂的強項「低成本運作」，透過「發展新業務型態」擴大客群。第二個課題是一邊運用強項一邊做出差異化，藉此提高店鋪的吸引力與集客力，同時考慮「引進國外知名品牌」。第三個課題就是嘗試擺脫目前的弱點，也就是廉價的品牌形象，並透過「開拓都心．海外市場」以擴大商機。第四個課題就是擺脫廉價的品牌形象以提高集客力。總結來說，可以說「擺脫廉價形象」就是公司需要努力的課題。

運用思夢樂的經營模式投入運動用品零售

以下就根據上述四個課題提出思夢樂未來應該努力的方向吧（圖15）。

圖11　思夢樂業務型態已經固定為低客單價

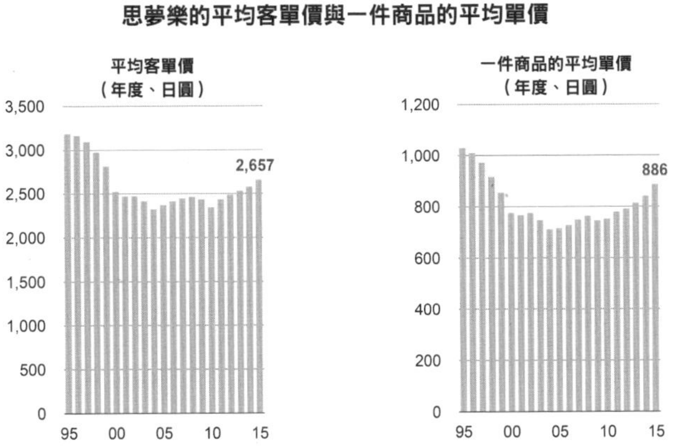
思夢樂的平均客單價與一件商品的平均單價
平均客單價
（年度、日圓）
3,500
3,000
2,500
2,000
1,500
1,000
500
0
2,657
95
00
05
10
15
一件商品的平均單價
（年度、日圓）
1,200
1,000
800
600
400
200
0
886
95
00
05
10
15

※每年2月期決算

資料：摘自しまむら決算資料，由BBT大學綜研製作

圖12　東京都心很少思夢樂的店

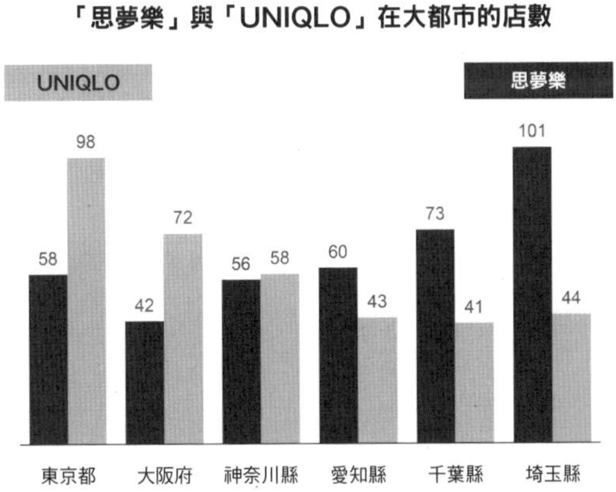
「思夢樂」與「UNIQLO」在大都市的店數
UNIQLO
思夢樂
58
98
42
72
56
58
60
43
73
41
101
44
東京都
大阪府
神奈川縣
愛知縣
千葉縣
埼玉縣

※思夢樂為2016年2月期，Fast Retailing為2016年8月期的數值

資料：摘自各公司決算資料，由BBT大學綜研製作

首先是「發展新業務型態」擴大客群。容我再度重複，思夢樂的強項是透過集中管理而達到採購、物流與店舖的低成本運作。這個強項也能夠應用在「女性快時尚」以外的業務型態。雖然也可以開發針對男性或兒童的業務型態，不過有效運用思夢樂式的業務型態可以考慮運動用品的零售。在運動用品零售業中，由於大部分品項都是廠商的全國性品牌，零售店進貨這些商品陳列在店面，所以無論去哪家連鎖店，品項都不會有太大的差異。因此，如何提高商品管理、物流或是店舖運作的效率、刪減成本等，就成為重要的課題。而這部分正是思夢樂低成本運作所擅長的領域。運動用品的客群能夠兼顧男女且涵蓋所有年齡層。由於不會與思夢樂既有的業務型態重疊，所以也能夠在既有店面的隔壁場所展開優勢戰略。運動用品零售業界中最大的三家公司分別為Alpen、XEBIO控股、Himaraya等。如果以思夢樂的資金能力，都可以併購上述三家公司的任何一家。這些運動用品零售連鎖店以郊外的主要幹道店面為主，在這點上，可預見將會與思夢樂共同帶來綜合效益。

引進國外知名品牌以提高形象並開發客戶

其次是「引進國外知名品牌」以提高店舖的吸引力與集客力。思夢樂的店面品牌形象已經深植消費者腦中，所以比起利用品牌戰略覆蓋根深蒂固的既有形象，接受海外知名品牌委託，發展地方市場的做法可能會更有效率吧。重點就是提高店面的吸引力。

圖13　Fast Retailing大幅發展海外市場，思夢樂的海外事業只有1%左右

「Fast Retailing」與「思夢樂」的地區別營業額

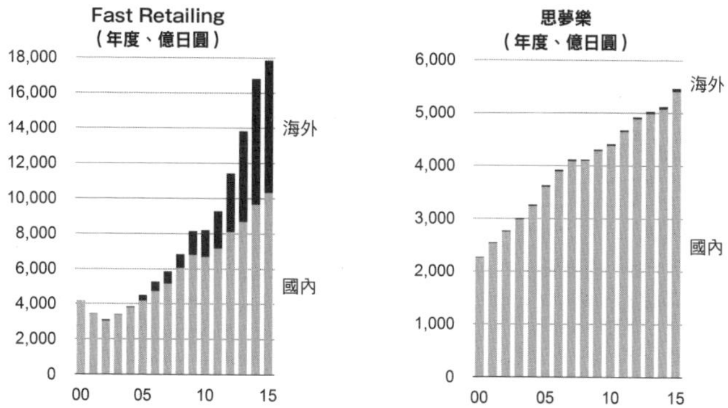
Fast Retailing
（年度、億日圓）
18,000
16,000
14,000
12,000
10,000
8,000
6,000
4,000
2,000
0
00
05
10
15
海外
國內
思夢樂
（年度、億日圓）
6,000
5,000
4,000
3,000
2,000
1,000
0
00
05
10
15
海外
國內

※每年2月期決算

資料：摘自各公司決算資料，由BBT大學綜研製作

圖１４　課題為「發展新業務型態」、「引進國外知名品牌」、「開拓都心・海外市場」、「擺脫廉價形象」

利用SWOT分析呈現思夢樂的現狀與課題

		強項（S）	弱點（W）
		・利用集中管理達到低成本運作	・廉價的品牌形象
機會（O）	・擴大客群	【課題1】發展新業務型態	【課題3】開拓都心・海外市場
威脅（T）	・店鋪的集客力下降（顧客流失）	【課題2】引進國外知名品牌	【課題4】擺脫廉價形象

資料：BBT大學綜研製作

可以考慮的候選名單有如已經在都心展店，但尚未普及到地方的海外知名品牌，Forever21、ZARA、H&M等，或是還沒在日本開店的維多利亞的秘密（Victoria's Secret）等。維多利亞的秘密是美國大型服飾企業Limited Brands（L Brands）旗下的品牌，其特色是女性內衣與香水等品牌力非常強大。他們會舉辦女性內衣的時裝秀，許多超級名模都是在這場內衣秀的演出嶄露頭角。澳洲名模米蘭達・可兒（Miranda Kerr）以前就曾經是維多利亞的秘密的「天使」之一。就像這樣，可以考慮與對女性非常具有魅力，且擁有強大吸引力的品牌合作，受託在日本的地方城市展店。像這種時候，思夢樂可以使用店面的四分之三，或是與維多利亞的秘密均分使用等，透過這樣的做法來開發跟以往完全不同的客群。思夢樂的店面大多是大型店面，所以可以把地方上既有店面的一部分開放給維多利亞的秘密使用，或者也可以在思夢樂隔壁設點開立維多利亞的秘密的店面。

必須開發並培育世界通用的自有品牌

接下來是「開拓都心・海外市場」。如前所述，雖然UNIQLO是低價的休閒品牌，但是他們之所以能夠擴大到都心與國外，理由是他們建立了公司的自有品牌，而且這個品牌被外國人視為代表日本的服飾品牌之一。思夢樂未來若想開拓都心・海外市場的話，開發並培育自有品牌絕對是不可或缺的步驟。藉由SPA模式創立自家公司企劃的獨立品牌，這也是選項之一，不過也要善加運用以前與值得信賴且有實績的廠商之間的關係，開發自有品牌。舉例來說，三陽商會這家公司向來都是針對百貨公司與國外品牌簽約合作，但是他們在二〇一五年與英國的Burberry結束契約合作之後，公司就陷於困境。三陽商會的生產品質頗受好評，甚至有人認為他們生產的商品品質更勝於Burberry自己生產的品質。思夢樂也可以向這類廠商提出開發自有品牌的合作案吧。思夢樂早就在進行商品的共同企畫與買斷作業，可以說該公司的商品幾乎都是自有品牌。然而，只要提到「思夢樂」這個名稱，就擺脫不了廉價的形象。所以公司的目光應該放在發展海外市場，開發標榜可代表日本的自有服飾品牌。

發展多品牌以擺脫廉價形象

雖說要「擺脫廉價形象」，不過思夢樂擁有一千三百多家普及全國的商店，在針對女性的低價快時尚方面，也確實獲得消費者堅定的信賴。若說以顛覆消費者的信賴來擺脫廉價形象，這樣的戰略是不合理的。應該針對「思夢樂業務型態」尚未鎖定的客群，開發新的品牌概念並且發展多項品牌，藉此擺脫整個集團的廉價形象。

以上述四個方向作為今後發展的目標，這是筆者認為思夢樂應該採取的戰略。

圖15　透過「投入運動用品零售業」、「接受海外知名品牌委託發展地方市場」、「開發與培育自有品牌」、「擺脫廉價形象」等四大方向力圖發展

思夢樂的方向（提案）

發展新業務型態
- 收購運動用品零售連鎖公司（Alpen、XEBIO控股、Himaraya等）
- 引進思夢樂的低成本運作模式
- 加強與既存業務型態的綜合效益擴大客群

引進國外知名品牌
- 受託海外知名品牌發展地方市場
- Forever21、ZARA、H&M、維多利亞的秘密（L Brands）等
- 提高商店吸引力以加強集客力

開拓都心・海外市場
- 開發・培育自有品牌
- 以自家公司品牌為主軸，在東京都心發展
- 以日本品牌為名號，發展海外市場

擺脫廉價形象
- 開發・培育店面品牌以擺脫廉價形象
- 加強店面品牌的多品牌發展

資料：BBT大學綜研製作

歸納整理

- 透過併購大型的運動用品零售商投入該領域。引進思夢樂的低成本運作方式，強化既有業務型態的綜合效益以擴大客群。
- 與海外知名品牌合作，受託發展地方市場。
- 選出高度吸引女性消費者的品牌，積極招攬至思夢樂地方城市的店內拓點，藉此提高對消費者的吸引力。開拓並獲得異於以往的客群。
- 把發展海外市場納入視野，培育・開發自有品牌。以自家公司的品牌為主軸，往都心發展，以日本品牌為名號，透過宣傳發展海外市場。
- 針對「思夢樂業務型態」尚未鎖定的目標客群，開發商店品牌。透過多品牌的發展，幫助整個集團脫離廉價形象。

大前總結

靈活運用公司特有風格的經營強項。在不背棄老客戶的情況下，發展新戰略。

就算是為了克服缺點而採取新做法，如果全盤推翻傳統的特色，那也沒有意義。一邊守住針對國內女性市場的低價快時尚品牌，一邊利用多品牌策略發展新業務型態・海外市場，協助整個集團「擺脫廉價形象」。

CaseStudy 3

唐吉訶德控股

追求更進一步成長所不可或缺的「差異化戰略」

假如你是**唐吉訶德**控股的社長，
你會規劃什麼樣的成長戰略？

※根據2017年3月進行的個案研究編輯・收錄

正式名稱	株式會社唐吉訶德控股
成立年份	1980年
負責人	代表取締役社長兼ＣＥＯ　大原孝治
總公司所在地	東京都目黑區
事業種類	零售業
事業內容	藉由掌握集團公司的股份，企劃・管理集團的營運，受託管理子公司業務、不動產管理等
合併事業	銷售家電用品、日用雜貨品、食品、鐘錶・服飾用品以及運動・休閒用品等商品的大型超市&量販店
資本金額	223億8,200萬日圓（2016年6月期）
營業額	7,595億9,200萬日圓（2016年6月期）

日本國內最大型的綜合量販店

國內外拓展超過三百家店

這次要分析的案例是居綜合量販店首位的唐吉訶德（唐吉訶德控股）。

自從一九八〇年成立公司，一九八九年開立唐吉訶德一號店府中店以來，店數就不斷成長，在二〇一七年四月底的時間點，以東京首都圈為主的國內外總共有三百六十家店。還有，二〇一三年公司進行分割，設立唐吉訶德控股公司，把公司體制改為持股公司。零售事業以唐吉訶德控股公司為核心，另外收購長崎屋等公司而擁有數家子公司。

開立一號店以來，持續維持增收增益的狀態

在日本國內的量販店中，唐吉訶德是表現非常突出的一家企業，從圖1就可明白這點。

二〇一五年的營業額為七千五百九十六億日圓，與第二名的Trial Company相比，無論是營業額或店數都多了一倍。就算包含百貨公司、網購等整體零售業來看，唐吉訶德也位居十二

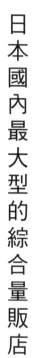

（圖2）。

自從一號店開店以來，唐吉訶德就一直維持增收增益，這點也是值得強調的部分。就如圖3所呈現的，唐吉訶德的業績自從一九八九年一號店開店以來，就不斷往上攀升。

都市型經營模式成功與收購超市拓展地方市場

以「壓縮陳列」與「深夜營業」開創特有的都市型經營模式

唐吉訶德能有亮眼成長的主要因素之一，就是該公司的特徵「壓縮陳列」與「深夜營業」。這兩點使得量販店的業務型態能夠在都心穩定發展，甚至也能夠迎合外國觀光客的需求。

在唐吉訶德的店裡，以稱為「壓縮陳列」的特有陳列方式將銷售商品緊密堆疊陳列。這樣的做法塑造出「熱帶雨林」的氛圍，創造消費者從尋找商品的樂趣中刺激購買欲的效果。另外，在居民活動已經是二十四小時不停歇的都市裡，透過「深夜營業」的做法，先於他家公司開拓深夜市場。利用「壓縮陳列」塑造高度娛樂性的店面，以及透過「深夜營業」投入深夜市場等做法雙雙奏效，使得薄利多銷的量販店業務型態得以在店租貴、難以開店的都心

圖1 在量販店業務形態中居國內首位

量販店營業額排名
（2015年度、億日圓）

	總公司	公司名稱	營業額	店數
1	東京	唐吉訶德控股	7,596	341
2	福岡	Trial Company	3,514	186
3	佐賀	DIREX	1,638（Sundrug旗下）	221
4	岡山	大黑天物產	1,451	111
5	福岡	MrMax	1,184	60
6	愛知	永旺BIG	886（永旺系列）	22
7	福井	PLANT	880	23
8	東京	BIG-A	658（永旺系列）	195
9	靜岡	Makiya	601	82
10	福岡	三角商事（Lumière）	546	22
11	千葉	Acolle	500（永旺系列）	129
12	東京	北辰商事（Rogers）	477	12
13	東京	多慶屋	285	2
14	鹿兒島	Makio	283	3
15	熊本	ALLESS（Superkid）	232	30

資料：摘自ダイヤモンド・チェーンストア〈日本の小売業1000社ランキング〉2016年9月15日号、日経MJ〈日本の専門店調查〉、きんざい〈第13次業種別審查事典〉、帝国データバンク〈TDB業界動向〉，由BBT大學綜研編輯・製作

圖2 在國內所有零售業中排名第12

國內零售業營業額排名
（億日圓）

	主要業務形態	公司名稱	營業額	決算期
1	綜合	永旺	81,767	16年2月
2	綜合	7&I控股	60,457	16年2月
3	服飾	Fast Retailing	17,865	16年8月
4	家電	Yamada電機	16,127	16年3月
5	百貨公司	三越伊勢丹控股	12,873	16年3月
6	百貨公司	J.FRONT RETAILING	11,636	16年2月
7	百貨公司	UNY Group控股	10,387	16年2月
8	通路	日本亞馬遜	9,999	15年12月
9	百貨公司	高島屋	9,296	16年2月
10	百貨公司	H2O Retailing	9,157	16年3月
11	家電	Bic Camera	7,791	16年8月
12	量販店	唐吉訶德	7,596	16年6月
13	家電	EDION	6,921	16年3月
14	家電	Yodobashi Camera	6,796	16年3月
15	超市	IZUMI	6,688	16年2月

資料：根據日経MJ〈第49回 小売業調查〉，由BBT大學綜研編輯

或首都圈的熱鬧地區，成功占有一席之地。

唐吉訶德加強首都圈發展的同時，二〇〇三年四月，日本政府也開始啟動促進訪日旅行事業的「日本旅遊活動」。這項活動主要是針對中國與東南亞各國旅客放寬簽證限制。因此，二〇〇三年約五百二十萬人的外國觀光客到二〇一六年突破了二千四百萬人。

由於這些外國觀光客，東京都心產生龐大的觀光需求。在都心的熱鬧地區策略性展店的唐吉訶德掌握先機，成功地滿足了外國觀光客的需求（圖4）。

以下我們來詳細檢視外國觀光客的需求吧。

在晚上八點～十二點的時段中，免稅商品的營業額持續成長（圖5）。雖然營業額從上午到晚上就是逐漸增加的情況，但是一過晚上八點，營業額就大幅增加，一直到晚上十點達到巔峰。免稅消費者每人平均的消費單價為一萬六千二百日圓，是國內二千五百日圓的六倍多（圖6）。以國別來看的話，消費金額最高的是中國，每人的平均消費單價是二萬四千五百日圓，幾乎是日本國人每人平均消費單價的十倍。第二名的泰國是一萬八千七百日圓，再來是越南・菲律賓・印尼的一萬六千六百日圓。唐吉訶德之所以那麼受中國觀光客喜愛的理由之一，也是因為他們可以在這裡買到自己國內買不到的色情商品。以前買過的人透過部落格或社群軟體口耳相傳，看到訊息的人到日本觀光時，就會去唐吉訶德購買，因而形成一股源源不絕的循環客群。

圖3　自1989年「唐吉訶德 1號店」開立以來，連續27期增收增益

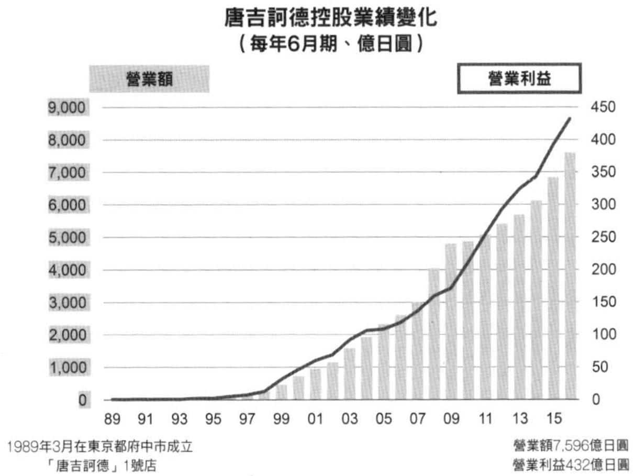
唐吉訶德控股業績變化
（每年6月期、億日圓）
營業額
營業利益
9,000
8,000
7,000
6,000
5,000
4,000
3,000
2,000
1,000
0
450
400
350
300
250
200
150
100
50
0
89 91 93 95 97 99 01 03 05 07 09 11 13 15
1989年3月在東京都府中市成立
「唐吉訶德」1號店
營業額7,596億日圓
營業利益432億日圓

資料：摘自ドンキホーテHD〈会社案 〉、〈アニュアルレポート〉，由BBT大學綜研製作

圖4　在東京都心・大都市的熱鬧地帶確定業務形態，成功滿足外國觀光客的需求

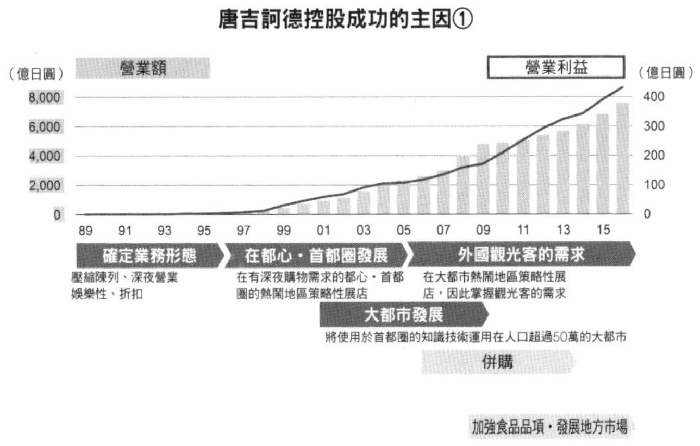
唐吉訶德控股成功的主因①
（億日圓）
營業額
營業利益
（億日圓）
8,000
6,000
4,000
2,000
0
400
300
200
100
0
89 91 93 95 97 99 01 03 05 07 09 11 13 15
確定業務形態
壓縮陳列、深夜營業
娛樂性、折扣
在都心・首都圈發展
在有深夜購物需求的都心・首都圈的熱鬧地區策略性展店
外國觀光客的需求
在大都市熱鬧地區策略性展店，因此掌握觀光客的需求
大都市發展
將使用於首都圈的知識技術運用在人口超過50萬的大都市
併購
加強食品品項・發展地方市場

資料：摘自ドンキホーテHD〈会社案內〉、〈アニュアルレポート〉，由BBT大學綜研製作

透過收購長崎屋，補齊了食品領域與地方市場的發展

唐吉訶德成長的另一個主要因素就是透過收購綜合超市長崎屋，互補並加強了食品領域與地方市場的發展。以往唐吉訶德開店都以都心或首都圈的熱鬧地區為主，以服飾配件、日用雜貨、家電等為主力商品，目標客群是年輕人或單身客群。唐吉訶德以外的其他主要量販業者幾乎都以地方市場為基礎，而地方市場的量販店中，吸引消費者的最大宗品項就是食品類。以公司特有的都市型經營模式以及商品結構作為強項的唐吉訶德欠缺食品商品的經營經驗，因此在地方市場的拓展也落後別人許多。不過，二〇〇七年因為收購了超市連鎖店長崎屋，所以吸收了經營食品品項的相關知識技術，也拓展地方·郊區的店鋪，修正了公司原本的缺點，更因此獲得主婦及家庭客群（圖7）。

如果比較商品別的營業額，收購長崎屋之前，服飾配件、日用雜貨、家電用品等營業額占整體的七成左右，但是收購後，食品類的比率增加，二〇一五年已經超過三成（圖8）。同時，首都圈以外的展店數也大幅提高，二〇〇五年地方的店數只有四成，到了二〇一〇年度已經超過五成，二〇一五年則接近六成（圖9）。

就像這樣，唐吉訶德不只在都心，也能夠在各地方展店，以大幅超越其他競爭對手的速度成長。請看圖10，競爭對手有例如福岡的Trial、MrMax，以及佐賀的DIREX、岡山的大

圖5　在大都市的熱鬧地區營業到深夜，因此獲得外國觀光客的光顧

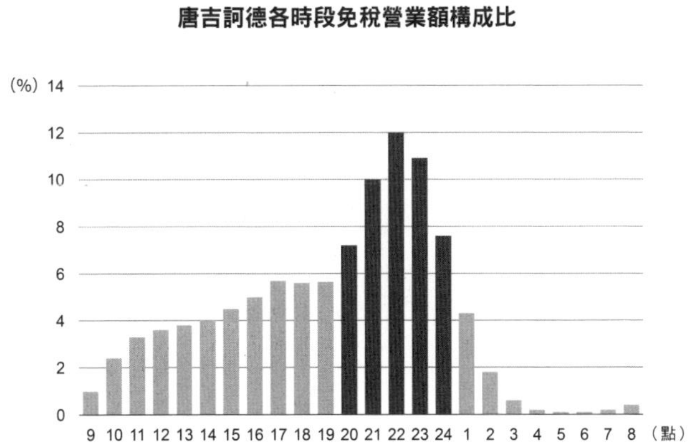

※2014年10月～2015年6月調查

資料：摘自ドンキホーテHD〈決算業績説明資料 2015年6月期〉，由BBT大學綜研製作

圖6　外國觀光客每人平均購買單價約為國內的6.5倍

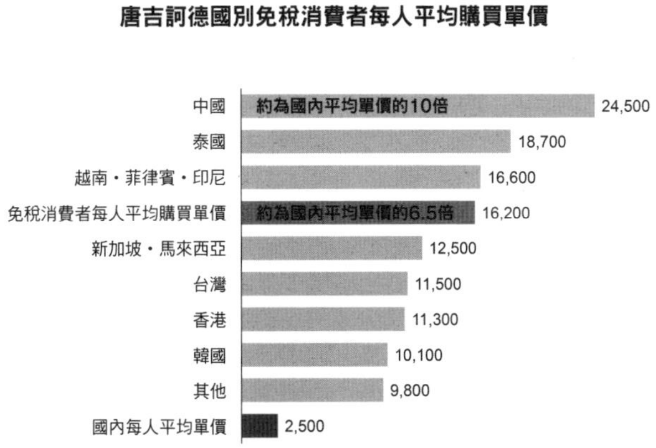

※2014年10月～2015年6月調查

資料：摘自ドンキホーテHD〈決算業績説明資料　2015年6月期〉，由BBT大學綜研製作

黑天物產等。雖然各家公司的營業額都有成長，然而只有唐吉訶德的成長大幅拉開與第二名Trial的距離。

以娛樂性的概念擬定差異化戰略

課題是做出與同業及周邊業務型態的差異化

在量販店業務型態中，唐吉訶德無論是規模或成長速度，都大幅領先第二名，以下試著整理該公司面臨的競爭環境。

唐吉訶德利用壓縮陳列與深夜營業這種都市型量販店模式的強項，以都市為核心拓展店面。但是，這樣的強項不見得能夠運用在地方．郊外等地。雖然收購長崎屋獲得食品以及發展地方的基礎，不過地方上還是有許多其他同業競爭。另外，在都市地區，便利商店或百圓商店等小型業務型態以及網購等以方便、便宜為競爭武器，食品超市、藥妝店、家電量販店等也以專業或便宜等強項在市場上廝殺（圖11）。

由於唐吉訶德必須與同業的其他公司以及周邊的業務型態競爭，在這樣的狀況下，若想獲得更進一步的成長，重要的關鍵就是靈活運用公司的強項採取差異化策略。唐吉訶德的強

圖7　以收購「長崎屋」為契機，有機會發展以食品為主的地方郊外型店鋪

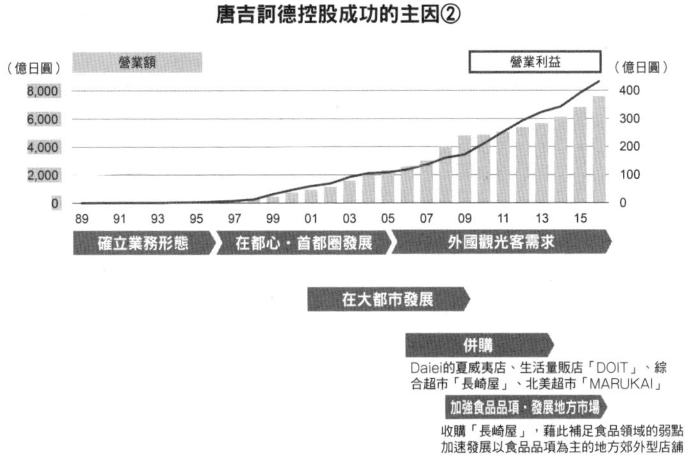

資料：摘自ドンキホーテHD〈会社案内〉、〈アニュアルレポート〉，由BBT大學綜研製作

圖8　收購「長崎屋」，藉此涵蓋「都心熱鬧地區的年輕族群」以及「地方郊外的家庭族群」

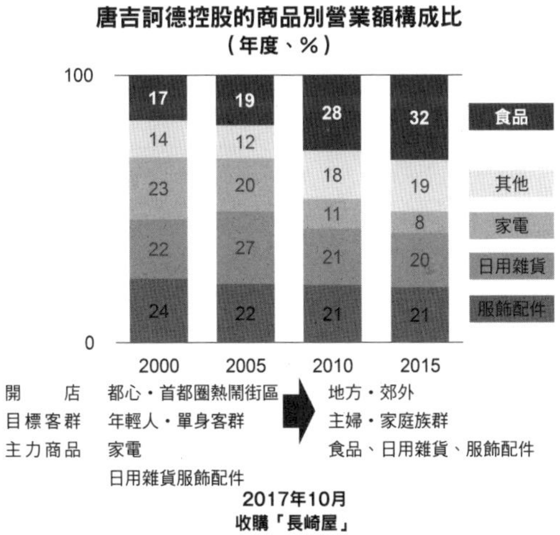

資料：根據ドンキホーテHD〈有価証券報告書〉，由BBT大學綜研製作

項就是吸引消費者的關鍵重點，也就是在壓縮陳列的各式各樣商品叢林中摸索探尋的樂趣。把店面塑造成娛樂設施這點就是唐吉訶德與其他零售業務型態的不同之處，而根據這個概念所做出的店面陳列與豐富品項就是該公司的強項（圖12）。

在都市的差異化戰略

在這單元我們來思考以娛樂性為主軸，在都市與地方進行差異化的戰略吧（圖13）。

首先是都市的部分，可以採取「加強既有路線」以及「加強小型店・EC（電子商務）」等兩種戰略。關於加強既有路線，就是以往唐吉訶德成立的都市大型量販店模式；加強小型店・EC方面，首先可以考慮收購百圓商店連鎖體系。百圓商店這種量販業務型態擁有探索豐富的單一價格商品的娛樂性，可以說與唐吉訶德的概念契合。都市的小型業務型態以百圓商店為主，目標是在居民的生活圈中展店；EC方面可嘗試直接運用唐吉訶德的「叢林」特徵，把這樣的特色套用在網購的網站上。該公司的商店擺設故意不把商品整齊排列，甚至連其他零售業者不會賣的角色扮演、派對用品等商品，這裡也都有豐富的品項可供選擇。消費者在店裡尋找商品的行為本身，就是採購的一種樂趣——現在就是把這樣的要素放入網購的頁面中。雖然網路上的購物網站不計其數，但如果把唐吉訶德特有的商品品項以及實體店面的氛圍帶到購物網站上，應該就能夠做出差異化。

圖9　在都心・首都圈擴大展店的同時，也陸續在地方擴大展店

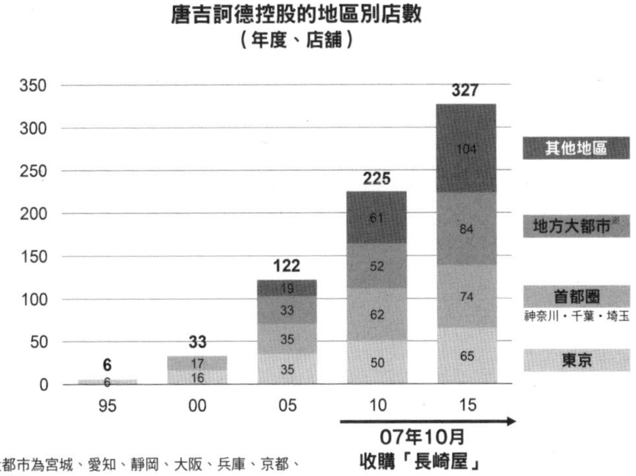

※地方大都市為宮城、愛知、靜岡、大阪、兵庫、京都、福岡的統計
資料：摘自ドンキホーテHD〈有価証券報告書〉、〈アニュアルレポート〉、〈株主通信〉，由BBT大學綜研製作

圖10　唐吉訶德從都心到地方都能夠展店，成長速度大幅領先各競爭對手

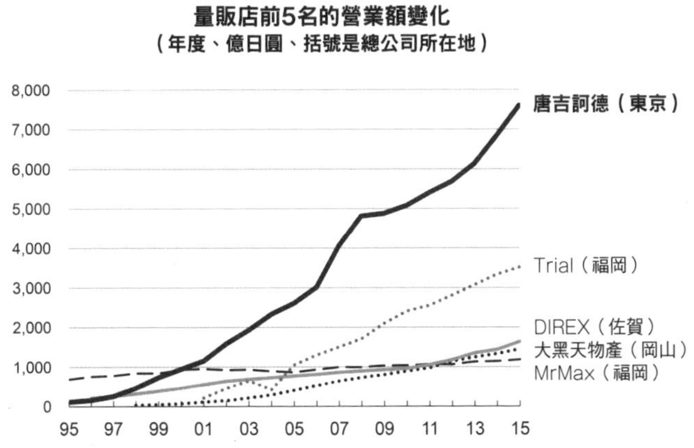

資料：摘自各公司決算資料、帝國DataBank、東京商工Research等，由BBT大學綜研製作

地方・偏鄉的差異化戰略

其次是在地方・偏鄉等地區進行「加強承租頂讓店面」以及「加強地方型娛樂店」等策略。以前各地方的郊外大型量販店非常興盛，車站前的商店街逐漸落寞，但是後來郊外型量販店也因為高齡化或家庭客群減少而逐漸縮小規模。由於這樣的歷史演變過程，地方上無論是車站前或郊外都有許多空屋。對於地方的量販業者而言，承租頂讓店面以大幅減少開店成本就成為重要的戰略。

舉例來說，何不把汽車用品店改造為「唐吉訶德風格」呢？最近汽車用品的銷售狀況不佳，所以市場上經常有連鎖業者想出讓店面或想轉換業務型態吧。市面上的汽車用品連鎖店中，Autobacs Seven與Yellow Hat等兩大連鎖企業約占八成市占率，幾乎呈現寡占現象。由於唐吉訶德與汽車用品店的客群多有重疊，所以改變業務型態後的店面，就可以輕鬆地直接保留汽車用品專區。又譬如地方上也有柏青哥店因客群流失導致歇業，也可以考慮把這樣的店面改造為「唐吉訶德風格」。柏青哥店是娛樂設施，地理條件與唐吉訶德極為類似，應該可以發揮其優點。

針對「加強地方型娛樂店」方面，可以收購在偏鄉地區成功建立二十四小時營業的大型量販店Makio公司，吸取他們的知識技術。Makio展店的地區雖然是鹿兒島縣阿久根市，是

圖11　地方上淨是實力堅強的同業；在都市裡，業務形態之間的競爭白熱化

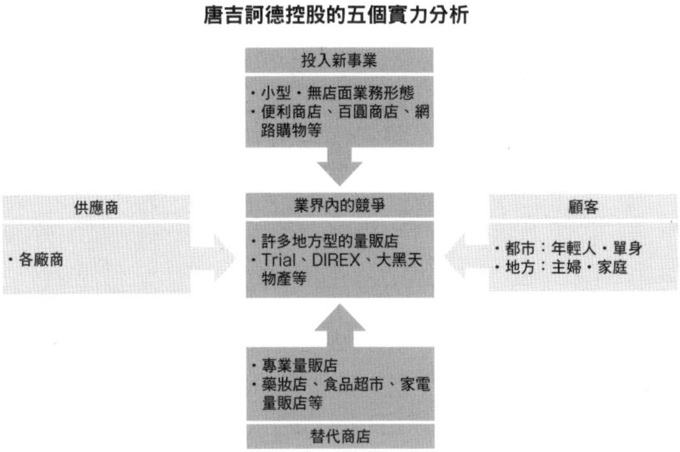

資料：由BBT大學綜研製作

圖12　以娛樂性的概念進行商品陳列與商品戰略為其強項

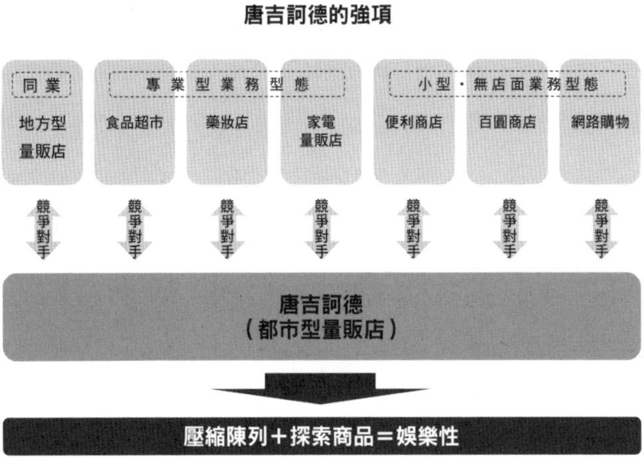

資料：由BBT大學綜研製作

居民戶數約一萬戶，人口約二萬的偏鄉地區。但是該公司以「正因為是偏鄉地區，所以更需要隨時都能購買、什麼東西都有的店」之概念，店裡陳列的品項超過三十萬件。唐吉訶德都市店的品項約為四萬～六萬件，可見Makio的規模之大。偏鄉地區這種二十四小時營業、什麼品項都有的量販店本身就可以說是一個大型的娛樂設施吧。由Makio的案例就可證明就算位於偏鄉地區，二十四小時營業的量販店也是可以成功的。

在地方展店的重要課題，就是如何處理食品這個吸引客群的關鍵品項。食品是回頭率高的商品，但依著處理方式的不同，有時候也可能會流失顧客。特別是生鮮食材方面，專營生鮮食品的超市本身競爭就非常激烈，是不容易維持收益率的領域。雖說唐吉訶德收購了長崎屋而獲得相關領域的知識技術，但其實長崎屋本來也是以經營服飾為主的超市，是因為食品領域的強化策略失敗才導致破產。如果考慮到這點，唐吉訶德最好集中在自己擅長的領域，至於食品方面就應該招攬擁有實績的專業人士來掌管，而不是由公司自己經營，然後再結合食品與娛樂性就可以了。

都市的大型店沿用既有路線，加強原有的優勢，同時小型業務型態則考慮收購百圓商店；EC方面以派對小物等唐吉訶德特有的商品品項為主，呈現實體店面中散發的娛樂性。地方市場方面可加強承租出讓店面，開設汽車用品或柏青哥店等型態相近的店；偏鄉地區可考慮收購已成功開設二十四小時營業的大型量販店的Makio公司。而地方店面的戰略商品，

圖13　以娛樂性的概念展開差異化戰略

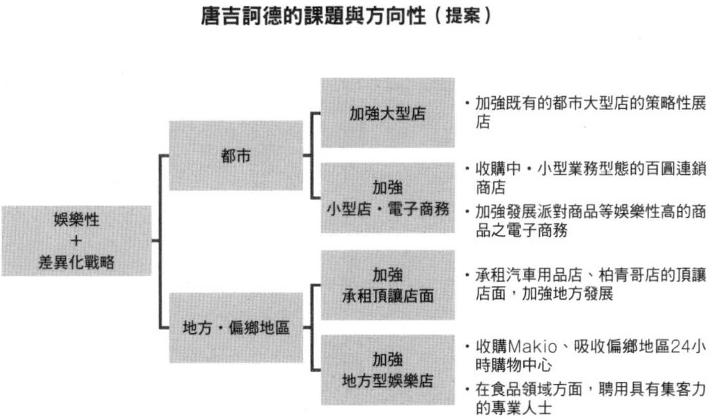
唐吉訶德的課題與方向性（提案）
娛樂性
+
差異化戰略
都市
地方・偏鄉地區
加強大型店
加強
小型店・電子商務
加強
承租頂讓店面
加強
地方型娛樂店
・加強既有的都市大型店的策略性展店
・收購中・小型業務型態的百圓連鎖商店
・加強發展派對商品等娛樂性高的商品之電子商務
・承租汽車用品店、柏青哥店的頂讓店面，加強地方發展
・收購Makio、吸收偏鄉地區24小時購物中心
・在食品領域方面，聘用具有集客力的專業人士

資料：由BBT大學綜研製作

也就是食品領域方面，應聘用擁有增加集客力的專業人士並嘗試融合唐吉訶德所具有的娛樂性。

就像這樣，以娛樂性為主軸，採取差異化戰略與競爭對手做出差異性。這個做法是我認為唐吉訶德應該採取的方向。

歸納整理

☑ 都市的大型店加強既有路線的優勢開店；小型店可考慮收購百圓商店；ＥＣ方面以派對小物等商品群為中心，重現娛樂性。

☑ 地方市場加強承租出讓店面，開設汽車用品店或柏青哥店等；偏鄉地區可考慮收購在偏鄉地區開立二十四小時大型量販店而獲得好評的Makio公司；食品領域方面聘用能夠增加客群的專業人士並嘗試結合娛樂性。

大前總結

壓縮陳列＋商品探索＝娛樂性。發展新路線同時保留公司原有的特色。

若想在業界內、外競爭激烈的市場中獲取更進一步的成長，差異化戰略是很重要的。高娛樂性是唐吉訶德的特有風格。採取運用此特徵的戰略，在都市・地方・ＥＣ等各面向重現娛樂性。

CaseStudy

4

松本清控股

挺身面對
超越業務型態的
「競爭白熱化」

假如你是**松本清**的社長，預測公司將跌落業界首位的寶座，你現在要如何擬訂新的成長策略？

※根據2017年1月進行的個案研究編輯・收錄

正式名稱	株式會社松本清控股
成立年份	2007年（創業於1932年）
負責人	代表取締役社長　松本清雄
總公司所在地	千葉縣松戶市
事業種類	零售業
事業內容	子公司的管理・統合以及商品採購・銷售
合併事業	藥妝店（藥品、化妝品、雜貨、食品、ＤＩＹ用品之銷售）
資本金額	220億5,100萬日圓（2016年3月期）
營業額	5,360億5,200萬日圓（2016年3月期）

陷於困境的國內最大藥妝店

起源於松戶的個人商店

這次要分析的是日本國內最大的藥妝店，松本清控股。

一九三二年，創辦人松本清在千葉縣松戶市開設了「松本藥鋪」，這是松本清公司的起源。一九五四年「松本藥鋪」改為法人公司，更名為「松本清藥店」，一九八七年在上野阿美橫店開立了如今的都市型藥妝店一號店，一九九五年藥妝店業績高居日本第一。進入二〇〇〇年代之後，與地區企業進行資本．業務合作並簽訂連鎖契約，採取擴大集團的戰略。二〇〇七年成立松本清控股至今，目前的社長松本清雄為創辦人松本清的孫子。

與第二名、第三名的永旺集團僅有些微差距

松本清控股擁有高知名度以及位居首位的營業額，但其實目前的地位已經岌岌可危。看圖1就可明白，目前該公司的營業額五千三百六十一億日圓，確實居日本首位，但是與第二名Welcia控股的五千二百八十四億日圓，以及第三名Tsuruha控股的五千二百七十五億日圓

圖1　目前雖居國內首位，但是前幾名的公司勢均力敵

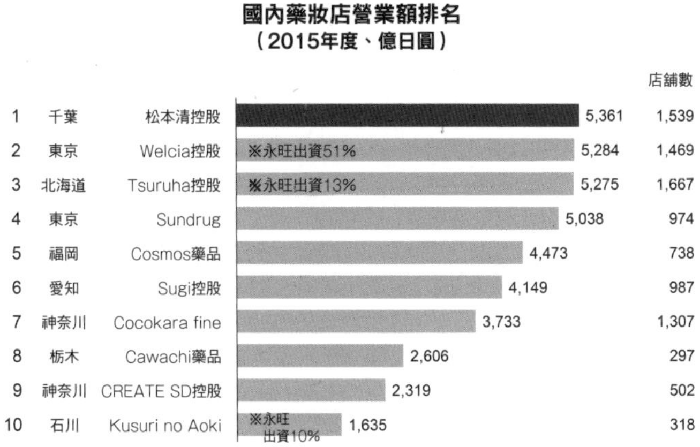
國內藥妝店營業額排名
（2015年度、億日圓）
店舖數
1 千葉 松本清控股 5,361 1,539
2 東京 Welcia控股 ※永旺出資51% 5,284 1,469
3 北海道 Tsuruha控股 ※永旺出資13% 5,275 1,667
4 東京 Sundrug 5,038 974
5 福岡 Cosmos藥品 4,473 738
6 愛知 Sugi控股 4,149 987
7 神奈川 Cocokara fine 3,733 1,307
8 栃木 Cawachi藥品 2,606 297
9 神奈川 CREATE SD控股 2,319 502
10 石川 Kusuri no Aoki ※永旺出資10% 1,635 318

資料：摘自各公司決算資料、ダイヤモンド・ドラッグストア〈ドラッグストアブック2016〉2016年8月号、日本ホームセンター研究所（HCI）〈ドラッグストア経営統計2017〉等，由BBT大學綜研製作

圖2　超市與百貨公司業績低迷，藥妝店與便利商店、網購等領導零售市場

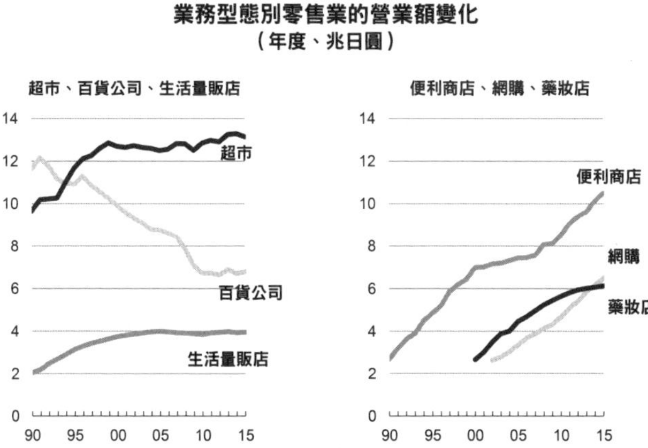
業務型態別零售業的營業額變化
（年度、兆日圓）
超市、百貨公司、生活量販店
超市
百貨公司
生活量販店
便利商店、網購、藥妝店
便利商店
網購
藥妝店
14
12
10
8
6
4
2
0
90 95 00 05 10 15

資料：摘自経済産業省〈商業動態統計〉、日本チェーンドラッグストア協会〈日本のドラッグストア実態調査2015年度〉日本DIY協会統計、日本フランチャイズチェーン協会統計、日本通信販売協会統計，由BBT大學綜研製作

都只有些微差距，店鋪數也相去不遠。更進一步來說的話，Welcia與Tsuruha都隸屬永旺集團，如果合併計算兩家公司的營業額與店數，當然就超過松本清了。第四名的Sundrug營業額也超過五千億日圓，店數接近一千家，與上述各家公司不相上下。

競爭激烈的業界正進行重整與集團化

與低迷的綜合零售業相反，引領著零售市場

接下來，我們從業務型態別來看看日本國內零售市場的變化吧（圖2）。關於各種業務型態的銷售額變化，百貨公司從一九九二年度達到巔峰之後，至今銷售額幾乎腰斬，雖然超市還維持穩定的銷售額，但如果看商品的詳細內容，就會發現都是飲料．食品的營業額支撐著服飾、家電、家具所減少的部分。也就是說，綜合超市（GMS）是以食品專賣的業務型態維持銷售額。從這些綜合零售業務型態奪走市場的，就是主要幹道旁的專業量販店的業務型態，專業量販店特別區分了家電、服飾、家具、DIY用品等特定領域。不過，家電量販店等也因為網購抬頭，所以又把業務型態改為展示型態（在店內看商品實物，然後透過網路下單購買的購物模式）。就像這樣，業界又開始進行重整。另外，低價銷售DIY用品與日用品而

成長的生活量販店從二〇〇〇年代後半開始，銷售額就呈現低迷不振的現象。比起在主要幹道旁的大型專業量販店統一採購購買頻率高的日用品，或每天進貨的生鮮食品，可頻繁進出且離生活圈近的小型店鋪需求變得越來越高。由於這樣的背景，現在就變成由便利商店、網購以及藥妝店業務型態領導零售市場。

業界的重整與寡占持續進行

只是這幾年來，藥妝店市場的成長速度也開始趨緩。二〇〇〇～二〇〇九年，每年以七・四%的速度成長的市場規模，從二〇一〇年以後，降為年增率一・四%。另外，企業數量在二〇〇四年的六百七十一家到達最高峰，之後便持續下降，到了二〇一五年時只剩四百四十七家，不到高峰時期的七成（圖3）。

企業數量不斷減少的原因之一，是每年持續進行業界重整。藥妝店前十名的公司之市場集中率在二〇〇〇年為二九%，後來這個比率逐漸提高，到了二〇一五年度竟達到六五%（圖4）。預估這樣的傾向在今後也會持續進行。一般認為零售業是靠規模經濟運作，零售業的規模經濟特別是透過集中採購以達到降低成本的效果。銷售規模越大，與廠商談判時越有利，在進貨成本或研發自有品牌方面就能夠以有利的條件交易。因此，擴大規模與寡占業界市場，就成為零售業者的重要課題。

從業務型態別就可看出便利商店的寡占情況最為顯著，在十・一兆日圓的市場規模中，前三名的三家公司占了八成的市占率。同樣地，永旺等公司的GMS前六名、家電量販店與量販店的前七名，各占整體的八成市占率，寡占情況持續進行。相較之下，藥妝店則是由前二十一家公司占市場的八成，可知目前正激烈進行業界重整與集團化（圖5）。

兩大連鎖加盟系統的衰退與企業集團的抬頭

在藥妝店業界的黎明期，也就是一九七〇年時，小規模的藥局・藥店聚集形成兩個連鎖加盟系統，分別是「All Japan Drag（AJD）」以及「日本Drag Chain（NID）」。所謂連鎖加盟就是加盟店一邊保有經營的獨立性，同時也共同進貨或共同進行商品研發的合作團體。一九九〇年代，藥妝店業界進入成長期，連鎖加盟店之間的競爭變得激烈，組織的影響力逐漸弱化。取代此連鎖加盟的是以大型企業為主，以資本關係、業務合作以及連鎖契約為主軸的企業集團影響力增大，同時也主導業界重整。以下我們來看看相關的企業集團。

藥妝店業界的三個主要企業集團

目前，藥妝店業界中最大的企業集團就是永旺集團。如前提過的，該集團也對業界第二名的Welcia控股與第三名的Tsuruha控股各出資五〇％、一三％。其他也投資Medical一

圖3　近年來藥妝店市場成長停滯，企業整合持續進行

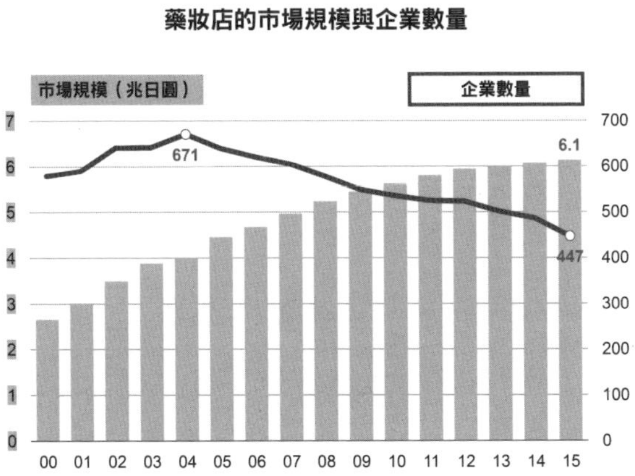
藥妝店的市場規模與企業數量
市場規模（兆日圓）
企業數量
7
6
5
4
3
2
1
0
700
600
500
400
300
200
100
0
671
6.1
447
00 01 02 03 04 05 06 07 08 09 10 11 12 13 14 15

資料：摘自日本チェーンドラッグストア協会〈日本のドラッグストア実態調査2015年度〉，由BBT大學綜研製作

圖4　每年業界持續整合，居上位者的集中程度提高

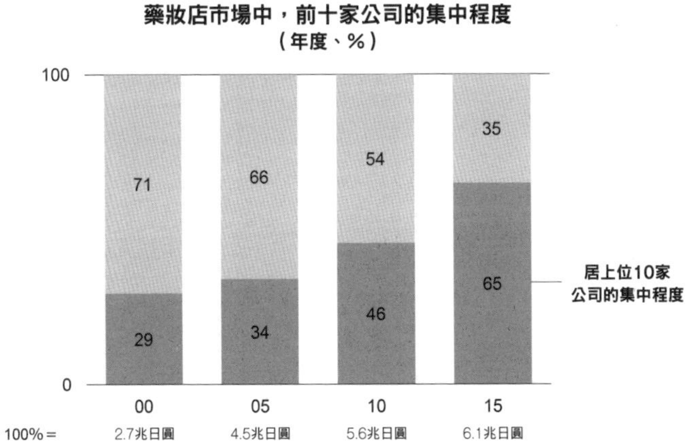
藥妝店市場中，前十家公司的集中程度
（年度、%）
100
0
71
29
66
34
54
46
35
65
居上位10家
公司的集中程度
00
05
10
15
100%＝
2.7兆日圓
4.5兆日圓
5.6兆日圓
6.1兆日圓

資料：摘自日本チェーンドラッグストア協会〈日本のドラッグストア實態調査2015年度〉、日経MJ〈日本の專門店調查〉、各公司決算資料，由BBT大學綜研製作

光、Welpark、ZAGZAG、Kusuri no Aoki等公司，利用與這些公司的資本合作關係為軸心，形成共同採購的「HapYcom」集團。在二〇一六年二月的時間點上，共有三十一家公司加盟此集團，總店數達四千七百四十四家，總營業額雖然未公開，不過至少也超過一兆日圓。永旺本身在過去的歷史上就曾經發展過地區超市的共同採購集團，也就是JUSCO（Japan United Stores COmpany），成為日本國內最大的通路集團。當GMS業務型態低迷，便利商店業務型態也不敵三家大型公司的情況下，永旺集團便傾注全力在藥妝店的業務型態，力圖擴大集團規模達到業界第一（圖6）。

規模僅次於永旺體系「HapYcom」的大型企業集團就是松本清集團。

松本清控股自從二〇〇〇年代以來，就持續收購地方的中型藥妝店以擴大集團規模。收購的企業分布在日本全國七大地區，配合各地區的實際情況採取最適當的採購內容，並進行有效的店面營運，這是松本清的經營特徵（圖7）。

除此之外，業界第七名的Cocokara fine以及Kokumin等公司參加的共同採購集團，總共有十家加盟公司，形成總營業額達五千一百五十三億的「WIN Group」（二〇一六年三月底的時間點）。業界第四名並以首都圈為根據地的Sundrug加強地方市場的發展，收購了在量販店業務型態中位居第三，並以九州為根據地的DIREX。業界第十一名的富士藥品的祖業是在富山經營配藥銷售，也參與藥品的製造，一九九五年投入藥妝店，形成一個在全國開立

圖5　通常零售業是靠規模經濟運作，所以持續進行寡占是公司應面對的課題

在業務型態別的市場規模中，達成集中程度80%所需的企業家數

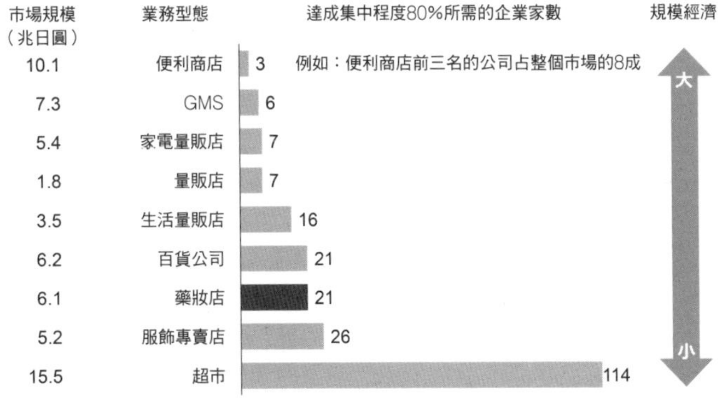
市場規模（兆日圓）
業務型態
達成集中程度80%所需的企業家數
規模經濟
10.1 便利商店 3
例如：便利商店前三名的公司占整個市場的8成
7.3 GMS 6
5.4 家電量販店 7
1.8 量販店 7
3.5 生活量販店 16
6.2 百貨公司 21
6.1 藥妝店 21
5.2 服飾專賣店 26
15.5 超市 114
大
小

※藥妝店是根據日本連鎖藥妝店協會的數字，由BBT大學綜研算出，其他為《DIAMOND Chain Store》雜誌的推算

資料：摘自ダイヤモンド チェーンストア〈日本の小売業1000社ランキング〉2016年9月15日号，由BBT大學綜研製作

圖6　永旺建立一個共同採購集團「HapYcom」，集團總營業額超過1兆日圓

藥妝店業界的主要集團①
～HapYcom集團～

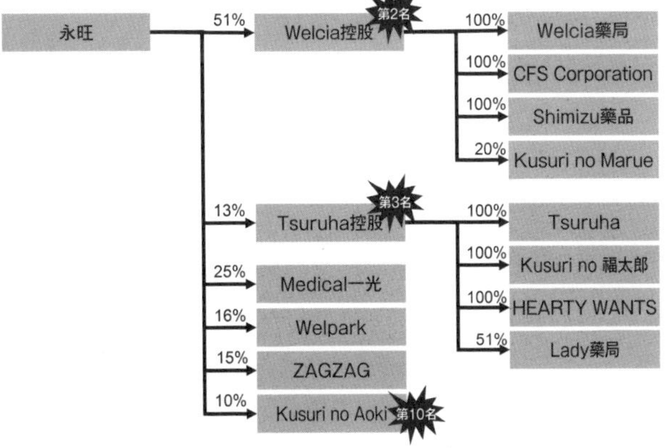
永旺
51%
Welcia控股
第2名
100%
Welcia藥局
100%
CFS Corporation
100%
Shimizu藥品
20%
Kusuri no Marue
13%
Tsuruha控股
第3名
100%
Tsuruha
100%
Kusuri no 福太郎
100%
HEARTY WANTS
51%
Lady藥局
25%
Medical一光
16%
Welpark
15%
ZAGZAG
10%
Kusuri no Aoki
第10名

資料：摘自各公司決算資料、ダイヤモンド ドラッグストア〈ドラッグストアマーケットブック2016〉2016年8月号、日本ホームセンター研究所（HCI）〈ドラッグストア経営統計2017〉等，由BBT大學綜研製作

一千二百家店的富士藥品藥妝集團（圖8）。

各業務型態的「各項優點」是成長主要因素

根據地區特性採取不同的商品戰略・開店戰略

前面介紹了整體業界的動向，接下來我們來比較競爭大企業的商品戰略與展店戰略，並分析其特徵。

日本連鎖藥妝店協會的業界團體雖然沒有制定明確的定義，不過對於藥妝店則定義為「買賣藥品、化妝品，以及家庭日用品、文具、底片、食品等日用雜貨的商店」，並且把買賣的商品分為「藥品」、「化妝品」、「日用品」、「食品・其他」等四類進行統計。二〇一五年度，業界整體的商品別營業額構成比為「藥品」三二・一%、「化妝品」二一・二%、「日用品」二一・五%、「食品・其他」二五・二%。

圖9是各上市藥妝店公司的商品別營業額構成比的比較。

各位看到此圖應該就明白，以大都市為根據地的企業之化妝品與藥品的銷售比率較高，以地方城市為根據地的企業則以食品與日用品的銷售比率較高。藥品本來就不是購買頻率高

圖7　松本清也進行中型藥妝店的併購

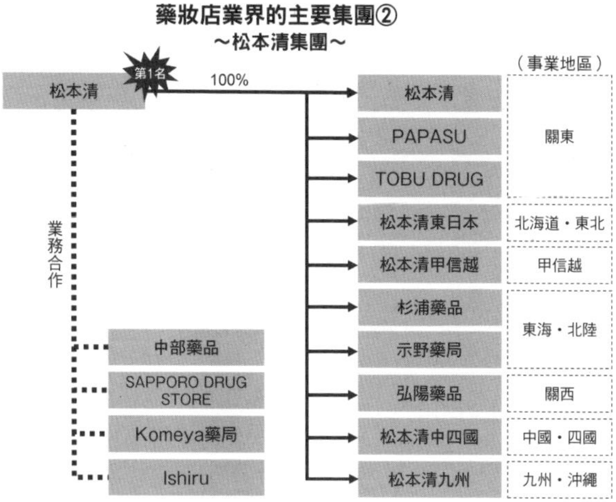

資料：摘自各公司決算資料、ダイヤモンド ドラッグストア〈ドラッグストアマーケットブック2016〉2016年8月号、日本ホームセンター研究所（HCI）〈ドラッグストア経営統計2017〉等，由BBT大學綜研製作

圖8　以大公司為核心，發展為集團組織

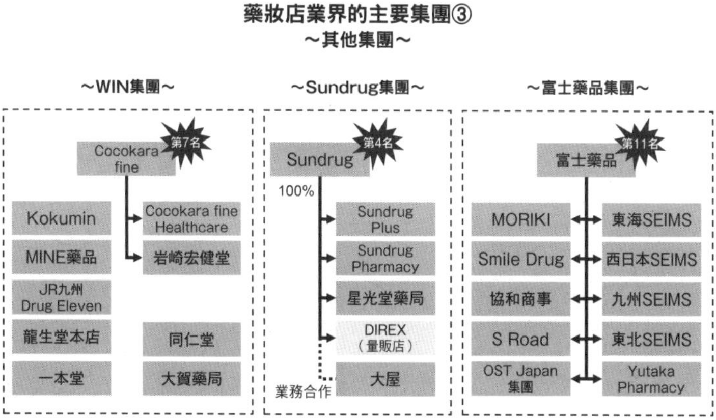

資料：摘自各公司決算資料、ダイヤモンド ドラッグストア〈ドラッグストアマーケットブック2016〉2016年8月号、日本ホームセンター研究所（HCI）〈ドラッグストア経営統計2017〉等，由BBT大學綜研製作

的商品，因此各藥妝店採取的戰略是除了藥品之外，也會販賣每天生活中的必需品，藉此提高消費者的來店頻率。在女性就業率高的都市中，化妝品的需求高，相反地全職主婦多的地方城市，食品與日用品的需求就高。以首都圈都市為主發展的松本清所銷售的化妝品占整體將近四成，藥品約占三成，日用品與食品則只有少數。以地方為根據地的Cosmos藥品、GENKY、Cawachi藥品等都是以食品為銷售主力，食品與日用品占七成，化妝品則僅有一成左右。

如果仔細觀察大型藥妝店的展店區域，會發現松本清控股有接近五成的店都集中在首都圈（圖10）。關東・甲信越（註：指山梨縣、長野縣、新潟縣等三縣，為舊稱甲斐、信濃、越後的簡稱）占一四％，九州・沖繩占一一％，其他地區的比率則低於一〇％。可以說該集團的發展是以銷售化妝品為主的都市型商店吧。

超越業務型態的激烈競爭

如果要用一句話形容藥妝店，可以說就是「鎖定藥品・美容・日用品・食品且接近生活圈的量販店」。藥妝店有以下幾個特徵，首先是與超市、便利商店、量販店、生活量販店等各類業務型態進行部分競爭，同時也鎖定藥品・美容・日用品・食品等加強各種品項，在這點與超市或量販店做出差異；再者是折扣銷售這點與便利商店不同，但是跟生活量販店相

圖9　松本清控股都市型店的特徵，以粉領族為目標客群，化妝品品項豐富

上市藥妝店之商品別營業額構成比
（2015年度、%）

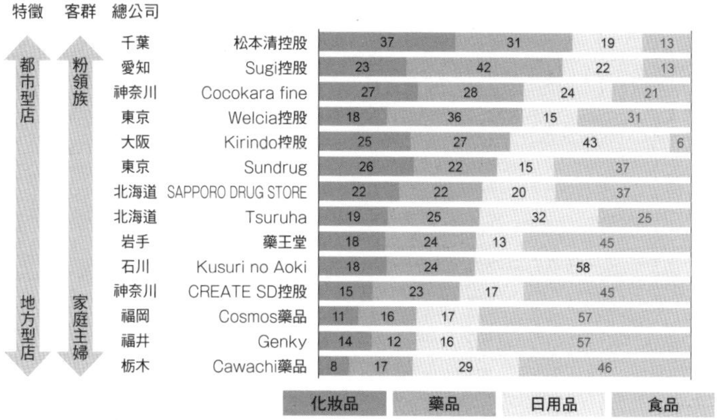

※小數點以下四捨五入，所以總額不會剛好100%
資料：摘自各公司決算資料，由BBT大學綜研製作

圖10　松本清控股有接近5成的店在首都圈內

大型藥妝店地區別的展店比率
（2015年度、%）

	松本清	Welcia	Sundrug	Tsuruha	Sugi	Cosmos	Cocokara fine
北海道・東北	6	2	10	46	–	–	3
關東・甲信越	14	22	11	5	4	–	6
首都圈	48	39	33	19	21	–	27
北陸	3	3	–	–	–	–	–
東海	6	17	7	–	41	1	16
近畿	8	16	9	3	35	9	28
中國・四國	4	–	6	27	–	26	11
九州・沖繩	11	–	24	–	–	64	7
100%＝	1,539家	1,469家	974家	1,667家	987家	738家	1,307家

資料：摘自各公司決算資料，由BBT大學綜研製作

比，卻又更接近居民生活圈。總而言之，藥妝店的業務型態具備了各業務型態的「多項優點」，可以說這也是該業界成長的主要因素。

不過，現在藥妝店市場的成長已經開始出現停滯，若想追求更進一步的成長，必須更深入經營超市或便利商店等其他業界擅長的領域。另外，其他業界其實也開始試圖投入藥品界的領域，超越業務型態的競爭更加白熱化。因此，藥妝店必須與其他業界做出差異化，例如附加調製藥局等功能，藉以強化專業領域（圖11）。

與其他公司合作以強化國內外市場

課題是追求規模經濟以及與其他業務型態做出差異

以下整理松本清控股的現狀與課題。

看看藥妝店的「市場環境」，可以看出藥妝店在零售市場中是成長的業務型態，與便利商店、網購共同領導市場。不過，近年來營業額達到六兆日圓左右的市場逐漸開始出現成長遲緩的情況。另外，跟便利商店或GMS等業務型態相比之下，居上位的企業的市場寡占率還很低。

圖11　為了避免與超市、便利商店競爭，未來的課題是提高專業性以做出差異

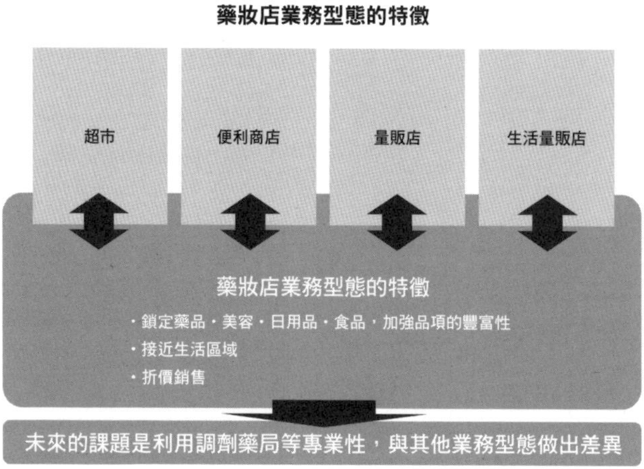
藥妝店業務型態的特徵
超市
便利商店
量販店
生活量販店
藥妝店業務型態的特徵
・鎖定藥品・美容・日用品・食品，加強品項的豐富性
・接近生活區域
・折價銷售
未來的課題是利用調劑藥局等專業性，與其他業務型態做出差異

資料：摘自各種文獻，由BBT大學綜研製作

關於「競爭對手」方面，松本清控股雖然位居業界龍頭寶座，但是與前幾名的各家企業不相上下，特別是與第二名的Welcia控股、第三名的Tsuruha控股幾乎沒有什麼差距。前幾名的幾家公司也聯手合作以形成共同採購集團。另一方面，與超市、便利商點、量販店、生活量販店等超越業務型態的競爭也越來越激烈。

關於「公司情況」，松本清控股具有在首都圈發展的優勢，以都市型店鋪為主。特色是以粉領族為目標客群，所以化妝品或藥品的商品品項非常齊全。

在這樣的現狀中，公司面臨的課題是「透過併購追求規模經濟」以及「透過專業性與其他業務型態做出差異」（圖12）。

首要戰略是併購或形成共同採購集團

我們來一一檢視各個戰略吧（圖13）。

首先是關於「透過併購追求規模經濟」。如果併購不容易做到，可以先密集地擴大共同採購集團。透過這樣的做法，採購集團的成員可以獲利，接著再以此為主軸進行併購。如前面介紹過的，松本清控股的店面都集中在首都圈，相形之下，地方展店就不是該公司的強項，這方面就要與合得來的企業聯手合作。在都市地區如果能跟與自家公司類似投資組合的企業合作是最好的；在地方上，則以併購擅長食品或日用品的公司為目標。就像這樣，應該根據各地區的需求做出不同的因應對策。另外，把地方上的中型食品超市簽為連鎖店，或者也可以在超市賣場的一角或隔壁開店。

如果集團規模變大，應該就能夠加強與廠商的談判能力，而能夠建立以更便宜的價格銷售更好商品的系統。如果與廠商談判的實力越強，也就越容易進行自有品牌的研發。自有品牌的商品比一般商品的利潤更高，所以應該提高銷售自有品牌的比率以提高收益率。

與調劑藥局合作或併購，追求專業性

另一個戰略「透過專業性與其他業務型態做出差異」，可以考慮進入調劑藥局的領域。

圖12 未來的課題是透過併購追求規模經濟，透過專業性與其他業務型態做出差異

松本清控股的現狀與課題

	現狀	課題
市場環境	• 藥妝店在零售業界屬於成長的業務型態 • 營業額在6兆日圓左右，成長遲緩 • 與其他業務型態相比，居前幾名的企業之市場寡占程度低	• 透過併購追求規模經濟 • 透過專業性與其他業務型態做出差異
市場環境	• 前幾名的集團勢均力敵 • 由居上位的公司主導整合以形成採購集團 • 與超市、便利商店、量販店、生活量販店的部分業務相互競爭	
公司情況	• 特色是都市型店，強項是在首都圈開店 • 以粉領族為目標客群，化妝品・藥品品項豐富	

資料：由BBT大學綜研製作

圖13 以共同採購集團為主軸進行併購，考慮與大型調劑藥局合作・併購

松本清控股的方向（提案）

透過併購追求規模經濟	• 以共同採購集團為主軸，進行併購 • 透過集中採購，加強與廠商的談判能力 • 提高自有品牌的商品比率，拉高收益率
透過專業性與其他業務型態做出差異	• 投入調劑藥局領域 • 考慮與日本調劑或AIN控股合作、併購 • 考慮投入照護領域

資料：由BBT大學綜研製作

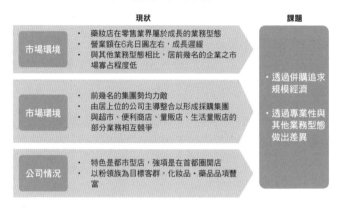

在競爭激烈的零售業中，若想與其他業務型態做出差異，提高專業度是可以考慮的方法之一，既然是銷售藥品的藥妝店，最有效的選項應該就是附加調製藥局的功能吧。

在藥妝店銷售的藥品稱為非處方藥（ＯＴＣ），基本上任何人都可購買，而調製藥局賣的是醫療用藥品，藥師必須根據醫師處方箋來準備藥品。調製藥局的市場規模約有七兆二千億日圓，比藥妝店業界還大。另外，連此業界首位的ＡＩＮ控股公司的市場占有率也只有二・九％，業界尚未進行彙總整合。藥妝店若想新增調劑功能，必須與調劑藥局聯手合作才行，可以考慮與大型連鎖的日本調劑公司或ＡＩＮ控股合作或進行併購。還有，這樣的戰略應該也把發展至今的照護領域列入考量範圍。

加強盡可能壓低進貨價格的戰略，對於出貨廠商而言，這是如「地獄」般的戰略，但是對於藥妝店而言，則是生死存亡的問題。就算同樣是零售業，便利商店的業務型態基本上是採用定價銷售，而不是以價格競爭。便利商店這種業務型態追求的是如何在小空間追求最大的使用坪效，店面的陳列或店內空間的動線都經過綿密的計算，同時也可以說是靠系統取勝，例如根據ＰＯＳ資訊進行商品管理，以及支援的物流網等。相對於此，藥妝店若想存活、成長，便宜進貨、廉價銷售的策略就非常重要了。

因此，藥妝店必須採取併購戰略。如果不容易做到這點，就把形成・擴大共同採購集團列為第一要務。以前大榮超市曾經形成一個大規模集團，被稱為「橘色帝國」，松本清控股應該也要一樣，把四倍營業額，也就是二兆日圓規模的集團視為努力的目標。永旺集團目前已經達到一兆日圓規模，松本清控股必須加緊腳步做出因應對策。雖然成長停滯，但是藥妝店的市場規模還有六兆日圓左右，我認為還有充分發展的空間。

業界第二名、第三名的公司因為隸屬永旺集團，所以實質上永旺已經居於首位，松本清控股的衰弱只是遲早的問題。如果不容易與其他企業進行併購，那就建立一個比永旺集團更大的共同採購集團追求規模經濟，另一方面則是追求專業性，與其他業務型態做出差異化，從兩個面向追求成長。這是我認為松本清控股應該採取的戰略。

歸納整理

- ☑ 為了追求規模經濟，形成共同採購集團，以此為主軸促進日後的併購，並且藉此實現集中採購，加強與廠商的談判能力。另一方面提高自有品牌的商品比率，拉高收益率。
- ☑ 為了與其他業務型態做出差異，應該追求專業性。可考慮與日本調劑公司或AIN控股合作或併購，伺機進入調劑藥局領域。另外也可考慮進入照護領域。

大前總結

市場成長已呈現停滯。若想更進一步追求成長，要挑戰進入其他業務型態擅長的領域。

超越超市、便利商店、量販店等業務型態的競爭越來越激烈。必須從「追求規模經濟」與「追求可差異化的專業性」等兩方面思考成長戰略。兩種戰略都以合作或併購為思考主軸，從兩個面向追求成長。

CaseStudy

5

MonotaRO

數位時代的「平台」戰略

假如你是**MonotaRO**的社長，在亞馬遜等平台擴大銷售相關商品的情況下，你對未來要採取什麼樣的戰略？

※根據2016年2月進行的個案研究編輯．收錄

正式名稱	株式會社MonotaRO
成立年份	2000年
負責人	代表執行役社長　鈴木雅哉
總公司所在地	兵庫縣尼崎市
事業種類	零售業
事業內容	針對企業客戶銷售工廠・工事用的間接材料
資本金額	19億745萬日圓（2015年12月底）
營業額	575億6,376萬3,000日圓（2015年12月期）
員工人數	1,105人（包含兼職・派遣員工）（2015年12月）

利用「長尾」的強項，以年增率七二%的速度成長

住友商事與美國MRO大廠Grainger合併而成立

MonotaRO這家公司是為了發展MRO BtoB網購事業而成立。二〇〇〇年創立於兵庫縣尼崎市，二〇一五年十二月期的營業額為五百七十六億日圓。所謂MRO指企業採購・調度公司所需的備品與消耗品，MonotaRO公司的主要銷售項目是製造業、建設業、汽車維修業等業界使用的工具、零件以及消耗品等品項。

MonotaRO最早是由日本住友商事與美國MRO大型銷售公司，也就是Grainger合併成立「住友Grainger」（圖1）。二〇〇六年二月改名為MonotaRO之後，成立了針對個人消費者的購物網站，同年十二月在日本東京證券交易所的創業板Mothers上市。到了二〇〇九年九月，透過美國Grainger的股票公開買賣（TOB），MonotaRO成為該公司的子公司，並改在東證一部（註：日本東證指數分為一部（大型公司）、二部（中小型公司），以及創業板（高成長新創公司））上市。MonotaRO最近也投入農業資材・廚房用品・醫療・照護用品等領域。

還有，該公司現在跟住友商事已經沒有資本關係。

圖1 MonotaRO由日本住友商事與美國MRO大型銷售公司Grainger合併成立，目前為Grainger的子公司

MonotaRO的沿革

2000年10月	**住友商事與美國Grainger合併，成立住友Grainger**
2001年11月	開始ＭＲＯ網購事業
2006年2月	**更改公司名稱為MonotaRO**
6月	成立針對個人消費者的購物網站
12月	在東證創業板Mothers上市
2008年5月	投入汽車維修用品領域
2009年9月	**藉由美國Grainger的股票公開買賣，成為該公司的子公司**
12月	改在東證一部上市
2014年5月	投入農業資材・廚房用品領域
2015年5月	投入醫療・照護用品領域

※目前與住友商事無資本關係

資料：摘自MonotaRO（沿革），由BBT大學綜研製作

圖2 會員帳號有178萬筆，買賣的商品項目達900萬個品項（2015年12月底）

MonotaRO的會員帳號與買賣商品項目

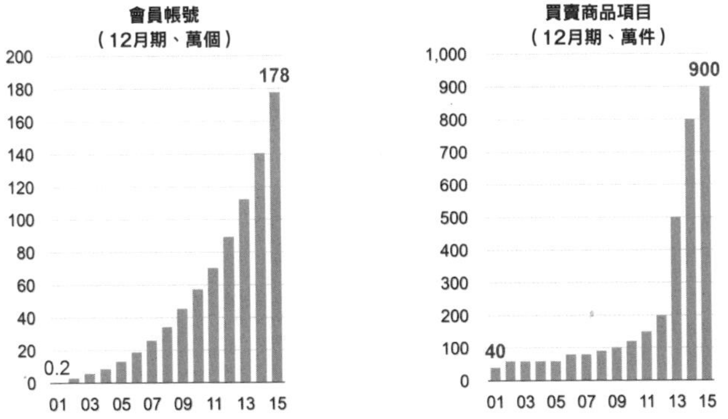

資料：摘自決算說明会資料、各媒體報導，由BBT大學綜研製作

自從轉虧為盈之後，幾乎一直保持增收增益的狀態

直到二〇一五年底，MonotaRO的會員帳號有一百七十八萬筆，網站提供的商品項目多達九百萬個品項（圖2）。MonotaRO不只銷售暢銷商品，透過所謂的「長尾理論」（註：只要通路夠大，就算是非主流、需求量小的商品「總銷量」也能夠與主流、需求量大的商品銷售量抗衡），也大幅納入銷售頻率低的小眾利基商品。利用這樣的銷售手法預防機會損失，也拉高整體的營業額。就算是小眾的利基商品，也一定能夠在MonotaRO的購物平台找到，藉此獲得消費者的信賴。可以說，長尾理論是MonotaRO的強項。

其次來看看此公司的業績變化吧（圖3）。營業額以年平均成長率七二%的速度成長。從創業後一直到第五年為止，每年的營業利益、純利益都是虧損，但是到了二〇〇五年，兩個數字都轉虧為盈。從那之後，幾乎一直保持增收增益的狀態，到了二〇一五年，純利益達到四十四億日圓。

MonotaRO的主要客戶是中小企業。就如[圖4／MonotaRO的客戶之員工規模分布]所示，有超過八成的企業客戶是員工少於一百人以下的公司，超過六成的企業客戶是員工少於三十人的公司。

針對大企業的MRO通路方面，通常企業客戶會向專營公司大量採購一定量的商材。商

圖3　營業額以年增率72%的速度成長，創業第5年轉虧為盈，從此幾乎維持增收增益的狀態

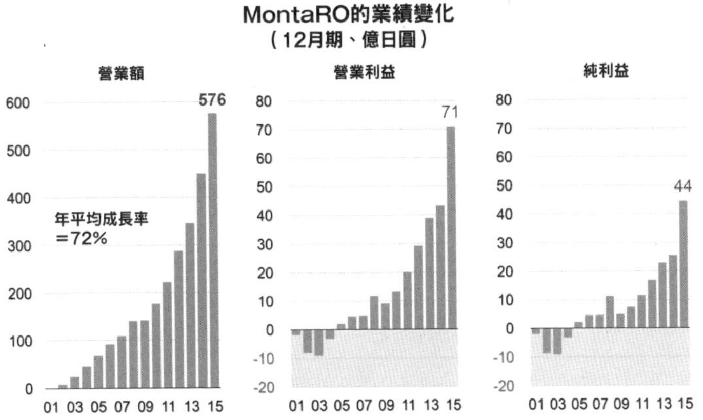

※2010年12月期以前為獨立金額，2011年12期以後為合併金額
資料：摘自決算説明会資料、SPEEDA，由BBT大學綜研製作

圖4　MontaRO對中小規模企業提供一個帳號・一個價格的服務，藉此做出差異化

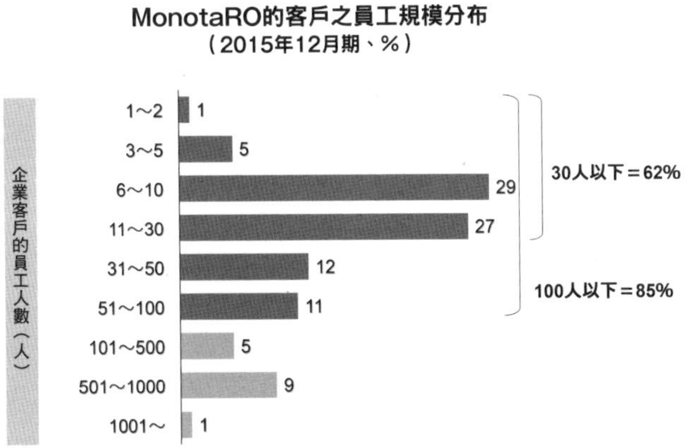

資料：摘自決算説明会資料，由BBT大學綜研製作

品單價會依採購量而有所變動。一般來說，採購量越多折扣比率就越高。然而，中小規模企業的需求沒有大到能靠購買量獲得折扣，主要的採購模式都是發現庫存不足後再來採購。對於這類中小企業而言，有需求時能夠在一個地方．以一個價格購買需要量的MonotaRO就非常方便。MonotaRO就是這樣掌握了中小企業的需求，自然能順利提高營業額。

大公司占有大半營業額，成長空間大的MRO市場

市場規模大，MRO網購的潛在需求高

MRO市場的規模其實非常大，根據該公司的試算結果，市場規模估計至少有五兆日圓，如果依照業界別累積計算市場規模，可以達到十兆日圓（圖5）。

不過，由於MRO大部分都是以大型專營公司為主的面對面銷售，因此可以說，作為替代管道的網購市場，還有非常大的成長空間。

我們來看看BtoB網購的現狀吧（圖6）。占整體網購市場第一名的是銷售辦公室用品的ASKUL。如果只鎖定MRO企業，第一名是MISUMI集團總公司，MonotaRO則居第二位。不過，MISUMI集團總公司的營業額是二千零八十六億日圓，與僅有五百七十六億日

圖5　MRO的市場規模大，網購取代面對面銷售的型態，還有很大的成長空間

MRO的市場規模

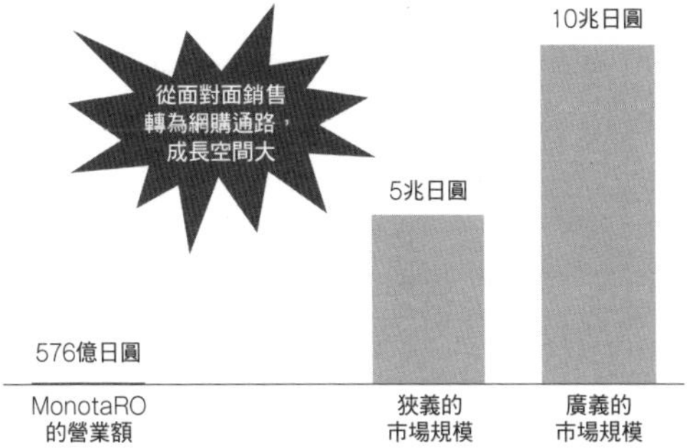
從面對面銷售
轉為網購通路，
成長空間大
10兆日圓
5兆日圓
576億日圓
MonotaRO
的營業額
狹義的
市場規模
廣義的
市場規模

※MonotaRO推估

資料：摘自決算說明会資料，由BBT大學綜研製作

圖6　B to B的MRO網購市場中，MISUMI集團總公司最大，MonotaRO居第2

以B to B網購為主的公司營業額排名

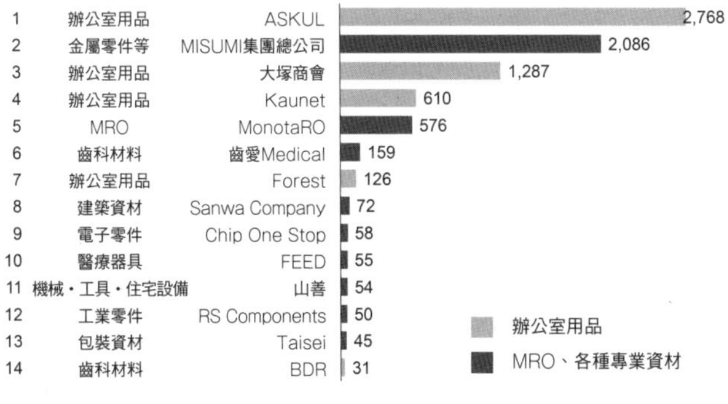
1 辦公室用品 ASKUL 2,768
2 金屬零件等 MISUMI集團總公司 2,086
3 辦公室用品 大塚商會 1,287
4 辦公室用品 Kaunet 610
5 MRO MonotaRO 576
6 齒科材料 齒愛Medical 159
7 辦公室用品 Forest 126
8 建築資材 Sanwa Company 72
9 電子零件 Chip One Stop 58
10 醫療器具 FEED 55
11 機械・工具・住宅設備 山善 54
12 工業零件 RS Components 50
13 包裝資材 Taisei 45
14 齒科材料 BDR 31
辦公室用品
MRO、各種專業資材

※只使用MonotaRO 2015年12月期的數值

資料：摘自株式会社通販新聞社《第65回 通販 通教売上高ランキング》2016/1/7，由BBT大學綜研製作

圓的MonotaRO有相當大的差距。

媒介MRO市場的專營公司角色

MonotaRO的主力事業是針對企業的MRO網購事業。MRO業界從來沒有針對個人買賣商材的網購業者投入，這是因為MRO也分為各種業界如製造業、建築．土木等，每種商品的供應商也不一樣。所以如果不是專營公司是無法投入這個業界的（圖7）。

某種意義來說，MRO銷售的既是特殊商品，品項也非常多。若是這樣的情況，針對個人消費者的網購業者就不容易投入MRO市場。

目前，在MRO市場中，占大多數營業額的是以面對面交易為主的大型專營企業。

看圖8就可明白，MRO業界的龍頭YUASA商事、第二名山善的營業額都超過四千億日圓，是MonotaRO五百七十六億日圓的七倍以上。第三名是MISUMI集團總公司，第四名是TRUSCO中山。YUASA商事、山善、TRUSCO中山都是以面對面交易為主的專營公司。

這些能夠以數量折扣為武器的大型專營公司與大企業客戶建構了獨特的交易網絡，因而達到高營業額的目標。

圖7　MRO市場中，專營商社的主要任務是連結各類需求與各種商品的供應商，針對個人消費的網購業者不易投入

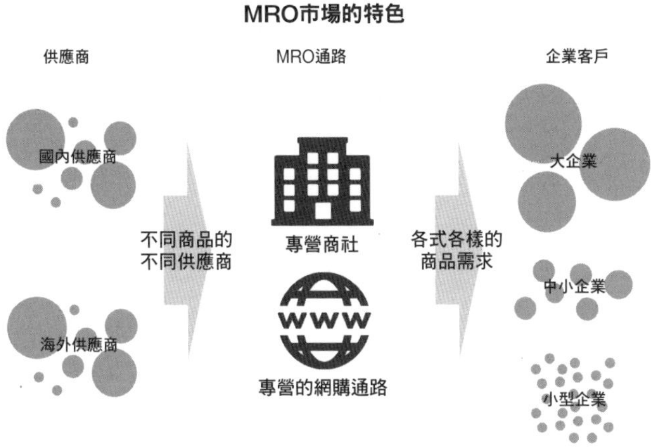
MRO市場的特色
供應商
MRO通路
企業客戶
國內供應商
海外供應商
不同商品的
不同供應商
專營商社
WWW
專營的網購通路
各式各樣的
商品需求
大企業
中小企業
小型企業

資料：摘自ミスミグループ通信（IR情報）、MonotaRO決算說明会資料等，由BBT大學綜研製作

圖8　大型專營商社對於大企業客戶以數量折扣為武器，建構採購網絡

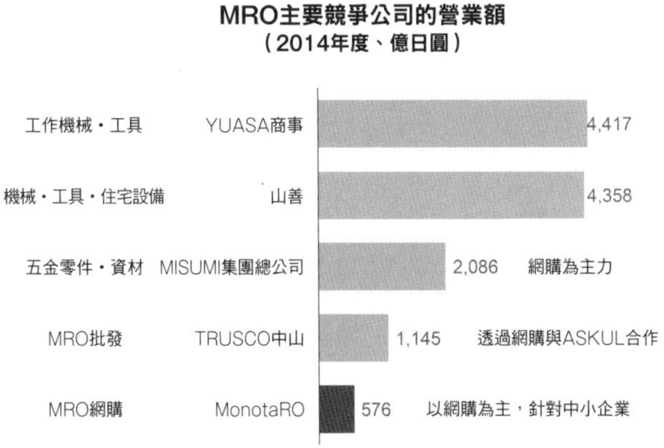
MRO主要競爭公司的營業額
（2014年度、億日圓）
工作機械・工具
YUASA商事
4,417
機械・工具・住宅設備
山善
4,358
五金零件・資材
MISUMI集團總公司
2,086
網購為主力
MRO批發
TRUSCO中山
1,145
透過網購與ASKUL合作
MRO網購
MonotaRO
576
以網購為主，針對中小企業

資料：摘自各公司決算資料，由BBT大學綜研製作

業者投入MRO網購的狀況

專營公司當中，也有公司加強投入網購領域。MISUMI集團總公司很早就開始將中間流通的作業電子化，建構可大範圍涵蓋中小企業到大企業的電子商務平台（圖9）。雖然客戶還是以大企業為主，不過公司的網購平台也提供商品資料庫，讓中小企業也能夠方便使用。另外，公司也設置客服中心，加強顧客服務。以面對面交易為主的大型專營公司當中，MISUMI集團總公司在網購平台方面位居要角。還有，最近不同業種也開始投入這個其他業界難以進入的MRO市場（圖10）。針對法人客戶的大型網購公司，也就是銷售辦公室用品的ASKUL與MRO大型公司TRUSCO中山聯手合作，加強投入MRO市場的力道。TRUSCO中山利用ASKUL的網購平台，就能夠把銷售通路擴大到中小企業，而ASKUL則能夠擴大針對企業客戶的商品品項，這樣的做法算是一個互補型的合作。

甚至，日本國內最大的網購公司亞馬遜也成立「產業・研究開發用品店」，投入MRO市場，二〇一五年正式展開。以往亞馬遜只買賣書籍或DVD等商品，後來連家電、個人電腦・辦公室用品、日用品、家具、服飾、食品等當時被認為不適合網購的領域，也都擴大勢力並且擁有傲人的實績與知識技術。

但使用亞馬遜的一般消費者客群與MRO客群並無重疊。雖然亞馬遜在個人消費者的網

圖9　MISUMI很早就將中間流通的作業電子化，客戶涵蓋中小型企業到大企業

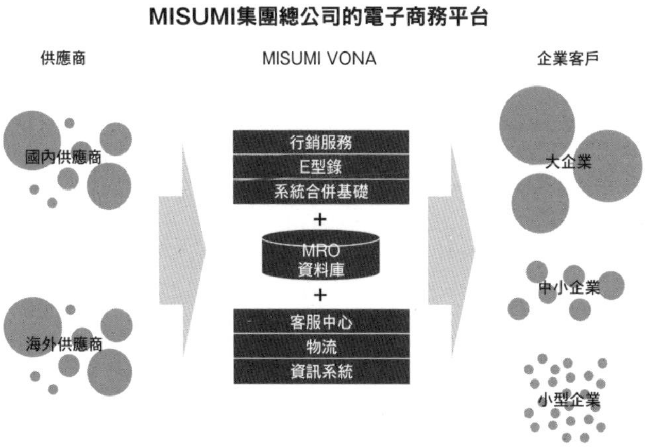

資料：摘自ミスミグループ通信（IR情報），由BBT大學綜研製作

圖１０　異業的網購大公司正加強投入MRO市場

投入MRO網購市場的情況

	概要・特徵	投入MRO的做法
ASKUL	・針對法人 ・辦公室用品領域最大的網購公司	・與ＭＲＯ大公司TRUSCO中山合作 ・ASKUL在自家公司網站擴充針對企業客戶的商品品項 ・TRUSCO中山透過ASKUL，擴大中小企業的銷售通路
亞馬遜	・針對消費者、綜合商品 ・國內網購的最大公司	・開設MRO專營店，2015年正式展開 ・過去成功投入各種領域的網購市場，知識技術為強項

資料：由BBT大學綜研製作

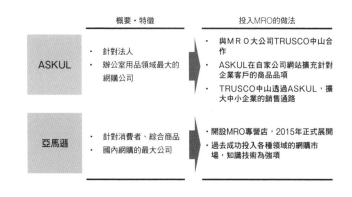

購通路上擁有壓倒性的知名度與方便性，不過若想投入法人採購的網購業界還是有障礙，理由是以「已經開設網站，請快來購買」這樣的被動姿態，應該很難開發法人客戶。

確定平台地位

課題是參與大企業的採購網絡，並與其他競爭者做出差異

以下整理MonotaRO的現狀與課題吧（圖11）。該公司自創業以來，以年增率七二％的速度快速成長，運用一個帳號．一個價格的ＭＲＯ網購強項，以中小企業為主要客群，業績順利成長。整體的ＭＲＯ市場規模約為五兆～十兆日圓，雖然規模如此之大，但是MonotaRO卻沒有參與大企業客戶的採購網絡，營業額在五百億日圓的關卡止步。不過，由於現在是從面對面銷售改為網購通路的過渡期，所以應該還有很大的成長空間吧。

傳統的商社早已經建立了穩固的大企業採購網絡，MISUMI集團總公司也已經著手開拓網購通路，並與ASKUL等專營公司合作以擴大網購市場。在這樣的狀況之下，如何投入大企業的採購網絡並與其他競爭公司做出差異化？這就是MonotaRO面臨的課題。

圖11 課題是如何投入大企業的採購網絡，與其他競爭公司做出差異

MonotaRO的現狀與課題

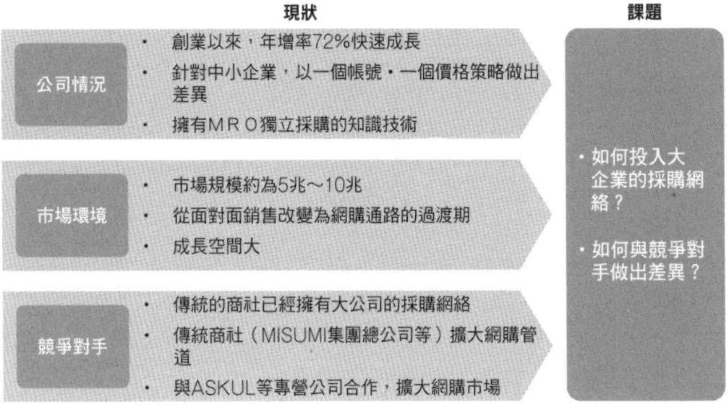
現狀
課題
公司情況
• 創業以來，年增率72%快速成長
• 針對中小企業，以一個帳號・一個價格策略做出差異
• 擁有ＭＲＯ獨立採購的知識技術
市場環境
• 市場規模約為5兆～10兆
• 從面對面銷售改變為網購通路的過渡期
• 成長空間大
競爭對手
• 傳統的商社已經擁有大公司的採購網絡
• 傳統商社（MISUMI集團總公司等）擴大網購管道
• 與ASKUL等專營公司合作，擴大網購市場
・如何投入大企業的採購網絡？
・如何與競爭對手做出差異？

資料：由BBT大學綜研製作

圖12 協助電子化腳步落後的專營商社發展電子商務，提供電子商務平台

MonotaRO的方向（提案）

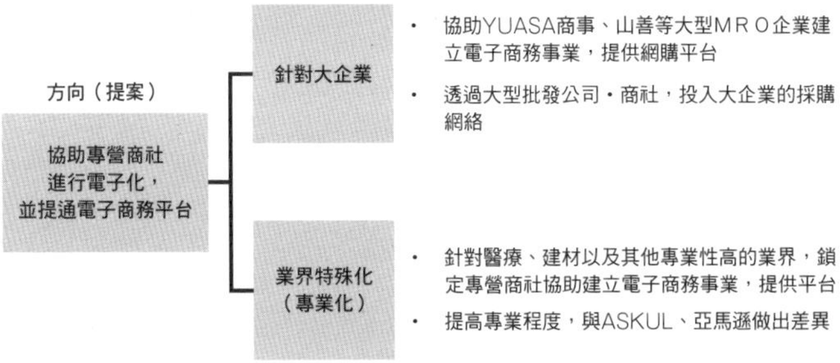
方向（提案）
協助專營商社
進行電子化，
並提通電子商務平台
針對大企業
• 協助YUASA商事、山善等大型ＭＲＯ企業建立電子商務事業，提供網購平台
• 透過大型批發公司・商社，投入大企業的採購網絡
業界特殊化
（專業化）
• 針對醫療、建材以及其他專業性高的業界，鎖定專營商社協助建立電子商務事業，提供平台
• 提高專業程度，與ASKUL、亞馬遜做出差異

資料：由BBT大學綜研製作

協助腳步落後的專營公司開發電子商務、提供交易平台

可以想到的戰略有二（圖12）。第一個戰略是針對大企業，例如YUASA商事、山善等大型MRO商社協助建立電子商務事業。具體來說，MonotaRO可以協助MISUMI集團總公司進行電子化與網路化；另外，企業客戶可以透過MonotaRO的專用網站，與YUASA商事、山善等公司進行交易，透過這樣的做法，YUASA商事、山善可以大幅減少營運成本，而MonotaRO則可以投入大企業的採購網絡，解決公司面臨的課題。第二個戰略具體來說，就是協助專業性公司建立電子商務事業。例如MonotaRO提供電子商務平台給醫療、建材等專業性高的公司。MonotaRO會長瀨戶欣哉於二〇一六年就任住宅設備大企業LIXIL的社長，這意味著建材領域也正往電子商務的方向前進。另外，透過協助專營公司建立電子商務事業，也能夠提高公司本身的專業性，藉以跟ASKUL、亞馬遜等公司做出差異。

總之，MonotaRO得先確立平台地位。以往都只專注在公司自己採購、銷售商品。但若今後的戰略是提供平台、間接獲得數個百分比的利潤，就能避免與大型批發．企業競爭。

MonotaRO管理高達九百萬個品項的商品。由於已經擁有這樣的交易平台，就應該進一步加強這項優點。運用這個優點協助其他公司建立電子商務業務，同時也確立公司本身的平台地位。這是我認為MonotaRO應該採取的戰略。

歸納整理

☑ 運用「管理長尾的機制」、「以網購型態銷售MRO的機制」等兩大優點協助大型公司成立電子商務業務，確立公司本身的平台地位。透過大型批發公司・商社，參與大企業客戶的採購網絡。

☑ 除了醫療・建材之外，在專業性高的業界鎖定專業公司，提供電子商務平台，投入異業領域。提高公司的專業性，與ASKUL、亞馬遜等公司做出差異。

大前總結

電子商務化落後的業務型態・業界，以提供平台的商業模式將競爭對手變成夥伴。

MRO市場還有很大的成長空間。若想拉攏大企業客戶，追求進一步成長的話，重要的並非與大型批發公司・商社正面衝突，而是提供自家公司的電子商務知識技術給業界內外的競爭對手，確立公司的平台地位。請採取可活用公司強項的戰略吧。

CaseStudy 6

Global Dining

建立吸引「熟客」的機制

假如你是Global Dining的社長，在營業額持續減少的情況下，如何反轉業績，重返榮耀呢？

※根據2016年9月進行的個案研究編輯・收錄

正式名稱	株式會社Global Dining
成立年份	1973年
負責人	代表取締役社長　長谷川耕造
總公司所在地	東京都港區
事業種類	餐飲業
事業內容	經營餐廳的餐飲業
資本金額	14億7,357萬日圓（2015年12月期）
營業額	95億3,700萬日圓（2015年12月期）
員工人數	243人（員工人數不包含臨時員工）（2015年12月底）

以「具娛樂性的餐飲」概念急遽成長

招待日美領袖會談，一舉成名

Global Dining公司在東京都內的中心位置開了義大利、和食、東南亞等各式料理餐廳。在二〇一五年底的時間點，Global Dining在日本總共擁有四十六家餐廳，在美國則有兩家餐廳。資本總額接近十五億日圓，二〇一五年十二月期的營業額更是超過了九十五億日圓。

Global Dining旗下餐廳的最大特徵就是利用「空間＋服務＋料理」，展現「具娛樂性的餐飲」概念（圖1）。

他們不只提供餐飲，也講究創造如劇場或舞台般的用餐空間，讓餐廳發揮高度的娛樂性。雖然現在市場上類似的餐廳越來越多，不過公司拓展店面開始步入軌道的一九八〇年代時，就因為嶄新的概念而急遽成長。二〇〇二年，旗下位於西麻布的創作和食店「權八」被選為日本前首相小泉純一郎與美國前總統喬治・布希會談的舞台而一躍成名。

建立「百老匯舞台」般的空間

Global Dining為了實現「具娛樂性的餐飲」概念，非常講究各餐廳的空間設計。休閒・義大利餐廳的「La Bohéme」重現中世紀義大利的裝潢風格，經營墨西哥料理的「Zest Cantina」塑造西部電影般的氛圍，創作和食店「權八」的內部裝潢則重現了倉庫、長屋並排的日本城下町樣貌。

就如該公司宣傳的那樣，每個角落都是「百老匯舞台」般的空間，以跳脫日常生活的空間吸引客人上門。

急遽成長變成衰退，主因是顧客大量流失

二〇〇七年以後持續不斷虧損

接下來我們來看看Global Dining的業績吧。從一九九〇年代起，由於陸續展店，營業額也不斷升高，二〇〇六年營業額超過一百六十億日圓。但是，隔年二〇〇七年營業額開始減少，到了二〇一五年，營業額減少到一百億日圓以下（圖2）。

圖1　秉持透過「空間+服務+料理」提供「具娛樂性的餐飲」的概念

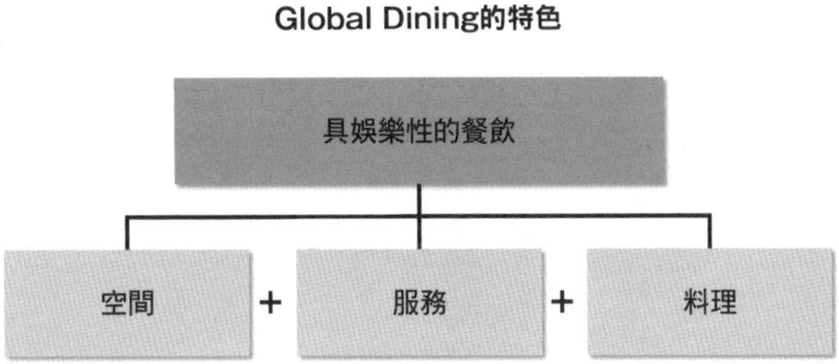

我們腦中想的外食產業，不是只提供餐飲而已，而是創造讓客人覺得開心的空間，並提供最棒的服務與最好的料理。總之，我們的工作目的就是創造「具娛樂性的餐飲」。

基於這樣的概念，我們所有的餐廳都創造出如百老匯舞台般的空間。

～摘自Global Dining官網〈我們的堅持〉～

資料：摘自Global Dining官方網站，由BBT大學綜研製作

圖2　每家餐廳的營業額自2000年代初期就開始惡化

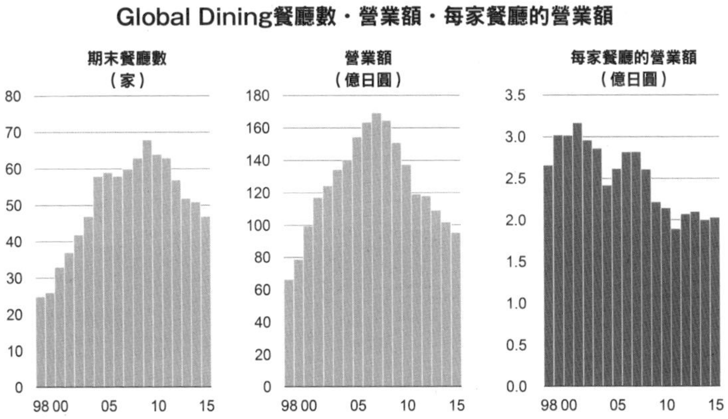

※12月期決算

資料：摘自有価証券報告書、決算説明会資料，由BBT大學綜研製作

如果看每家店的營業額，就明白從二〇〇〇年代初期開始，營業額減少的傾向就非常明顯了。

Global Dining在二〇〇〇年代不斷展店，但是另一方面公司也同時陷入虧本的狀態。因此，公司從二〇一〇年開始進行整頓。二〇〇九年餐廳數量接近七十家，到了二〇一五年卻低於五十家。這項整頓策略也加速總營業額減少。營業利益方面，每家餐廳的營業額變化幾乎是連動的，進入二〇〇〇年代之後，營業額就一直下滑，營業利益也轉盈為虧（圖3）。

業績惡化的原因是顧客流失

到目前為止，顧客大量流失是業績惡化的原因。看圖4就可明白，顧客減少幾乎已成常態。二〇一二年度因日本三一一大地震的緣故，顧客量跌到谷底後反彈而有所成長，但是除此之外的這十五年來，顧客量與去年同月比幾乎都是持續負成長。顧客流失是業績惡化的直接因素。

圖3　營業利益從2000年代以後開始惡化，純利益從2007年以後，就呈現常態虧損

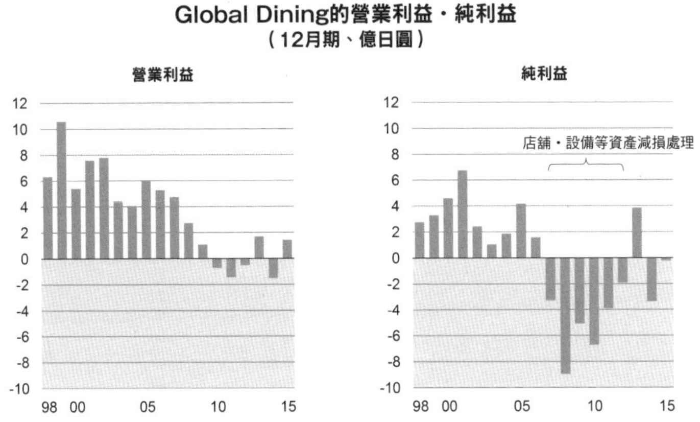
Global Dining的營業利益・純利益
（12月期、億日圓）
營業利益
純利益
店舖・設備等資產減損處理
12
10
8
6
4
2
0
-2
-4
-6
-8
-10
98 00 05 10 15

資料：摘自有価証券報告書、決算説明会資料，由BBT大學綜研製作

圖4　顧客流失是業績惡化的主因

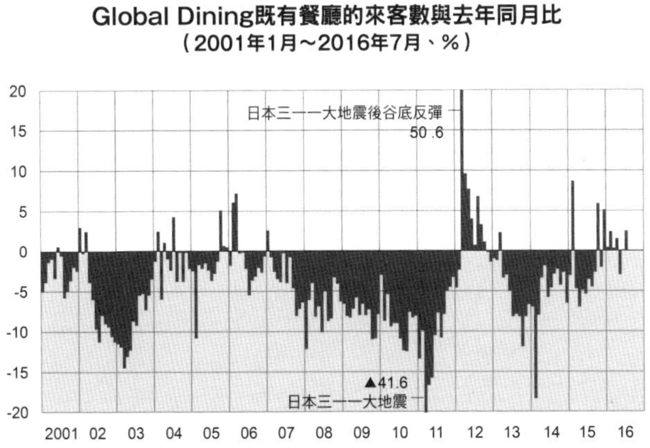
Global Dining既有餐廳的來客數與去年同月比
（2001年1月～2016年7月、%）
日本三一一大地震後谷底反彈
50.6
▲41.6
日本三一一大地震
20
15
10
5
0
-5
-10
-15
-20
2001 02 03 04 05 06 07 08 09 10 11 12 13 14 15 16

資料：摘自決算説明会資料、每月資料，由BBT大學綜研製作

留住常客的戰略草率導致顧客流失

餐飲業的生命周期為二～三年

以下來詳細瞭解客戶流失的原因吧。

據說餐飲業的一個業務型態的生命週期為二～三年（圖5）。新店剛開張時，因為新鮮感或宣傳活動等因素，會吸引許多來嘗鮮的客人，但是到了第二～三年，新店的新鮮感消失，該業務型態的真實價值也因此而清楚呈現。換句話說，第三年的來客數就是該業務型態的真正實力。從此之後，店家就必須採取某些對策才能夠聚集來客。

餐飲業界預防此業務型態的生命週期所造成的人潮流失，通常都會採取「開發新業務型態」、「舉辦新活動」、「研發新菜單」等戰略（圖6）。「舉辦新活動」、「研發新菜單」著重於如何讓顧客不厭膩固定業務型態而能繼續光顧。即便如此，想要維持一種業務型態永遠保持剛開幕時的氣勢，那幾乎是不可能的。因此，要配合生命週期中第二～三年的成熟期到衰退期，投入「新業務型態」。就像這樣，透過發展多種業務型態，以新業務型態取代舊業務型態的衰退，來平衡公司整體的生命週期。

圖5　據稱餐飲業中，一個業務型態的生命週期是2～3年

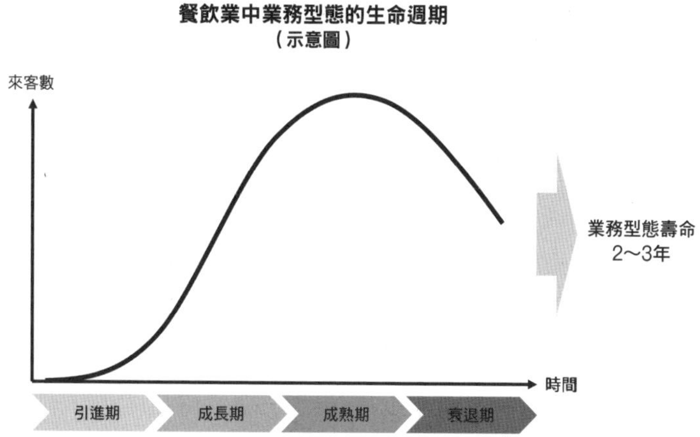

資料：BBT大學綜研製作

圖6　餐飲業若想避免人潮流失，課題就是「開發新業務型態」、「舉辦新活動」、「研發新菜單」等

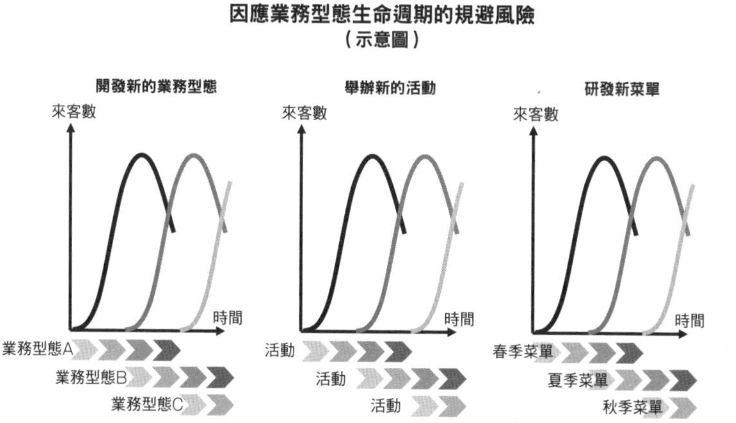

資料：BBT大學綜研製作

無法投入有希望的新業務型態

只要是經營餐飲業，就算是Global Dining也無法躲過業務型態生命週期的衰退風險。也就是說，該公司顧客流失的主要原因是面對著業務型態的衰退，公司卻無法採取有效的戰略因應（圖7）。

以下來看看該公司業務型態別的營業額構成比率（圖8）。Global Dining的兩個主要業務型態是東南亞料理的「Monsoon Cafe」以及休閒．義大利餐廳的「La Bohéme」。該公司最早的業務型態，也是主要業務型態之一，墨西哥料理「Zest Cantina」自從發生美國狂牛症事件，業績就一直呈現衰退狀態，現在的營業額僅剩以往的四％左右。二〇〇〇年以新型業務型態投入的創作和食料理「權八」取代了「Zest Cantina」而成為主力業務型態。不過，從那以後，其實就沒有真正厲害的新業務型態投入了。

Global Dining把「非日常空間」作為吸引客人的主要關鍵，但也因為太過依賴這個「硬體」，而疏於進行吸引消費者的宣傳活動。

舉例來說，主題公園是以園內的硬體為主吸引顧客，但是為了不讓顧客感到厭膩，必須密集地更新活動。實際上，大部分的主題公園很難頻繁地更新活動或投資設備，日本國內唯一的例外就是Oriental Land（東京迪士尼樂園）。如果要把非日常空間當成吸引顧客的主要

圖7 「顧客流失」的主因是面對業務型態的生命週期，沒有提出有效戰略

Global Dining「顧客流失」的主因（假設）

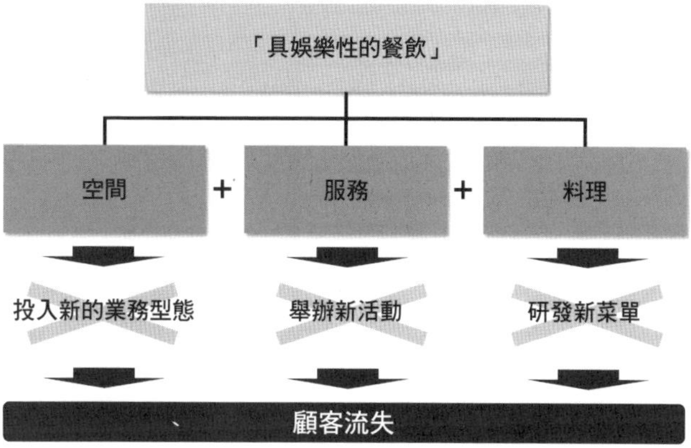

資料：BBT大學綜研製作

圖8 自權八（創作和食）開店以後，就沒有開發具有實力的新型業務型態

Global Dining業務型態別營業額構成比
（12月期、合併基礎、%）

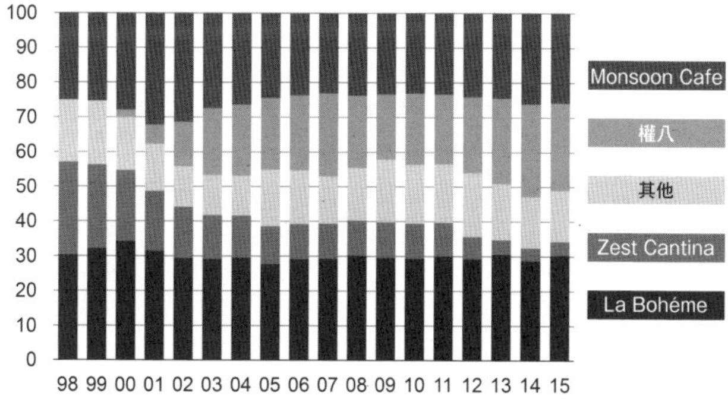

※La Bohéme（休閒・義大利料理）、Zest Cantina（德州墨西哥料理）、權八（創作和食）、Monsoon Cafe（東南亞料理）
※其他＝TABLEAUX等高單價晚餐系列餐廳、Food Court等

資料：摘自有価證券報告書，由BBT大學綜研製作

重點，就必須仿效迪士尼樂園的戰略，然而密集改裝餐廳的做法根本就是不可能的任務。

因此，不依賴硬體的攬客宣傳與活動就顯得更加重要，而Global Dining卻沒有做到這點。（圖9）。

休閒餐廳的「料理」無法吸引顧客

基本上，餐廳的本質是「料理」。良好的用餐空間與服務當然也很重要，不過顧客去餐廳的最大目的就是用餐。因此，如果不想讓顧客產生厭煩感，開發．投入新菜單就是餐廳必要的努力工作。

日式料理店．高級餐廳的一流主廚都以自己的名號為宣傳，也擁有獨自研發新菜單的實力。這樣的主廚會定期投入新菜單的研發，日式料理店或高級餐廳也就是靠這樣的做法來維持集客力。

但是，Global Dining經營的休閒餐廳的廚師只有照著食譜烹調的能力，卻沒有研發新菜單的實力。因此，餐廳推出的「料理」對經常前來消費的常客沒有吸引力，餐廳當然就沒有集客能力（圖10）。

圖9　只依賴非日常空間（硬體）吸引客人，疏於進行集客的宣傳活動

Global Dining的集客戰略

資料：BBT大學綜研製作

圖10　低單價的休閒餐廳難以培育有實力研發新菜單的一流廚師

廚師養成與新菜單研發

資料：BBT大學綜研製作

除了人才管理，也要思考「吸引常客的機制」

Global Dining的根本問題

在此，稍微深入探討Global Dining的根本問題吧。

該公司業績惡化的原因是顧客流失，而引發顧客流失的原因是公司面臨業務型態的衰退期時，無法有效投入新的業務型態、新的宣傳活動以及新菜單等。那麼，為什麼他們無法執行這麼重要的戰略呢？原因就是「沒有可擬定這些戰略的人才」。

Global Dining的根本問題，可以說就是沒有人能夠代替經營者長谷川耕造來承擔經營或統籌指揮的工作（圖11）。雖然長谷川先生是優秀的經營者，也曾經是優秀的創造者，但是要靠一個人全權開發業務型態、推出宣傳活動、研發菜單等等，還是力有未逮。隨著事業規模擴大，公司就更需要能夠輔佐並分擔長谷川工作的人才。若想解決這個根本問題，投入人才管理、培養可代替長谷川的有實力人才就是重要的課題了（圖12）。

不過，這裡又衍生新的問題。在經營休閒餐廳的Global Dining公司中，培養有實力的人才並不容易。光是開發新菜單這件事，從休閒餐廳就很難培養出一流主廚。另外，就算把

圖11　沒有培養經營・指揮人才，人才管理成為最根本的問題

Global Dining的根本問題

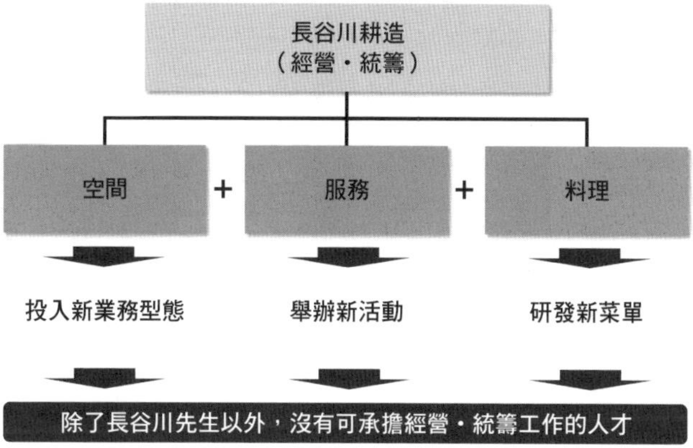

資料：BBT大學綜研製作

圖12　思考透過人才管理以外的方法，建立「吸引常客的機制」

Global Dining的方向（假設）

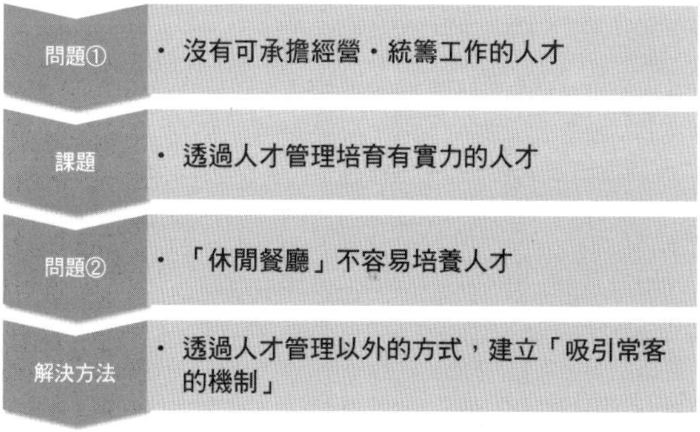

問題①	・沒有可承擔經營・統籌工作的人才
課題	・透過人才管理培育有實力的人才
問題②	・「休閒餐廳」不容易培養人才
解決方法	・透過人才管理以外的方式，建立「吸引常客的機制」

資料：BBT大學綜研製作

權限交給店長，但由於以空間創意為強項的Global Dining也早就決定好餐廳內部的裝潢或氛圍，所以店長能發揮的空間還是有限。

因此，Global Dining應該思考人才管理以外的方法，也就是思考「吸引常客的機制」。更具體來說，就算不是華麗的空間，就算沒有特別祭出宣傳活動，就算是固定菜單，也都要思考吸引常客的機制。

吸引常客要向「速食店」、「家庭餐廳」學習

向速食店學習「密集開店」

首先，速食店可說是不華麗的空間與固定菜單的代表性餐廳，但請試著思考速食店是如何吸引常客的。

互為競爭對手的各家速食店總是在車站前、熱鬧地區或是商業區等平常人們聚集的地方集中開店。透過這樣的做法，就算是漢堡、牛丼等固定菜單，以整個地區來說，也能夠確保菜單的多樣化（圖13）。如果同一個區域中有各式各樣的速食店，顧客就能夠自己選擇餐廳，在相同區域內輪流光顧不同餐廳。餐廳透過這樣的機制，就可能獲得每週光顧一次的常

圖13　就算是固定菜單，也會因為競爭對手集中開店而產生多樣化的效果，以每週消費一次的常客為目標

速食店吸引常客的戰略
【參考案例①】
星期一吃便當
星期二吃拉麵
星期三吃烏龍麵
星期四吃牛肉蓋飯

資料：BBT大學綜研製作

客。

另外，也可以參考位於西班牙度假勝地聖·塞瓦斯蒂安（San Sebastian）的美食街。這裡集合了提供固定菜單的二百家餐廳，形成一個大型的美食小鎮，也吸引來自全球各地的觀光客。每家餐廳的菜單固定，造訪美食街的人可連續光顧好幾家餐廳，邊走邊吃享受美食。因為有多達二百家餐廳，所以永遠不會吃膩，每次來都覺得非常有趣。

「開發新菜單」與「對常客的服務」

還有一個參考的案例，那就是家庭餐廳開發新菜單的做法。家庭餐廳的廚房雖然沒有一流的主廚，但是每個月都會以數道料理的節奏更換新菜單。家庭餐廳在開發新菜單時會採用「顧客監控制度」，先由總公司的菜單研發室提出新菜單的草案，接著再募集監控部隊來試吃，新菜單則根據監控部隊的心得進行調整。應徵監控部隊的人當然就是該家庭餐廳的固定常客。監控部隊不僅可以免費享用餐點，也可以獲得公司贈送的消費抵用券或折價券等作為謝禮。

也就是說，顧客監控制度不僅用於開發新菜單，同時也是對常客的一種服務（圖14）。家庭餐廳這樣的做法應該也能夠幫助Global Dining有效開發新菜單並培養常客。

獲得常客的四個戰略與最後的手段

鎖定數量，謹慎的戰略

參考以上範例後，接著就來思考Global Dining累積常客的具體戰略吧（圖15）。

圖14　家庭餐廳利用顧客監控制度做到「研發新菜單」與「服務常客」

速食店吸引常客的戰略
【參考案例②】
菜單研發室
（新菜單方案）
召集監控部隊
免費招待
回饋

資料：BBT大學綜研製作

圖15　以「地段的戰略」、「創造新空間」、「建立小吃攤」、「顧客監控制度」等確保常客的消費

Global Dining的戰略（方案）

重新檢視地段戰略	・重新檢視離車站遠的非日常空間的選點策略 ・在人群流動性高的地點（商業區、車站前、繁榮地區等）開店
利用多種業務型態創造新型態的空間	・建構以整個地區吸引人潮的機制（與餐飲以外的業者合作等） ・以多項業務型態的優勢展店，創造新型態的生活空間
建立小吃攤聚落	・把「權八」改造成小吃攤形式 ・壽司、燒烤、蕎麥、天婦羅、鐵板燒等
引進顧客監控制度	・引進顧客監控制度 ・每月一次免費接待常客，舉辦新菜單發表會
出售或重新開發	・出售給中國開發商 ・針對中國觀光客重新開發

資料：BBT大學綜研製作

首先應該思考的，就是「重新檢視地段的戰略」。該公司向來都是以「離車站遠的非日常空間」作為選點條件。公司應該重新檢視這個策略，改在商業區、車站前、繁榮地區等人潮流動性高的地方展店，採取速食店型態獲得常客的戰略。該公司的主要三種業務型態是「Monsoon Cafe」、「La Bohéme」、「權八」。但是最新投入市場的「權八」也已經超過十五年了，空間方面的娛樂性已經變得相當薄弱。可以把這三種主要業務型態的店設在商業區、車站前等平常人潮流動的地區。若是咖啡的業務型態，雖然會與星巴克或Renoir等競爭，不過跟星巴克相比，「Monsoon Cafe」、「La Bohéme」的菜單則更顯豐富，也比Renoir更高級，若再輔以選點的特性，自然就會增加常客。

該公司目前為了提振三個主要業務型態的低迷業績，逐步投入高單價的晚餐餐廳。跟以往主要業務型態的不同點在於這是一品牌一餐廳的做法。新的晚餐餐廳只要沿襲「具娛樂性的餐飲」概念就可以了。

其次就是可以考慮「透過多項業務型態創造新空間」的戰略。就如西班牙聖．塞瓦斯蒂安的美食街那樣，在一整個區域建構一個可吸引消費者的機制。Global Dining以前也曾經利用優勢策略，在銀座與台場開立多種業務型態的餐廳，藉此提高集客力的加乘效果。只是，這又與聖．塞瓦斯蒂安那樣，可以一家接著一家邊走邊吃的型態不一樣，因為在「La Bohéme」用完餐的人，不會再去「Monsoon Cafe」消費。在創造新型態的空間時，這點就可當成思考線索。

第三種戰略就是把上述的概念具體化，建立「小吃攤」空間。利用「權八」的大型用餐空間，在裡面設置壽司、燒烤、蕎麥、天婦羅、鐵板燒等各式各樣的小吃攤，形成一個小吃攤聚集地，創造出如聖・塞瓦斯蒂安那樣的美食空間。其中不僅有作為重點的固定菜單，也有小吃攤相互競爭做出消費者想一吃再吃的料理，客人還可以一攤接著一攤邊走邊吃。

第四個戰略就是「引進顧客監控制度」。每月一次免費接待常客，舉辦新菜單發表會。不僅增加開發新菜單的頻率，同時也可獲得粉絲與固定常客。

以上四點是獲得常客的正規戰略。還有一個最後的手段，就是考慮「出售」給中國的開發商。東南亞料理「Monsoon Cafe」的店內氛圍非常受到中國觀光客的喜愛，另外像「權八」那種料理與空間都能夠體驗日本氛圍的餐廳也是有市場需求吧。賣給中國開發商或是與中國開發商共同重新開發，藉此獲得持續增加的外國觀光客。在中國觀光客的旅遊行程中，就可以招攬觀光客在「Monsoon Cafe」或「權八」用餐。

以上就是我認為Global Dining應該採取的戰略。

歸納整理

- ☑ 改變「離車站遠的非日常空間」之選點策略，把「Monsoon Cafe」等三種主要業務型態開在商業區、車站前、熱鬧地區等，藉此獲得常客。
- ☑ 以多種業務型態的優勢展店，藉此創造全新的生活空間，在整個地區建構一個吸引消費者的機制。
- ☑ 在大型餐廳裡設置壽司、燒烤、蕎麥、天婦羅、鐵板燒等各種小吃攤，形成小吃攤聚集的餐廳。創造消費者可一攤接著一攤邊走邊吃的空間。

大前總結

光靠新奇還是避免不了顧客流失的命運，要在一致性當中，建立可吸引常客的機制。

業務形態的生命週期短暫，若想避免顧客流失，就要用心參考固定不變的業務型態的同業如何獲得常客。可參考速食店、家庭餐廳等業務型態的做法，就像是故意跟其他公司競爭一樣，採取密集開店的戰略，或是開發吸引常客的菜單等，可學習的地方應該還有很多。

CaseStudy

7

燦控股

是否投入「低價競爭」？

假如你是**燦控股**的社長，在件數增加與單價下跌同時發生的喪葬市場中，你會擬定什麼樣的成長策略？

※根據2016年5月進行的個案研究編輯・收錄

正式名稱	燦控股株式會社
成立年份	1944年（1932年創業）
負責人	代表取締役社長 野呂裕一
總公司所在地	東京總公司：東京都港區、大阪總公司：大阪府大阪市
事業種類	服務業
事業內容	喪葬事業及提供相關商品・服務
資本金額	25億6,815萬日圓（2016年3月期）
營業額	185億日圓（2016年3月期）
集團公司	公益社股份有限公司、葬仙股份有限公司、Tarui股份有限公司、Excel Support Service股份有限公司

日本國內最大的專業禮儀公司

擁有四家子公司，以首都圈・近畿圈為中心發展事業體

燦控股是專業的禮儀公司集團，其前身為一九三二年創業於大阪的公益社。

燦控股自己本身為持股公司，將禮儀會館等不動產租賃給子公司，旗下則有在首都圈・近畿圈發展喪葬事業，也是業界最大禮儀公司的公益社，以及鳥取縣與島根縣的葬仙、兵庫縣的Tarui，還有提供葬禮相關服務的Excel Support Service等四家公司（圖1）。

如燦控股的業績變化所示（圖2），公司的經營大致順利，這二十年間是增收增益的狀態。雖然成長幅度不大，不過營業額每年微增，二〇一六年三月期為一百八十五億日圓，營業利益雖然有增有減，不過整體來說則呈現增加的趨勢。如果除去二〇〇六年三月期的特別虧損，每年的純利益都是增加的。

這樣的業績與其他專業禮儀公司有著很大的差距。比較二〇一四年度喪葬業者營業額的前十名，可看到燦控股以一百八十四億日圓居冠，是第二名TEAR九十三億日圓的兩倍之多（圖3）。

圖 1　燦控股由經營喪葬事業以及葬禮相關服務的四家子公司構成

燦控股集團的構成內容

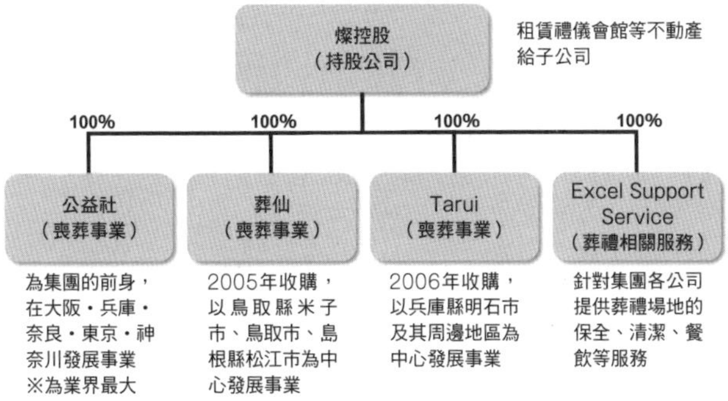
燦控股
（持股公司）
租賃禮儀會館等不動產
給子公司
100%
100%
100%
100%
公益社
（喪葬事業）
葬仙
（喪葬事業）
Tarui
（喪葬事業）
Excel Support
Service
（葬禮相關服務）
為集團的前身，
在大阪・兵庫・
奈良・東京・神
奈川發展事業
※為業界最大
2005年收購，
以鳥取縣米子
市、鳥取市、島
根縣松江市為中
心發展事業
2006年收購，
以兵庫縣明石市
及其周邊地區為
中心發展事業
針對集團各公司
提供葬禮場地的
保全、清潔、餐
飲等服務

※是互助會體系以外的禮儀公司中最大的公司

資料：摘自有價證券報告書，由BBT大學綜研製作

圖 2　大致呈現增收增益的趨勢

燦控股的業績變化
（1995~2016年、各3月期、億日圓）

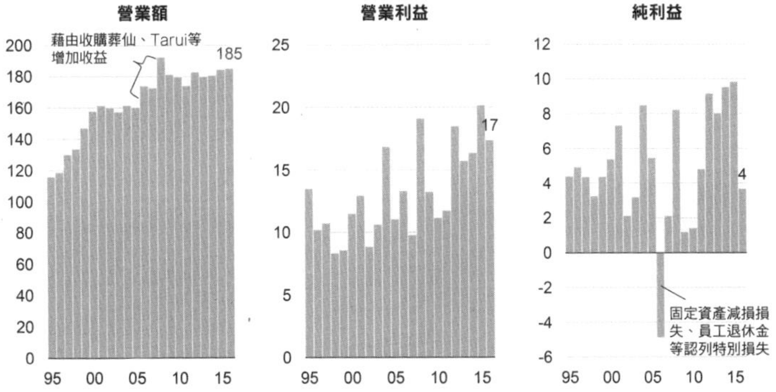
營業額
藉由收購葬仙、Tarui等
增加收益
185
營業利益
17
純利益
4
固定資產減損損
失、員工退休金
等認列特別損失
95
00
05
10
15

※2005年收購葬仙，2006年收購Tarui

資料：摘自有価證券報告書、燦ホールディングスホームページ（株主‧投資家情報 決算短信），由BBT大學綜研製作

一般來說，日本葬禮分為三大類別，從費用高的依序為「社葬・大規模葬禮」、「一般葬禮」，以及後面將介紹的直葬（註：不舉行守靈或告別式，只辦火葬的葬禮儀式）或家族葬等「簡單葬禮」。燦控股最擅長的就是「社葬・大規模葬禮」，以及高價的「一般葬禮」（圖4）。

葬禮單價下滑而陷入困境的喪葬業界

互助會體系超過六成市占率，其他專業公司爭奪剩餘市場

喪葬業者除了燦控股這樣的專業禮儀公司之外，還有以每個月繳會費的方式獲得結婚儀式或告別式等服務的互助會體系、農業協同組合體系（JA，簡稱農協）等喪葬業者。以公司的數量來看，專業禮儀公司最多，占整個市場的六成，互助會體系不到三成，其餘的則是JA體系。但是，如果看營業額比率的話，公司數量少的互助會體系擁有超過六成的營業額，公司數量多的專業禮儀公司卻要爭奪不到三成的營業額（圖5）。

禮儀公司的營業額排序也呈現了這樣的狀況。如圖3所示，如果只是比較專業的禮儀公司，燦控股位居首位，但是如果將所有業者排序，則燦控股就會跌落至第三名，而第一名的

圖3　大型專業禮儀公司

殯葬業者的營業額排名
（只列出專業禮儀公司，2014年度、億日圓）

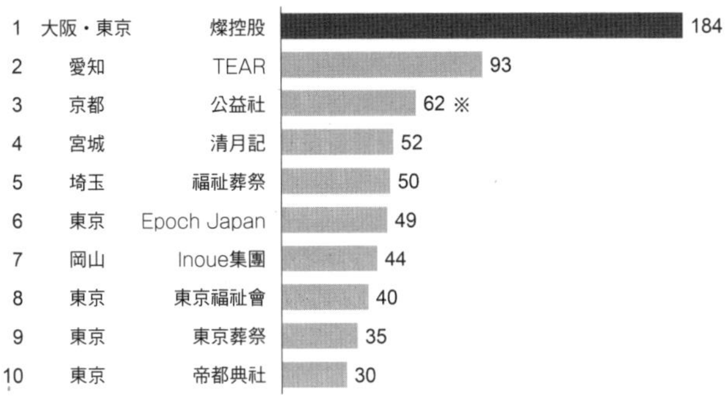
1 大阪・東京 燦控股 184
2 愛知 TEAR 93
3 京都 公益社 62 ※
4 宮城 清月記 52
5 埼玉 福祉葬祭 50
6 東京 Epoch Japan 49
7 岡山 Inoue集團 44
8 東京 東京福祉會 40
9 東京 東京葬祭 35
10 東京 帝都典社 30

※公益社（京都）與燦控股非同一家公司

資料：摘自綜合ユニコム《月刊フューネラルビジネス》2015年10月号，由BBT大學綜研製作

圖4　社葬・大規模葬禮及高價的一般葬禮為燦控股的強項

殯葬業界中燦控股的位置

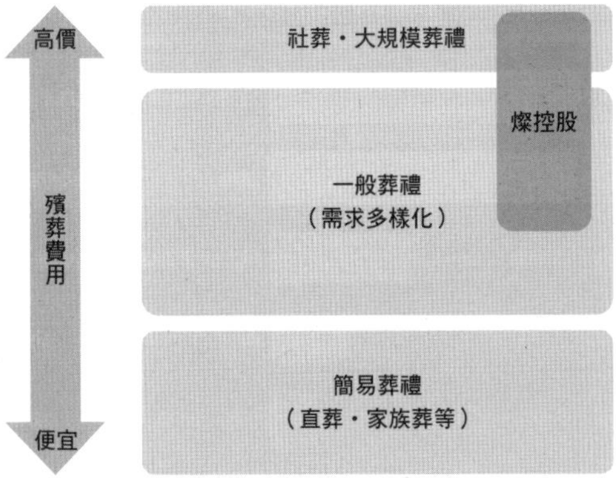
高價
殯葬費用
便宜
社葬・大規模葬禮
燦控股
一般葬禮
（需求多樣化）
簡易葬禮
（直葬・家族葬等）

資料：BBT大學綜研製作

日本Ceremony與第二名的Memolead都屬於互助會體系（圖6）。

預見即將擴大的喪葬市場，單價卻有下滑趨勢

在擁有多數高齡人口的日本，可以預見未來喪葬事業將會是成長的產業。就如圖7日本國內未來死亡人數的估算所示，預估未來二十年之間，每年死亡人數都會增加，到了二〇三九年將達到一百六十七萬人，是二〇一五年的一・三倍左右。因此，殯葬相關的需求暫時還會持續成長吧。

另一方面，葬禮單價有下降的趨勢。由於死亡數量增加，市場規模從二〇〇〇年的一・四兆日圓左右逐漸增加，到了二〇一五年超過一・八兆日圓。但葬禮單價卻從二〇〇六年約一百五十二萬日圓到達巔峰之後，反轉持續下降，到了二〇一二年跌到接近一百四十萬日圓。雖然二〇一五年又回到一百四十四萬日圓，但顯然已經回不到以前的消費水準了（圖8）。

葬禮單價下滑的三個主因

市場規模明明逐漸擴大成長，為什麼葬禮單價卻持續下滑呢？主要原因大致可分為三點。

圖5　公司數量不到三成的互助會體系占了超過六成的市占率，專業禮儀公司爭奪市場小餅

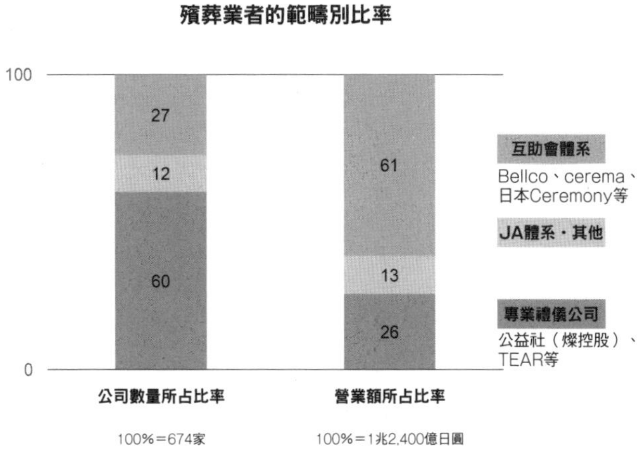
殯葬業者的範疇別比率
100
0
27
12
60
61
13
26
互助會體系
Bellco、cerema、日本Ceremony等
JA體系・其他
專業禮儀公司
公益社（燦控股）、TEAR等
公司數量所占比率
營業額所占比率
100%＝674家
100%＝1兆2,400億日圓

資料：摘自綜合ユニコム《月刊フューネラルビジネス》2015年10月号，由BBT大學綜研製作

圖6　包含互助會體系的排名位居第3

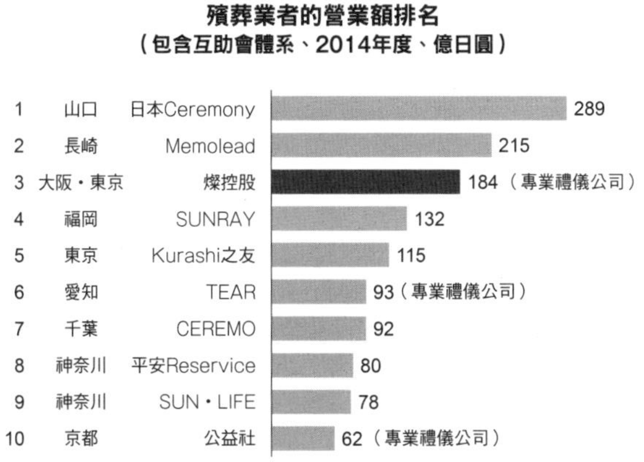
殯葬業者的營業額排名
（包含互助會體系、2014年度、億日圓）
1 山口 日本Ceremony 289
2 長崎 Memolead 215
3 大阪・東京 燦控股 184（專業禮儀公司）
4 福岡 SUNRAY 132
5 東京 Kurashi之友 115
6 愛知 TEAR 93（專業禮儀公司）
7 千葉 CEREMO 92
8 神奈川 平安Reservice 80
9 神奈川 SUN・LIFE 78
10 京都 公益社 62（專業禮儀公司）

※公益社（京都）與燦控股非同一家公司

資料：摘自日本経済新聞社《日経MJ第33回サービス業総合調查》（2015/11/4），由BBT大學綜研製作

第一就是「葬禮簡單化」。隨著時代潮流的改變，不舉行守靈或告別式的「直葬」，或只安排近親好友參加的「家族葬」數量不斷增加。由於這類型葬禮不使用大型會場或豪華祭壇，儀式控制在最低限度，且前去靈堂上香的朋友少，也不需招待飲食，所以比起一般葬禮，單價可壓得更低。最近，專門舉辦這類葬禮的新型公司紛紛出現，這也加快價格下降的速度。

另外，「價格透明化」也是主要原因之一。

傳統的葬禮都是以「一個價格」收費，業者通常不會事先給顧客估價單。用價格來評估葬禮這麼神聖的儀式被視為大不敬，所以長年以來一直都是以這樣的模式進行。不過，以新型公司為主，清楚列出詳細費用的葬儀社增加，另外網路上也出現網路媒合平台或比較網站，造成葬禮價格下跌。甚至，「異業投入」也造成很大的影響。由於進入喪葬市場的門檻低，近年來，除了鮮花・佛具等較近的業界投入之外，在極方便的地區擁有許多不動產的鐵路系統、流通系統等，以往較無共通點的業界也紛紛投入。由於這種種的情況形成價格戰，造成價格大幅滑落（圖9）。

圖 7　可預期未來殯葬業將有超過二十年的市場成長

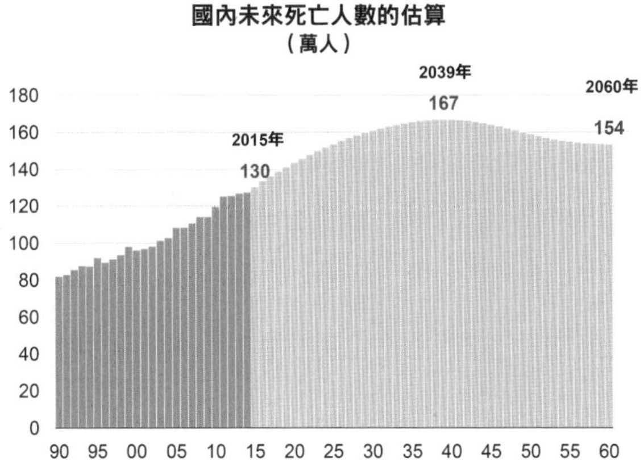
國內未來死亡人數的估算
（萬人）
2015年
130
2039年
167
2060年
154
180
160
140
120
100
80
60
40
20
0
90
95
00
05
10
15
20
25
30
35
40
45
50
55
60

※2015年前的資料摘自日本厚生勞動省《人口動態調查》（2014年止為實際數量，2015年為推算）、2016年以後的資料摘自國立社會保障・人口問題研究所《日本未來的人口預估》

資料：摘自厚生労働省《人口動態調査》、国立社会保障·人口問題研究所《日本の将来推計人口》，由BBT大學綜研製作

圖 8　市場規模持續擴大，另一方面殯葬單價卻有下降趨勢

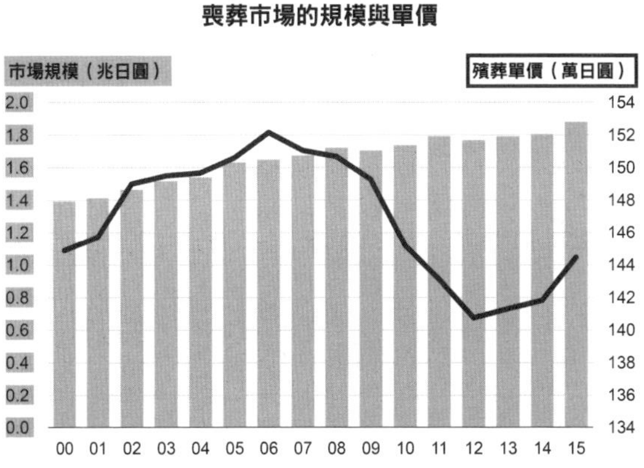
喪葬市場的規模與單價
市場規模（兆日圓）
殯葬單價（萬日圓）
2.0
1.8
1.6
1.4
1.2
1.0
0.8
0.6
0.4
0.2
0.0
154
152
150
148
146
144
142
140
138
136
134
00
01
02
03
04
05
06
07
08
09
10
11
12
13
14
15

※計算方式：市場規模＝死亡數x殯葬單價估算；殯葬單價＝殯葬業營業額÷件數

資料：摘自経済産業省《特定サービス產業動態統計調查》、厚生労働省《人口動態調查》，由BBT大學綜研製作

避開低價競爭，以吸取客戶為目標

課題是針對葬禮的簡單化、多樣化、低價化做出因應對策

根據前面討論的種種問題，以下來整理燦控股的現狀與課題吧（圖10）。燦控股是日本國內最大的專業禮儀公司，以首都圈・近畿圈為中心發展事業，經營的業務內容以社葬・大規模葬禮，以及高價的一般葬禮為主。

如果分析市場情況，由於死亡人數增加，可以預期未來二十年市場將持續擴大。但是在此同時，葬禮的簡單化、多樣化、低價化也持續進行。除了市場競爭年年加劇，業者數量少的互助會體系占了營業額六成以上之外，異業投入的情況增加、網路媒合平台・比較網站出現、價格透明化等種種因素，使得燦控股所處的市場環境越來越嚴苛。

在這樣的情況之下，燦控股應該面對的課題是針對葬禮的簡單化、多樣化、低價化做出因應對策。以下我們來看看詳細的策略內容吧。

從生前到葬禮之後的祭拜，擴大事業領域

圖9　葬禮簡單化、價格透明、異業投入是殯葬單價下滑主因

葬禮單價下滑的主因

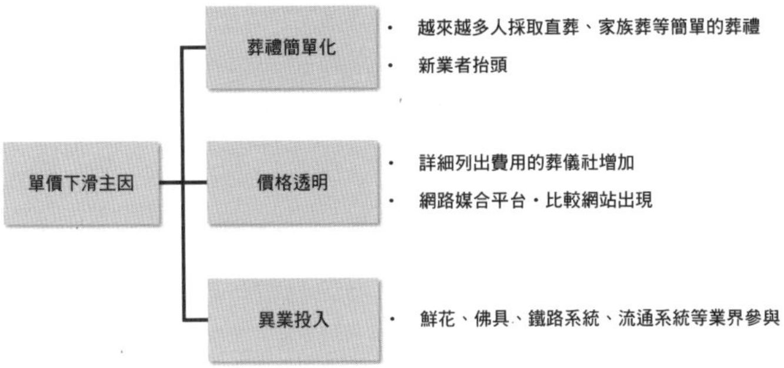

資料：摘自吉川美津子《図解入門業界研究 最新 葬儀業界の動向とカラクリがよーくわかる本》2010與其他各媒體報導，由BBT大學綜研製作

圖10　葬禮簡單化、多樣化、低價化阻礙了以高價為強項的燦控股成長

燦控股的現狀與課題

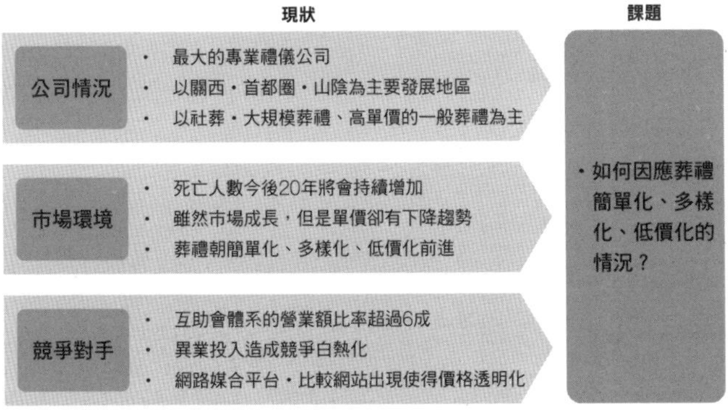

資料：BBT大學綜研製作

面對前述課題，燦控股可採取投入低價競爭或迴避價格競爭兩種方向。不過，燦控股不應在價格方面競爭，理由是公司擁有可舉行大規模葬禮的場地，投入低價競爭是非常不智的舉動。另外，由於燦控股是專業的禮儀公司，無法把會場轉做其他活動使用以提高運作率。

所以可採取的戰略就是避開低價競爭，而這也是目前拓展事業領域範圍的一項做法。這項做法就是擴大喪葬產業的價值鏈（Value Chain），也就是提供從生前到葬禮後的祭拜等全面性服務，藉以吸取客戶（圖11）。

請看看[圖12／臨終市場的價值鏈]，老年以後的時期分為年老、死亡、葬禮、祭拜等不同階段，而目前殯葬業者所處理的只有顧客死亡到火葬的階段而已。不過，以往不曾接觸的墓地、祭拜，或是顧客生前的服務等，都還有發展的空間。若想避開低價競爭同時又獲得成長，就應該積極投入其他殯葬業者還未投入的人生各階段，發展不與其他公司重疊的事業領域。

如果具體從上游到下游分析詳細內容（圖13），首先就可以考慮晚年時，以壽險作為擔保品的臨終活動服務。具體來說，例如生前告別式、寫自傳．遺書、將生前紀錄製成資料庫等。派遣公司員工到顧客的住處，訪談顧客的過往歷史、整理相片並製成個人傳記，並在生前告別式中分送給參加的親友。顧客死亡後，除了舉辦葬禮之外，也幫顧客介紹需要的墓碑或墓園，提供佛壇．佛具，甚至協助舉辦每年的忌日法會直到滿七年為止。

圖11　迴避低價競爭，擴大上游・下游的事業領域，提供從生前到葬禮後的祭拜服務等，吸取客戶

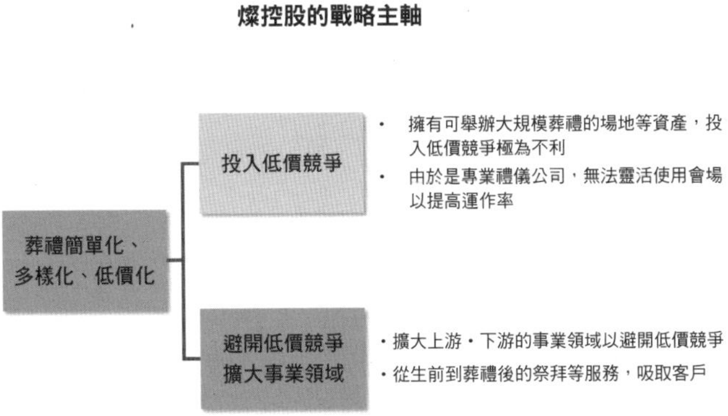

資料：BBT大學綜研製作

圖12　避開殯葬業的低價競爭，發展臨終市場上游・下游的事業領域

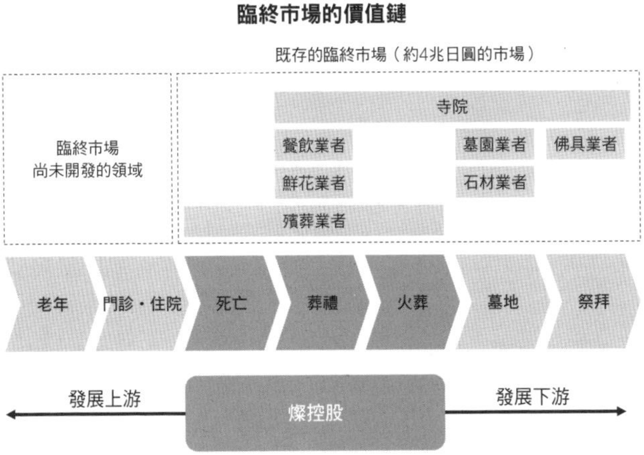

資料：BBT大學綜研製作

圖13　避開殯葬業的低價競爭，發展臨終市場上游・下游的事業領域

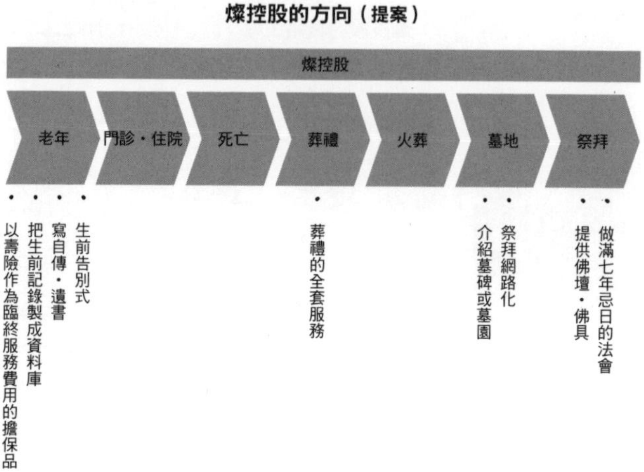
燦控股的方向（提案）
燦控股
老年
門診・住院
死亡
葬禮
火葬
墓地
祭拜
・生前告別式
・寫自傳・遺書
・把生前記錄製成資料庫
・以壽險作為臨終服務費用的擔保品
・葬禮的全套服務
・祭拜網路化
・介紹墓碑或墓園
・做滿七年忌日的法會
・提供佛壇・佛具

資料：BBT大學綜研製作

另外，能夠在電腦網頁或智慧型手機APP上掃墓參拜的「網路掃墓」應該也是有需求。點開APP，手機上就顯示祖先的相片或墓碑，這樣就可以進行一連串的祭拜儀式。舉例來說，現在回教徒已經能夠透過手機APP，知道聖地麥加的方向與正確的禮拜時間來進行禮拜。同樣的做法，如果手機上能夠顯示祖先的相片以及墓園方向，生者就能夠進行線上掃墓，只要往墓園的方向參拜即可。甚至，也可以提供「代理掃墓」的服務項目。委託實際管理墓園的管理者代為打掃、獻花，並把實際執行的畫面拍照，或透過網路連線讓家屬確認，確認無誤後再付費。目前喪葬事業領域只處理顧客死亡時的相關事物，不過，如果挖掘出從生前服務到死後祭拜的價值鏈，就可大幅度拓展商機。另外，如果以壽險的理賠金來支付服務費用，就可把家屬的負擔降到最低。

燦控股在專業禮儀公司來說位居首位，就算是整體的喪葬市場也高居第三，業績也呈現增收增益的趨勢。不過，如果光靠大規模且高價的葬禮作為公司強項，未來如果市場朝低價化發展，則經營上將會遇到瓶頸。若想避免這樣的情況並且維持成長，不只要提供喪葬服務，也要提供從生前到死後的祭拜等一貫的統包服務。發展不同的事業領域才能夠與以價格競爭的其他公司做出差異化。這是我認為燦控股應該採取的戰略。

歸納整理

☑ 避免喪葬費用的低價競爭，不只提供葬禮服務，也協助顧客寫自傳、舉辦生前告別式，或是幫顧客介紹墓碑、墓園以及協助舉辦忌日法會等。從生前到葬禮後的祭拜，提供大範圍的服務項目以擴大事業領域。

大前總結

避免低價競爭，提高附加價值，重新檢視價值鏈，以吸取客戶為目標。

雖是成長產業，但單價卻有下降趨勢，在這樣的狀況下應該避免低價競爭。除了目前提供的服務，更要重新檢視長期性的價值鏈，擴大上游・下游市場以拓展商機。

CaseStudy

8

DMM.com

引領「成長」的動機設定

假如你是DMM.com的會長，目前營業額不斷成長而被稱為日本獨角獸企業，你要如何擬定未來的成長戰略？

※根據2016年4月進行的個案研究編輯・收錄

正式名稱	株式會社DMM.com
成立年份	1999年
創辦人	DMM.com會長 龜山敬司
負責人	代表取締役 松榮立也
總公司所在地	東京都澀谷區
事業種類	服務業
事業內容	數位內容播放、DVD銷售與租賃等
資本金額	9,000萬日圓（集團總計）
營業額	1,358億日圓（集團總計，2016年2月期）
員工人數	1,650人（集團總計）

以發展無「框架」的事業達到急遽成長

從錄影帶出租店起步，靠色情錄影帶事業成長為國內最大公司

DMM.com集團是以線上影音平台「DMM.com」為中心的企業集團（圖1、2）。領導此集團的龜山敬司於二十歲出頭時，就在出身地石川縣加賀市經營麻將館與酒吧，一九八六年開立錄影帶出租店。某日，看到一齣描寫近未來的電影，以此為契機，直覺認為總有一天，影像內容會改由電子傳送的方式播放。龜山對錄影帶租賃業界的未來感到悲觀，於是打算製造影片內容尋求出路，一九九〇年開始投入成人錄影帶（AV）的製作。AV事業最後成長為日本國內最大的事業，在資金面支援DMM.com集團。

一九九九年，成立「Digital Media Mart」（現DMM.com），正式展開影音播放與網購事業，積極透過電視廣告提高知名度，陸續投資新事業。二〇〇九年收購FX事業會社（現DMM.com證券），集團的影音平台事業更是一飛衝天。

想到的事立刻討論・執行

如果檢視DMM.com集團提供的服務，實在看不太出來這家公司是做什麼的？目標為何？例如，公司的營業項目有影音播放、電子書、線上遊戲、租賃、網購、英語會話、FX、聯誼配對（烤肉會）、太陽能板、3D列印、自動控制裝置等等，經營的內容完全看不出事業的一貫性或方向性（圖3）。

DMM.com官網上的「事業介紹」是這樣寫的——

持續發展「新事業」。

影音播放、網購、租賃、線上遊戲、英語會話、太陽能板、3D列印。

我們的事業發展沒有框架，如果覺得「有趣」，我們就會立即討論。如果覺得「有機會」，我們就會立刻執行。

雖然成功事業的背後有許多失敗，但是倒不如說，比起失敗，不願挑戰的心態還更可怕。

想不想在這裡發揮你創造新事物的力量與熱情，以及滿足探索一切事物的好奇心呢？

（摘自DMM.com 徵人資訊，粗體字為作者編輯）

令人感到訝異的是，官網上明白寫出DMM.com集團的事業戰略是「事業發展沒有框

圖1　DMM.com是龜山敬司成立的企業集團

DMM.com集團概要

概　　要	以線上平台「DMM.com」為中心的企業集團
創　　業	1986年，從石川縣加賀市的錄影帶出租店開始起步
創 辦 人	龜山敬司（Kameyama Keishi），1961年生
資本金額	9,000萬日圓（集團總計）
營 業 額	1,358億日圓（集團總計，2016年2月期）
員工人數	1,650人（集團總計）
集團公司	DMM.com Base（股）（集團總公司功能、AV內容物流） DMM.com（股）（線上平台・傳播・網購等） DMM.com Labo（股）（系統開發等） DMM.com 證券（股）（FX・CFD） DMM.com OVERRIDE（股）（線上遊戲、ＡＰＰ）

資料：摘自DDM.com首頁、員工招募頁面等，由BBT大學綜研製作

圖2　成長為色情錄影帶業界中最大的公司，利用該事業的收益投入其他各種創新事業

龜山敬司及DMM.com集團的沿革

1961	生於石川縣加賀市
1979	高中畢業，本以稅務士為目標，但從專門學校輟學
1980	19歲在六本木向外國攤販學習，利用存款流浪海外
1983	回加賀市，在姊姊夫婦經營的小吃店二樓經營麻將館、酒吧
1986	開立錄影帶出租店（預感未來錄影帶出租業將沒落，轉向影片製作）
1990	成立「北都」（現DMM.com Base），投入色情錄影帶製作（成長為最大公司）
1999	成立「Digital Media Mart」（現DMM.com），正式投入影片播放、各種網購事業
2000	成立「DOGA」（現DMM.com Labo），負責集團內傳播・稅務等系統的開發
2006	開始投入電視廣告
2009	收購「SVC證券」（現DMM.com 證券），投入FX
2011	設置「龜山直屬專案（龜屬）」，龜山會提供資金贊助年輕創業家的創意。陸續投入線上遊戲、線上英語會話、3D列印事業、廉價手機事業等

資料：週刊東洋経済《異形の企業集団率いる謎の経営者亀山敬司》2015/5/2、各媒體報導等，由BBT大學綜研製作

架，想到的事立即討論・執行」。如果是一般的公司，就會明確寫出公司的目的・理念，以及該公司能提供給社會的價值等，也就是事業領域（框架）非常明確。而且，為了達到此目的・理念，公司會擬定事業戰略，並且根據該戰略分配有限的經營資源。不過，DMM.com集團的目的就是要發展「新事業」，所以集團的事業戰略就是既有事業沒有任何框架限制，創立新事業也可獲得完全的資源分配。

以下來探討為什麼該集團能夠做到這樣的經營模式呢？

穩定的色情事業、引領成長的創新事業

利用色情相關事業的利益投入各種創新事業

DMM.com集團的事業發展非常多元，不過大致上可以分為「色情相關事業群」與「創新事業群」等兩大類。如果整理集團的資本關係就看得出DMM.com集團的整體樣貌（圖4）。色情相關事業群產生穩定的現金流，公司把該現金流投資在創新事業上，並且透過線上影音平台DMM.com發展這些創新事業。

圖3　透過線上平台「DMM.com」發展各式各樣的服務

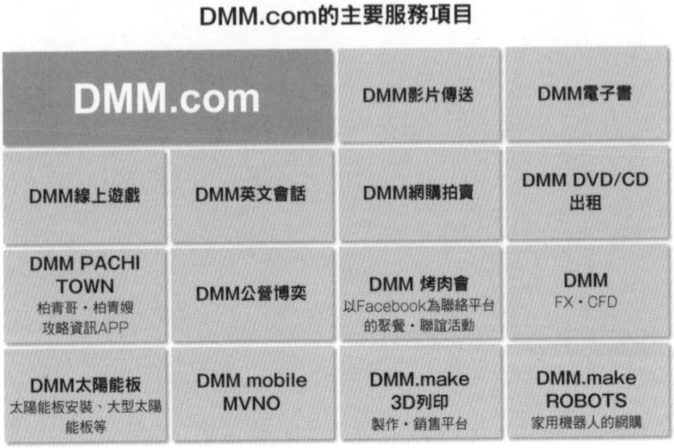

DMM.com		DMM影片傳送	DMM電子書
DMM線上遊戲	DMM英文會話	DMM網購拍賣	DMM DVD/CD 出租
DMM PACHI TOWN 柏青哥‧柏青嫂 攻略資訊APP	DMM公營博奕	DMM 烤肉會 以Facebook為聯絡平台 的聚餐‧聯誼活動	DMM FX‧CFD
DMM太陽能板 太陽能板安裝、大型太陽 能板等	DMM mobile MVNO	DMM.make 3D列印 製作‧銷售平台	DMM.make ROBOTS 家用機器人的網購

資料：摘自DDM.com招募資訊，由BBT大學綜研製作

圖4　將色情相關事業獲得的現金流投資於新事業

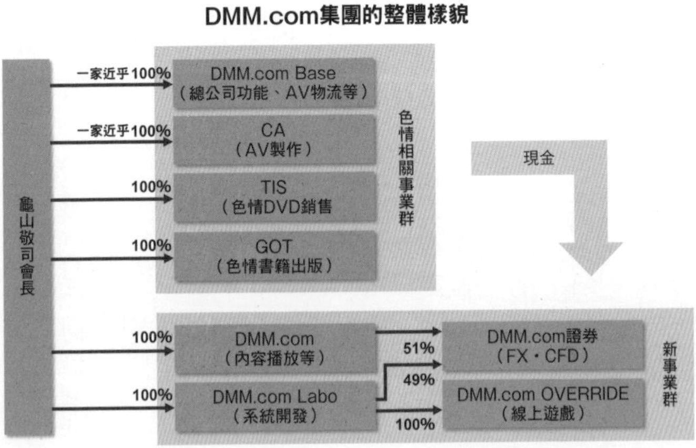

資料：摘自東京商工リサーチ（日経テレコン）、日本経済新聞電子版《日本経済新聞》2014/6/27，由BBT大學綜研製作

特有的「粉紅海市場」，產生穩定的現金流

為什麼色情相關事業會產生穩定的利益呢？這與龜山命名為「粉紅海市場」的色情業特徵有關。首先，因為顧及社會的觀感，一般大企業不會投入這個業界。這獨特的投入障礙守住了集團的江山。還有，這個業界是以人類三大欲望之一為基礎，所以擁有非常堅實的需求，也就是這個緣故而產生穩定的現金流（圖5）。

DMM.com集團在色情業界這個「粉紅海市場」中，確立了國內最大的地位。色情相關事業產生的現金流支撐著整個集團的穩定經營，而以此為資本所創造的創新事業群則建構了帶領集團成長的獨特事業模式。

集團合併營業額為一千三百五十八億日圓，以年增率二六％的速度成長

DMM.com集團的合併營業額如（圖6）所示，最近五年集團的合併營業額以年增率二六％的速度成長，二〇一六年二月期達到一千三百五十八億日圓。合併業績的詳細內容沒有公開發表，不過可以知道各公司當中，DMM.com的單獨營業額、DMM.com證券的單獨純利益帶領著集團成長（圖7、8）。

圖5　色情業界沒有其他大企業參與，且因堅實的需求而產生穩定的現金流

DMM.com集團的市場戰略特徵

	紅海市場	藍海市場	粉紅海市場（色情業界）
競爭環境	多數競爭	無競爭	因顧及社會觀感，所以大企業不會參與
市場環境	規模大但已成熟	規模小但快速成長	雖不大但有堅定的需求
公司本身的成長性	因低價競爭而產生低利益率	擁有決定價格權力的高收益率	穩定的現金流
戰略重點	刪減成本・擴大市占率	加強市場掌控能力	保持低調

※「粉紅海市場」是龜山所創之詞

資料：摘自各媒體報導，由BBT大學綜研製作

圖6　集團的合併營業額為1,358億日圓，據說4成利益都與色情內容有關

DMM.com集團的合併營業額
（2月期、億日圓）

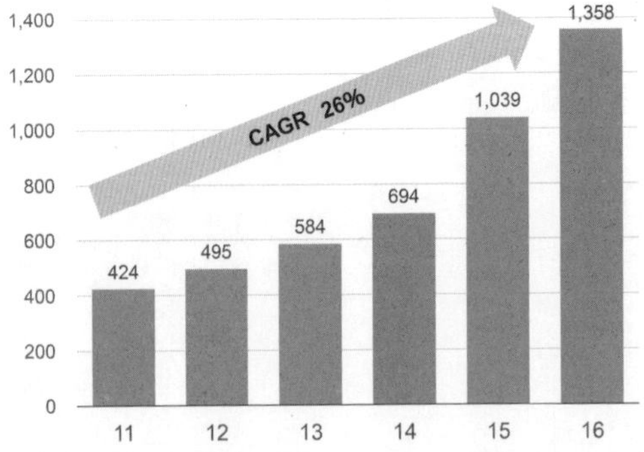
1,400
1,200
1,000
800
600
400
200
0
CAGR 26%
424
495
584
694
1,039
1,358
11
12
13
14
15
16

※合併DMM.com、DMM.com Labo、DMM.com證券、DMM.com OVERRIDE、DMM.com Base等
※利益的4成是色情相關內容（摘自日經Business的龜山訪談記事）

資料：摘自DDM.comコーポレートサイト、日経ビジネス《エロマネーが支える愉快ナル理想工場》2016/1/11，由BBT大學綜研製作

為追求更進一步成長，建構激發動機的開放模式

與外部創業家簽訂業務委託契約，培育新事業

DMM.com集團未來的成長能夠開創哪些新事業呢？二〇一一年，集團成立發展新事業的機制，直屬龜山管轄的專案，通稱「龜屬」（圖9）。這個機制是蒐集公司內外各種創新事業的想法，由龜山直接審查並提供事業資金。規則是集團與帶來新創意的創業家簽訂業務委託契約，提供事業資金與實戰部隊。如果半年內新創事業未見成果，雙方就終止合約——可以說龜山是以創業投資家的身分提供事業資金。

在這個機制之下，所有投資風險都由龜山承擔，創業家不用負擔還債風險。如果是一般的創業投資，最後會透過上市或併購出售手上股票以回收投資資金。但是，如果看看DMM.com集團以往的實績，他們並沒有透過公司上市或讓渡以回收投資資金。龜山或DMM.com集團依舊擁有龜山投資的新事業的所有股票。這是因為DMM.com集團是以色情內容為事業的主要核心，所以在社會理念、倫理上都難以公開上市的緣故。

對於帶來新創事業的創業家來說，這樣的合作缺乏未來公司上市的誘因，對於DMM.

圖7　平台事業「DMM.com」引領集團成長，色情事業則支撐整個集團的運作

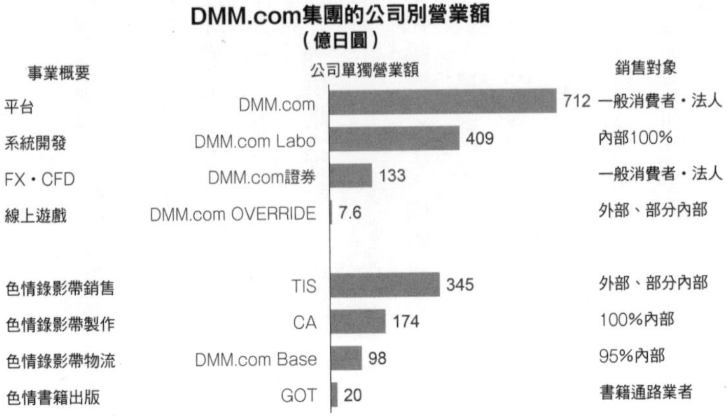
DMM.com集團的公司別營業額
（億日圓）
事業概要
公司單獨營業額
銷售對象
平台
DMM.com
712
一般消費者・法人
系統開發
DMM.com Labo
409
內部100%
FX・CFD
DMM.com證券
133
一般消費者・法人
線上遊戲
DMM.com OVERRIDE
7.6
外部、部分內部
色情錄影帶銷售
TIS
345
外部、部分內部
色情錄影帶製作
CA
174
100%內部
色情錄影帶物流
DMM.com Base
98
95%內部
色情書籍出版
GOT
20
書籍通路業者

※因包含集團內部營業額，所以總數與合併營業額不一致
※DMM.com證券為2015年3月期，TIS、CA、DMM.com Base為2015年7月期，其餘均為2015年2月期

資料：摘自東京商工リサーチ（日経テレコン），由BBT大學綜研製作

圖8　在利益基礎上，DMM.com證券貢獻很大

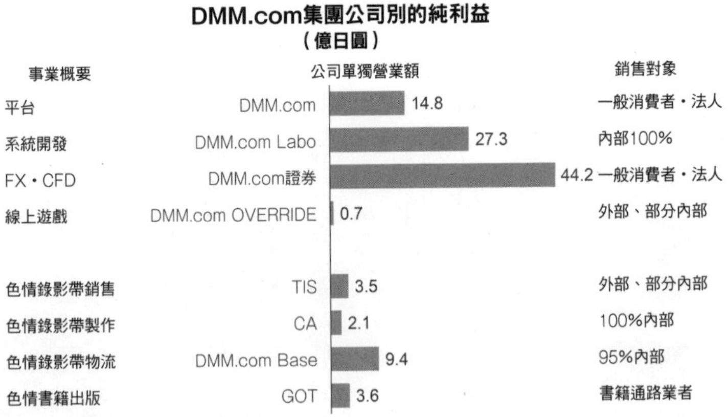
DMM.com集團公司別的純利益
（億日圓）
事業概要
公司單獨營業額
銷售對象
平台
DMM.com
14.8
一般消費者・法人
系統開發
DMM.com Labo
27.3
內部100%
FX・CFD
DMM.com證券
44.2
一般消費者・法人
線上遊戲
DMM.com OVERRIDE
0.7
外部、部分內部
色情錄影帶銷售
TIS
3.5
外部、部分內部
色情錄影帶製作
CA
2.1
100%內部
色情錄影帶物流
DMM.com Base
9.4
95%內部
色情書籍出版
GOT
3.6
書籍通路業者

※由於是減去集團間交易前的數值，所以總計值沒有意義
※DMM.com證券為2015年3月期，TIS、CA、DMM.com Base為2015年7月期，其餘均為2015年2月期

資料：摘自東京商工リサーチ（日経テレコン），由BBT大學綜研製作

com集團而言，他們只能吸引小創業家或小創意，而這也是利用開發創新事業帶來集團成長的戰略無法成功的主因。

成長戰略的關鍵在於公開上市與引發創業家的動機

目前新創事業的發展如火如荼，但是總有一天會有減緩的跡象吧。那麼，集團應該怎麼做才好呢？其中一個方法是成立專門培育新創企業的公司，或是設立創業資金，以公開上市為前提，募集創新的事業。另一個方法就是給予創業家股票選擇權等，確實激發創業家的創業動機。這個體制可以參考日本最大人力資源公司RECRUIT的做法。RECRUIT曾經執行過「三十八歲退休制」的人事制度。員工如果選擇在三十八歲退休，可以領取最高金額的退休金。如果員工退休後創業，RECRUIT也會投資。這樣的商業模式可以為創業家與企業雙方帶來好處。

龜山與DMM.com集團必須建立一個自己與創業家都能夠賺錢的模式，而不是自己擁有所有的股票。透過這樣的做法吸引更具規模的想法或有野心的創業家，這樣或許有機會為DMM.com集團帶來更大的成長（圖10）。

圖9　龜山與外部的創業家簽訂業務委託契約，提供事業資金與實戰部隊，培育新事業

DMM.com集團開發新事業的機制

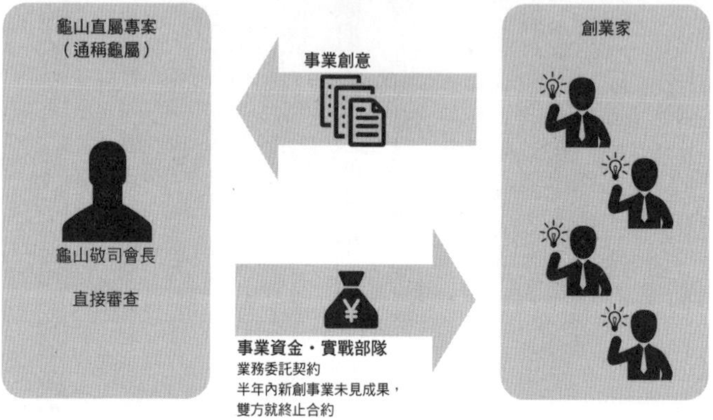

資料：摘自日経ビジネス《エロマネーが支える愉快ナル理想工場》2016/1/11、週刊東洋経済《異形の企業集団率いる謎の経営者亀山敬司》2015/5/2及各媒體報導等，由BBT大學綜研製作

圖１０　成立專門培育新創企業的公司，募集以公開發行股票為目標的新創事業，贈予創業家股票選擇權等，激發創業動機

DMM.com集團的方向

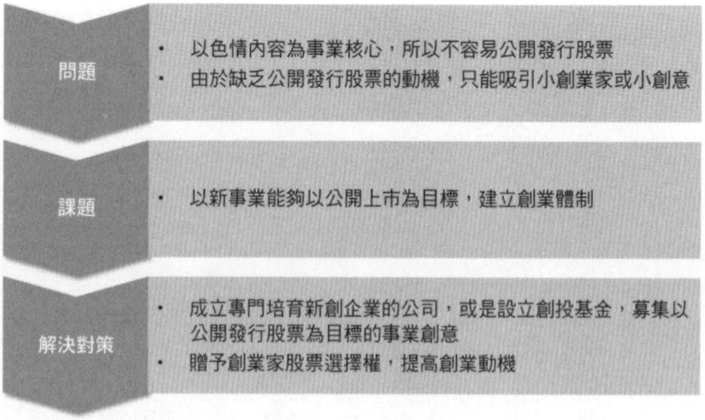

問題	・以色情內容為事業核心，所以不容易公開發行股票 ・由於缺乏公開發行股票的動機，只能吸引小創業家或小創意
課題	・以新事業能夠以公開上市為目標，建立創業體制
解決對策	・成立專門培育新創企業的公司，或是設立創投基金，募集以公開發行股票為目標的事業創意 ・贈予創業家股票選擇權，提高創業動機

資料：摘自各媒體報導等，由BBT大學綜研製作

歸納整理

☑ 成立專門培育新創企業的公司，或是設立創業資金，以公開上市為前提，募集創新事業。

☑ 給予創業家股票選擇權等，確實激發創業家的創業動機，集結有實力的創業家或各種創意想法，獲得更進一步的成長。

大前總結

要如何安排豐厚的資金用途？應該調整能夠上市的體制，鼓舞創業家信心。

DMM在被稱為粉紅海的獨特市場中，獲得穩定的現金流。如果希望透過創新事業的發展獲得更大的成長，就應該建立激發創業家動機的機制，吸引各類的創意與野心。如果無法公開上市，或創業家無法期待可賺到錢，就只能吸引小的創業者而已。

CaseStudy 9

Nagase

如何面對「少子化時代」？

假如你是**Nagase**的社長，在少子化情況日益嚴重的時代中，你要如何設計教育產業？如何讓公司持續成長？

※根據2016年3月進行的個案研究編輯・收錄

正式名稱	株式會社Nagase
成立年份	1976年
負責人	社長 永瀨昭幸
總公司所在地	東京都武藏野市
事業種類	服務業
事業內容	針對高中生的升學班、國小・國中補習班、游泳學校、出版事業等
資本金額	21億3,800萬日圓（2016年3月期）
營業額	457億4,200萬日圓（2016年3月期）
員工人數	1,185人（合併，只有正職人員）（截至2016年3月底）

透過大型的大學升學補習班、國小·國中與社會人士教育等多角化經營

營業額六成來自大學升學補習班，利用影像教學的自主學習方式在全國發展

Nagase這家教育服務企業，經營擁有許多大師級講師的大學升學補習班·東進高校。東進高校成立於一九八五年，以高中生為主要客群，後來又於一九九二年成立東進衛星升學補習班，以傳送「Sate Live」進行影像教學的方式在日本全國展開連鎖加盟的經營模式。到了二〇〇六年，收購知名的國中補習班四谷大塚，二〇〇八年收購Itoman游泳學校，將公司轉型為集團公司，試圖加強既有的事業體系，並進行多角化經營。

該公司的營業額超過四百五十七億日圓，位居業界之冠。其中的營業內容如圖1所示，主要事業是大學升學補習班·補習班的高中生部門，光是東進高校、東進衛星升學補習班、早稻田塾的合計營業額就占六二·九%。以四谷大塚為主的國中·高中補習班的合計營業額為一六·四%，游泳學校一五·四%，其他則是針對社會人士的商業學校或出版事業等占五·三%。

主力事業的東進高校以及東進衛星升學補習班的特徵是採用「影像教學·自主學習型」

圖1　高中生部門約占6成，透過併購加強國小・國中生部門，另外加入游泳學校多角化經營

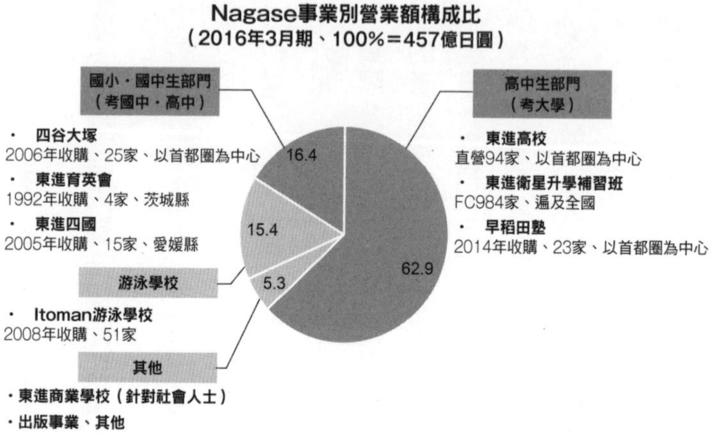

Nagase事業別營業額構成比
（2016年3月期、100%＝457億日圓）
國小・國中生部門
（考國中・高中）
・四谷大塚
2006年收購、25家、以首都圈為中心
・東進育英會
1992年收購、4家、茨城縣
・東進四國
2005年收購、15家、愛媛縣
游泳學校
・Itoman游泳學校
2008年收購、51家
其他
・東進商業學校（針對社會人士）
・出版事業、其他
16.4
15.4
5.3
62.9
高中生部門
（考大學）
・東進高校
直營94家、以首都圈為中心
・東進衛星升學補習班
FC984家、遍及全國
・早稻田塾
2014年收購、23家、以首都圈為中心

資料：摘自有価證券報告書，由BBT大學綜研製作

圖2　把知名講師的授課內容製成影像。以「影像教學・自主學習型」的升學補習班在全國發展

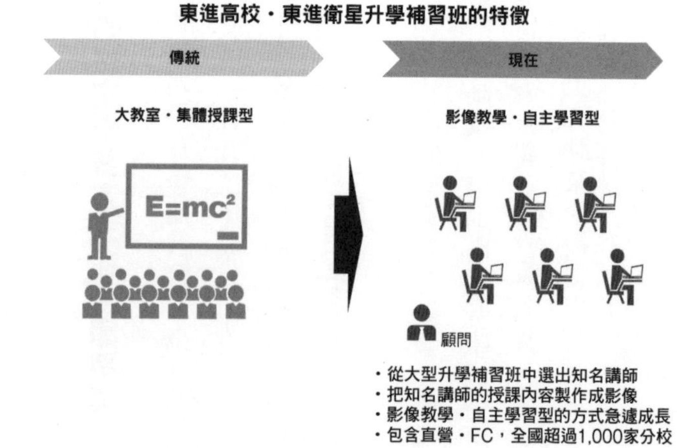

東進高校・東進衛星升學補習班的特徵
傳統
現在
大教室・集體授課型
影像教學・自主學習型
E=mc²
顧問
・從大型升學補習班中選出知名講師
・把知名講師的授課內容製作成影像
・影像教學・自主學習型的方式急遽成長
・包含直營・FC，全國超過1,000家分校

資料：摘自官網、各媒體報導，由BBT大學綜研製作

的模式（圖2）。知名講師把授課內容製作成影片，學生則配合學習階段，依照自己的學習程度在獨立的學習空間收看影像。補習班內同時也有員工可以提供升學諮詢服務。

傳統的升學補習班主要都是以落榜學生為主要招生對象，一般的方式是在大教室裡進行集體授課。不過，因為少子化、應屆考取的需求提高或是經濟問題等因素，現在的落榜學生數量驟減，從白天開始就待在大教室裡聽課的學生也變得越來越少，因此，現在的教學對象變成以考大學的應屆學生為主。每位學生依照自己的實力或需求，利用教學影片自主學習。學生去升學補習班而不是在家裡聽課，某種程度可以遵守規律的學習節奏，能夠有效學習。負責授課的講師是從大型升學補習班中選出的知名講師。Nagase從傳統的大教室・集體授課型改變為影像教學・自主學習型，業績也因此而驟升。目前全國已經有超過一千家的加盟補習班。

及早推動影像教學以因應市場需求

超越大型補習班的互相競爭，影像教學市場占七成市占率

由於少子化的影響使得學生數量減少，大型升學補習班紛紛陷入苦戰。現在，大部分升

圖3 雖然大型升學補習班紛紛加強影像教學，Nagase（東進）的市占率仍超過7成

升學補習班中影像教學的市占率
（2014年度、100%=618億日圓）

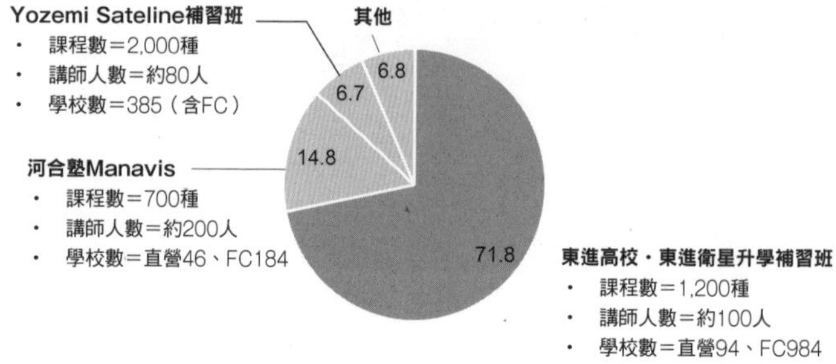
Yozemi Sateline補習班
・ 課程數=2,000種
・ 講師人數=約80人
・ 學校數=385（含FC）
其他
6.8
6.7
14.8
河合塾Manavis
・ 課程數=700種
・ 講師人數=約200人
・ 學校數=直營46、FC184
71.8
東進高校・東進衛星升學補習班
・ 課程數=1,200種
・ 講師人數=約100人
・ 學校數=直營94、FC984

資料：摘自週刊ダイヤモンド《特集　塾・予備校》2016/3/5，由BBT大學綜研製作

圖4 透過影像教學與大師級講師積極宣傳，高中生部門成長；透過併購加強國小・國中生部門，也嘗試多角化經營

Nagase部門別合併營業額
（各年3月期、億日圓）

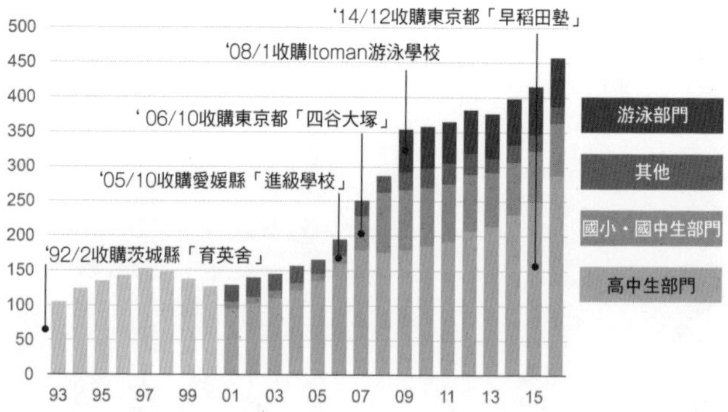
‘14/12收購東京都「早稻田塾」
‘08/1收購Itoman游泳學校
‘06/10收購東京都「四谷大塚」
‘05/10收購愛媛縣「進級學校」
‘92/2收購茨城縣「育英舍」
500
450
400
350
300
250
200
150
100
50
0
93
95
97
99
01
03
05
07
09
11
13
15
游泳部門
其他
國小・國中生部門
高中生部門

※2000年以前為各部門的總值，2009年3月期開始加入Itoman游泳學校的合併決算

資料：摘自有價證券報告書，由BBT大學綜研製作

學補習班都加強了影像教學的授課方式。不過在這當中，東進高校・東進衛星升學補習班占了七一・八%，大幅拉開與其他補習班的差距（圖3）。課程數量約有一千二百個課程，內容非常充實，直營補習班有九十四家，加盟補習班有九百八十四家，擁有傲人的補習班數量。被大幅領先的河合塾Manavis是一四・八%，Yozemi Sateline升學補習班則有六・七%。

河合塾Manavis的每個補習班會配置十人左右的顧問，提供充實的諮詢服務，Yozemi Sateline升學補習班以二千個豐富課程大範圍地涵蓋各階段的學習程度。就像這樣，每個大型升學補習班各展奇招相互競爭。其中，面對落榜學生減少、應屆考取的需求提高等市場變化，最早推動影像教學・自主學習型態的東進高校・東進衛星升學補習班獲得壓倒性的市占率，在目前的時間點上，可說是轉型最成功的補習班。

就像這樣，Nagase經營順利，每年的營業額都有成長（圖4）。進入二〇〇〇年代之後，營業額幾乎年年上升，到了二〇一六年三月期，合併營業額達到四百五十七億四千二百萬日圓。如果以事業別來看的話，主力事業的高中生部門還是穩定成長。可以說，公司在很早的階段就改成影像教學・自主學習型態，以及透過大師級講師積極宣傳等因素帶來很大的影響。另外，公司不僅收購四谷大塚等補習班加強國小・國中生部門，也更進一步收購游泳補習班進行多角化經營，所以營業額才能一直穩定成長。

圖5　Nagase最早推動影像教學，目標客群快速轉成應屆學生

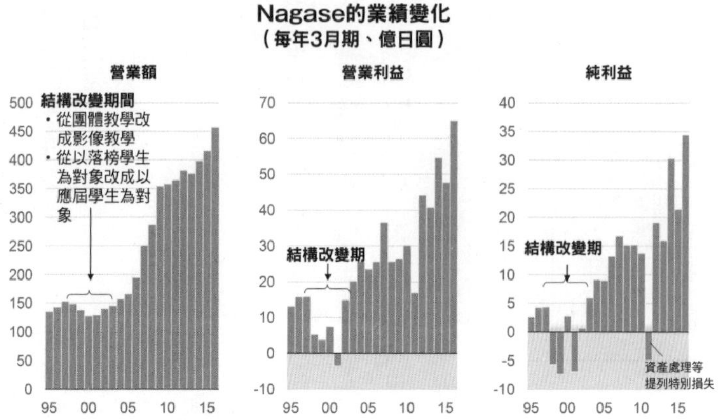
Nagase的業績變化
（每年3月期、億日圓）
營業額
營業利益
純利益
結構改變期間
・從團體教學改成影像教學
・從以落榜學生為對象改成以應屆學生為對象
結構改變期
結構改變期
資產處理等提列特別損失

資料：摘自有価證券報告書，由BBT大學綜研製作

圖6　國小・國中・高中學生人數，從最巔峰至今減少約900萬人，未來少子化現象將會持續

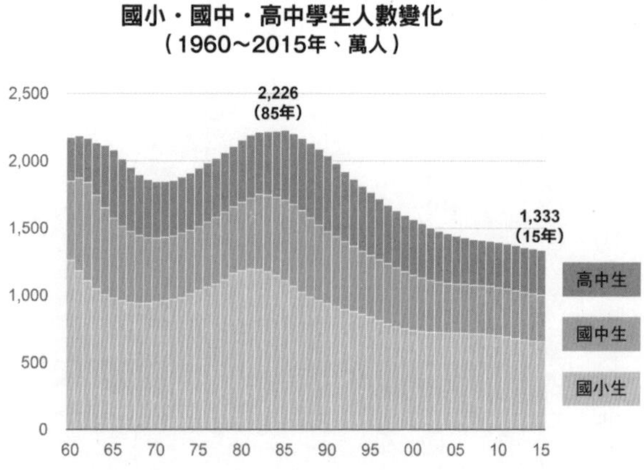
國小・國中・高中學生人數變化
（1960~2015年、萬人）
2,226
(85年)
1,333
(15年)
高中生
國中生
國小生

資料：文部科学省《学校基本調査》，由BBT大學綜研製作

來看看Nagase的業績變化吧（圖5）。從一九九六年到二〇〇四年左右是業務結構改變期，這段期間把團體教學的上課方式改成影像教學，目標客群從落榜學生轉變成應屆生。雖然這段期間的營業額、營業利益以及純利益一度變差，不過由於比其他競爭對手快一步轉型，及早推動影像教學並把目標客群轉到應屆生，所以業績才有驚人的成長，一直到現在依舊保持良好的營運狀態。

大公司不斷進行重新整合・系統化的教育服務業

在少子化日益嚴重的情況下，由於單價提高，所以市場規模不變

面臨少子、高齡化社會的日本，每年少子化的情況持續進行。從一九八五年國小・國中・高中生人數達到二千二百二十六萬人的巔峰，到了二〇一五年卻只有一千三百三十三萬人，這三十年之間減少的人數高達九百萬人（圖6）。

在學學生不斷減少，另一方面，如果看看一般補習班・升學班的市場規模，從一九九五年以後，市場就沒有太大的變化（圖7）。理由是去補習班上課已經變成極為平常的事情，學生上補習班的比率提高；以及雖然少子化使得學生人數減少，但是每個人花費的金額卻不

圖7　因學生上補習班的比率提高，以及消費單價提高，市場規模維持在9,000億日圓的水準

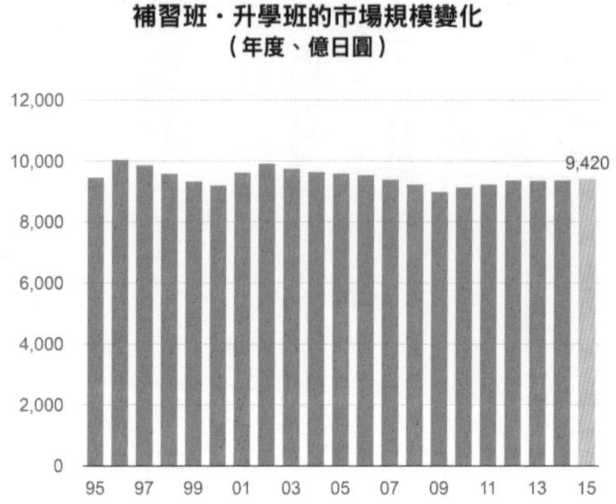

資料：矢野経済研究所《教育産業白書2015》，由BBT大學綜研製作

圖8　針對學生的教育服務業界中，營業額位居第5名

教育服務業界的營業額排名
（2014年度、億日圓）

排名	類別		營業額	服務品牌
1	通信教育類	Benesse	4,632	進研Zemi、東京個別指導學院
2	學習補習班類	公文教育研究會	905	KUMON
3	出版類	增進會出版社	611	Z會、榮光seminar
4	升學補習班類	河合塾集團	485	河合塾
5	升學補習班類	Nagase	416	東進高校、四谷大塚
6	學習補習班類	Yarukiswitch集團	284	School IE
7	出版類	學研塾集團	274	學研教室
8	學習補習班類	自我未來教育（NOVA）	265	ITTO個別指導學院
9	學習補習班類	早稻田Academy	194	早稻田Academy
10	學習補習班類	Risou教育	188	TOMAS
11	學習補習班類	明光Network Japan	188	明光義塾
12	升學補習班類	市進控股	168	市進學院、市進升學補習班
13	綜合類	WAO Corporation	155	能開Center
14	學習補習班類	日本考試中心	153	SAPIX
15	升學補習班類	Sanaru	153	佐鳴升學補習班

※補習班（針對國小・國中生）、升學補習班（針對高中生）、綜合（國小・國中・高中・證照）

資料：摘自全国私塾情報センター《学習塾白書2015》、週刊ダイヤモンド《特集 塾・予備校》2016/3/5、各公司決算資料，由BBT大學綜研製作

斷提升，也就是顧客單價提高。最後，市場規模在這二十年當中都沒有太大的變化，一直維持在九千億日圓的水準。

不斷重複收購大型升學補習班．函授教育企業．出版社

圖8整理了所有競爭企業的順位。排名第一的是擁有「進研Zemi」、「東京個別指導學院」的Benesse，以四千六百三十二億日圓的營業額大幅拉開與其他企業的距離；其次是第二名的「KUMON」，也就是公文教育研究會，營業額為九百零五億日圓；第三名是擁有「Z會」、「榮光seminar」的增進會出版社，營業額有六百一十一億日圓；第四名是發展「河合塾」補習班的河合塾集團，營業額是四百八十五億日圓。Nagase位居第五，第六名以下的營業額大約都在一百五十億日圓～二百億日圓左右。

教育服務業界熱絡地進行整合，目前大型升學補習班與同業其他公司，或與國小．國中補習班進行合作或收購；甚至函授教育．大型出版社也會收購補習班．升學班（圖9）。

Nagase除了收購早稻田塾、四谷大塚之外，也出資秀英升學補習班、早稻田Academy、成學社等，目標是進行更進一步的併購。代代木seminar的母公司，高宮學園收購了SAPIX的日本考試中心，駿河台學園與濱學園、河合塾與日能研等，則分別採取合作的策略。

圖9　各大型升學補習班針對國小・國中補習班進行系列整合；甚至函授教育・大型出版社也收購補習班・升學班等，進行業界重整

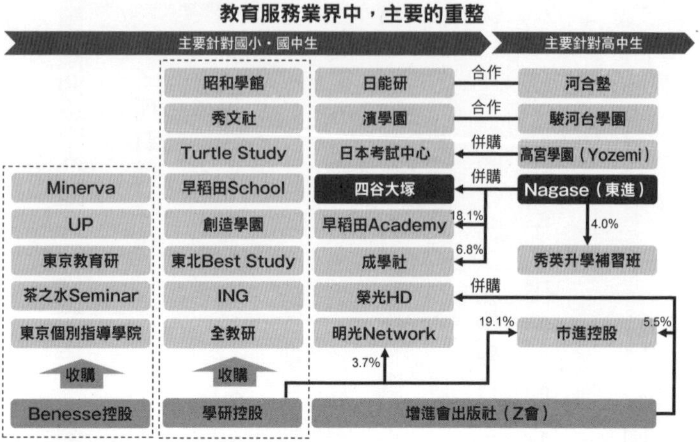
教育服務業界中，主要的重整
主要針對國小・國中生
主要針對高中生
昭和學館
秀文社
Turtle Study
早稻田School
創造學園
東北Best Study
ING
全教研
Minerva
UP
東京教育研
茶之水Seminar
東京個別指導學院
收購
收購
Benesse控股
學研控股
日能研
濱學園
日本考試中心
四谷大塚
早稻田Academy
成學社
榮光HD
明光Network
合作
合作
併購
併購
併購
河合塾
駿河台學園
高宮學園（Yozemi）
Nagase（東進）
秀英升學補習班
市進控股
增進會出版社（Z會）
18.1%
6.8%
4.0%
19.1%
5.5%
3.7%

資料：摘自全国私塾情報センター《学習塾白書2015》、週刊ダイヤモンド《特集 塾・予備校》2016/3/5，由BBT大學綜研製作

圖１０　課題是投入為大學生、社會人士提供教育服務的領域、發展海外市場、加強國小・國中生補習班的市場

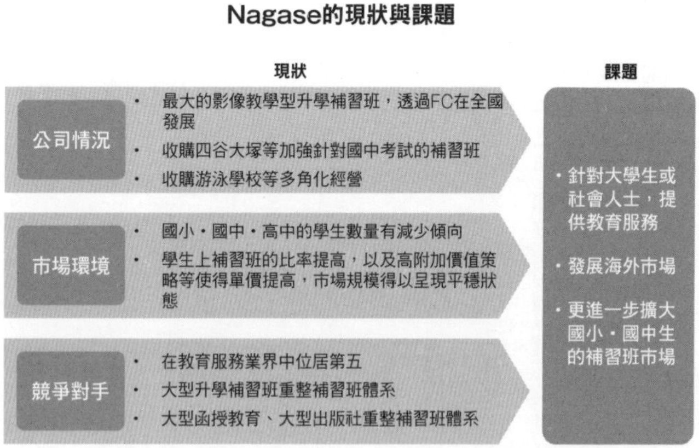
Nagase的現狀與課題
現狀
課題
公司情況
・最大的影像教學型升學補習班，透過FC在全國發展
・收購四谷大塚等加強針對國中考試的補習班
・收購游泳學校等多角化經營
市場環境
・國小・國中・高中的學生數量有減少傾向
・學生上補習班的比率提高，以及高附加價值策略等使得單價提高，市場規模得以呈現平穩狀態
競爭對手
・在教育服務業界中位居第五
・大型升學補習班重整補習班體系
・大型函授教育、大型出版社重整補習班體系
・針對大學生或社會人士，提供教育服務
・發展海外市場
・更進一步擴大國小・國中生的補習班市場

資料：BBT大學綜研製作

函授教育、大型出版商的併購更是熱絡。經營Z會的增進會出版社收購了大型升學補習班的榮光控股；學研控股除了自己公司經營的學研教室之外，還將許多補習班併入旗下，也更進一步地成為中型升學補習班的市進控股的最大持股股東。Benesse控股也一樣，除了大型升學補習班的東京個別指導學院之外，也收購了其他許多升學補習班。相信日後這樣的重整也將持續進行。

在未投入的領域中發展並擴大服務，藉此將客群擴大到各世代

課題是開拓未投入的領域

以下來整理Nagase的現狀與課題吧（圖10）。

目前Nagase已發展針對高中生考大學的升學補習班，如東進高校、東進衛星升學補習班等，也是國內最大的影像函授升學補習班，利用加盟的方式在全國拓點。更進一步地，透過收購四谷大塚，加強針對國中考試的補習班，也透過收購游泳學校進行多角化經營。關於市場環境方面，由於少子化持續進行，國小・國中・高中的在學學生數量持續減少，不過由於學生進補習班補習的比率提高，以及高附加價值策略而提高單價，所以這二十年來的市場

規模一直呈現平穩的狀態。

雖然Nagase目前營業額在教育服務業界中位居第五，不過大型升學補習班、大型函授教育以及大型出版的重新整併也熱絡進行。

根據這樣的現狀，可以看出今後的課題有三個方向，其一是針對考完大學聯考的大學生或社會人士，提供教育服務；再者是向成功的競爭對手學習，發展海外市場；更進一步擴大針對國小．國中學生的補習班。

目標是提供涵蓋全世代的綜合教育內容

針對以上這三個方向，Nagase今後應該如何發展呢？

首先，關於投入針對大學生．社會人士的教育服務。收購大學，把公司轉型為學校法人，這是一個方法。另外，協助畢業生進行求職活動，或是協助上班族進修社會人士教育或管理職教育等，都是可考慮的方法。

就像這樣，目標就是把顧客對象擴大到大學生或社會人士，提供涵蓋各世代的綜合教育內容。

另外，也應該積極發展海外市場。具體來說，針對外派中或者外派國外前的日本人提供相關的教育內容。透過網路傳送進行影像教學，這樣無論學生在世界的哪個角落，都能夠聽

圖11　目標是成為涵蓋各年齡層的綜合教育機構

Nagase的現狀與課題（提案）

投入針對大學生社會人士的教育服務	・收購大學，把公司轉型為學校法人 ・針對社會人士・法人機構提供研習課程，或提供大學生求職諮詢服務 ・以涵蓋各年齡層的綜合教育機構為目標
發展海外市場	・針對外派海外前、外派中的日本人提供相關的教育內容 ・透過網路傳送，進行影像教學
擴大國小・國中生的補習班市場	・加強目前的路線 ・以四谷大塚為主軸，提供影像學習課程內容 ・透過FC加強全國展店的力道

資料：BBT大學綜研製作

課。

更進一步地，擴大針對國小・國中生的補習班市場。以擅長國中考試的四谷大塚為主軸，提供影像學習課程內容，透過加盟店加強全國展店的力道。

如果想實現這三個方向，建構學生以及畢業生支援網路，以及畢業後支援體制就很重要了。若想做到這點，管理畢業生的資料庫就變得不可或缺了，所以或許也需要與能夠處理這項業務的企業合作・收購等。

雖然Nagase目前涵蓋的業務只到大學聯考為止，不過未來社會人士生涯教育的需求應該會越來越高，可說是個無極限的市場吧。如果能夠轉型為綜合教育機構，從學齡前兒童開始，到國小・國中・高中・大學，乃至於社會人士，針對人生各階段提供適當的教育服務，這樣就能夠與其他競爭對手拉開差距了。投入競爭對手尚未接觸的這個無極限市場，現在不就是最好的時機嗎（圖11）？

歸納整理

- ☑ 可考慮收購大學或是轉型為學校法人，與既有的服務合作。以可提供涵蓋各年齡層的綜合教育者為目標。
- ☑ 針對外派國外前或外派中的日本人，提供影像教學的教育內容，積極發展海外市場。
- ☑ 以四谷大塚為主軸，也提供國小‧國中影像教學內容，並透過加盟店加強全國性的發展。

大前總結

業界不斷重整，先暫時移開眼前的焦點，開拓尚未投入的領域吧。

教育業界不斷進行重整。擴大更進一步的收購標的以追求成長。透過各年齡層‧各地區的拓展，擴大業務範圍，藉此投入無極限的市場。也可以考慮目前尚未投入的大學生‧社會人士教育，或是運用網路發展海外市場。目標就是成為綜合教育內容的提供者。

CaseStudy 10

mercari

「新創企業」更進一步的成長戰略

假如你是mercari的會長，終於成為日本第三名的獨角獸企業，今後你要如何進一步提高公司的業績？

※根據2016年12月進行的個案研究編輯・收錄

正式名稱	株式會社mercari
成立年份	2013年
負責人	代表取締役會長兼ＣＥＯ　山田進太郎
總公司所在地	東京都港區
事業種類	資訊通信業
事業內容	跳蚤市場的ＡＰＰ開發、提供
資本金額	125億5,020萬日圓（含資本準備金）
營業額	122億5,600萬日圓（2016年6月期）
備考	為日本國內最大的跳蚤市場APP，國內有4,000萬下載量，美國有2,000萬下載量　※下載量為2016年12月時間點

就算在美國市場也展現強大實力的日本最大跳蚤市場APP

提供個人（CtoC）EC（電子商務）的網路交易市場

mercari是以日本國內最大跳蚤市場APP而知名的IT創投企業。雖然是創立於二〇一三年二月的年輕企業，不過身為獲利困難的網路企業，也終於在第四期轉虧為盈（圖1）。

該公司的企業價值超過一千億日圓，終於能夠進入「獨角獸企業（企業價值超過十億美元的未上市公司）」行列。日本其他的獨角獸企業還有LINE與DMM.com，不過LINE已經在二〇一六年七月十五日上市。

APP業者mercari於日本國內市場有四〇〇〇萬下載量，在美國則有二〇〇〇萬下載量，在美國的強大實力也是這家公司的特徵之一。

電子商務市場大致可分為三種（圖2），分別是BtoB（企業之間）、BtoC（企業與個人）以及CtoC（個人之間）。mercari經營的領域是CtoC，發展網路上自由加入的市場，也就是所謂的電子交易市集——而這個市場又可進一步分為拍賣市場與跳蚤市場等兩種形式。前者的代表性企業就是Yahoo!拍賣與Mobaoku，後者的代表性企業就是mercari。

進行個人之間交易時，提供第三方託管功能以保障交易安全

在此先瞭解一下mercari的跳蚤市場機制吧（圖3）。

基本上mercari的系統是透過智慧型手機完成所有的交易手續。交易流程大致如下，想出售手上物品的人，也就是賣家先拍攝商品相片，填入必要資訊，再自行設定價格。賣家自行決定價格這點與拍賣網站不同。另一方面，買家在mercari的手機APP上找尋想要的物品，如果覺得「這個價格可以買」，就可付款購買。

交易過程中，買家支付的貨款會暫時存放在mercari。就像這樣，除了提供賣家與買家交易平台之外，mercari也提供交易時透過第三者媒介以保障交易安全的機制，也就是所謂的第三方託管（Escrow）機制。當買家收到賣家寄來的商品，mercari確認「同意，商品沒問題」之後，就會扣除貨款的一〇%，並將剩餘款項轉給賣家。

圖1　創業後第4年就達到盈餘

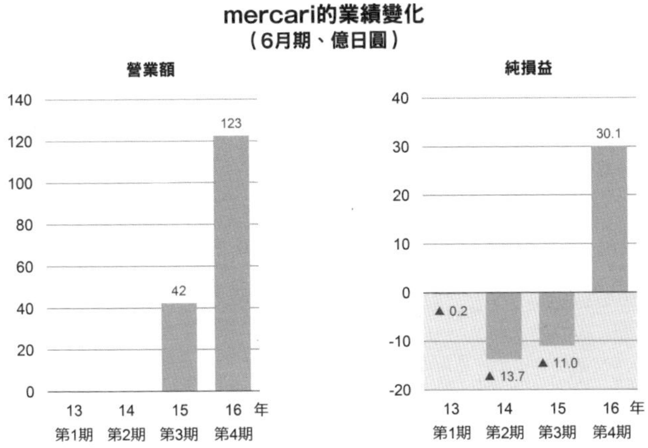
mercari的業績變化
（6月期、億日圓）
營業額
140
120
100
80
60
40
20
0
123
42
13 14 15 16 年
第1期 第2期 第3期 第4期
純損益
40
30
20
10
0
-10
-20
30.1
▲0.2
▲13.7
▲11.0
13 14 15 16 年
第1期 第2期 第3期 第4期

資料：摘自〈官報決算公告〉、《帝国データバンク会社年鑑》，由BBT大學綜研製作

圖2　mercari是提供個人之間交易（C to C）的電子交易市集

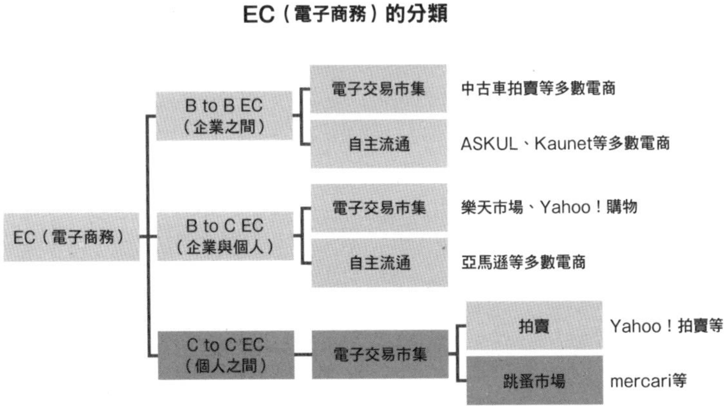
EC（電子商務）的分類
EC（電子商務）
B to B EC（企業之間）
電子交易市集
中古車拍賣等多數電商
自主流通
ASKUL、Kaunet等多數電商
B to C EC（企業與個人）
電子交易市集
樂天市場、Yahoo！購物
自主流通
亞馬遜等多數電商
C to C EC（個人之間）
電子交易市集
拍賣
Yahoo！拍賣等
跳蚤市場
mercari等

資料：BBT大學綜研製作

在存在感夠大，成長性強的市場中該如何主導？

與Yahoo!拍賣最大的差異在於嚴格排除業者加入

以下整理mercari與Yahoo!拍賣的不同點（圖4）。首先，如前面提過的，兩者的不同點在於一個是由賣家決定價格，另一個是由買家出價來決定交易價格。另外，賣家每個月必須支付固定上架費給Yahoo!拍賣，但是在mercari上架免費，想賣時隨時可以自由上架。相對於mercari收取一〇%的成交手續費，Yahoo!拍賣的八・六四%手續費比較低，不過賣家必須合併考慮上架費的問題。兩者在結帳方面都採用第三方託管的方式，不過Yahoo!拍賣也合併採用買、賣雙方直接結帳的方式。從預防出售假貨等不法交易的角度來看，採用第三方託管的方式應該是必要的吧。

關於消費者方面，mercari主要以年輕女性為主，Yahoo!拍賣的用戶則包含男女，而且年齡層廣泛。消費者使用的終端設備方面，mercari以智慧型手機為主，Yahoo!拍賣則以個人電腦為主。雖然Yahoo!拍賣也提供手機APP，不過Yahoo!拍賣是在智慧型手機廣泛使用之前就已經開始提供服務，由於這樣的歷史背景，所以還是以電腦為主。關於上架者的特

圖3　提供一個特別是利用智慧型手機進行個人之間交易（C to C）的EC平台

mercari的運作機制

- 拍攝商品
- 輸入必要資訊
- 設定價格

- 交易平台
- Escrow（第三方託管）
- 成交價的10%

- 搜尋
- 購買
- 付款

資料：BBT大學綜研製作

圖4　與Yahoo！拍賣相比，在mercari能夠輕鬆上架・交易，此外也嚴格排除業者投入

「mercari」與「Yahoo！拍賣」的不同點

mercari（2013年7月開始）		Yahoo！拍賣（1999年9月開始）
由上架者決定定價	價格設定	由投標者決定
免費	上架手續費	每月498日圓
交易價格的10%	成交手續費	拍賣價的8.64%
無期限	上架期間	設定拍賣時間
第三方託管	支付方式	第三方託管・直接交易
以年輕女性為主	用戶範圍	男・女廣泛年齡層
以智慧型手機為主	使用終端設備	以個人電腦為主
排除二手貨業者・代購業者	上架者的特色	多為二手貨業者・代購業者

資料：摘自《日経PC21》2017年1月号、《日トレンディ》2016年10月号及其他記事，由BBT大學綜研製作

色，Yahoo!拍賣以二手貨商或代購業者為主，相對的，mercari則排除這類的業者。

跳蚤市場競爭激烈，留強汰弱持續進行

不只是跳蚤市場ＡＰＰ，由於ＡＰＰ市場進入的門檻低，所以從個人業者到大型企業等，許多開發商都紛紛投入這個有前景的市場。跳蚤市場ＡＰＰ也是一樣，從二〇一二年以後，眾多服務競爭激烈，僅僅數年當中，就有許多企業陸續被淘汰或撤離（圖５）。撤離的企業也包含Yahoo與ＬＩＮＥ等大型公司。在這樣的狀況之下，雖然mercari投入較晚，但是現在已經一躍而進獨角獸企業的行列之中了。該公司到底是如何在跳蚤市場ＡＰＰ中獲得優勝的地位呢？以下我們來一探究竟吧。

下載量約為第二名的六倍，擁有強大的競爭力

來看看mercari在日本國內的ＡＰＰ下載量（圖６）。mercari從二〇一三年七月開始提供服務，該年十二月時就已經有一百萬次的下載量。從那時起整整三年的時間就達到國內四千萬次的下載量，日美合計也達到六千萬次的下載量。如果看主要跳蚤市場ＡＰＰ的國內下載數量（圖７），mercari的四千萬次絕對是取得壓倒性的勝利。minne或Fril等先行業者連一千萬次的下載量都還達不到，與mercari相比，實力實在相差懸殊。

圖5　2012年以後，跳蚤市場ＡＰＰ競爭激烈，市場開始留強汰弱

主要的跳蚤市場APP開始經營的時間

跳蚤市場ＡＰＰ	開始提供服務時間	經營公司	領域
minne	12/1	GMO Pepabo	手工藝作品
Fril	12/7	Fablic（樂天收購）	服飾
SHOPPIES	12/12	Stardust Communications	女性服飾
GARAGE SALE	13/3	WEB-SHARK	綜合
TicketCamp	13/4	Hunza（mixi子公司）	票券
mercari	13/7	mercari	綜合
SELLBUY	13/9	Gapsmobile	釣魚用具
otamart	14/3	jig.jp	御宅族商品
Rakuma	14/11	樂天	綜合
Dealing	14/11	日本Enterprise	綜合
golfpot	15/1	Geechs	高爾夫球用品
Furimano	15/6	價格.com	綜合
RIDE	15/11	Fablic（樂天收購）	摩托車・用品
ZOZO跳蚤市場	15/12	START TODAY	服飾
Mamamall	13/8～15/10 結束	Digital identity	兒童服飾・用品
STULIO	13/10～16/1 結束	STULIO	服飾
ClooShe	13/11～15/4 結束	YAHOO	女性服飾
LINE MALL	13/12～16/5 結束	LINE	綜合
kiteco	14/2～15/2 結束	GMO Pepabo	服飾

資料：各公司網站及新聞稿、各媒體報導等，由BBT大學綜研製作

圖6　在2016年12月的時間點，國內突破4,000萬次下載量

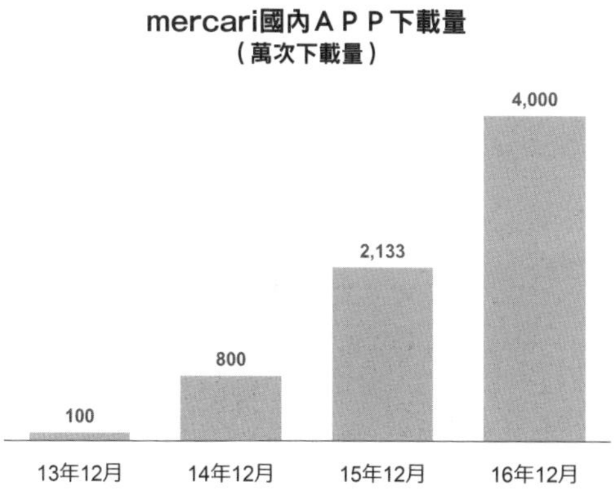
mercari國內ＡＰＰ下載量
（萬次下載量）
100
800
2,133
4,000
13年12月
14年12月
15年12月
16年12月

※2013年7月開始提供服務，2016年12月的時間點，美日合計達6,000萬次下載量

資料：摘自mercari的公布資料，由BBT大學綜研製作

以密集電視廣告與免手續費策略獲得飛躍性的成長

以下來分析mercari獲得飛躍性成長的主要原因吧（圖8）。在進入門檻低且差異化困難的手機ＡＰＰ市場中，只要在該領域迅速獲得用戶並且讓用戶習慣使用，則該ＡＰＰ就有機會成功。為了獲得客戶，mercari展開的戰略竟然是密集打出電視廣告。如果不鎖定特定商品或特定族群的消費者，而是以所有消費者為目標客群的市場，電視廣告迄今還是非常有效率，也是能夠對大眾消費者提出商品訴求的媒體。這與以前ＬＩＮＥ利用密集的電視廣告提高消費者認知，在免費通話ＡＰＰ的競爭中，建立壓倒性地位的方法如出一轍。另外，mercari開始提供服務當時，沒有收取現在的一〇％成交手續費，這也是用戶大幅增加的重要因素。還有，ＡＰＰ的使用介面簡單、好用，這也是受歡迎的原因之一吧。由於這些種種的因素，mercari的ＡＰＰ使用率高達七九・六％，幾乎是以獨占的狀態吸引用戶。

跳蚤市場還有很大的成長空間

如果比較mercari與Yahoo!拍賣的交易量（圖9），相對於mercari的一千二百億日圓，Yahoo!拍賣的八千六百六十七億日圓為前者的七倍多。不過，就如前面提過的，Yahoo!拍賣因為有業者參與的緣故，所以上架商品很多。雖然稱不上是純粹的ＣｔｏＣ交易總額，不

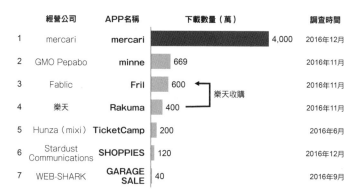

圖7 下載數量大勝其他競爭公司

主要跳蚤市場APP的國內下載數量

	經營公司	APP名稱	下載數量（萬）	調查時間
1	mercari	mercari	4,000	2016年12月
2	GMO Pepabo	minne	669	2016年11月
3	Fablic	Fril	600	2016年11月
4	樂天	Rakuma	400	2016年11月
5	Hunza（mixi）	TicketCamp	200	2016年6月
6	Stardust Communications	SHOPPIES	120	2016年12月
7	WEB-SHARK	GARAGE SALE	40	2016年9月

樂天收購

※只統計查得到數值的APP

資料：摘自各公司公布的資料、各公司網站、iTunes、Google Play、各媒體報導等，由BBT大學綜研製作

圖8 在初期發展階段就密集打出電視廣告，加上無手續費的策略，一口氣吸收固定用戶

mercari大進步的主要原因

mercari獲得用戶的戰略

- 密集投入電視廣告
- 開始提供服務時免收手續費
- 簡單的介面

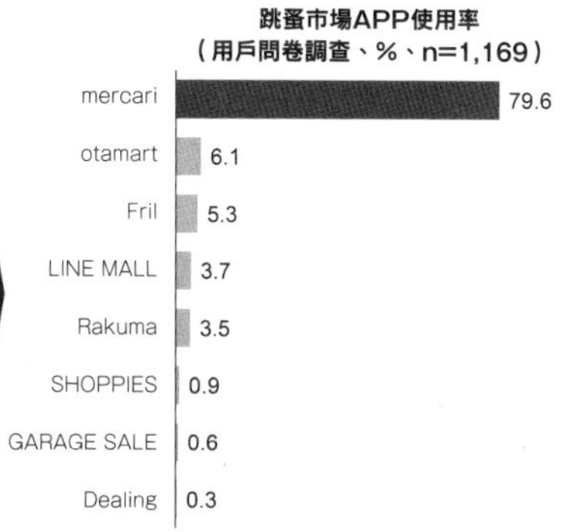
跳蚤市場APP使用率
（用戶問卷調查、%、n=1,169）
mercari 79.6
otamart 6.1
Fril 5.3
LINE MALL 3.7
Rakuma 3.5
SHOPPIES 0.9
GARAGE SALE 0.6
Dealing 0.3

※LINE MALL於2016年5月停止服務

資料：摘自MMD研究所〈2016年1月フリマアプリに関する利用実態調査〉，由BBT大學綜研製作

過自從開始提供服務以來，擁有十五年以上實績的Yahoo!拍賣，其交易總額可以視為CtoC電子商務潛在市場規模的一項指標。如果考量到mercari投入市場才第五年，相信往後的跳蚤市場還有很大的成長空間。

大型網路服務企業的目標是把消費者納入自家的所有服務範圍中

以下來瞭解一下經營包含Yahoo!拍賣的Yahoo等大型網路服務企業的動向吧（圖10）。樂天在二〇一六年十月三十一日結束網路拍賣的服務，把CtoC電子商務集中在Rakuma這個跳蚤市場APP上，同時也更進一步收購Fablic以擴大業務版圖，Fablic經營的Fril是在女性服飾・雜貨方面擁有強大實力的跳蚤市場APP。在BtoC電子商務中，日本國內最大的跳蚤市場服務樂天市場就與樂天旅遊合作，藉此做出差異化。舉例來說，在樂天市場購入新品，不要的物品就在Rakuma出售，甚至利用樂天超市的點數連結這些買賣，試圖將用戶在網路上的行動全部納入樂天提供的服務中。

Yahoo則與樂天相反，撤離跳蚤市場APP的領域，把業務集中在國內最大CtoC的市場，也就是Yahoo!拍賣。更進一步地，在Yahoo!拍賣的功能上，又加上其他功能，例如跳蚤市場的上架者可以自訂價格，不用投標就能購買等，這樣在一個平台上就具有拍賣與跳蚤市場等兩種功能。另外，Yahoo!購物與ASKUL的消費者網購平台LOHACO合作，同時也

圖9　Yahoo！拍賣的交易量超過mercari的7倍，可期待跳蚤市場更進一步的成長

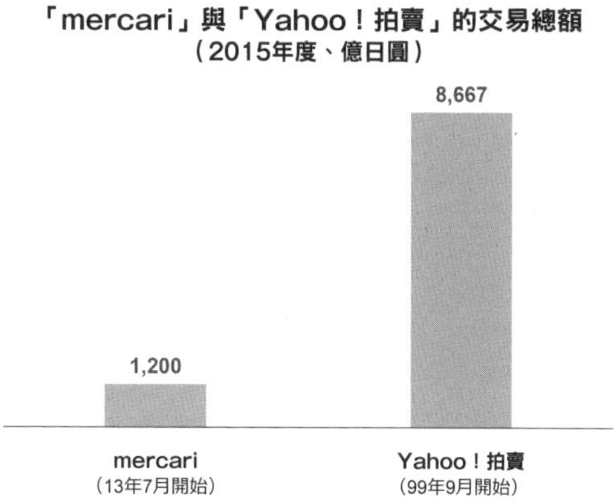
「mercari」與「Yahoo！拍賣」的交易總額
（2015年度、億日圓）
8,667
1,200
mercari
（13年7月開始）
Yahoo！拍賣
（99年9月開始）

※透過平台的交易總額推估有mercari營業額的10倍

資料：摘自〈官報決算公告〉、ヤフー〈決算説明会資料〉，由BBT大學綜研製作

圖１０　樂天、Yahoo、START TODAY的目標是公司提供的服務就包含了一次流通與二次流通的交易

大型網路服務公司的動向

樂天	・結束樂天拍賣，電子商務集中在跳蚤市場ＡＰＰ上，收購Fablic ・利用樂天市場與樂天旅遊的合作做出差異化
Yahoo	・退出跳蚤市場APP，集中在Yahoo！拍賣（Yahoo！拍賣附加跳蚤市場APP功能） ・Yahoo！購物（Mall）與LOHACO（ASKUL針對消費者的網購事業）合作
START TODAY	・ZOZOTOWN（服飾網購）、WEAR（服飾社群）與ZOZO跳蚤市場（服飾二次流通）合作做出差異
亞馬遜	・提供獨立網購、購物商城、個人作品上架的平台
Facebook	・2016年10月起，在美國提供跳蚤市場功能
LINE	・2013年12月投入跳蚤市場，2016年5月退出

資料：摘自各媒體報導，由BBT大學綜研製作

引進SoftBank集團的T點數，這樣就可以利用T點數結合集團內的各項服務。

經營ZOZOTOWN的START TODAY則結合了時尚穿搭的APP軟體WEAR、服飾網購的ZOZOTOWN以及ZOZO跳蚤市場等三者，試圖在市場上做出差異化。

可以說這些業者的動向都是提供消費者購買想要的商品，出售淘汰商品的服務，將這樣的交易循環納入自家公司的服務範圍之中。也就是一次流通（購買新品．服務）與二次流通（買賣中古品）的合作。START TODAY的做法就非常清楚，消費者可以在ZOZOTOWN或ZOZO跳蚤市場買到WEAR APP的服飾搭配中用到的各個品項，不想要的物品就可以在ZOZO跳蚤市場賣出。而且，上架用的相片也可以從ZOZOTOWN的購買訂單中挑選，用戶的任何行動都可以在自家公司的服務中獲得支援。無論是亞馬遜、購物商城或是二手書店等的網路購物，甚或是個人作品上架等，都可以在一個平台上面提供綜合性的服務。

搶先大型網路企業，將消費者納入自家的服務範圍

考慮結合一次流通與二次流通的機制

以下來整理mercari的現狀與課題吧（圖11）。該公司的跳蚤市場APP服務是日本國內

最大，已經擁有四〇〇〇萬次足以傲視群雄的下載量，在美國也顯現強大的實力。該公司的特徵是嚴格排除業者，以個人交易的電子商務為目標。如果觀察競爭對手，在國內幾乎呈現一家獨大的狀態，其他公司幾乎都不是對手。不過，從大型網路電商的動向可以看出一次流通與二次流通的合作趨勢。至於市場環境方面，堪稱CtoC電子商務老店的Yahoo!拍賣的交易總額超過八千六百億日圓，若考慮到這點，提供服務才第五年的mercari所帶領的跳蚤市場應該還有很大的成長空間。

如果根據這些現狀來思考mercari的成長戰略，可以把目前經營的中古品交易的二次流通巧妙連結購買新品的一次流通，以建立拓展事業的機制。

把寄放在第三方託管的商品貨款引導至新的消費

以下來確認使用mercari服務的交易流程吧（圖12）。用戶從他處購入商品並且透過mercari將不要的物品售出，然後把在mercari上賺到的錢再拿去購買別的商品或服務。我的提案是，mercari應該建構一個商業模式，讓用戶把在mercari賺到的錢再次透過mercari購買新商品（圖13）。

前面提過，mercari的支付採用第三方託管方式。在收到賣家寄出的商品之前，買家付出的貨款會暫時存放在mercari。所以可以試著加上一些巧思，例如透過這個機制在mercari

購物的話，就可享用折扣等優惠。也就是「在mercari賺的，在mercari使用！這麼做就會有這樣的優惠！」

若想提供這種優惠服務，mercari就必須與一次流通的賣家進行各種商業談判。例如在mercari進行一件不留的清倉大拍賣之後，就可以用七折、半價的價格購得這個商品，或是獲得一趟○○旅行、電影特映會招待等等——提供這類具有吸引力的商品或服務。但是若想做到這點，就必須與各廠商或企業努力取得合作。不過，對於一次流通業者而言，他們就一定要在mercari提供商品或服務才能獲得好處，這點確實有執行上的困難吧。

能夠發揮綜合效益的最佳合作夥伴就是Yodobashi Camera

因此，只跟一個大型網購電商合作是比較實際的做法。如果在mercari賺到錢的用戶一定要在一個網站上購物的話，對一次流通業者也會有好處。最理想的是合作對象最好是擁有多數商品的業者。可以列入考量的業者，例如最大型的綜合網購電商亞馬遜、最大型的電視購物Japanet TAKATA、大型型錄購物Nissen、千趣會、Dinos Cecile、Belluna等。不過，亞馬遜一直到二次流通為止都是在自家公司的網站內完成。另外，電視購物或型錄購物等購物方式與手機APP購物的mercari無法發揮綜合效益。因此，我認為最佳的合作對象就是Yodobashi Camera（圖14）。

圖11　mercari的課題是建立可結合一次流通與二次流通的機制

mercari的現狀與課題

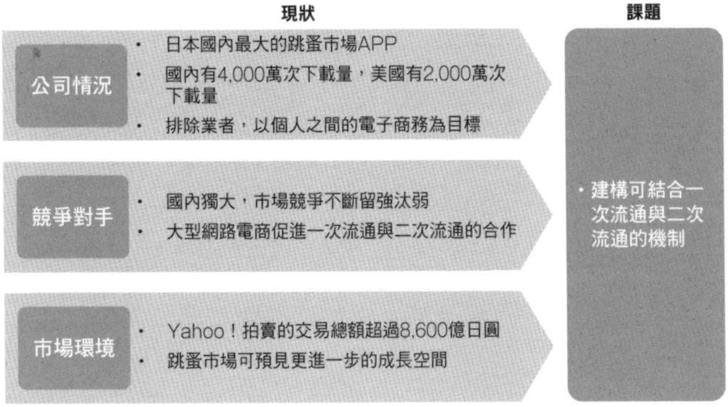
現狀
課題
公司情況
日本國內最大的跳蚤市場APP
國內有4,000萬次下載量，美國有2,000萬次下載量
排除業者，以個人之間的電子商務為目標
競爭對手
國內獨大，市場競爭不斷留強汰弱
大型網路電商促進一次流通與二次流通的合作
市場環境
Yahoo！拍賣的交易總額超過8,600億日圓
跳蚤市場可預見更進一步的成長空間
・建構可結合一次流通與二次流通的機制

資料：BBT大學綜研製作

圖12　用戶把在mercari賺到的錢拿去購買其他的服務

mercari用戶的交易流程

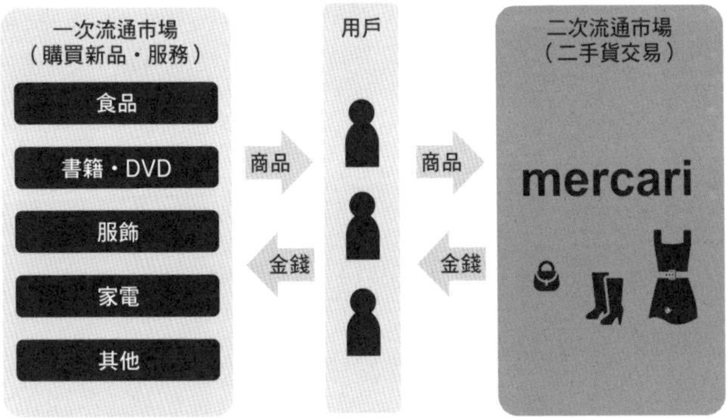
一次流通市場
（購買新品・服務）
食品
書籍・DVD
服飾
家電
其他
用戶
二次流通市場
（二手貨交易）
mercari
商品
商品
金錢
金錢

資料：BBT大學綜研製作

Yodobashi Camera是家電量販店，不過其實公司的網購事業也有大幅成長，二〇一五年度的網購營業額為九百九十二億日圓，在BtoC網購中，晉身日本國內十大排名之列。Yodobashi Camera的主力商品，不用說就是家電用品。而且，家電在二次流通市場中也形成一個很大的市場。例如，有許多消費者在打算購買新的數位相機時，就會把舊相機賣掉，用這筆錢買新相機。如果能夠建立一個在mercari賣掉舊相機，並在Yodobashi Camera買新相機的流程，對Yodobashi而言，也是一個很大的好處吧。另外，由於Yodobashi Camera的網購有豐富的日用品項，所以對用戶而言，也非常方便。甚至，Yodobashi的好處是擁有點數制度。若想把用戶納入公司的服務網之內，點數制度就可以發揮極大的功效。利用Yodobashi的點數結合Yodobashi的一次流通與mercari的二次流通，就能夠互補彼此的弱點，也能夠建立堅固的地位，成為對抗樂天或Yahoo的第三勢力。這是我認為mercari應該採取的戰略方案。

圖13 mercari建構結合一次流通市場與二次流通市場的機制（在mercari賺到的錢在mercari花！）

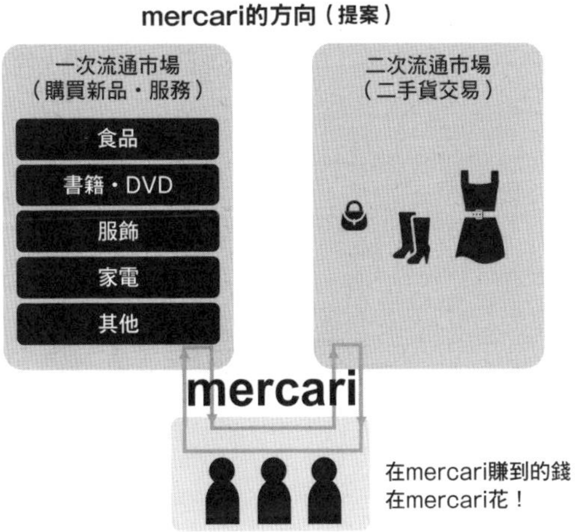
mercari的方向（提案）
一次流通市場
（購買新品・服務）
食品
書籍・DVD
服飾
家電
其他
二次流通市場
（二手貨交易）
mercari
在mercari賺到的錢
在mercari花！

資料：BBT大學綜研製作

圖14 讓Yodobashi Camera的一次流通與mercari的二次流通合作，對抗樂天、Yahoo

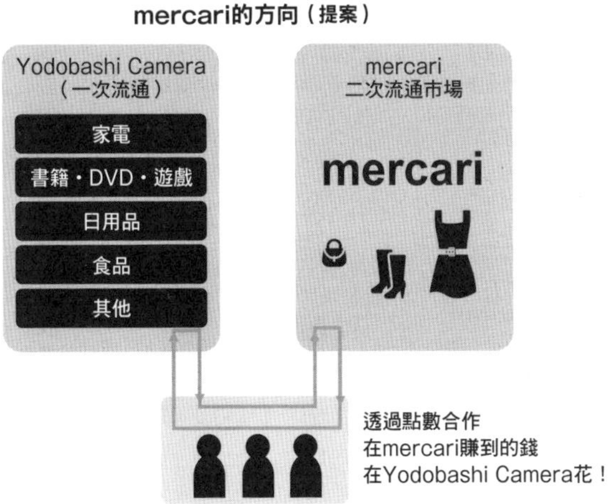
mercari的方向（提案）
Yodobashi Camera
（一次流通）
家電
書籍・DVD・遊戲
日用品
食品
其他
mercari
二次流通市場
mercari
透過點數合作
在mercari賺到的錢
在Yodobashi Camera花！

資料：BBT大學綜研製作

歸納整理

☑ 透過與Yodobashi Camera的合作，達到一次流通（購買新品・服務）與二次流通（買賣中古品）的結合，對抗樂天、Yahoo!。

大前總結

若想在有無限成長空間的市場中掌握霸權，居領導地位，就要與其他公司合作擴大業務形態。

跳蚤市場的更進一步成長值得期待。中古品交易的霸主與購買新品的一次流通業者合作是可行的成長策略。若想對抗大型網路業者，應該與能夠發揮綜合效益的大型網購業者攜手合作，透過點數制度等各項優惠以獲得消費客群。

CaseStudy

11

永旺娛樂

把「空位」當成商機的經營戰略

假如你是**永旺娛樂**的社長，電影院的觀眾人數成長停滯，你要如何提高公司業績呢？

※根據2016年9月進行的個案研究編輯・收錄

正式名稱	永旺娛樂株式會社
成立年份	1991年
負責人	代表取締役社長　牧和男
總公司所在地	東京都港區
事業種類	服務業
事業內容	以多種方式提供電影、戲劇、音樂以及其他各種活動的演出，電影院附屬的各種娛樂設施、餐廳、商店
資本金額	10億日圓
營業額	460億日圓（2016年2月期）

電影院數、放映廳數居國內首位的複合式電影院

透過合併日本第一家影城「WARNER MYCAL」而成立

永旺娛樂如名稱所示，是永旺集團的電影放映公司。其前身是WARNER MYCAL，是經營因放映《侏儸紀公園》而造成大轟動的日本第一家複合式電影院（同一家公司在同一個地點經營五個以上的放映廳的電影院，即俗稱的影城）。這家公司成立於一九九一年，由美國製作・發行電影的華納兄弟娛樂公司（Warner Bros. Entertainment）與國內大型通路公司MYCAL各出資一半投資。不過，到了二〇〇一年，母公司之一的MYCAL因破產的緣故，由永旺出面贊助而得以重新經營。二〇一一年永旺合併MYCAL，二〇一三年華納兄弟撤資，WARNER MYCAL自此成為永旺的完全子公司。後來又更進一步與永旺電影合併，改名為永旺娛樂直到現在。

從前身的WARNER MYCAL時代起，該事業就不斷增加電影院數量，每年增加一個以上的電影院，多的時候甚至增加高達十多個電影院。營業額也每年成長，二〇一五年度達到四百六十億日圓（圖1）。

圖 1　隨著電影院數量增加，營業額也穩定成長

永旺娛樂的營業額
（年度、億日圓）

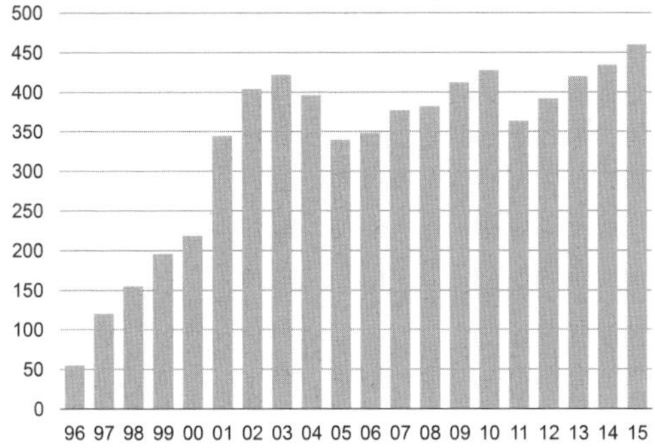

※決算期為每年2月期

資料：摘自日本経済新聞〈サービス業調查〉、帝国データバンク，由BBT大學綜研製作

圖 2　電影院數、放映廳數為國內第1，營業額為國內第2

電影院・複合式電影院的營業額排名
（2015年度、億日圓）

	母公司		營業額	電影院數	放映廳數
1	東寶	TOHO CINEMAS	732	69	644
2	永旺	永旺娛樂	460	84	709
3	松竹	松竹Multiplex	318	24	223
4	Lawson	Lawson HMV	250	38	340
5	東映	T-JOY	183	22	211
6	東急電鐵	東急Recreation	171	19	175

※電影院數、放映廳數皆為2016年9月2日時點，由BBT大學綜研統計

資料：摘自日本経済新聞〈サービス業調查〉、富士グローバルネットワーク〈サービス産業要覧〉、帝国データバンク，由BBT大學綜研製作

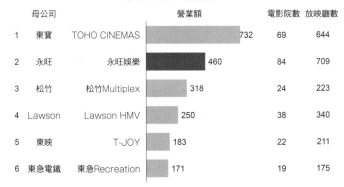

營業額位居國內第二，電影院數量國內最多

以下比較日本國內主要電影院業者的營業額。居冠的是TOHO電影院的七百三十二億日圓，第二名的是永旺娛樂的四百六十億日圓，接著是松竹複合電影院、Lawson HMV娛樂、東映系列的T－JOY以及東急娛樂等（圖2）。另一方面，關於電影院數量以及放映廳數，永旺娛樂有八十四家電影院、七百零九個放映廳，順位逆轉居冠。二〇一五年度，國內電影院的娛樂收入為二千一百七十一億日圓，前五名公司的營業額占整體市場的九成，呈現寡占狀態（圖3）。其中光是第一名的TOHO電影院與第二名的永旺娛樂等兩家公司就占了整體營業額的一半以上。

電影業界因複合式電影院出現而擺脫低迷

因電視普及，觀眾人數只有巔峰時期的十分之一

永旺娛樂的營業額雖有成長，但是電影院業界的整體情況並不樂觀。對日本人而言，看電影曾經是生活中最重要的娛樂活動，一九五八年的一年觀眾人數就超過十一億人。但是，

圖3　國內電影院業界前五名的寡占情況

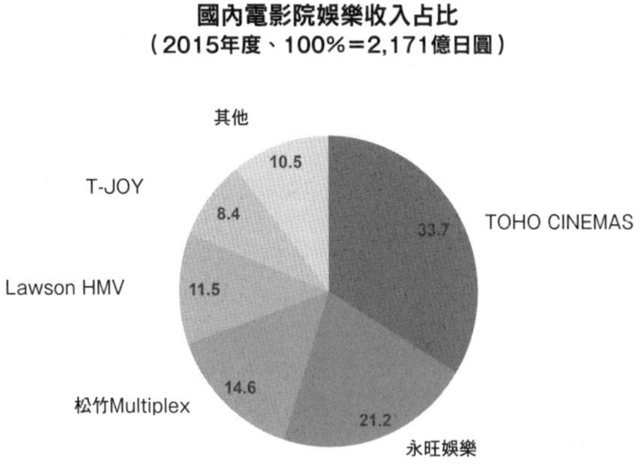
國內電影院娛樂收入占比
（2015年度、100%＝2,171億日圓）
其他
10.5
T-JOY
8.4
TOHO CINEMAS
33.7
Lawson HMV
11.5
松竹Multiplex
14.6
21.2
永旺娛樂

資料：摘自日本経済新聞〈サービス業調査〉、帝国データバンク、日本映画製作者連盟〈日本映画産業統計〉，由BBT大學綜研製作

圖4　因電視普及導致電影院的觀眾人數驟減

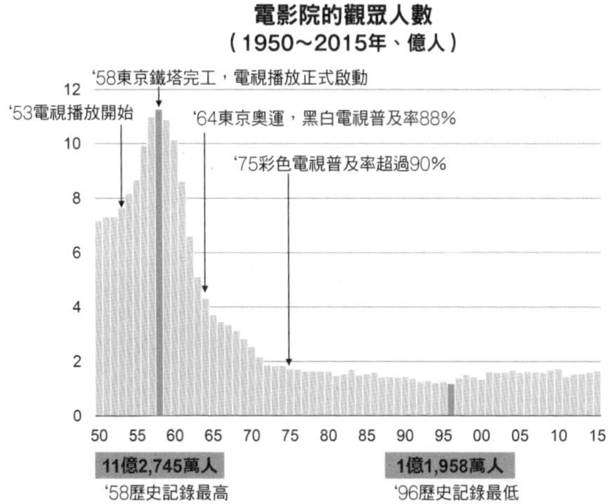
電影院的觀眾人數
（1950～2015年、億人）
‘58東京鐵塔完工，電視播放正式啟動
‘53電視播放開始
‘64東京奧運，黑白電視普及率88%
‘75彩色電視普及率超過90%
12
10
8
6
4
2
0
50
55
60
65
70
75
80
85
90
95
00
05
10
15
11億2,745萬人
‘58歷史記錄最高
1億1,958萬人
‘96歷史記錄最低

資料：摘自日本映画製作者連盟〈日本映画産業統計〉，由BBT大學綜研製作

因為舉辦東京奧運，電視快速普及至一般家庭，隨著電視普及，電影院的觀眾人數也跟著驟減。過去的最低記錄是一九九六年不到一億二千萬人，約只有巔峰時期的十分之一，電影院的數量也不斷減少（圖4）。

由於複合式電影院的出現，市場有回升跡象

然而，這種情況在一九九六年到達谷底之後，由於複合式電影院出現，放映廳數開始回升。如圖5所示，雖然一般電影院的數量逐年減少，但是複合式電影院卻反而不斷增加。打開這局面的先鋒就是永旺娛樂的前身——WARNER MYCAL。

除了放映廳數量之外，連觀眾人數也微增且有回復的跡象，二〇一五年為一億六千六百六十三萬人，比一九九六年增加幾乎達五千萬人（圖6）。

複合式電影院的三個好處

在電影院業界持續低迷的情況之下，為什麼複合式電影院卻能增加放映廳數量以及觀眾數量呢？這與複合式電影院的三個特徵有關（圖7）。

第一個特徵是「減低娛樂活動風險」。複合式電影院的一個場地裡面放映廳有五個以上，大部分是十個左右的放映廳，可依照電影作品受歡迎的程度，彈性地調整放映廳數。例

圖5　因複合式電影院出現，放映廳數量回升，放映廳數量有接近9成都在複合式電影裡

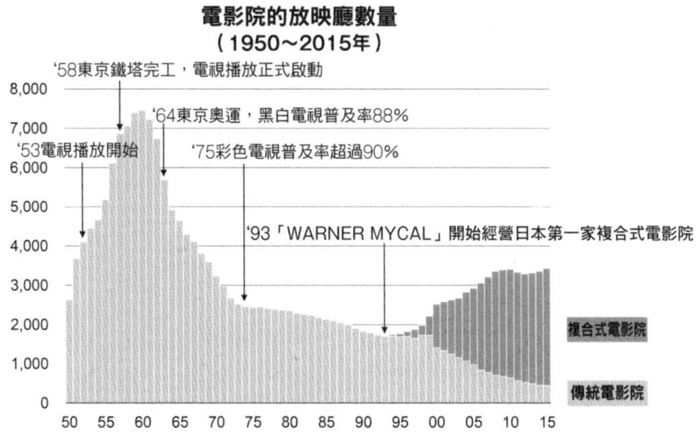
電影院的放映廳數量
（1950～2015年）
'58東京鐵塔完工，電視播放正式啟動
'64東京奧運，黑白電視普及率88%
'53電視播放開始
'75彩色電視普及率超過90%
'93「WARNER MYCAL」開始經營日本第一家複合式電影院
8,000
7,000
6,000
5,000
4,000
3,000
2,000
1,000
0
50 55 60 65 70 75 80 85 90 95 00 05 10 15
複合式電影院
傳統電影院

資料：摘自日本映画製作者連盟〈日本映画產業統計〉，由BBT大學綜研製作

圖6　因複合式電影院出現，觀眾人數回升到約5,000萬人

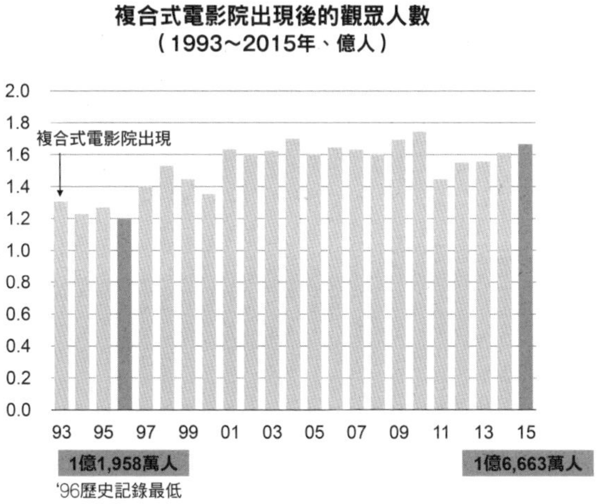
複合式電影院出現後的觀眾人數
（1993～2015年、億人）
2.0
1.8
1.6
1.4
1.2
1.0
0.8
0.6
0.4
0.2
0.0
複合式電影院出現
93 95 97 99 01 03 05 07 09 11 13 15
1億1,958萬人
'96歷史記錄最低
1億6,663萬人

資料：摘自日本映画製作者連盟〈日本映画產業統計〉，由BBT大學綜研製作

如，如果是大部分觀眾看好的暢銷電影，就因應觀眾數量增加放映廳數，或是錯開每個放映廳的播放時間，這樣就能夠將多數觀眾錯開以降低觀眾的等待時間或現場的混亂程度。如此就能夠把機會損失降到最低，因而降低娛樂表演的風險。

第二是「減少各項經費」。集中管理售票櫃台、賣場及放映廳，可以減少各項經費。

第三個特徵就如永旺娛樂那樣，複合式電影院多位於購物商場裡面，形成複合式商業設施，也就能夠獲得「集客力的加乘效果」。

和一家電影院一個放映廳的傳統電影院相比，複合式電影院是高效率的商業模式，複合式電影院的損益平衡點也大幅低於傳統電影院。自從二〇〇九年以後，一般電影院的損益平衡點比率有超過一〇〇%都是持續虧損，而複合式電影院則是超過八〇%虧損，到了二〇一五年則降為七〇%（圖8）。

課題是提高設施運作率，如何填補八成的「空位」

每年平均座位使用率約為二〇%

乍看之下，複合式電影院的經營似乎一帆風順，但其實還是有內部的問題。最大的問題

圖7 具有「降低娛樂表演風險」、「減少各項經費」、「集客力的加乘效果」等特徵

複合式電影院的特徵

- 一家電影院有五個以上的放映廳
- 可依照電影作品受歡迎的程度，彈性調整放映廳數，藉此降低機會損失等娛樂表演風險
- 集中管理售票櫃台、販賣商店以及放映室以減少各項經費
- 位於購物商場中，形成複合式的商業設施，透過集中人潮獲得加乘效果

資料：摘自日本映画製作者連盟、東宝採用情報〈映画業界について〉等，由BBT大學綜研製作

圖8 與一般電影院相比，複合式電影院的損益平衡點大幅降低

電影院業界的損益平衡點比率
（調查年數不連續、%）

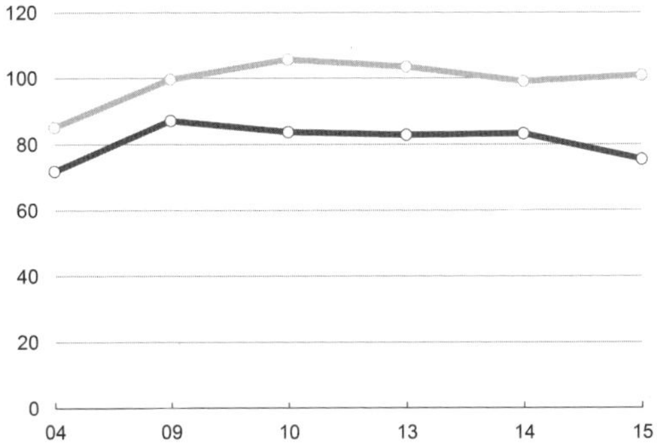

※損益平衡點比率＝損益平衡點營業額÷營業額×100
※資料來自經濟產業省〈特定服務產業實際型態統計調查〉的電影院財務數值，由BBT大學綜研試算

資料：摘自経済産業省〈特定サービス産業実態統計調查〉，由BBT大學綜研製作

就是運作率太低。每年平均座位的使用率只有二〇%左右。一般電影院約為一五%，雖然複合式電影院比一般電影院高一些，但還是有八成的座位是空位（圖9）。

因此，永旺娛樂應該解決的課題是「提高設施的運作率」。筆者認為，若想解決這個問題，必須採用的對策是「舉辦電影以外的各種活動」（圖10）。

不再只是「電影院」，以「活動會場」的功能提高設施運作率

轉型為播放平台，成為活動會場

若想提高設施運作率，最重要的就是擴大用途，把電影院用來作為舉辦電影以外各種活動的會場。重點就是「不要把電影院當成電影院」。

其實，在數位化持續發展的過程中，二〇〇六年可提供數位放映的放映廳只有三%而已，但是到了二〇一四年就已經達到九七%（圖11）。

如果使用可提供數位放映的放映廳，就能夠透過網路或衛星轉播音樂會、戲劇、運動、國際會議、發表會或是記者會等各式各樣的活動。總之，就是把電影院轉型為播放平台的概念（圖12）。

圖9　複合式電影院的年平均座位使用率約為20%，提高座位使用率為業界的課題

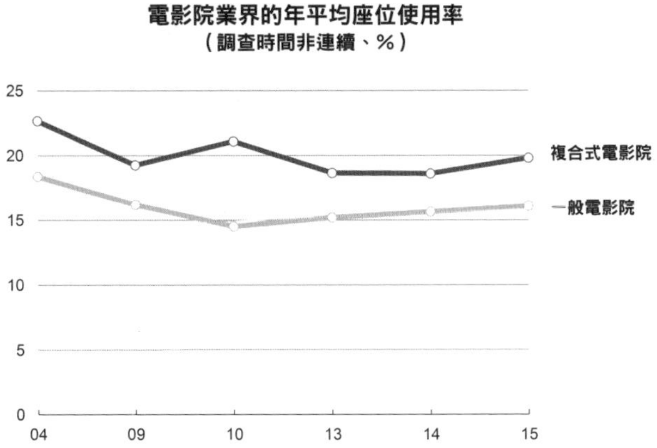

※年平均座位使用率＝年入場人數÷年座位提供數×100
※年座位提供數＝座位數×4輪×365天

資料：摘自経済産業省〈特定サービス産業実態統計調査〉，由BBT大學綜研製作

圖１０　課題是提高設施運作率

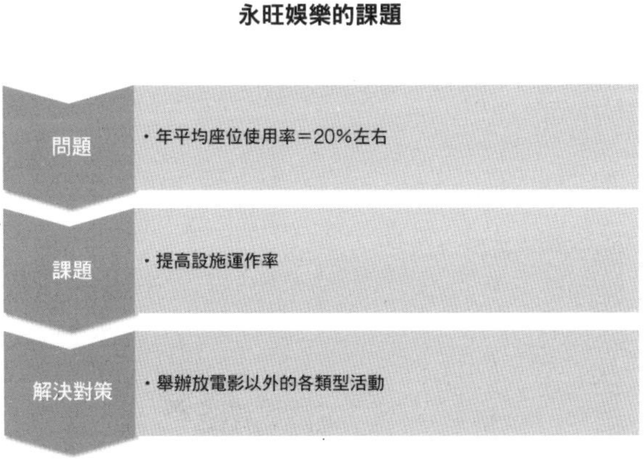

問題	・年平均座位使用率＝20%左右
課題	・提高設施運作率
解決對策	・舉辦放電影以外的各類型活動

資料：BBT大學綜研製作

例如，如果是音樂會或戲劇，就可以把在某個會場舉辦的實況傳送到全國八十多家永旺娛樂的電影院，分享給觀眾欣賞。運動也是一樣的情況，舉辦大型比賽時，民眾經常是到學校或公民會館看電視觀賞比賽，不過也能夠把民眾移到更舒服的電影院裡。

舉辦國際會議或記者會亦同，無須特地移動到舉辦活動的場所。在電影院看現場轉播，如果有問題，也可以在電影院提出。

針對法人團體也有類似的商機。企業都會舉辦「○周年紀念典禮」的活動，這類活動就可以考慮在電影院裡舉行。把在總公司舉辦的典禮傳送到全國的電影院，全國各地的員工則從營業據點移動到最近的電影院參加典禮。

考慮與連鎖飯店異業結盟

透過與飲食空間的合併，能夠更進一步擴大活動用途。若想做到這點，可以考慮與飲食連鎖業合作。無論是哪裡的大飯店都擁有大型宴會廳，大家也都一樣面臨必須提高空間運作率的課題。如果與這類飯店攜手合作，不僅可以舉辦前面列舉的活動，連婚喪喜慶等活動也都可以承接。

與飯店結合構成複合性設施，把電影院當成舉辦婚喪喜慶等活動的會場。永旺娛樂播放活動內容，飯店提供餐飲，藉此擴大活動會場的用途。

圖11　電影院數位化快速發展

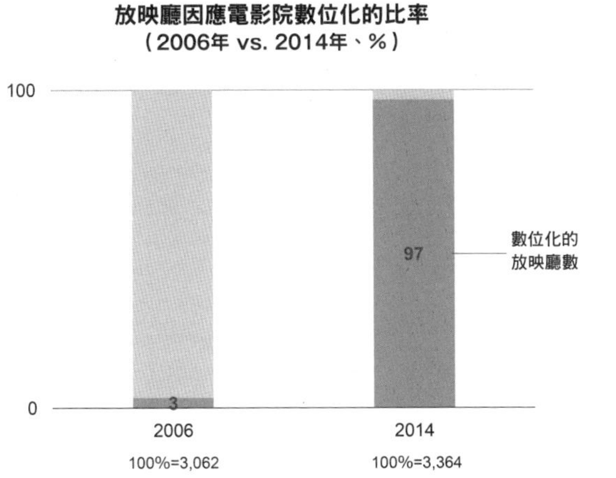
放映廳因應電影院數位化的比率
（2006年 vs. 2014年、%）
100
0
3
97
數位化的
放映廳數
2006
2014
100%=3,062
100%=3,364

資料：日本映画製作者連盟〈日本映画產業統計〉、時事映画通信社〈映画年鑑〉，由BBT大學綜研製作

圖12　除了放電影以外，可擴大用途轉型為各種活動的會場，藉以提高設施運作率

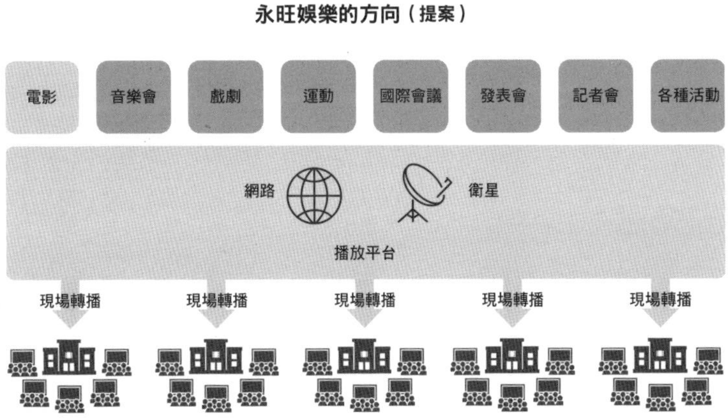
永旺娛樂的方向（提案）
電影
音樂會
戲劇
運動
國際會議
發表會
記者會
各種活動
網路
衛星
播放平台
現場轉播
現場轉播
現場轉播
現場轉播
現場轉播

資料：BBT大學綜研製作

如果只把電影院當成電影院的功能使用，則顧客的消費單價就只有電影票的收入而已，但如果能夠納入前述的各類型活動，則顧客的消費單價就可提高到數萬日圓吧。像這樣開發・發展可應對各種活動或典禮的複合性設施，也是日後可行的方案之一。

現在複合式電影院的年平均座位使用率為二〇％左右，提高這比率的重點就是不要把硬體設施當成「電影院」，而應該思考如何把硬體設施當成「活動會場」，以這樣的想法為基礎再加以運用才對。

全日本有八十四家電影院，多達七百零九個數位放映廳，這是非常傲人的強項。運用這項武器，把電影院轉型成放電影以外的活動或典禮會場，有時候還可以跟連鎖飯店合作，發展成複合性設施。以上是我認為永旺娛樂應該採取的戰略。

歸納整理

- ☑ 靈活運用數位放映廳，把電影院轉變為播放平台。擴大用途，成為舉辦各種活動或典禮的會場。
- ☑ 與連鎖飯店合作，也考慮開發．發展可提供餐飲的複合性設施，而不只是傳送活動內容而已。

大前總結

突破電影院的單一功能，不被目前的業務型態束縛，要改變想法嘗試不一樣的發展。

就如同國家建設的蚊子館使用率過低的情況，硬體設施的低使用率是結構性、慢性的病態現象，就算內容具有吸引力，也難以做更進一步的改善。不要把現有的硬體設施當成電影院，考慮納入電影以外的各種活動吧。如果被課題的既有條件束縛，就無法解決真正的課題。有彈性地改變想法是很重要的。

CaseStudy

12

NTT（日本電信電話）

如何創造新的「顧客價值」？

假如你是**NTT（日本電信電話）**的社長，面對國內事業業績持續低迷，你要如何擬定徹底的改革對策？

※根據2015年3月進行的個案研究編輯・收錄

正式名稱	日本電信電話株式會社 NIPPON TELEGRAPH AND TELEPHONE CORPORATION
成立年份	1985年4月
負責人	代表取締役社長 鵜浦博夫
總公司所在地	東京都千代田區
事業種類	資訊・通信業
事業內容	NTT集團的合併・調整 基礎性的研究開發
資本金額	9,380億日圓（2015年3月期）
員工人數	2,850人（2015年3月期）
集團合併指標（2015年3月期）	營業收益11兆953億日圓 員工人數24萬1,593人合併子公司數 917家

從固定電話移轉到行動電話，失去固定通信網獨占性的NTT

離譜的分割重整策略

一九八五年由於電氣通信市場的自由化，NTT從原來的國營事業轉為民營，到了一九九九年改為株式會社，也將公司分割並重整為東．西地區公司及長途．國際公司。

如果參考圖1，可以發現歐洲的主要電信公司都是以整體的事業型態運作，相對於此，NTT的事業型態就非常接近美國的AT&T公司，這是因為NTT是仿效AT&T民營化的方式進行事業分割重整的緣故。不過，原本是一個完整的通信網路，卻以距離或地區分割，這樣的想法非常令人存疑。另外，在網路時代中，「距離」這個概念本來就非常不合理，所以當時我就極力反對NTT的分割重整方式。

當NTT進行這樣的分割重整之際，國內的通信服務市場因行動電話登場，使得固定通信快速地移轉到行動通信。圖2可以看出NTT擁有的「固定通信網」的獨占性在實質上已經失去市場。固定電話的用戶數從九七年度到達巔峰，後來開始反轉而逐漸減少，而今已經無法期待重返昔日的榮景。

實用性降低的「固定通信網」的更新・維護・管理成本阻礙成長

由於行動電話普及，「固定通信網」的實用性降低，這使得用戶數量持續減少。在這樣的狀況下，NTT卻還得持續投入鉅額費用以更新・維持・管理設備。圖3顯示了國內大型通信業者的設備投資費・折舊費・ROA（Return On Asset，資產報酬率。指企業投入的總資產〈總資本〉若想獲利，必須如何有效率地運用＝事業的效率・收益率）。擁有巨大「固定通信網」的NTT每年必須花二兆日圓規模的設備投資費，而幾乎等額的折舊費壓縮了利益空間，結果ROA只有三％左右，比其他二家競爭公司更低。

甚至，根據「NTT法」（與日本電信電話株式會社等有關的法律），NTT東・西日本株式會社被賦予普及服務（Universal Service）的義務，所以無法機動性地縮小・撤回固定電路網，只能繼續無效率的經營。

如果看圖4就可知道NTT的「固定通信（地區・長途・國際）」有四五％，比「移動通信」的三九％還多。相對於此，KDD、SoftBank等較晚投入的電信公司，其固定通信比率低，成長性、收益率高的移動通信則為主力事業。也就是說，比起NTT擁有看不到成長且必須負擔龐大維護・管理成本的固定通信事業，能夠有彈性地只在「可賺錢的地區」發展「收益性高的移動事業」的NCC公司（一九八五年因通信自由化而投入的「第一類電氣通信業

圖1　NTT學習美國分割、民營化的方式進行重整

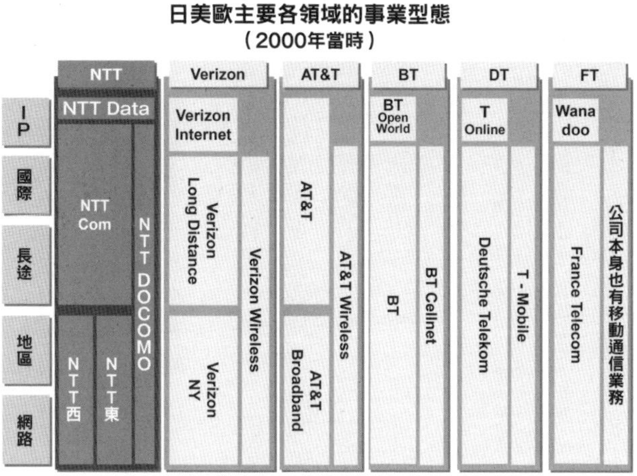

資料：摘自NTT西日本資料《電気通信産業と規制緩和について》，由BBT大學綜研製作

圖2　隨著通信服務從固定電話轉移到行動電話，NTT自動失去「固定通信網」的獨占性

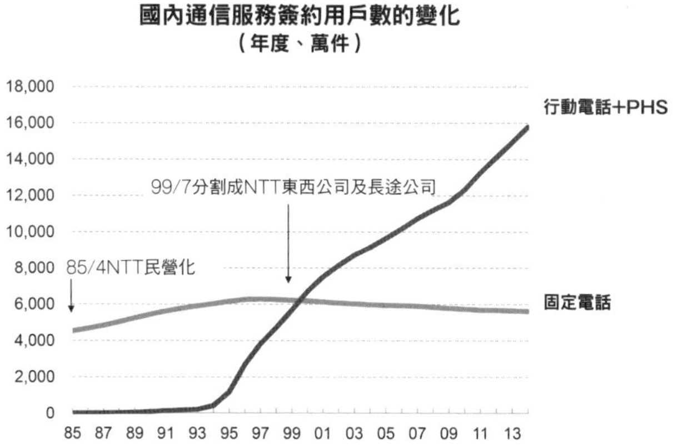

資料：摘自総務省《電気通信サービスの契約数及びシェアに関する四半期データ》、《情報通信白書》、TCA《電気通信業者協会（TCA）統計》，由BBT大學綜研製作

者」的總稱，這些新成立的電信電話公司也簡稱為「新電電」）之立足點更有利。

競爭環境的變化與ARPU減少導致成長停滯

營業額・營業利益持續低迷

雖然固定通信成長停滯，不過一九九一年八月啟動的移動通信事業NTT DOCOMO卻引領了一九九〇年代NTT的成長。然而，到了二〇〇〇年代以後，成長又呈現停滯狀態，二〇一四年度集團合併營業額約十一兆日圓（圖5）。

以事業別來看營業利益的話，領先獲利的行動電話事業的收益最近大幅減少，雖然仍舊保持較高的利益率，但是這幾年還是有惡化傾向。無論是長途、系統整合（SI）、地區事業等，都僅有五%左右（圖6）。這些事業的營業額與利益成長停滯的理由是主要服務中，每一個合約的平均月收入ARPU（Average Revenue Per User）減少。無論是固定電話、行動電話、寬頻（FTTH，Fiber To The Home的簡稱，指直接把光纖接到用戶家中的通信服務）等都有減少的趨勢，特別是行動電話從不到七千日圓降到四千日圓出頭（圖7）。

圖3　NTT擁有實用性低的「固定通信網」，只能持續非效率的經營

國內大型通信業者的設備投資費・折舊費・ROA之比較（年度）

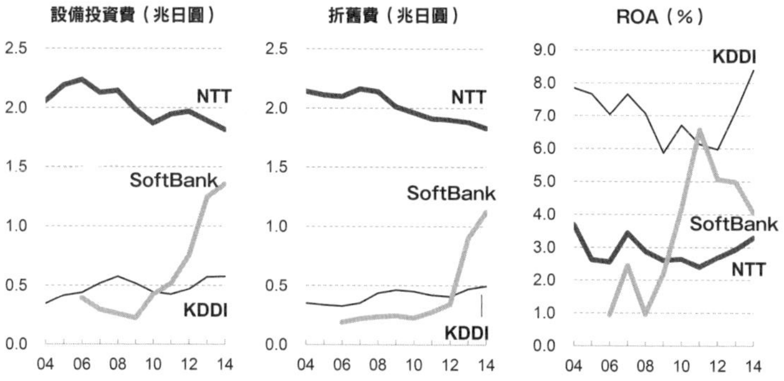

※SoftBank於2006年收購英國Vodafone的日本事業（舊J-Phone），13年度以後包含美Sprint公司

資料：摘自各公司決算資料，由BBT大學綜研製作

圖4　NCC「只在可賺錢的地區」從事「收益性高的事業」，所以較有利

國內大型通信業者事業別的營業額構成比
（2014年度、%）

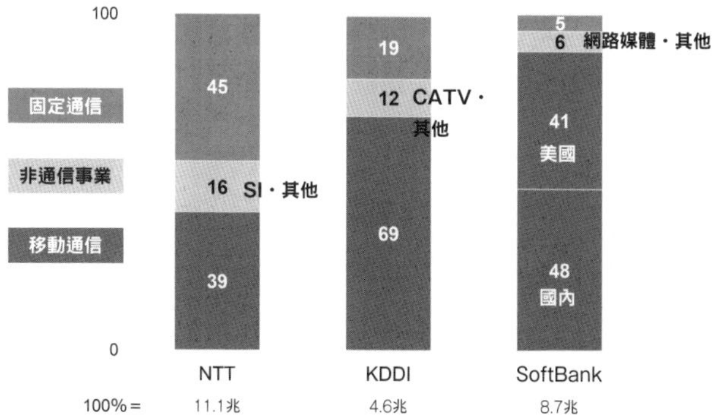

※構成比由BBT大學綜研重新編輯，KDDI的「CATV事業」雖包含在固定通信事業，不過這裡將其併入「非通信事業」

資料：摘自各公司決算資料，由BBT大學綜研製作

ARPU減少的理由是服務之間的競爭與業者之間的競爭白熱化

日本國內基礎通信市場本身的變化情況又是如何呢？

固定電話的簽約戶數在一九九七年達到巔峰之後，開始緩慢地持續減少，甚至NTT還被其他公司奪去市占率。

行動電話市場方面，由於整體市場成長，所以NTT DOCOMO的簽約用戶數量也持續成長。只是，如果看事業別的市占率（圖8），以前占六成市占率的NTT DOCOMO不斷失去江山，到了二〇一四年底降至四四％。

另外，在固定寬頻網路方面，雖然NTT還是持續守住第一名的寶座，不過市場本身的成長也已經呈現停滯狀態（圖8）。

法規限制是NTT營業額低迷的主因

因「NTT法」，被迫處於長期停滯・低效率經營

以下來整理NTT的現狀，並且根據國內基礎通信市場的狀況，重新找出NTT走向營

圖5　1990年代「移動通信事業」引領成長，到了2000年代以後停滯

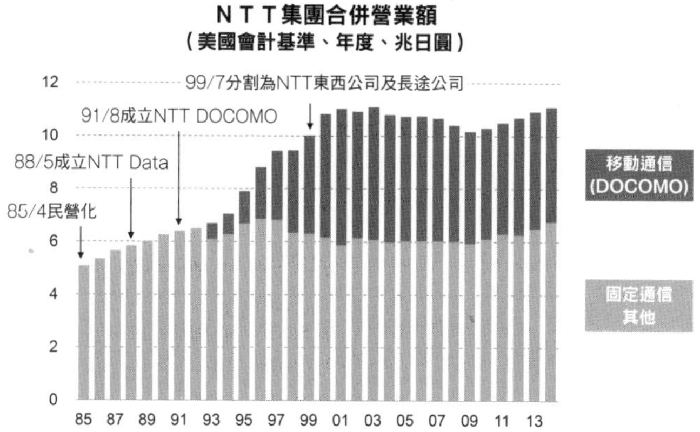
NTT集團合併營業額
(美國會計基準、年度、兆日圓)
99/7分割為NTT東西公司及長途公司
91/8成立NTT DOCOMO
88/5成立NTT Data
85/4民營化
移動通信
(DOCOMO)
固定通信
其他
0
2
4
6
8
10
12
85 87 89 91 93 95 97 99 01 03 05 07 09 11 13

※1992年度以前「移動通信」包含在「固定通信・其他」類別

資料：摘自NTT《Annual Report》、NTTラーニングシステムズ《NTTの10年1985-1995》、情報通信總合研究所《NTTグループ社史1995-2005》，由BBT大學綜研製作

圖6　領先獲利的行動電話事業，上半期收益大幅減少

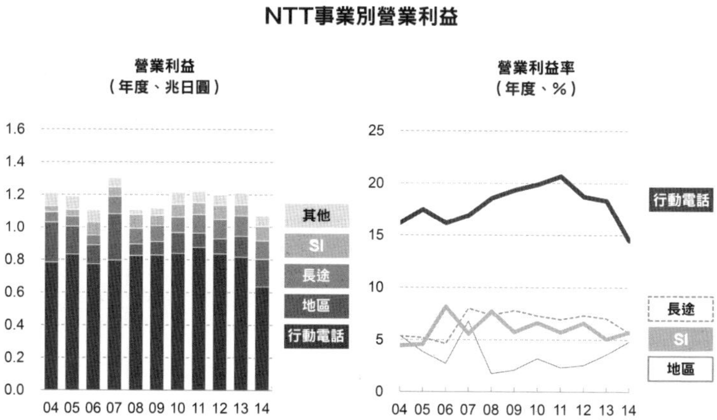
NTT事業別營業利益
營業利益
(年度、兆日圓)
營業利益率
(年度、%)
0.0
0.2
0.4
0.6
0.8
1.0
1.2
1.4
1.6
其他
SI
長途
地區
行動電話
04 05 06 07 08 09 10 11 12 13 14
0
5
10
15
20
25
行動電話
長途
SI
地區
04 05 06 07 08 09 10 11 12 13 14

資料：摘自ＮＴＴ決算資料，由BBT大學綜研製作

業額低迷的理由（圖10）。關於固定電話方面，如前所述，獨占的好處逐漸減少，相反地設備的更新・維護・管理成本等壞處很多，簽約用戶、ＡＲＰＵ的減少也造成影響。行動電話方面，雖然簽約用戶數增加，不過由於與其他公司競爭導致市占率降低，ＡＲＰＵ也大幅減少。另外，寬頻（ＦＴＴＨ）的用戶數量停滯，ＡＲＰＵ也有減少的趨勢。總之，基礎通信市場看不到市場前景，只能處於長期停滯・低效率的經營狀態。

在此，要思考ＮＴＴ戰略之前，有一個不得不面對的法規問題，那就是大大限制ＮＴＴ戰略自由度的「ＮＴＴ法」與「電氣通信事業法」。

「ＮＴＴ法」是舊電電公社（註：日本電信電話公社）要民營化改為ＮＴＴ時，開始實施的法規，用以規範ＮＴＴ的設立意圖與事業目的。這個法律對ＮＴＴ東・西日本等持股公司制定了「業務規範」、「普及服務義務」以及「資本規範」。根據普及服務義務的規定，就算是偏鄉地區等會虧本的地方，公司也有提供服務的義務。雖然ＮＴＴ東・西日本公司目前有提供網路服務，不過「ＮＴＴ法」也是有修正的必要。

另外一個通信業界的基本法規「電氣通信事業法」對於具優勢地位的業者訂出禁止事項。被視為具優勢地位的ＮＴＴ東・西日本公司以及DOCOMO禁止對其他通信業者做出優先或是不利的商業行為。由於ＮＴＴ集團內的企業也適用這條法律，所以ＮＴＴ被禁止提供與競爭對手做出差異化的整體服務。

圖7　NTT主要服務的合約平均月收入（ARPU）也有減少的傾向

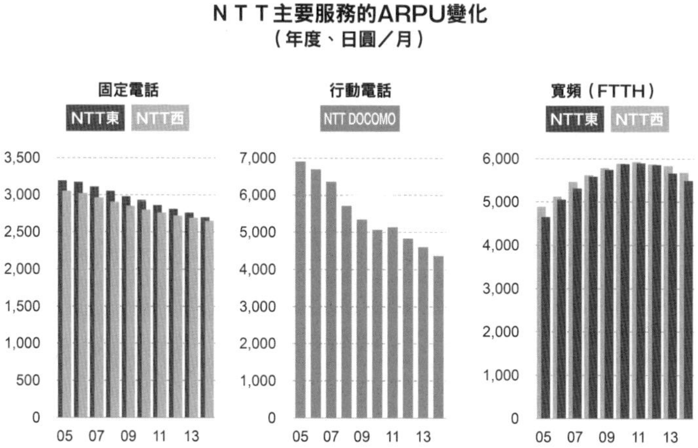

資料：摘自NTT《Annual Report》、NTTドコモ決算資料，由BBT大學綜研製作

圖8　NTT DOCOMO的市占率不斷減少

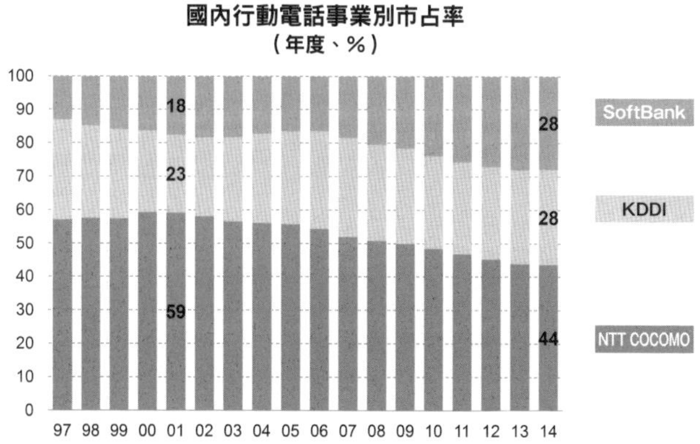

※「KDDI」…繼承「舊IDO」、「舊Cellular」、「舊Tu-Ka」，回溯合併計算
※「SoftBank」…繼承「舊Digital Phone」、「舊Digital Tu-Ka」、「舊J-PHONE」、「舊Vodafone」、「舊e-mobile」，回溯合併計算

資料：摘自TCA《電気通信業者協会（TCA）統計》、総務省《電気通信サービスの契約数及びシェアに関する四半期データ》，由BBT大學綜研製作

但是，隨著固定電話轉移到行動電話，NTT在固定通信網的獨占性實質上已經消失，相對的，沒有固定基礎通信網的NCC倒不如說反而擁有競爭優勢。法規本來是為了自由化與促進競爭而制定的，但現在卻因為種種法令的規範，使得國民無法享受便利性高的整體通信服務，這反而帶來社會的損失。由於這些法規限制，NTT無法擬定作為一家公司應有的整體成長戰略。因此，NTT最先應該做的是對國民（顧客）提出明確的價值，並且強烈要求放寬．撤銷這些不合時宜的種種規範。

從三個方向來思考NTT的成長戰略

無論是國內、海外或是內容事業都處於經營困難的狀態

針對NTT的成長戰略，可從擴大國內市占率、擴大營業地區（發展海外地區）以及擴大事業領域等三個大方向來思考（圖11）。以下分別針對這三個方向來進行檢驗。

針對「擴大國內市占率」，在市場已經飽和，寡占持續進行的狀況下，若想奪回有限的市場大餅，有效的手段就只有降價一途，不過這個方法將會招致營業額減少與利益率惡化的極大風險。

圖9　固定寬頻網路的成長已經呈現停滯狀態

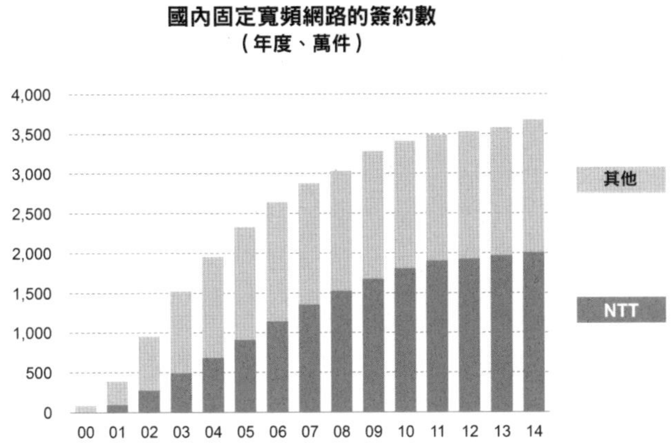

資料：摘自総務省《電気通信サービスの契約数及びシェアに関する四半期データ》、《情報通信白書》，由BBT大學綜研製作

圖10　「基礎通信事業」無法預期大幅度的市場成長，被迫長期停滯・低效率經營

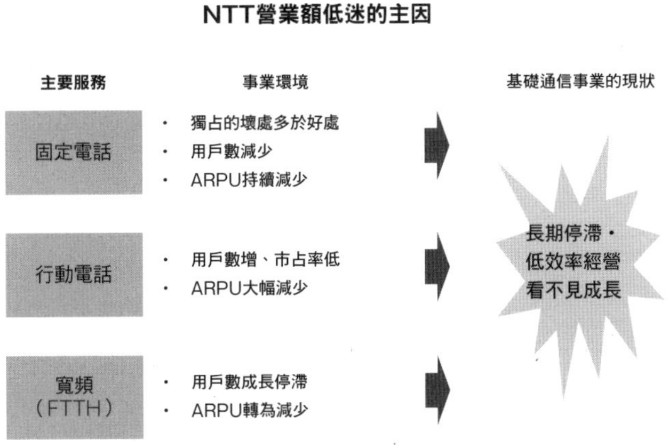

資料：BBT大學綜研製作

其次是「擴大營業地區（發展海外市場）」，過去NTT DOCOMO曾經好幾次挑戰過這個方法，但是卻不斷重複賣出．退出的過程（圖12）。在各國的通信法規限制之下，想在通信領域中跨國併購以收購頂尖企業，本來就幾乎是不可能；相反地，可以買的都是一些市占率低且經營不善的企業，這樣併購的風險就太高了。如果看通信事業在海外發展成功的模式，大概可以整理成「舊殖民地．宗主國發展型」、「歐洲合併市場．鄰近發展型」、「新興國家鄰近發展型」等三種類型，日系運作模式的NTT幾乎很難以任何一種模式發展（圖13）。

因此，NTT應該優先採取的成長戰略是「擴大事業領域」。具體來說，就是透過通信加強提供各式各樣的「內容」，以及強化內容服務的入口，也就是「平台（顧客管理．支付）功能」。不過，關於內容方面，本來就應該由各種平台提供，然而如果NTT為了吸引顧客，充實各種侷限性的內容，因而分散經營資源，就不是太聰明的決策。例如只能在DOCOMO上使用的內容，對用戶而言就不夠方便，這樣只會降低用戶的滿意度而已。

利用NTT-Pay在開放平台上進一步地發展

NTT透過電話費的收取，擁有支付功能與龐大的顧客信用資訊（支付能力）。因此，我認為NTT應該運用這個強項，投注心力加強平台功能。一旦把目光焦點放在平台上，N

圖11　成長戰略的基本方向為「擴大國內市占率」、「發展海外市場」、「擴大事業領域」

NTT在成長戰略上的現狀與課題

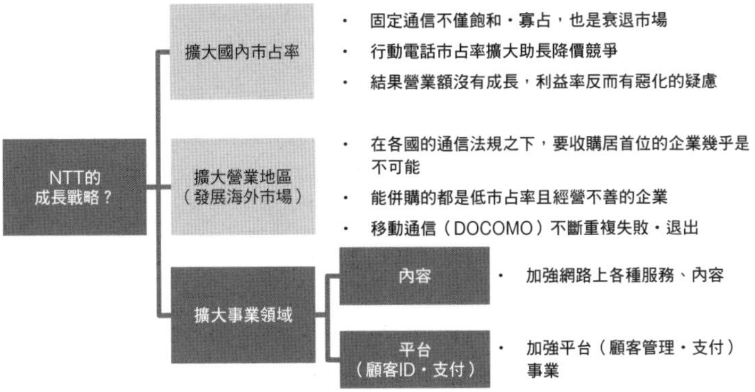

資料：BBT大學綜研製作

圖12　移動通信事業雖然曾經發展海外市場，但卻不斷重複鉅額損失及退出

NTT DOCOMO主要的海外發展過程

進出年	國・地區	出資企業	出資額（億日圓）	現狀
2000年	荷蘭	KPN Mobile	5,000	2005年 出售・退出
2000年	英國	Hutchison 3G UK	1,900	2005年 出售・退出
2000年	美國	AT&T Wireless	11,000	2004年 出售・退出
2000年	台灣	KG Telecom munications	600	持續出資中
2005年	韓國	KTF	655	持續出資中
2008年	印度	TATA Teleservices	2,600	2014年 出售・退出

資料：日本経済新聞社《日本経済新聞》2014/4/26，由BBT大學綜研製作

TT就可以透過子公司，統一整個集團的申請業務。規範NTT的法規本來就是針對「通信基礎（線路服務）」而制定的法規，所以不適用於平台服務。因此，我認為NTT應該先以此為突破點，企劃集團未來的整體服務（圖14）。

以最強的支付業務＆新的點數專案決勝負

目前NTT DOCOMO的行動電話也有「DOCOMO行動支付」的支付功能。雖然用戶可以使用各種支付方式，例如與電話費合併計算、利用DOCOMO帳號支付或是使用DCMX（信用卡）等，不過都僅限於部分合作網站．服務。因此，如果NTT經營銀行，則無論是公共事業費用、稅款、租金、實體店面或是線上店面等，各種情況或終端設備都可提供支付服務。這個支付功能是NTT除了通信服務之外，本來就具備的功能。如果電話費支付、帳戶支付、信用卡、電子錢包等全都涵蓋在內的話，恐怕就會成為日本最強大的專業支付銀行吧（圖15）。

甚至，也可以這個支付平台為基礎實施點數制度。他家公司已有共通點數專案（共通點數專案：T Point．Japan的「T Point」、樂天的「樂天超級點數」、Loyalty Marketing的「Ponta點數」為日本國內三大共通點數專案），而NTT不用納入他們旗下，如果自己推出可在各種生活場合使用的共通點數專案，就能形成新的點數經濟圈，更進一步加強平台功能（圖16）。

圖１３　海外發展模式分為「舊殖民地・宗主國發展型」、「歐洲合併市場・鄰近發展型」、「新興國家鄰近發展型」等三種類型…（對於日系運作模式的NTT而言，任何一種模式都難以發展）

通信業者發展海外市場的模式
（圓形圖是國外營業額比率、%）

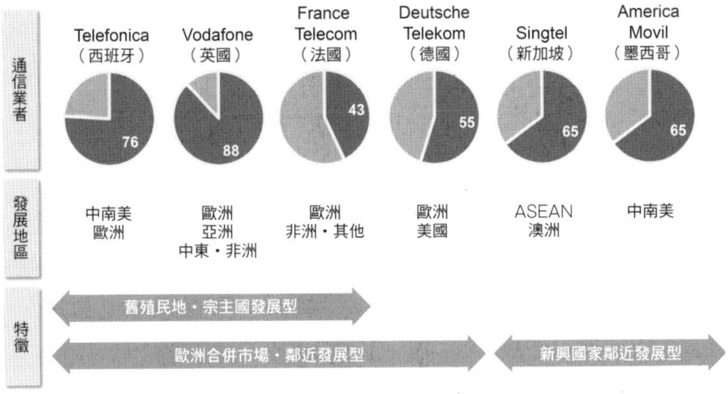

資料：摘自総務省《情報通信白書》2013，由BBT大學綜研製作

圖１４　以加強「平台」為主軸，謀求未來集團的整體服務

【成長戰略】NTT開放平台的發展・進化（提案）

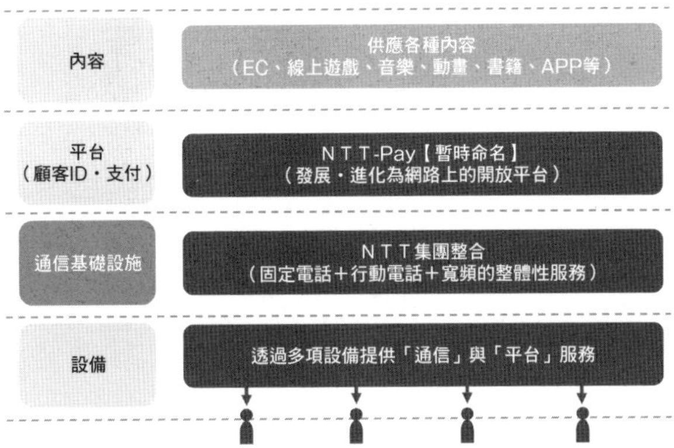

資料：BBT大學綜研製作

已成古物的固定電話之進化方案

透過個人的行動電話接收固定電話的號碼，也能夠共享功能

接下來是思考通信服務的整體化。首先，應該重新思考上一個時代的古物，已被當成「裝飾品」的固定電話功能。我自己已經超過一個月沒有使用固定電話了。多數家庭或許也都處於「雖然很少用，但畢竟已經裝那麼久了，也捨不得取消這個電話號碼」的狀態吧。

現在已經是一個人擁有一部以上通信設備的時代了，所以應該拆除固定電話線，連話機也以平板型終端設備取代按鍵式電話。至於長久以來使用的固定電話號碼，則當成「家族的代表號」繼續使用。凡打到這個號碼的電話，都能夠在每個家人的手機上接到。而且電話簿、來電‧去電紀錄、電話留言等資料也可以存在伺服器上與家人共享，家中每個人都可以透過任何一支手機確認所有紀錄。對於固定線路的長期用戶，NTT也可以免費或低價提供平板終端機（圖17）。

如果利用這個服務統一收費，NTT就無需分割成NTT東日本與NTT西日本，當然也不需要長途通信事業。平台戰略有支付服務、共通點數專案，以及固定電話與行動電話整

圖15　提供各種場合、各種終端設備都能夠支付的平台

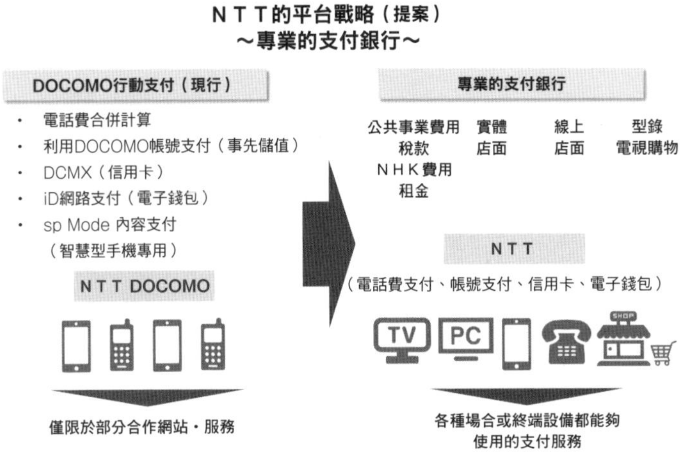
NTT的平台戰略（提案）
～專業的支付銀行～
DOCOMO行動支付（現行）
・電話費合併計算
・利用DOCOMO帳號支付（事先儲值）
・DCMX（信用卡）
・iD網路支付（電子錢包）
・sp Mode 內容支付
（智慧型手機專用）
NTT DOCOMO
僅限於部分合作網站・服務
專業的支付銀行
公共事業費用
稅款
NHK費用
租金
實體
店面
線上
店面
型錄
電視購物
NTT
（電話費支付、帳號支付、信用卡、電子錢包）
TV
PC
SHOP
各種場合或終端設備都能夠
使用的支付服務

資料：BBT大學綜研製作

圖16　以支付平台為基礎，透過共通點數方案，形成新的點數經濟圈

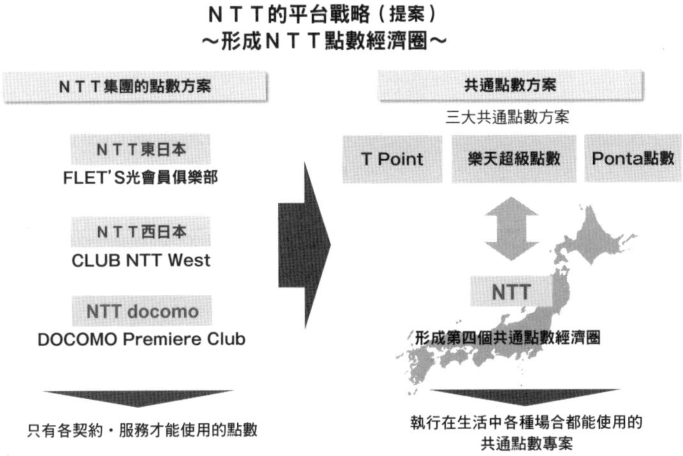
NTT的平台戰略（提案）
～形成NTT點數經濟圈～
NTT集團的點數方案
NTT東日本
FLET'S光會員俱樂部
NTT西日本
CLUB NTT West
NTT docomo
DOCOMO Premiere Club
只有各契約・服務才能使用的點數
共通點數方案
三大共通點數方案
T Point
樂天超級點數
Ponta點數
NTT
形成第四個共通點數經濟圈
執行在生活中各種場合都能使用的
共通點數專案

資料：BBT大學綜研製作

體化方案……如此一來，ＮＴＴ就將擁有別人難以競爭的強大實力（圖18）。

甚至，如果我是ＮＴＴ的社長，我會更積極地收購一家銀行，這樣就能夠立刻執行前面提到的各項方案。如果發展海外市場需要花一兆日圓，乾脆花數百億日圓買家銀行。這點錢應該辦得到。以上就是我對「如果你是ＮＴＴ的社長，你會怎麼做？」的問題所做的回應。

各位覺得如何呢？

圖１７　拆除實體的固定電話線，只留電話號碼，將話機改為平板型終端設備

通信服務整體化（提案）
～「固定電話」與「行動電話」的整體化服務～

- 固定電話改為平板型通信設備（連按鍵式電話也不需要）
- 只保留一直以來使用的電話號碼，當成「家族的代表號」使用
- 打到代表號碼的電話，每個家人的手機都能夠接到
- 透過伺服器共享電話簿、來電，去電紀錄、電話留言等資料，任何一個終端設備都能檢視紀錄
- 免費或低價提供平板終端機給固定線路的長期用戶

資料：BBT大學綜研製作

圖１８　以「多數終端設備的平台服務」、「固定電話・行動電話・寬頻服務等整體化」獲得成長

ＮＴＴ的成長戰略（提案）

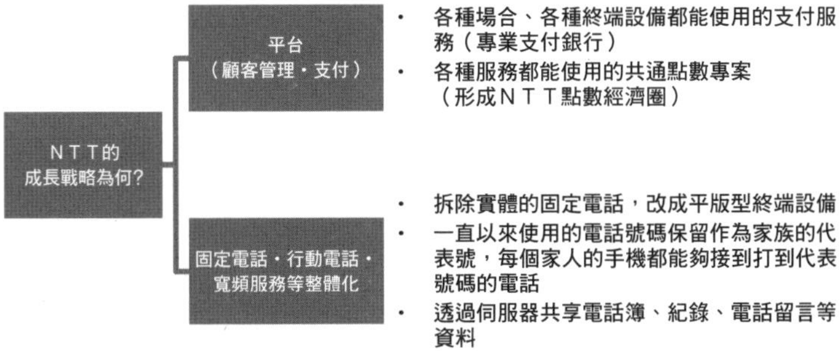
ＮＴＴ的
成長戰略為何?
平台
（顧客管理・支付）
・各種場合、各種終端設備都能使用的支付服務（專業支付銀行）
・各種服務都能使用的共通點數專案（形成ＮＴＴ點數經濟圈）
固定電話・行動電話・
寬頻服務等整體化
・拆除實體的固定電話，改成平版型終端設備
・一直以來使用的電話號碼保留作為家族的代表號，每個家人的手機都能夠接到打到代表號碼的電話
・透過伺服器共享電話簿、紀錄、電話留言等資料

資料：BBT大學綜研製作

歸納整理

- ☑ 加強NTT的強項，也就是平台功能，以此為主軸，思考未來集團整體的服務。
- ☑ 提供各種場合與終端機都可使用的支付服務（NTT-Pay）。
- ☑ 提供共通點數專案，加強平台功能。另外，為了提供這些平台服務，收購銀行。
- ☑ 把固定電話的話機改成平版型終端機，將通信服務與行動電話一體化。

大前總結

顧客的信用資訊是經營資源，應該建構支付系統與點數經濟圈的架構基礎。

除了承擔基礎通信的社會責任之外，也因法規限制而只能在有限空間發展・成長。在這樣的經營模式之下，若想配合目前的狀況思考成長策略的話，就只能往平台發展・進化。

CaseStudy

13

安川電機

在「成長領域」中的攻防戰略

假如你是**安川電機**的社長，預估服務型機器人的市場將會大幅成長，你要如何利用工業機器人所培育的技術來思考機器人事業的成長策略呢？

※根據2016年8月進行的個案研究編輯・收錄

正式名稱	株式會社安川電機
成立年份	1915年
負責人	代表取締役社長　小笠原浩
總公司所在地	福岡縣北九州市
事業種類	電氣機器
事業內容	AC伺服馬達、變頻器、機器人的研發・製造・銷售
資本金額	306億日圓（2016年3月期）
營業額	4,113億日圓（合併）（2016年3月期決算）
員工人數	1萬4,319人（合併）（截至2016年3月20日）

因製造業轉移到亞洲，工業機器人的市場擴大

在新興國家中，工業機器人的引進台數快速增長中

一九一五年創立於日本北九州市的安川電機，是一家擁有悠久歷史的公司。在北九州市幾乎是同時期成立的公司還有ＴＯＴＯ。安川電機在伺服馬達（透過電子控制掌控迴轉角度或迴轉速度的馬達）、變頻器（利用可輕易改變馬達的電源週波數以控制馬達迴轉數的裝置）領域中擁有堅強實力以及世界第一的市占率，另外公司也利用這些產品投入驅動、控制機器人的製作，而今工業機器人的累積出貨量已成為世界第一。如果看事業別的營業額構成比，可以瞭解運動控制（Motion Control）事業（ＡＣ伺服馬達、控制裝置以及變頻器的研發・製造・銷售）與工業機器人事業是公司的兩大主力事業（圖1）。

全球工業機器人引進數量急遽上升的情況中，二〇一五年數量達到二十五萬四千台（圖2）。引進工業機器人的主要目的是取代勞動力，所以如果廉價的勞動力充足，工業機器人就無用武之地。當薪資上漲以及勞動力明顯不足時，工業機器人的引進數量就有持續升高的趨勢。因此，在製造業陸續轉移到低薪資國家（新興國家）的過程中，已開發國家便以工業

圖1　運動控制與工業機器人事業為兩大主力事業

安川電機的事業別營業額構成比
（2016年3月期、100%＝4,113億日圓）

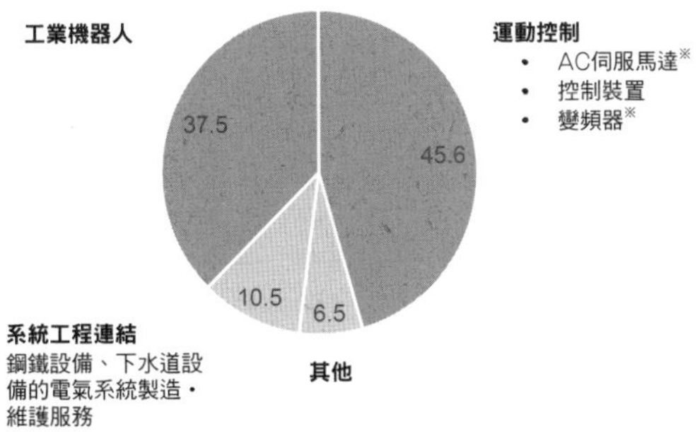
工業機器人
37.5
運動控制
• AC伺服馬達※
• 控制裝置
• 變頻器※
45.6
10.5
6.5
系統工程連結
鋼鐵設備、下水道設備的電氣系統製造・維護服務
其他

※伺服馬達：透過電子控制掌控迴轉角度或迴轉速度的馬達
※變頻器：利用簡單改變馬達的電源週波數以控制馬達迴轉數的裝置

資料：摘自安川電機IR資料，由BBT大學綜研製作

圖2　全球工業機器人引進數量在2011年以後急遽上升，最高達到25.4萬台

全球的工業機器人引進台數
（1993年～2015年、千台）

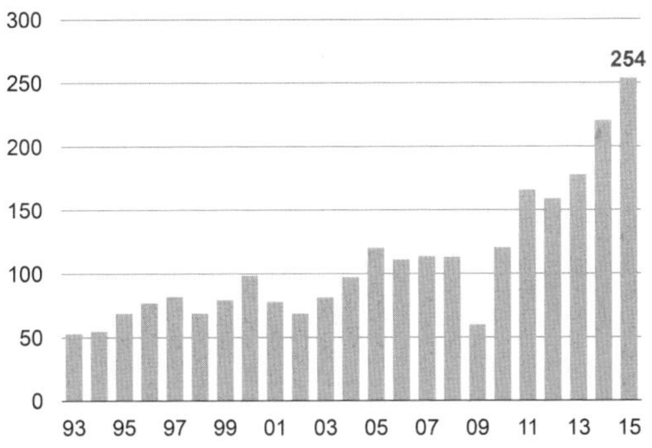
300
250
200
150
100
50
0
254
93
95
97
99
01
03
05
07
09
11
13
15

資料：摘自国際ロボット連盟（IFR）〈World Robotics〉及新聞稿，由BBT大學綜研製作

機器人取代勞動力。

近年來，新興國家的薪資提高與勞動力不足的情況也愈來越嚴重，所以新興國家也開始快速地引進工業機器人（圖3）。

特別是中國主要都市的薪資上漲情況更為明顯，目前一般勞工的最低薪資已經比泰國、馬來西亞、印尼、越南等周邊新興國家的最低薪資還高（摘自JETRO〈第二六回アジア・オセアニア主要都市・地域の投資関連コスト比較〉）。現在，中國面對的課題就是防止因薪資上漲與勞動力不足導致製造業流向國外，同時也推動製造業升級。為了做到這點，中國政府自從二〇一〇年之後，就接連不斷發表將製造業升級的產業政策，同時加速引進工業機器人（圖4）。

中國的工業機器人市場中，當地廠商抬頭

如果分析中國這個最大市場引進工業機器人的明細（圖5），就會發現以前幾乎都只向外商購買工業機器人產品，不過近年來中國的工業機器人廠商紛紛出現，在二〇一五年中，中資的工業機器人廠商幾乎占整體市場的三分之一。這些中國的工業機器人廠商較擅長的是低階入門款，他們的投入引發全球工業機器人的價格競爭，並成為安川電機等已開發國廠商的強大競爭對手。

圖3　新興國家引進機器人的台數驟增

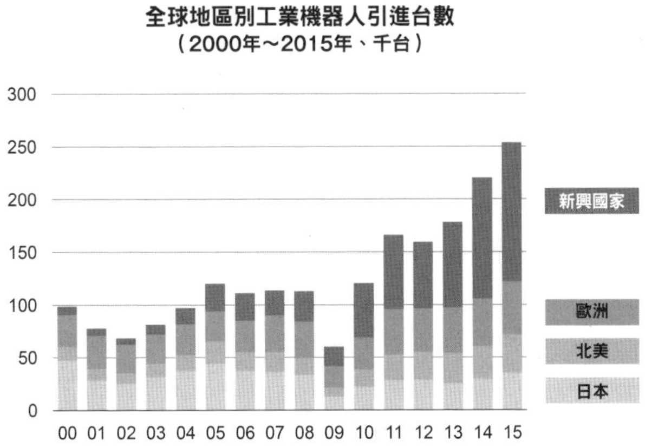
全球地區別工業機器人引進台數
(2000年~2015年、千台)
300
250
200
150
100
50
0
00 01 02 03 04 05 06 07 08 09 10 11 12 13 14 15
新興國家
歐洲
北美
日本

資料：摘自国際ロボット連盟（IFR）〈World Robotics〉及新聞稿，由BBT大學綜研製作

圖4　以中國、韓國為主的亞洲地區快速引進工業機器人

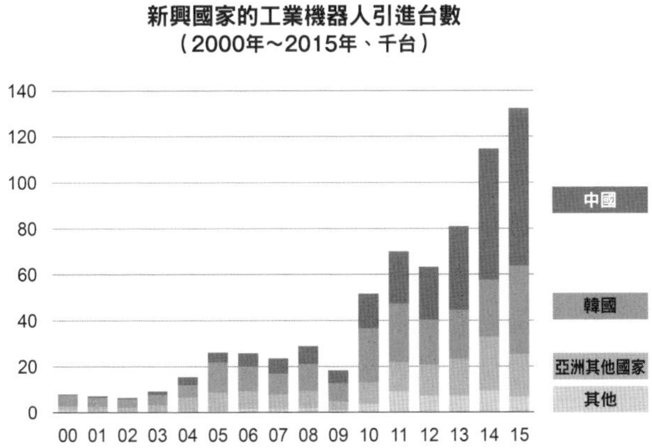
新興國家的工業機器人引進台數
(2000年~2015年、千台)
140
120
100
80
60
40
20
0
00 01 02 03 04 05 06 07 08 09 10 11 12 13 14 15
中國
韓國
亞洲其他國家
其他

資料：摘自国際ロボット連盟（IFR）〈World Robotics〉及新聞稿，由BBT大學綜研製作

乍看穩定成長，實則非常擔心與期待

雖然出口持續成長，不過為了單價下滑而苦惱

關於日本工業機器人廠商的出貨台數，國內出貨量在一九九〇年達到巔峰之後，就開始呈現下降趨勢，另一方面，出口國外的數量則引領整個產業。金額方面也是一樣，二〇一〇年後，出口金額占整體的三分之二以上（圖6）。出口對象如前所述，以新興國家居多，這是因為全球製造業的生產據點都已經轉移到亞洲國家的緣故。另一方面，如果觀察出貨單價（圖7），特別是出口單價大幅滑落。除了新興國家的市場競爭激烈之外，中國的工業機器人廠商興起也是主要的原因。國內出貨單價在這五年來也下跌，總單價逐漸接近出口單價的水準。由此可窺見安川電機等國內廠商所面對的艱困情況。

預測未來機器人市場的變化，服務用將優先於工業用

未來全球的機器人市場將可預見急遽的成長（圖8）。但是，如果深入探討明細的話，可以發現其實工業機器人的市場並沒有成長太多，反倒是服務型機器人的市場可期待將有大

圖 5　在全球最大市場的中國，當地機器人廠商也紛紛興起

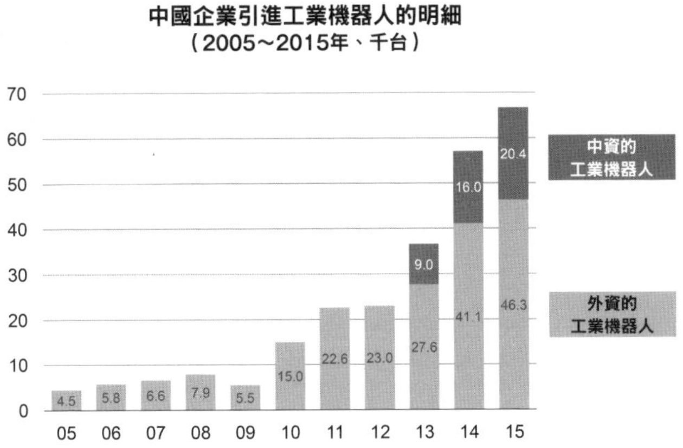

資料：摘自国際ロボット連盟（IFR）〈World Robotics〉及新聞稿，由BBT大學綜研製作

圖 6　由於製造業轉移到亞洲國家，日系機器人廠商的內銷量減少，出口量持續成長

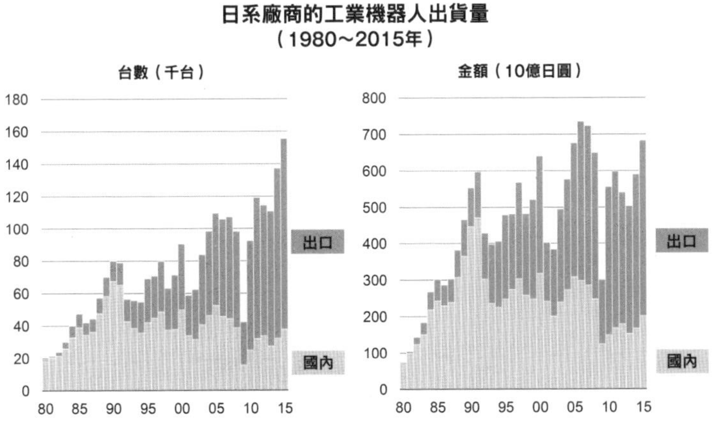

資料：摘自日本自動裝置工業會，由BBT大學綜研製作

幅度的成長。無論是醫療．照護．福利．業務．基礎設施．物流倉庫等協助移動的移動領域，以及家事．生活支援、災害重建等用途，都可期待機器人充分發揮功用，也可預測市場的成長。

極佳的海外營業額，另一方面卻是脆弱的收益結構

來看安川電機的地區別營業額變化，可知海外營業額持續成長，現在已經是日本國內營業額的兩倍（圖9）。理由是以前因國內工廠持續轉型為自動化，造就安川電機獲得非常亮眼的業績，而今工業機器人的主要市場已經轉移到中國等新興國家。由於工業機器人等生產設備有周期性更新的需求，所以營業利益以及純利益大大地受到需求變動的影響，虧損與盈餘周期性地重複出現（圖10）。

若想奪回市占率，現在正是時候

日本企業的工業機器人實力非常強大

請參考工業機器人的廠商別市占率（圖11），從國內金額的比率來看，居首位的是

圖7　出口單價急速滑落，開始進行價格戰

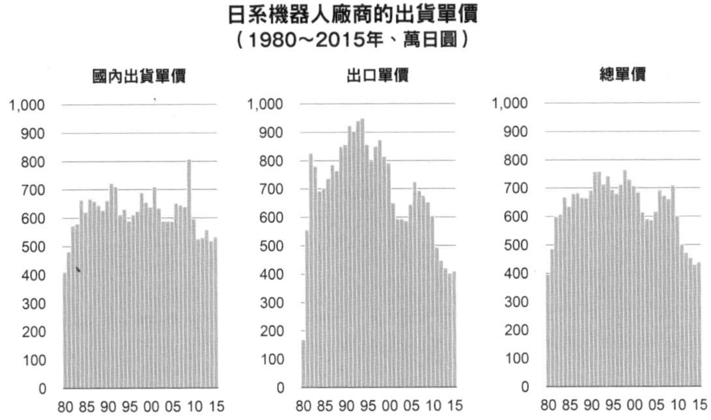
日系機器人廠商的出貨單價
（1980～2015年、萬日圓）
國內出貨單價
出口單價
總單價
1,000
900
800
700
600
500
400
300
200
100
0
80 85 90 95 00 05 10 15

資料：摘自日本自動裝置工業會，由BBT大學綜研製作

圖8　未來全球機器人市場中，預計服務型機器人市場將會急速成長

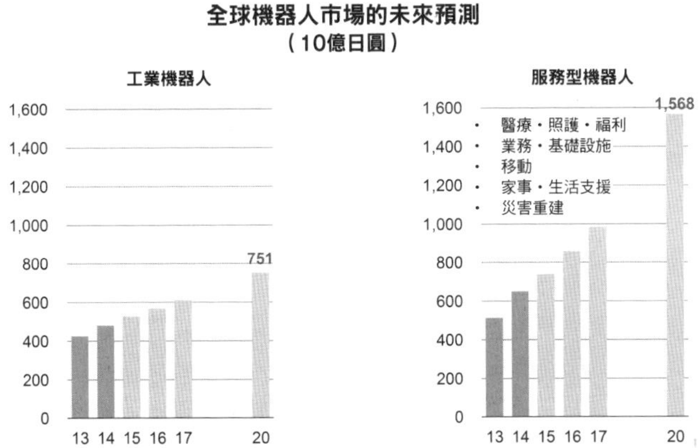
全球機器人市場的未來預測
（10億日圓）
工業機器人
服務型機器人
1,600
1,400
1,200
1,000
800
600
400
200
0
751
1,568
・醫療・照護・福利
・業務・基礎設施
・移動
・家事・生活支援
・災害重建
13 14 15 16 17 20

※2015年為預定，2016年以後是預測

資料：摘自富士経済〈ワールドワイドロボット市場の現状と将来展望2015〉，由BBT大學綜研製作

Panasonic，接下來則是安川電機、川崎重工業、FANUC、不二越等公司。如果比較全球的台數市占率，由FANUC居首位，第二名的是德國的KUKA，接下來則是瑞士的ABB、安川電機、川崎重工業等。

Panasonic最擅長的是在印刷電路板上自動安裝電子零件的表面貼合機（SMT），安川電器的強項則在電弧銲接機器人，該公司所開發的日本第一款全電動工業機器人MOTOMAN系列廣泛地運用在汽車產業、電氣・電子產業。FANUC的強項在於工作機械用的NC（Numerical Control數值控制）裝置，該技術也發展應用在工業型機器人，強項是針對汽車產業的點焊機器人。

若是堅守「傳統的」工業機器人，公司將無法擴展

來比較世界四大機器人廠商的營業額、EBITDA（稅前息前折舊攤銷前獲利）與市值吧（圖12）。ABB是製造電力設備與工業機器人的大型企業。FANUC是全球市占率達五成，擁有NC裝置強項的企業，相對於營業額，其EBITDA的比率高達三八%，是一家擁有超高收益的企業，市值則超過三兆日圓。安川電機也以AC伺服馬達等產品獲得全球市占率居冠的寶座，但是技術上卻很難差異化。另外，由於工業機器人與中國廠商捲入價格競爭，所以無法達到如FANUC般的高收益，市值約為FANUC的九分之一。可以說德國KUKA公司也

圖9　安川電機的營業額由海外營業額領導

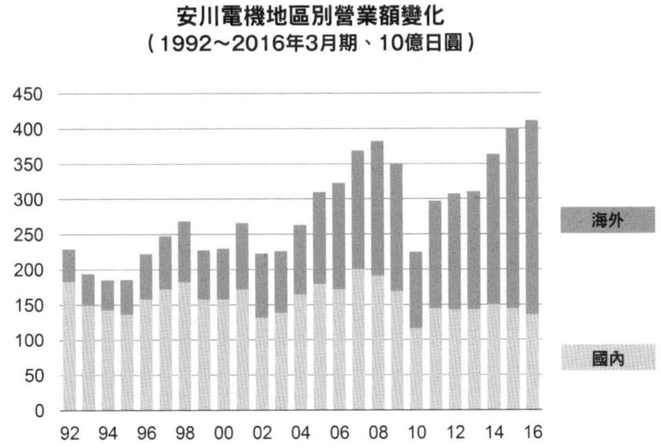

資料：摘自安川電機IR資料，由BBT大學綜研製作

圖10　嚴重受需求變動影響的收益結構

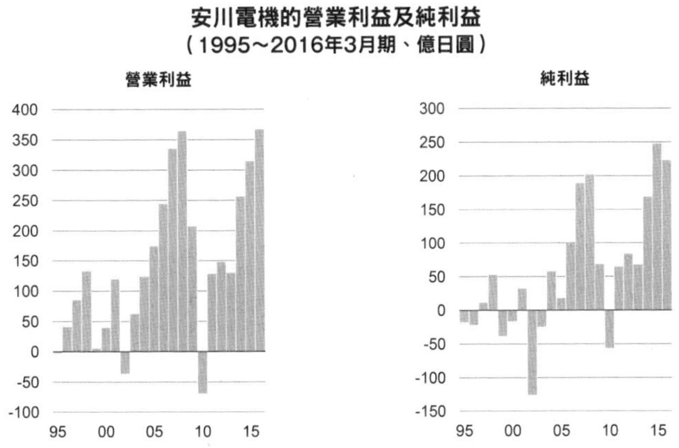

資料：摘自安川電機IR資料，由BBT大學綜研製作

面臨相同的情況。

中國廠商收購KUKA，安川電機該如何因應？

二〇一六年六月，KUKA接受中國大型家電製造商美的（Midea）集團之收購提案。美的集團因收購日本東芝家電部門而聲名大噪。與KUKA的事業規模、市值都相當的安川電機也可能是中國製造商收購的標的。KUKA併入中國企業旗下之後，業界的低價競爭應該會更為激烈，所以安川電機擴大市占率的同時，也必須盡早調整成本競爭力，才能主導這場價格競爭。

從「守」與「攻」兩個方向思考戰略

擴大工業機器人市場，開發服務型機器人市場

以下來整理安川電機的現狀與課題吧（圖13）。如果觀察整個市場，就會看出工業機器人的市場以新興國家為主而成長。特別是中國，無論官方或民間都傾全力引進並培育工業機器人產業。

圖11　安川電機的工業機器人在國內的金額市占率居第2，全球的台數市占率第4

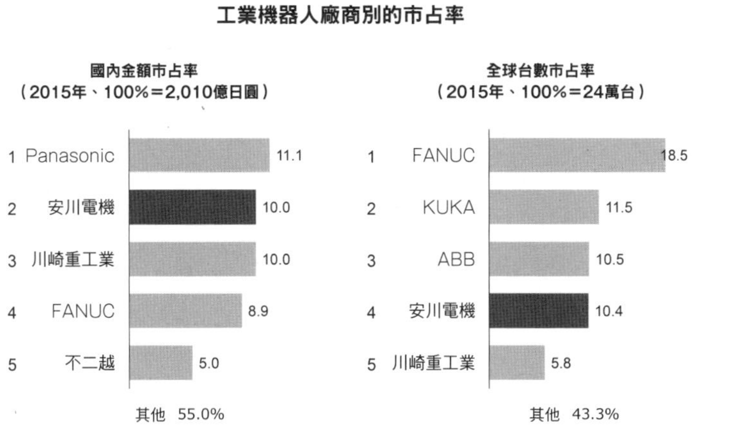
工業機器人廠商別的市占率
國內金額市占率
（2015年、100%=2,010億日圓）
1 Panasonic 11.1
2 安川電機 10.0
3 川崎重工業 10.0
4 FANUC 8.9
5 不二越 5.0
其他 55.0%
全球台數市占率
（2015年、100%=24萬台）
1 FANUC 18.5
2 KUKA 11.5
3 ABB 10.5
4 安川電機 10.4
5 川崎重工業 5.8
其他 43.3%

資料：摘自日経産業新聞〈国内シェア102品目調査〉2016/7/25、〈世界シェア55品目調査〉2016/7/4，由BBT大學綜研製作

圖12　安川與德國的KUKA規模相當，KUKA已經是中國廠商的收購標的

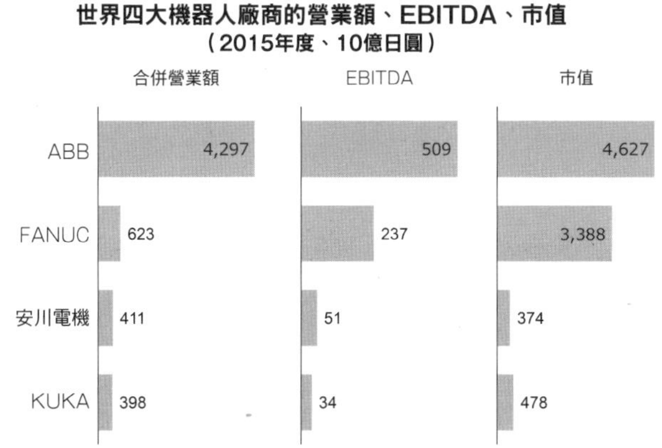
世界四大機器人廠商的營業額、EBITDA、市值
（2015年度、10億日圓）
合併營業額
EBITDA
市值
ABB 4,297 509 4,627
FANUC 623 237 3,388
安川電機 411 51 374
KUKA 398 34 478

※KUKA接受中國美的集團之收購提案時，市值上升

資料：摘自各公司決算資料、SPEEDA，由BBT大學綜研製作

另一方面，全球的機器人市場中，預估服務型機器人的市場將比工業機器人有更大幅度的成長。在競爭對手方面，中國等新興國家的製造商興起，價格競爭白熱化，已開發國家的廠商反而成為收購標的。安川電機的海外營業額雖然引領總營業額，但是收益情況卻大幅受到需求變動的影響。

那麼，安川電機未來應該朝哪個方向前進呢（圖14）？

首先就是加強工業機器人的成本競爭力，同時擴大市占率。換言之，就是「守的戰略」。若要做到這點，廠商就必須離開日本。加速將生產據點移往低薪資國家，盡量主導價格競爭以提高公司的成本競爭力。就如精密小型馬達業界一樣，技術難以做出差異而避免不了低價競爭，在這樣的情況之下，日本電產以及MABUCHI MOTOR等公司都採取離開日本，同時堅守業界首位的戰略。

另一個方向就是，「攻的戰略」。

這個方向就是投入預期將有大幅度成長的服務型機器人市場。如前所述，在「醫療・照護・福利」、「業務・基礎設施」、「移動」、「家事・生活支援」、「災害重建」等多項領域中，機器人的潛在需求極高。傾力開發這些領域的商品就是進攻的方向。

圖13　工業機器人市場的課題是加強成本競爭力、擴大市占率、投入有成長的服務型機器人市場

安川電機的現狀與課題

	現狀	課題
市場環境	• 工業機器人以新興國家為主而成長 • 特別是中國傾全力引進並培養工業機器人的製造技術 • 服務型機器人的市場將有高度成長	• 加強工業機器人的成本競爭力，並擴大市占率 • 投入有成長的服務型機器人市場
競爭對手	• 新興國家的製造商興起，價格競爭白熱化 • 已開發國家的廠商技術成熟，難以差異化 • 已開發國家的廠商成為收購標的	
公司情況	• 海外營業額引領總營業額 • 受需求變動影響的收益結構	

資料：BBT大學綜研製作

圖14　工業機器人事業要主導價格競爭並寡占市場，投入服務型機器人以獲得成長

安川電機的方向（提案）

加強工業機器人的成本競爭力，並擴大市占率（守的戰略）	• 脫離日本（沿襲日本電產以及MABUCHI MOTOR的戰略） • 將生產據點加速移往低薪資國家，主導價格競爭 • 提高成本競爭力之外，藉由併購擴大市占率
投入具成長性的服務型機器人市場（攻的戰略）	• 投入「醫療・照護・福利」、「業務・基礎設施」、「移動」、「家事・生活支援」、「災害重建」等各領域 • 特別是投注在打掃・維護、保全・安全、災害等領域 • 與各業界的龍頭公司合作，積極研發新產品

資料：BBT大學綜研製作

「3K工作」交給服務型機器人，解救超高齡社會

服務型機器人當中，特別值得期待的就是可承擔人類單純勞動力的這塊大餅。醫療方面的機器人在技術上還非常難克服，不過像是收集垃圾等工作，相對來說還比較容易吧。目前我們還是靠人工收垃圾，不過如果人類丟垃圾的方式稍微設計一下，那麼光是工業機器人非常基本的入門技術就可以實現機器人收垃圾的工作。例如在垃圾車上加裝機器人手臂就可收集垃圾場中的所有垃圾。

其實，澳洲已經做到這點了。他們在垃圾車的側面加裝機器人手臂，抓取放在路旁的垃圾箱，然後把垃圾倒在垃圾車上方的開口。這樣只需一名司機就能夠做到完全自動化。

此外，所謂的「3K工作（註：指「骯髒（Kitanai）」、「危險（Kiken）」、「辛苦（Kitsui）」的工作」）也最好逐漸由機器人取代。

消防工作也是一樣，如果消防人員不用親自衝入火場，能夠由機器人取代進行滅火、救人行動，就可大幅減輕人類的負荷。另外，二〇一六年七月美國德州達拉斯發生以十二名警察為目標的槍擊事件。那時也引發社會討論是否應該使用裝有炸彈的拆彈機器人來壓制犯人。先不論炸死犯人的對錯問題，不過攸關人命的危險工作交由機器人來做，可以說是合理的選擇吧。

如果看日本的人口動態變化，可以知道日本總人口持續減少，到了二〇四八年將會跌破一億人，只剩九千九百一十三萬人。另一方面，六十五歲以上的人口將會持續增加到二〇四二年，推估那時候從十五歲到六十四歲的勞動年齡人口是五三%。

把3K工作機械化，這絕不是剝奪勞工的工作，倒不如說「今後人手將會減少，必須做的工作到底要如何處理？」面對這麼急迫的問題，機械化是最實際的解決方法。可以預期這個領域將有相當大的市場，而且可以不用與外國企業競爭，因為少子高齡化導致勞動年齡人口的減少是日本特有的人口分布現象。在超高齡社會安居，以如此嚴肅的社會意義來投入機器人的研發——這是我對安川電機的未來想像。

歸納整理

- ☑ 加速脫離日本，把生產據點移往低薪資國家以加強成本競爭力，並主導價格競爭。透過併購吸收競爭落後的廠商，以達到擴大市占率的目標。沿襲精密小型馬達業界的日本電產或MABUCHI MOTOR的世界戰略。
- ☑ 投入「打掃・維護」、「保全・安全」、「針對災害」等服務型機器人的市場。傾全力研發可取代人力進行作業的機器人，在日本超高齡社會中開拓市場。

大前總結

預期將有成長且極具社會意義的業界，以攻與守的策略挑戰未來。

雖然這個業界可預期市場急遽成長，不過也有實力堅強的競爭對手。如果想占有一席之地，現在正是大好機會。不過就開發產品的特性上來說，是無法成為高收益的大公司。投入正在成長的領域，也在擅長領域中加強成本競爭力，透過這兩種戰略，攻、守並進。

CaseStudy

14

VAIO

在「低迷市場」中找出一條活路

假如你是VAIO的社長，當與東芝、富士通的事業整合構想歸零，現在你應該如何擬定戰略？

※根據2016年2月進行的個案研究編輯・收錄

正式名稱	VAIO株式會社
成立年份	2014年
負責人	代表取締役　大田義實
總公司所在地	長野縣安曇野市
事業種類	電氣機器
事業內容	個人電腦、個人電腦相關產品及服務／其他企劃、設計、研發、製造與銷售
資本金額	10億2,600萬日圓（資本額及資本準備金）
出資比率	VJ控股（92.6%）、SONY（4.9%）、經營群（2.5%）
營業額	73億1,900萬日圓（2015年5月期）
員工人數	約240人（截至2014年7月1日）

在全球失速的個人電腦市場中重新出發

與東芝、富士通的事業整合歸零

以前隸屬SONY公司的電腦品牌VAIO曾經因為高度設計感而大受歡迎，也創造了一個新時代。但是，電腦市場因大眾化所引發的價格競爭，以及因智慧型手機等取代的機器普及，導致銷售量減少。由於這樣的背景，日本國內廠商不得不退出・重整市場。二〇〇七年日立製作所、二〇一〇年夏普紛紛從個人電腦事業退出，二〇一一年NEC與中國Lenovo合併。在這樣的轉變過程中，二〇一四年七月，SONY也把個人電腦事業出售給私募基金的日本產業夥伴公司（Japan Industrial Partners，以下簡稱JIP）。從此，該電腦事業部門便獨立成為VAIO株式會社。

出資比率方面，由JIP全額出資的VJ控股占九二・六%，SONY占四・九%，經營群占二・五%。總公司與工廠設於日本長野縣安曇野市。在SONY時代，VAIO的員工人數超過一千人，而今只縮小至當時的四分之一左右，以二百四十人的規模重新出發。與SONY則維持委託銷售的關係。

二〇一五年十二月，SONY提出與因會計做假帳問題而不得不重建經營團隊的東芝（二〇一五年爆發組織利益灌水問題，二〇〇八年起，多個事業進行不合法的會計處理，最後導致浮報的利益總額高達一千五百億日圓），以及富士通的電腦事業整合的構想。構想內容是以VAIO為存續公司，仍舊維持三家公司的品牌，同時撤出海外生產，把生產作業集中在國內的工廠。如果單純合併計算的話，國內市占率就超過三成，居市占率首位，透過規模經濟的優勢加強成本競爭力。

我們進行VAIO的個案研究時是二〇一六年二月，這個合併構想正在交涉當中。不過，基於以下三個理由，我判斷絕對不能通過這個方案。第一個理由是，VAIO已經大幅刪減資產與冗員，好不容易才瘦身成功，沒有理由重新為自己加裝多餘的贅肉在身上。第二個理由是，公司沒有足夠的經營資源來維持三個品牌。第三個理由，從這個合併構想中，看不出會產生什麼樣的綜合效益。我想明眼人應該一看就懂。後來，二〇一六年四月，這個構想退回原點。我想VAIO的經營群當然也會做出這樣的決定（圖1）。

個人電腦市場達到巔峰，全球的出貨量呈現下滑趨勢

既然合併三家公司的構想歸零，那麼現在VAIO應該擬定什麼樣的成長戰略呢？在思考這點之前，先來看看目前的市場動向吧。

全球的個人電腦出貨量在二〇一一年達到三億六千五百萬台，達到巔峰。後來開始逐漸減少，到了二〇一五年甚至滑落到二億八千九百萬台。出貨量減少的直接原因是智慧型手機快速普及。如果看電腦、智慧型手機、平板等主要資訊通信機器的全球出貨量，就可知道智慧型手機的數量在這幾年急遽增加。二〇一五年相對於個人電腦的二億八千九百萬台，智慧型手機的出貨量約為五倍，達到十四億三千萬支。甚至平板電腦的出貨量也約有二億台，搶奪了個人電腦的需求（圖2）。

日本國內的個人電腦也呈現失速狀態

接下來是日本的動向。

二〇一一年前後，全球的個人電腦出貨量達到巔峰。這時，日本國內的出貨量也達到一千五百萬台，但是到了二〇一五年就驟降到一千零一十七萬台。單年度出貨量驟減的理由是日圓貶值導致電腦本身的價格上揚，門市提供的光纖申請與電腦的套裝折扣大幅降低，也因可免費灌裝Windows10使得換新電腦的需求減少等等。如果觀察包含智慧型手機、平板的出貨量的話，就可知道這幾年的手機出貨量約是電腦的兩倍，平板則在二〇一五年與電腦等量。光是對照全球的變化，很難想像今後國內個人電腦的需求會有多少成長空間。（圖3）。

圖 1　VAIO、東芝、富士通的個人電腦事業合併構想歸零

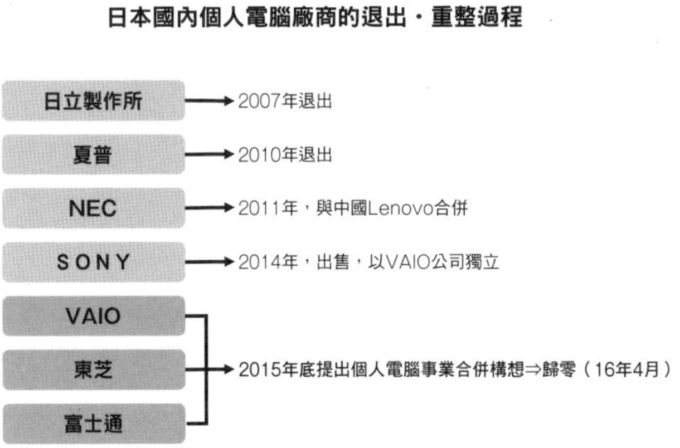
日本國內個人電腦廠商的退出・重整過程
日立製作所
2007年退出
夏普
2010年退出
NEC
2011年，與中國Lenovo合併
SONY
2014年，出售，以VAIO公司獨立
VAIO
東芝
富士通
2015年底提出個人電腦事業合併構想⇒歸零（16年4月）

資料：摘自日本経済新聞社《日本経済新聞》2016/4/15，由BBT大學綜研製作

圖 2　全球個人電腦出貨量在2011年達到巔峰後開始減少，智慧型手機、平板侵蝕個人電腦的需求

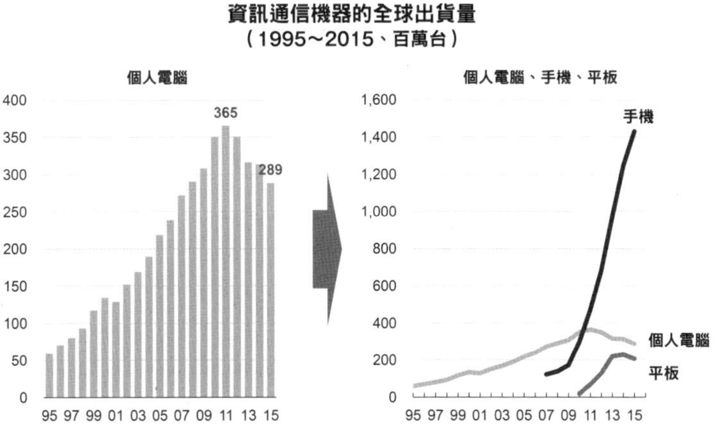
資訊通信機器的全球出貨量
（1995～2015、百萬台）
個人電腦
400
350
300
250
200
150
100
50
0
365
289
95 97 99 01 03 05 07 09 11 13 15
個人電腦、手機、平板
1,600
1,400
1,200
1,000
800
600
400
200
0
手機
個人電腦
平板
95 97 99 01 03 05 07 09 11 13 15

資料：摘自Gartner《プレスリリース》，由BBT大學綜研製作

就像這樣，目前國內、外個人電腦的需求減少，ＶＡＩＯ的出貨量占國內市占率的一・八％，在全球僅有〇・〇四％，處於極為嚴峻的狀態（圖４）。

透過高設計感做出差異化，找到利基市場

Panasonic在筆電的滿意度上一直居前幾名

在眾多筆記型電腦當中，ＶＡＩＯ對於消費者而言具有什麼樣的魅力呢？如果看國內筆電的綜合滿意度（圖５），第一名是Panasonic（Let's note），第二名是ＳＯＮＹ（ＶＡＩＯ），第三名是東芝（dynabook）。曾經與東芝一起列入合併方案的富士通（ＦＭＶ）則居第六名，僅以些微差距落後第五名的台灣廠商ＡＳＵＳ（總公司在台北市〈台灣〉，為綜合電子製造商，主機板與筆電的全球市占率居首位）。

接下來看看日本國內廠商的筆記型電腦綜合滿意度排名變化（圖６），可以看出Panasonic有好幾年都維持最高的滿意度。

圖3　日本國內個人電腦出貨量最高達到1,500萬台左右，到了2015年開始驟降，智慧型手機、平板侵蝕個人電腦的需求

資訊通信機器的國內出貨量
（1995～2015年、萬台）

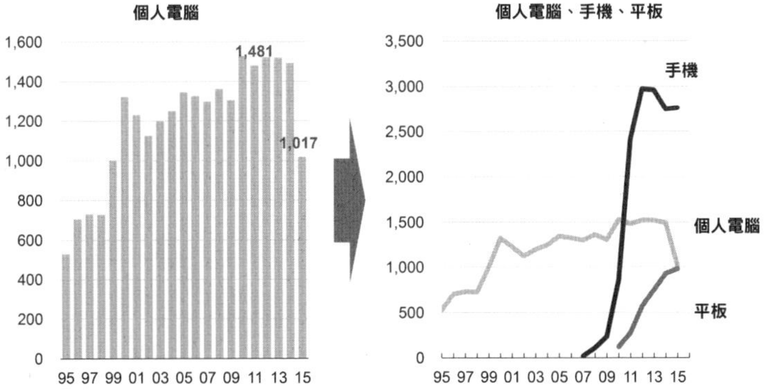

※2015年減少的主要原因
①日圓貶值導致電腦本身的價格上揚②門市提供的光纖申請與電腦的套裝折扣大幅降低③可免費灌裝Windows10使得換新電腦的需求減少

資料：摘自MM総研《M&D Report》、MM總研《ニュースリリース》 2016/2/18，由BBT大學綜研製作

圖4　VAIO在國內的市占率是1.8%，在全球僅有0.04%

國內以及全球電腦出貨量的市占率

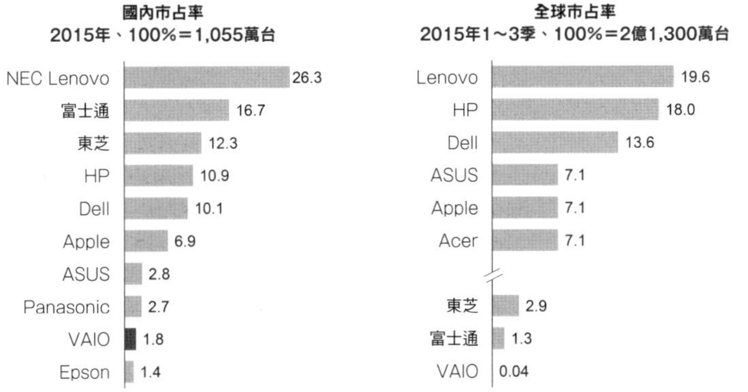

資料：摘自IDC Japan《プレスリリース》2016/2/18、Gartner《プレスリリース》、日本経済新聞社《日本経済新聞》2015/12/4，由BBT大學綜研製作

Panasonic的強項在於優異的移動性能

Panasonic（Let's note）的滿意度之所以高居第一，是因其優異的移動性能（圖7）。無論是尺寸・重量・電池的續航力等，Panasonic與第二名都還保持極大的差距而獲得壓倒性的勝利。雖然SONY也高居第二，但是在電池續航力方面，Panasonic幾乎是獨霸天下的狀態。

說個題外話，在東海道新幹線的車廂內還沒有裝設插座之前，能夠在東京～新大阪的移動時間內全程只靠電池使用的筆電就只有Let's note。在出差地或沒有電源的場所使用筆電時，電池的續航力與重量等移動性能的好壞，就成為非常重要的評斷依據。由於移動性能佳而在商業需求上獲得消費者的信賴，表現出來的就是顧客的滿意度了。

性價比的滿意度由外國廠牌取得壓倒性勝利

接著來看性價比的滿意度吧。

從圖8可以明顯看出國外公司的滿意度令人注目。第一名是ASUS，第二名是Acer，以上都是台灣公司，第三名是中國的Lenovo，第四名的HP與第五名的Dell都是美國公司。相對的，國內廠商的性價比差，像SONY排名第八，而綜合滿意度居首的

圖5　國內筆記型電腦滿意度，SONY（VAIO）排名第2

國內筆記型電腦的滿意度排名
（2014年，日經個人電腦調查、分數）

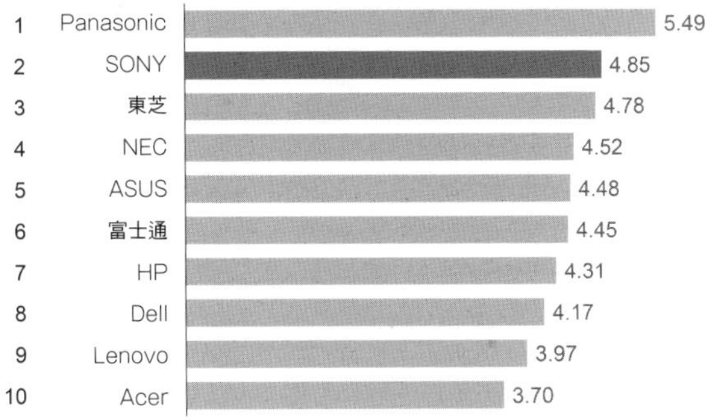
1 Panasonic 5.49
2 SONY 4.85
3 東芝 4.78
4 NEC 4.52
5 ASUS 4.48
6 富士通 4.45
7 HP 4.31
8 Dell 4.17
9 Lenovo 3.97
10 Acer 3.70

※調查僅限Windows機種

資料：摘自日経BP社《日経パソコン》2014/9/8，由BBT大學綜研製作

圖6　Panasonic（Let's note）的滿意度維持在第1名

國內廠商筆記型電腦的綜合滿意度排名變化
（2008～2014年、日經個人電腦調查、排名）

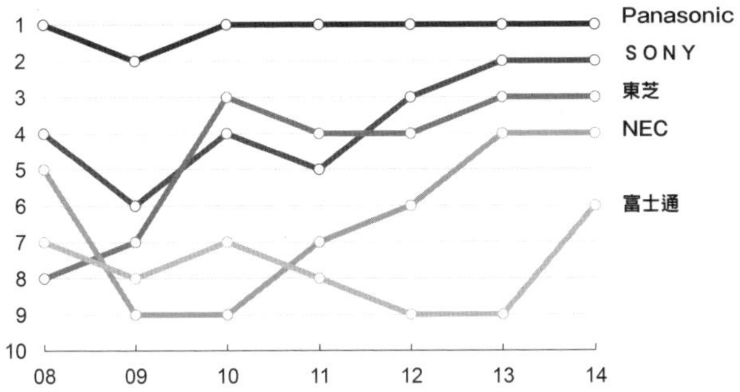
1
2
3
4
5
6
7
8
9
10
08
09
10
11
12
13
14
Panasonic
SONY
東芝
NEC
富士通

※調查僅限Windows機種

資料：摘自日経BP社《日経パソコン》2014/9/8，由BBT大學綜研製作

Panasonic只排到第十名。

就算設計上獲得支持，下次願意購買的意願也偏低

那麼，VAIO的使用者為何會被吸引呢？

從圖9可清楚看出，VAIO的設計感滿意度居冠，分數遠高於第二名。以另一個角度來看，在外面使用筆電時，會意識旁人眼光的使用者就傾向選擇設計性高的VAIO。

然而，如圖10所呈現的，如果問「下次會想選擇的筆電廠商」，VAIO的購買意願就掉到四・三％，排到第七名。

二〇一五年的現在，VAIO在國內的出貨量市占率為一・八％，而連獨立前的二〇一三年都還有四・七％（IDC Japan調查）。根據這樣的數字可以研判，願意把錢花在設計上的消費者還是只有少數，而VAIO就是把這樣的利基顧客當成目標客群。

與Apple競爭的VAIO生存戰略

風光一時的VAIO的目標是轉移到平板市場

圖7 Panasonic特別在移動性能方面技壓群雄，SONY（VAIO）位居第2

國內筆記型電腦的移動性能滿意度
（2014年、日經個人電腦調查、分數）

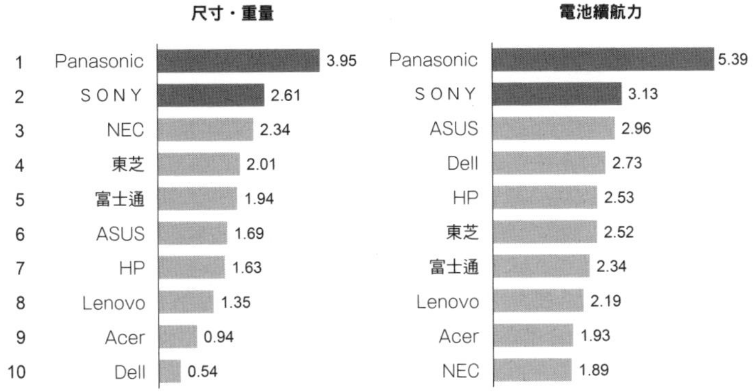
尺寸・重量
1 Panasonic 3.95
2 SONY 2.61
3 NEC 2.34
4 東芝 2.01
5 富士通 1.94
6 ASUS 1.69
7 HP 1.63
8 Lenovo 1.35
9 Acer 0.94
10 Dell 0.54
電池續航力
Panasonic 5.39
SONY 3.13
ASUS 2.96
Dell 2.73
HP 2.53
東芝 2.52
富士通 2.34
Lenovo 2.19
Acer 1.93
NEC 1.89

※調查僅限Windows機種

資料：摘自日經BP社《日経パソコン》2014/9/8，由BBT大學綜研製作

圖8 性價比方面，台灣、中國廠商獲得壓倒性勝利，SONY、Panasonic以高價區間為目標

國內筆記型電腦的性價比滿意度
（2014年、日經個人電腦調查、分數）

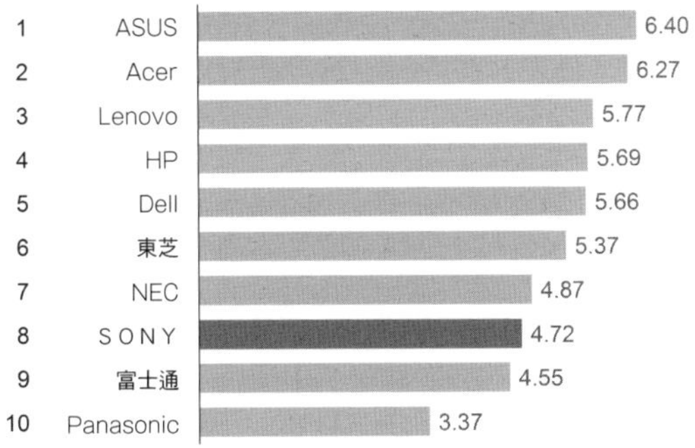
1 ASUS 6.40
2 Acer 6.27
3 Lenovo 5.77
4 HP 5.69
5 Dell 5.66
6 東芝 5.37
7 NEC 4.87
8 SONY 4.72
9 富士通 4.55
10 Panasonic 3.37

※調查僅限Windows機種

資料：摘自日經BP社《日経パソコン》2014/9/8，由BBT大學綜研製作

看到這裡，可明白ＶＡＩＯ從ＳＯＮＹ時代起，就試圖以設計感做出差異，在Windows機型中專攻個人的高單價區塊（圖11）。

但是，這個區塊卻與Apple衝突，很難只靠設計或原創獲勝。

那麼，如果回避與Apple競爭，是否能夠轉向有大量市場的個人・法人低價區塊呢？應該也是很困難吧。只有二百四十名員工，在長野縣的工廠製造的ＶＡＩＯ根本不是ＡＳＵＳ、ＨＰ或Ｄｅｌｌ的對手（圖12）。

把目標轉向針對法人的高價區塊，擊垮以移動性能與耐用性而獲得死忠客戶的Panasonic呢？那又是難上加難的任務了（圖13）。

基本上ＶＡＩＯ的附加價值就是設計感，你幾乎無法指望法人機構會因為重視設計而購買產品。

不把量產・低價視為問題，在其他區塊擬定策略

以下來整理ＶＡＩＯ的現狀。雖然ＶＡＩＯ公司因脫離ＳＯＮＹ品牌而導致銷售量持續低迷，不過在設計感強且針對個人的高價區塊，還是保有一定程度的品牌實力。市場狀況方面，智慧型手機與平板侵蝕了個人電腦的需求，無論是國內外，市場都急遽縮小。競爭對手

圖9 SONY（VAIO）的設計獲得高度滿意

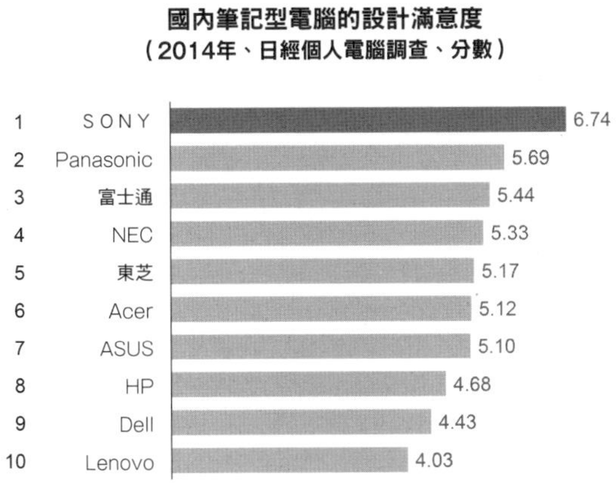
國內筆記型電腦的設計滿意度
（2014年、日經個人電腦調查、分數）
1 SONY 6.74
2 Panasonic 5.69
3 富士通 5.44
4 NEC 5.33
5 東芝 5.17
6 Acer 5.12
7 ASUS 5.10
8 HP 4.68
9 Dell 4.43
10 Lenovo 4.03

※調查僅限Windows機種

資料：摘自日経BP社《日経パソコン》2014/9/8，由BBT大學綜研製作

圖10 下次購買意願方面，Apple居首位，VAIO的擁有意願滑落

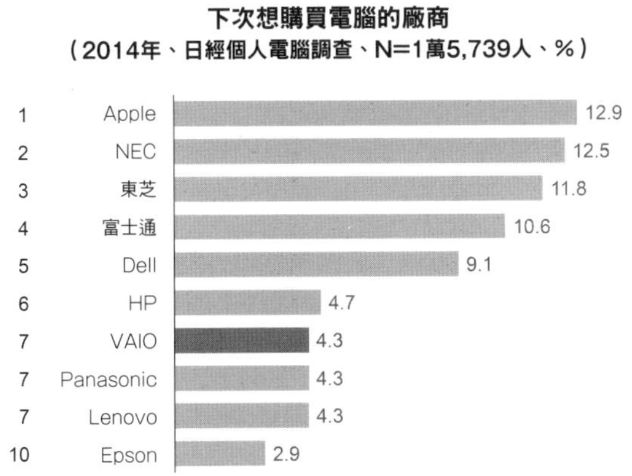
下次想購買電腦的廠商
（2014年、日經個人電腦調查、N=1萬5,739人、%）
1 Apple 12.9
2 NEC 12.5
3 東芝 11.8
4 富士通 10.6
5 Dell 9.1
6 HP 4.7
7 VAIO 4.3
7 Panasonic 4.3
7 Lenovo 4.3
10 Epson 2.9

資料：摘自日経BP社《日経パソコン》2014/9/8，由BBT大學綜研製作

方面，在個人的高價區塊與Apple競爭，低價區塊拚不過中國．台灣．美國廠商的量產攻勢，針對法人的高價區塊由Panasonic獨占，ＶＡＩＯ的設計感根本不算強項。

因此，可以說在原有的針對個人的高價區塊內，加強商品的實力與品牌力，這才是ＶＡＩＯ的唯一出路（圖14）。

從Ｍａｃ的「Office問題」引導至Apple的合作方案

從以上的種種狀況，我的結論是「讓Apple收購ＶＡＩＯ」。

其實我本身不使用Ｍａｃ，最主要的理由是與Microsoft Office的相容性問題。Ｍａｃ雖然可以搭載Microsoft Office，而且操作情況也比以前改善很多，不過還是會出現編排錯亂或亂碼，以及無法開啟檔案等情況。考量到這些因素，對於總需要在出差地或旅行地交稿的我而言，還是使用Windows比較安心。反過來說，這也是Windows永遠不會被淘汰的理由。

如果考慮「Office的問題」，最後辦公室套裝產品還是由Microsoft獨占市場。

瞄準與Apple的綜合效益才是最佳策略

那麼，為什麼說讓Apple收購是有效的策略呢？

圖11　VAIO發展針對個人的高價區塊，與Apple呈現競爭的狀態

個人電腦的顧客區隔

	低價（標準款）	高價（高階款）
針對個人	ASUS Acer	Apple VAIO
針對法人	HP Dell Lenono	Panosonic

資料：摘自日経BP社《日経パソコン》2014/9/8，由BBT大學綜研製作

圖12　難以投入重視量產或性價比的區塊

個人電腦的顧客區塊

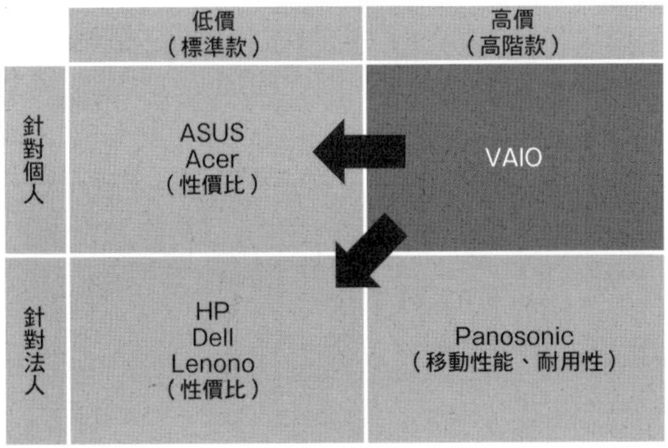

資料：BBT大學綜研製作

雖然Apple向來都堅持使用OS X（內建於Apple產品的Apple獨有的介面操作系統，現改名為macOS），但是我認為在不久後的將來，他們還是得推出與Windows OS互換性高的產品。因此，如果讓VAIO擔任Apple的副品牌，負責Windows機型，應該是一個不錯的選項吧。

Apple與VAIO都是針對個人用的高階款產品，兩家公司可以對於這個區塊，合作研發「Windows可以使用OS X，OS X也能夠使用Windows」的機種。以市值約六十兆日圓的Apple的角度來看，收購VAIO只不過是「不起眼」的小錢。

當然，我想Apple對於這項收購提案，回答「Yes」的可能性連五%都不到吧。只是，假如Apple認真地想投入Microsoft Office，也就是法人市場的話，以現在的Apple來說應該是不可能吧。這時，或許就可考慮收購VAIO的這項提案。

因此，如果我是VAIO的社長，雖然連五%的機會都沒有，但只要有那麼一點可能性，我都會試著挑戰看看。

現今，Windows機種的個人電腦性能已經難以透過性能做出差異，也朝向重視性價比的方向。無法打入低價市場的VAIO，把與Apple合作所產生的綜合效益當成目標，或是設法投入旗下等，應該都是存活下來的最佳策略吧（圖15）。

圖13　雖然想以針對法人的高價區塊為目標，但是Panosonic的地盤堅不可摧

個人電腦的顧客區隔

	低價（標準款）	高價（高階款）
針對個人	ASUS Acer （性價比）	VAIO ↓
針對法人	HP Dell Lenono （性價比）	Panosonic （移動性能、耐用性）

資料：BBT大學綜研製作

圖14　在原有的個人高價區塊中，加強商品的實力與品牌力

VAIO的現狀與課題

	現狀	課題
公司情況	• 因脫離ＳＯＮＹ品牌而導致銷售量持續低迷 • 具設計感而獲得高評價 • 在針對個人的高價區塊，保有一定程度的品牌實力	在針對個人的高價區塊中，加強商品的實力與品牌力
市場環境	• 智慧型手機與平板侵蝕了個人電腦的需求 • 不論國內外，電腦市場都急遽縮小	
競爭對手	• 在個人的高價區塊與Apple競爭 • 在低價區塊，中國・台灣・美國廠商擁有強大優勢 • 針對法人的高價區塊由Panasonic獨占	

資料：BBT大學綜研製作

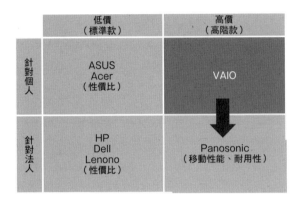

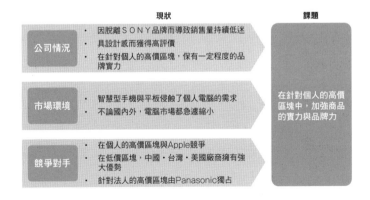

圖15　與Apple交涉合作或是投入旗下。作為副品牌，提供Windows機種，提高與Microsoft Office的互換性。未來由VAIO負責Apple的法人產品市場

VAIO的方向（提案）

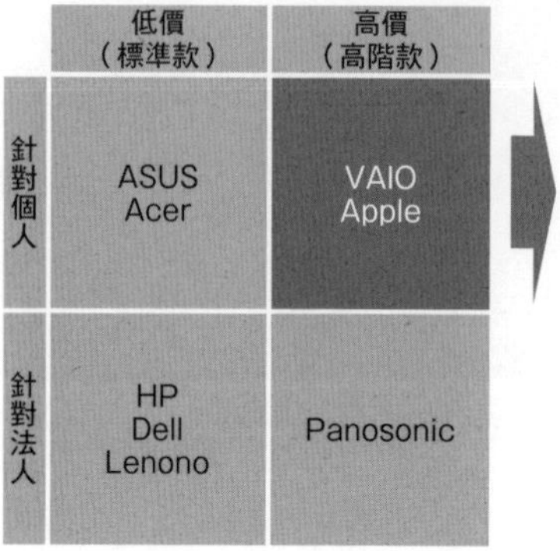

	低價 （標準款）	高價 （高階款）
針對個人	ASUS Acer	VAIO Apple
針對法人	HP Dell Lenono	Panosonic

- 與Apple交涉合作或是投入旗下
- 作為Apple的副品牌，提供Windows機種
- 研發重視OS X與Windows互換性高的商品
- 提高與Microsoft Office的互換性。未來由VAIO負責Apple的法人產品市場

資料：BBT大學綜研製作

歸納整理

☑ 與Apple交涉，討論兩者合作或是投入旗下的可能性。作為Apple的副品牌，提供與OS X互換性高的Windows OS機種，加強針對個人的高價產品。未來負責投入Apple的法人產品市場。

大前總結

就算成功率低也要提案，只要可能性不是零，就要嘗試挑戰——這就是經營策略。

自家公司的強項在哪？擁有什麼樣品質的附加價值？目標客群是什麼？如果綜合考量，也可能會找出讓競爭對手收購的有利選項。就算實現的可能性低，也要先試著挑戰看看。

CaseStudy

15

富士通

相繼以「異業參與」的方式掌握主導權

假如你是**富士通**的社長，你要如何利用農業雲端技術規劃日版的智慧型農業戰略，為未來的農業界做出貢獻？

※根據2016年2月進行的個案研究編輯・收錄

正式名稱	富士通株式會社（FUJITSU LIMITED）
成立年份	1935年
負責人	代表取締役社長 田中達也
總公司所在地	東京都港區
事業種類	電氣機器
事業內容	通信系統、資訊處理系統、電子設備之製造・銷售以及相關服務之提供
資本金額	3,246億日圓（截至2016年3月底）
營業額	2兆68億3,000萬日圓（單獨） 4兆7,392億4,000萬日圓（合併）（2015年度）
員工人數	15萬6,000人（截至2016年3月底）

運用大數據與人工智慧的農業新型態

農業×IT＝智慧型農業

本案例討論的是富士通所投入的智慧型農業構想。

所謂智慧型農業指的是將IT技術運用在農業生產・流通管理上，藉此提高生產效率與品質（圖1）。在農業的生產・加工・流通等各個流程中，各種業界都瞄準商機，伺機投入智慧型農業的領域。

智慧型農業是由支援整體農業經營的軟體，以及實現生產・加工・流通自動化的各種硬體結合而成。由於支援業務的軟體是由雲端電腦提供，所以也稱為「農業雲」，除了富士通之外，也有各類的系統供應商投入其中。另外，在硬體方面，有利用GPS自動導航來整地・播種・收割的農機、園藝設施・植物工廠等生產設備、長時間監控栽培環境的感測器或控制裝置、進行收割或加工的機器人等，不只是傳統的農機廠商，連電機、通信、機械、建設等各行各業都投入其中。

與其說「農業雲」的重點是雲端電腦，倒不如說是儲存在其中的數據資料。蒐集農業各流程相關資訊的大數據，提供分析結果作為農民的選擇最佳方案。先決定營業額或收穫目標，再利用電腦根據該目標來管理播種時期、播種量，以及割草、灑水等所有作業，引導至更有效率的農業行動。總之，傳統的農民都是根據經驗或知識進行農作，而現在的農業則是使用大數據與人工智慧協助進行。

利用富士通的農業雲支援「企業化」的農業經營

我們來瞭解一下富士通的農業雲「Akisai（秋彩）」的情況吧（圖2）。Akisai提供「協助經營解決方案」、「協助生產解決方案」、「協助銷售解決方案」等軟體，以及園藝設施、環境控制裝置等硬體。

目前投入的領域有園藝設施、稻米・蔬菜、果樹以及畜產等四個領域。由於可提供經營、生產、銷售相關的各種軟體，藉此就可協助農民進行企業化的農業經營。

舉例來說，「農業生產管理SaaS軟體」這個商品就可從生產計劃到出貨階段，協助農民進行整個流程。首先，在軟體上登錄想栽培的農作物以及預定的作業時間等，該軟體就會自動規畫適當的計畫。從該計畫與收穫量或銷售額的目標來決定種植時期・面積，而實際的作業則透過電腦或手機管理。軟體評估進度與達成率並傳回訊息，藉此就能夠改善下次的栽培作業與成果。就像這樣，把PDCA循環也引進農業，協助農民進行企業化的農業經營。

圖1　在傳統農業上運用IT技術，藉此提高生產效率與品質

智慧型農業概要

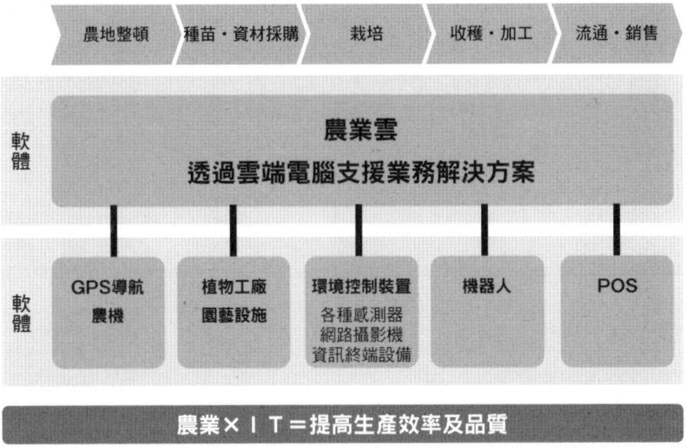
農地整頓
種苗・資材採購
栽培
收穫・加工
流通・銷售
軟體
農業雲
透過雲端電腦支援業務解決方案
軟體
GPS導航
農機
植物工廠
園藝設施
環境控制裝置
各種感測器
網路攝影機
資訊終端設備
機器人
POS
農業×ＩＴ＝提高生產效率及品質

資料：摘自矢野経済研究所プレスリリース〈2015年版　期待高まるスマート農業の現状と将来展望〉、シード・プランニングプレスリリース〈農業ＩＴレポート 2016〉、各媒體報導，由BBT大學綜研製作

圖2　透過雲端提供經營・生產・銷售解決方案，也提供園藝設施、環境控制等硬體

富士通的農業雲「Akisai（秋彩）」概要

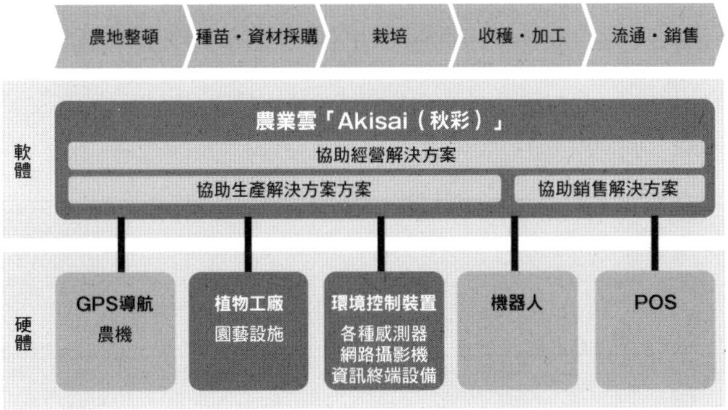
農地整頓
種苗・資材採購
栽培
收穫・加工
流通・銷售
軟體
農業雲「Akisai（秋彩）」
協助經營解決方案
協助生產解決方案方案
協助銷售解決方案
硬體
GPS導航
農機
植物工廠
園藝設施
環境控制裝置
各種感測器
網路攝影機
資訊終端設備
機器人
POS

資料：摘自矢野経済研究所プレスリリース〈2015年版　期待高まるスマート農業の現 と将来展望〉、シード・プランニングプレスリリース〈農業ITレポート 2016〉、各媒體報導，由BBT大學綜研製作

若想做到這樣的程度，需要的就是蒐集與儲存・分析龐大的相關資料。這些資料都是解決方案・軟體的基礎，善加運用軟體就可提高農作的生產效率與農作物的品質。

另外，公司不只提供軟體，實際也能夠搭配農業機具等硬體。我想這方面應該可以跟久保田、井關農機、YANMAR等農機製造商合作。

凋零的日本農業與對智慧型農業的期待

高齡化且日益減少的農民

日本的農民一直往減少與高齡化的方向前進。一九七〇年的農民數量超過七百萬人，但是到了二〇一五年卻跌至一百七十五萬人，平均年齡六十七歲，高齡化的程度極高（圖3）。特別是稻米農家，領取年金的金額遠比農業收入還多，可見高齡化的程度有多嚴重。

關於農民的數量減少與高齡化現象等問題，我認為只能透過兩種方式來克服。首先，並不是以持續農業的方向來協助農家，而是嚴重高齡化的農家必須摒棄勞動生產的思維，以資本家的立場雇用年輕人或外國人，透過農業雲系統的協助來經營農業。

另一個方式就是積極接受企業的參與。二〇一五年由於農地法修正，大幅放寬法人投入

圖3　農民數量日益減少，平均年齡達67歲

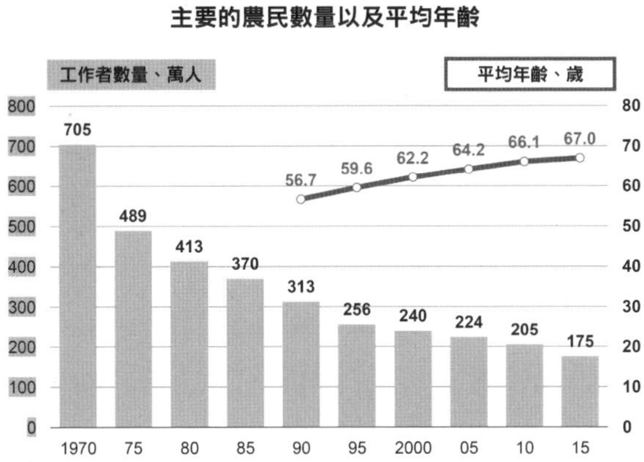

資料：摘自農林水產省〈農林業センサス〉、〈農業構造動態調查〉、総務省〈日本の長期統計系列〉，由BBT大學綜研製作

農業的限制。因為這個緣故，Akisai提案的「企業式農業經營」才變成可能。新加入的企業本來就不是農家，所以欠缺農業的經驗，但是這點只要透過農業雲來支援就可以了。

引人注目的智慧型農業

智慧型農業市場將會如何成長？我們來看看未來的預測吧（圖4）。光是軟體領域，二〇二〇年預估就大概有三百億日圓的市場，如果也加入硬體領域的話，估計會超過七百億日圓的規模。如果再增加其他品項，預估將會有更大的可能性。

各行各業的業者相繼投入

對於預見將大有成長的智慧型農業市

場，眾多企業與富士通都有相同構想（圖5）。資訊、通信、電機、機械等各行各業相繼投入，內容也多彩多姿，而這些都是雲端服務所能提供的內容。

取代農協建構應有的位置

推動智慧型農業所面對的課題是「農民不習慣」

雖然智慧型農業備受期待，但是普及．推廣之際，會遇到什麼樣的課題呢？整理內容如［圖6／普及智慧型農業時的現狀與課題］所示。

智慧型農業之所以變得必要，是因為農民減少與高齡化的緣故。日本農業生產效率低，原本就一直是個問題。因為大部分的農家都是家族經營的小規模農業，沒有引進大型機械設備協助農作，土地狹小卻耗費人手，這就是生產效率低的主因。在這樣的狀況當中，面對農民減少與高齡化的問題，藉由智慧型農業普及．推廣以提高生產效率就特別受到期待。不過，若想普及智慧型農業，主要還是會面對三個問題與課題。

第一個問題是新投入者的農業知識．經驗不足。關於農作物栽培．培育．品種等知識，多半都是仰賴各農家無法用語言文字表達的經驗或直覺而得，這對於異業領域或年輕人的投

圖4　因農業人口減少，提高生產效率的智慧型農業引人注目

智慧型農業的市場預測
（2014～2020年、億日圓）

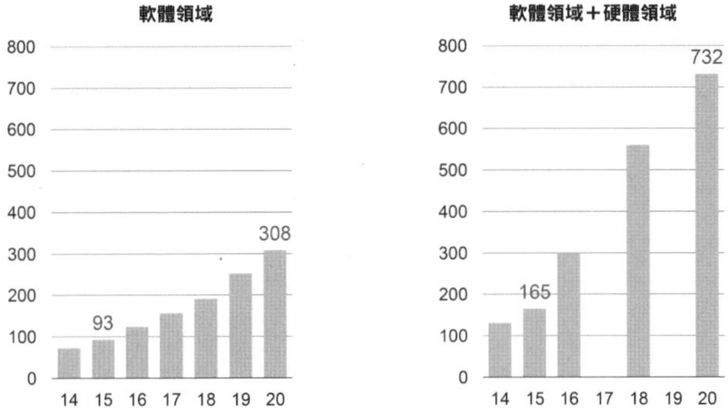

※矢野經濟研究所〈關於智慧型農業調查結果2015〉，包含部分硬體

※Seed Planning〈農業ＩＴ化・智慧型農業的現狀與未來展望〉

資料：矢野経済研究所プレスリリース〈2015年版　期待高まるスマート農業の現状と将来展望〉、シード・プランニングプレスリリース〈農業ＩＴレポート 2016〉，由BBT大學綜研製作

圖5　資訊、通信、電機、機械等各行各業運用特殊技術投入農業領域

各企業投入農業雲服務的情況

企業名稱	服務名稱	概要
富士通	Akisai（秋彩）	經營・生產・銷售等綜合性支援
NEC	農業ICT Solutions	經營・生產・銷售等綜合性支援
TOYOTA汽車	豐作計畫	「改善法」（Kaizen）的農業應用
DENSO	Profarm	工廠控制技術的農業應用
ＮＴＴ DOCOMO	雲端型水田管理系統	針對稻作監測系統
日立 Solutions東日本	AgriSUITE	農作物供需平衡系統
久保田	KSAS	稻米收穫時的自動品質檢測系統
PS Solutions	e-kakashi	農作物栽培資料的具象化
Farmnote	Farmnote	針對酪農・畜產的牛群管理系統

資料：摘自東レ経営研究所〈期待が集まるスマート農業の新展開〉以及各媒體報導，由BBT大學綜研製作

入形成障礙。對於這個問題，蒐集・儲存・共享農業相關的各種資料，並且把無法用語言文字表達的經驗或直覺轉換成任何人都可利用的具體知識，促進新人投入，這可以說是普及智慧型農業（特別是農業雲）必須完成的首要課題。

第二個問題就是農家沒有經營能力。在一般的農業經營上，都需要先準備資金才能採購種苗、肥料以及各種資材等，甚至也必須先確保農作物的流通管理與銷售地點。以前是由農業協同組合（ＪＡ）協助各農家經營，但是近年來，ＪＡ被指摘一旦被他們介入，反而會墊高成本。然而，無法自行確保採購・流通管道的農家卻只能依賴ＪＡ不可。對於這個問題，建構可取代ＪＡ功能的平台（農業雲）就成為推廣智慧型農業（農業雲）時，應完成的課題。

第三個問題是農民缺乏ＩＴ技術。在農民的平均年齡已達六十七歲的現狀當中，要這些老農民學習新的ＩＴ技術應該很困難吧。對於這個問題，鼓勵ＩＴ技能高的年輕人或異業投入，提早安排世代交替，就是應完成的課題吧。

另外，對於智慧型農業而言，ＪＡ的存在本身就可能是一個很大的阻礙。在日本的農業界中，全國農業協同組合連合會（ＪＡ全農）的存在就如所謂的「最大的農業商社」。ＪＡ全農的收益來源是對農家收取各式各樣的仲介手續費，這樣就形成採購或流通成本越高，手續費收入就越多的結構。普及・推廣智慧型農業（農業雲）預見可以有效刪減採購或流通的中間成本。由於ＪＡ全農的人力將會被雲端電腦取代，從這個意義來說，有可能ＪＡ全農將

圖６　面臨的課題有促進新血投入、加強農家的經營能力、提高農家的ＩＴ技術等

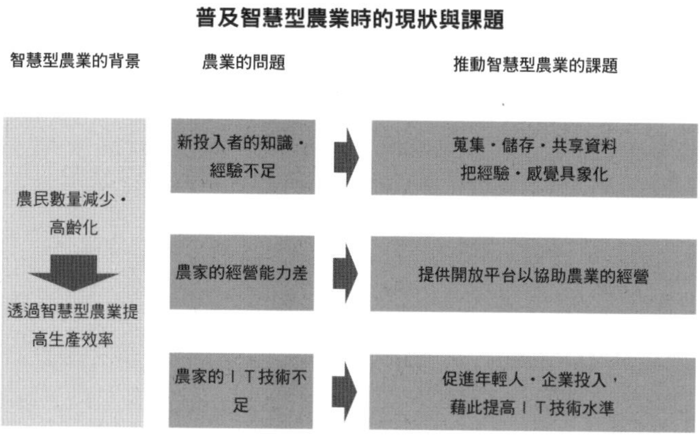

資料：BBT大學綜研製作

可能成為智慧型農業普及的反對勢力。

不過，現在政府正積極進行農協改革，督促ＪＡ全農轉型為有限公司。未來與公司化的ＪＡ全農共同提供農業雲也是可行的方法之一。

富士通應該採取三個戰略

面對上述的情況，富士通在智慧型農業市場中，應該怎麼做才能夠掌握主導權呢？針對前面列舉的三個課題，我們來看看各自應該採取的戰略方向吧（圖７）。

首先，針對「蒐集・儲存・共享資料」，必須與大學或各農業相關機構合作，蒐集・儲存保存的資料。更重要的是，富士通的員工應該主動向各農家蒐集無形的經驗所累積的資訊，並且建立資料庫。還有，若想把蒐集而來的資料上傳雲端、普及共享的話，將資料格式標準化是絕對必要的。

其次是「提供開放平台以協助農業的經營」。這是取代JA全農提供採購・流通的平台，協助各農家進行「六級產業化」（註：指農業生產（一級）x一級農產品加工（二級）x行銷服務（三級）的產業發展模式），提供可以整體管理設備・採購・生產・流通・銷售等一連串流程的平台。

第三是「促進年輕人・企業投入，藉此提高IT技術」，這部分完全是幹勁・熱情的問題。可考慮率先支援有熱情的年輕人・企業，讓他們使用雲端服務的同時，也能夠學會IT技能。

蒐集・儲存・共享資料

以下分別針對三個方向，做更進一步的討論。首先是「蒐集・儲存・共享資料」。以前，農業相關的各機關所累積的資訊或是各農家累積的無形知識等，雖然資訊量龐大卻分散各處。大範圍且有效率地蒐集、整合這些資訊以建構大數據是非常重要的（圖8）。

必須蒐集農林水產省、氣象廳、各大學、研究機關、單位農協、農家等擁有的所有知識技術。另一方面，假如參與農業雲的各公司以各自的格式建構資料庫，將是非常無效率的做

圖7　資料格式標準化戰略、開放平台戰略、促進農業新手投入，藉此促進成長

富士通的方向（提案）

推動智慧型農業的課題	方向（提案）
蒐集・儲存・共享資料 （將無形的經驗、直覺具象化）	・與大學・農業試驗場、農協單位等機構合作，蒐集・儲存資料。 ・將資料的格式標準化、共享儲存的資料，藉此降低外界參與農業的障礙
提供開放平台以協助農業的經營	・提供農家進行六級產業化的平台（採購資材、交易市場平台等） ・提供集中管理農地的平台（在系統上集中管理分散的農地）
促進年輕人・企業投入，藉此提高ＩＴ技術水準	・協助有熱情的年輕人・企業 ・等待舊勢力（高齡農家）自然淘汰

資料：BBT大學綜研製作

法。關於這點，富士通必須率先結合農林水產省，建立國家等級的業界標準規格。如此一來，標準化且可廣泛使用的資料庫將成為推動智慧型農業的基礎。接著，富士通應該以接受這個國策系統的訂單為目標。若想做到這點，最重要的是富士通要早競爭對手一步蒐集資料，掌握實際的業界標準（De Facto Standard）並把此業界標準轉換成公定的標準規格。

協助農家進行六級產業化的平台

第二個方向是「提供開放平台以協助農業的經營」。如前所述，目前農業界中，JA全農的存在有如「最大的農業商社」，可以思考提供採購・銷售的開放平台以取代JA全農的功能。雲端空間的平

台取代ＪＡ全農仲介的中間流通，藉此刪減中間成本，以協助各農家達到獨立與六級產業化的目標（圖９）。

［圖10／富士通的方向（提案）～採購．銷售平台的提供～］是富士通應該提供採購．銷售平台的示意圖。在資材採購平台方面，國內外的資材廠商、農機廠商、批發商、生活量販店等都能夠自由加入，各農家無須透過ＪＡ就能夠從眾多的選項中直接購買最適當的用品，藉此達到降低各項費用的目的。另外，針對銷售平台，可以建構各農家與消費者直接交易的交易市場平台，協助各農家獲得最大利益。就像這樣，利用農業雲取代ＪＡ的功能，協助農家進行六級產業化。如果透過這樣的形式推動農業雲的話，既可促進ＪＡ提高自我改革的意識，也會促使ＪＡ認真思考對農家最適當的支援體制，如此應該可期待農協進行徹底的改革，更進一步對日本農業的未來做出貢獻。

提供農地密集化的平台

提供農地密集化的平台應該也是有用的吧。日本國內有許多休閒農場，如果把這些休閒農場集中在雲端的系統上，就能夠視為分散各區的大規模農場經營（圖11）。就算物理性來說是分散在各處的不同農場，不過對於虛擬空間而言，可以視為一個農場來經營。運用ＩＴ來協助這樣的農場經營，作為富士通的智慧型農業戰略，這個做法非常值得列入考慮。

圖8　蒐集・儲存・共享知識・經驗、降低投入農業的障礙、促進新手參與

富士通的方向（提案）～蒐集・儲存・共享資料～

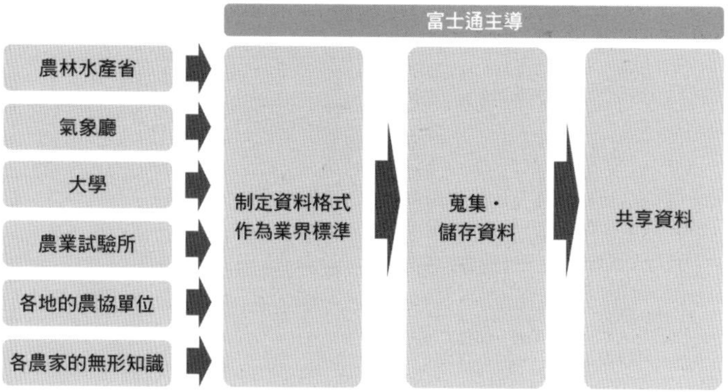
富士通主導
農林水產省
氣象廳
大學
農業試驗所
各地的農協單位
各農家的無形知識
制定資料格式
作為業界標準
蒐集・
儲存資料
共享資料

資料：BBT大學綜研製作

圖9　取代農協提供採購・銷售的公開平台，藉此協助六級產業化①

富士通的方向（提案）～提供採購・銷售的平台～

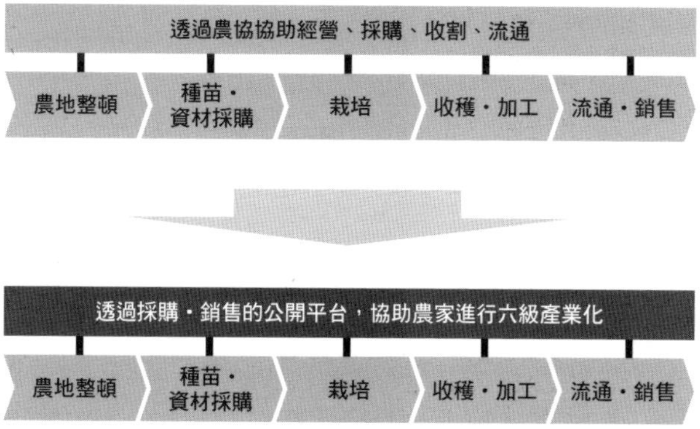
透過農協協助經營、採購、收割、流通
農地整頓
種苗・
資材採購
栽培
收穫・加工
流通・銷售
透過採購・銷售的公開平台，協助農家進行六級產業化
農地整頓
種苗・
資材採購
栽培
收穫・加工
流通・銷售

資料：BBT大學綜研製作

另外，現在日本三家農機製造商都已經朝無人機的方向發展。這部分也可以考慮與雲端服務合作。雖然目前農機具的運作率低，不過在雲端上，就可以管理「何時使用哪部農機具」，在多塊農地上靈活共享・使用以提高農機具的運作率。透過這樣的做法，以少量的農機具就可以涵蓋廣大的農作面積，提高收益率。或許農機廠商對此會感到不滿，不過我想往後也只能往這樣的方向發展吧。從這點來看，農地密集化在智慧型農業的戰略上也是很重要的。

提升農家的IT技術

農民數量減少與高齡化持續進行（圖12），如果不協助年輕人或企業投入農業，日本的農業就只能走向沒落一途。但是，沒有經驗的年輕人或企業投入農業絕非易事，農業雲的重要任務就是補足這個缺口。另一方面，若想推動智慧型農業，農家的IT技術也是不可或缺的。必須協助熱情的年輕人與企業，藉此提高因時代變遷導致落後時代的農家IT技術。

圖10 取代農協提供採購・銷售的公開平台，藉此協助六級產業化②

富士通的方向（提案）～提供採購・銷售的平台～
（示意圖）

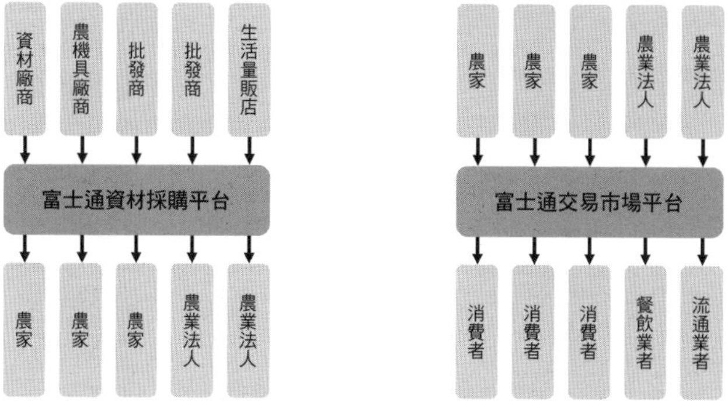

資料：BBT大學綜研製作

圖11 利用系統集中管理物理上分散的農地，協助經營分散各處的大規模農場

富士通的方向（提案）～農地集中平台

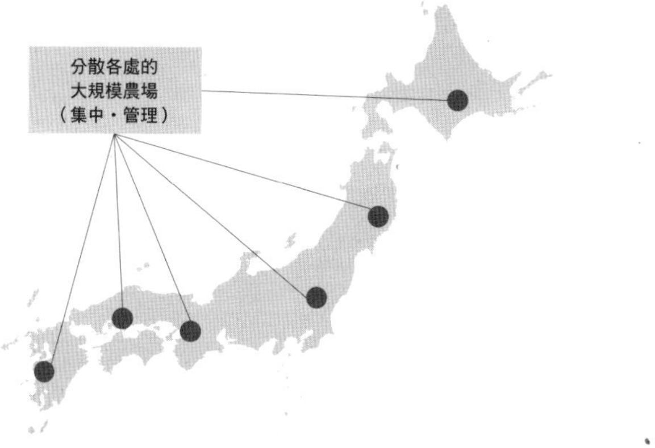

資料：BBT大學綜研製作

圖１２　支援年輕人・企業的新手投入，等待高齡農家自然淘汰，便可達到提高ＩＴ技術水準的目的

富士通的方向（提案）～提高農家ＩＴ技術～

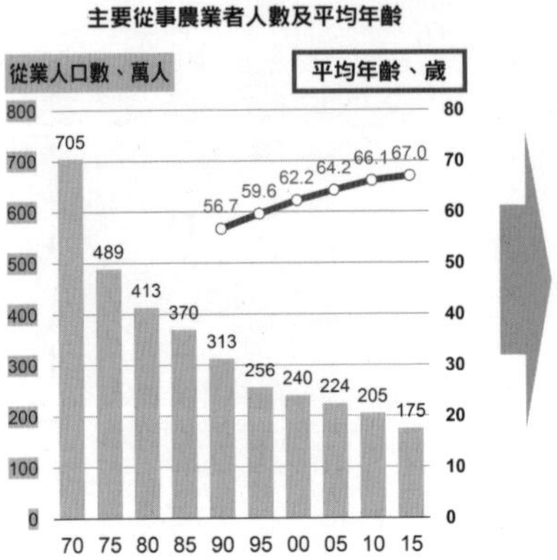
主要從事農業者人數及平均年齡
從業人口數、萬人
平均年齡、歲
800
700
600
500
400
300
200
100
0
80
70
60
50
40
30
20
10
0
705
489
413
370
313
256
240
224
205
175
56.7
59.6
62.2
64.2
66.1
67.0
70 75 80 85 90 95 00 05 10 15

- 促進年輕人・企業的新手投入
- 等待高齡農家自然淘汰
- 達到提高ＩＴ技術水準的目的

資料：BBT大學綜研製作

歸納整理

- 大範圍蒐集・儲存・共享農林水產省、氣象廳、大學、研究機構、農協、農家等農業相關機構所擁有的資料。制定官方的資料格式標準，建構推動智慧型農業的基礎。
- 雲端取代JA全農的功能。提供資材採購或農產品交易市場的公開平台，以達到刪減中間流通的成本與利益最大化，也協助農家進行六級產業化。另外，建立農地集中平台，在系統上集中管理分散各處的農地以提高生產效率。
- 若想提高高齡農家的IT技術，必須支援熱情的年輕人與企業投入，透過世代交替提高農業界整體的技術水準。

大前總結

若想打破傳統體制，與其他公司競爭的同時，也必須攜手合作。

雖然智慧型農業的未來性高，不過舊體制的控制力強大，是業界廠商必須面對的大阻礙。課題是建構平台作為取代的新體制。盡量降低投入的障礙，則可望開放性地培育投入者。

CaseStudy

16

聯發科技

面對「中國市場減速」的因應對策

假如你是**聯發科技**（Media Tek）的董事長，面對利益大幅降低的情況，你要用什麼戰略來突破困境？

※根據2016年2月進行的個案研究編輯．收錄

正式名稱	Media Tek Inc.（聯發科技）
成立年份	1997年
負責人	董事長　蔡明介 副董事長兼總經理　謝清江（註：2017年10月改由陳冠州擔任總經理職務）
總公司所在地	台灣新竹市（新竹科學工業園區）
事業種類	精密機器
事業內容	行動電話、數位電視、晶圓半導體設計
資本金額	157億1,600萬台幣（539億日圓，2015年12月期）
營業額	2,132億5,500萬台幣（7,308億日圓，2015年12月期）
員工人數	1萬5,204人（2015年）

打造・領導「一百美元智慧型手機」的商業模式

全球第三名的智慧型手機應用處理器

被稱為「台灣矽谷」，IT產業的聚集地，新竹市。一九九七年創業於此的聯發科技（以下稱聯發科）是從事行動電話、數位電視以及晶圓半導體設計的公司。二〇一五年十二月期的營業額超過七千三百億日圓，主力產品的智慧型手機應用處理器（AP，Application Processor）有Qualcomm（高通）與Apple爭取龍頭地位，並且聯發科也達到世界第三的規模（圖1）。

雖然聯發科的市占率年年成長，不過那是因為高度技術造就了特有的商業經營模式。聯發科的強項是能夠同時提供智慧型手機的設計圖與自家公司製造的AP。想投入手機市場的廠商以及受託生產的公司都成為聯發科的客戶，也造就業績持續成長。聯發科的商業經營模式創造了就算沒有擁有設計技術的公司，也能夠投入手機市場，許多中小企業因而能夠搶占手機市場的大餅。這類企業大多銷售所謂「一百美元手機」的低價商品，因而在市場上占有一定的市占率。

除了提供設計圖，聯發科還組裝自家公司製造的AP，所以設計的接單成長也順便引領自製AP的營業額成長。Apple以自製的AP組裝在公司自己設計的終端設備上，並以自家的品牌銷售產品，相對於此，聯發科則是為其它公司的品牌提供服務，以自家公司生產的AP組裝在自家公司設計的終端設備上。AP供應商的競爭對手有Apple與Qualcomm等公司，不過Apple只針對自家公司的終端設備，而Qualcomm的強項則在高價手機。另一方面，聯發科擅長的就是針對中國的廉價手機廠商提供服務而得以成長。

還有，智慧型手機也需要AP以外的其他零件，而設計圖中會載入所有需要的零件。由於採用該設計圖的人一定會使用設計圖所指定廠商的零件，所以對於零件廠商而言，一旦被設計圖採用，將有助於公司的營業額成長。也就是說，對於零件廠商而言，聯發科是他們的產品供應對象，對於聯發科而言，雙方不僅容易建立優先的合作關係，更能夠以低價購得高品質的零件。

如果觀察中國的AP出貨量市占率變化，從二〇一一年到二〇一二年，Qualcomm的市占率驟減，這時期聯發科的市占率成長（圖2）。另外，近年來中國政府體系的半導體大廠紫光集團傘下的展訊（Spreadtrum）也不斷擴展勢力。紫光集團為了獲得技術，一直試圖投資台灣的半導體廠商，據報導也曾經釋出投資聯發科的意願。只是，台灣政府基於保障安全的理由，禁止中資投資台灣的半導體產業，所以在目前的時間點來說，中資投資聯發科是有

圖1　智慧型手機應用處理器（AP）位居世界第3

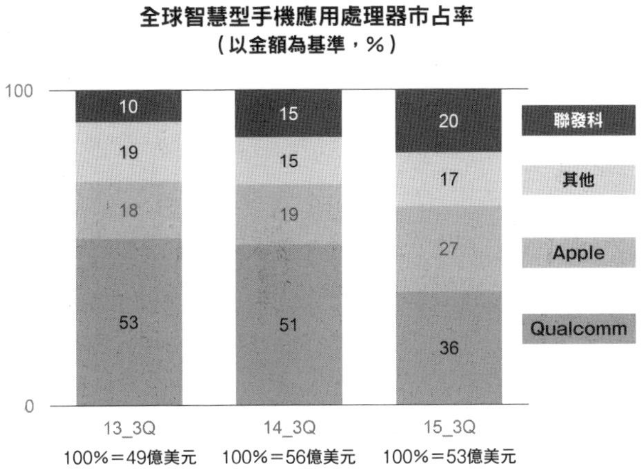
全球智慧型手機應用處理器市占率
（以金額為基準，%）
100
0
10
19
18
53
15
15
19
51
20
17
27
36
聯發科
其他
Apple
Qualcomm
13_3Q
14_3Q
15_3Q
100%＝49億美元
100%＝56億美元
100%＝53億美元

資料：Strategy Analytics Press Releases
https://www.strategyanalytics.com/strategy-analytics/news/strategy-analytics-press-releases，由BBT大學綜研製作

圖2　在中國市場中，智慧型手機的AP市占率居冠

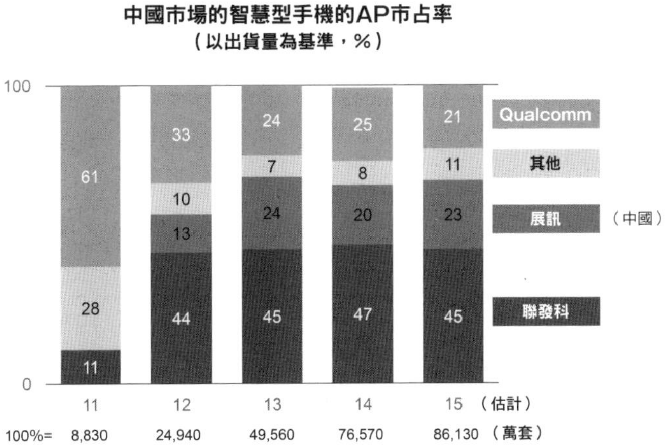
中國市場的智慧型手機的AP市占率
（以出貨量為基準，%）
100
0
61
28
11
33
10
13
44
24
7
24
45
25
8
20
47
21
11
23
45
Qualcomm
其他
展訊
（中國）
聯發科
11
12
13
14
15（估計）
100%=
8,830
24,940
49,560
76,570
86,130（萬套）

資料：Credit Suisse" China Smartphones Sector" 5-Jan-2016，由BBT大學綜研製作

困難的。

在這樣的情況下，如果觀察聯發科的客戶別出貨量，可以發現有九成以上都是中國的智慧型手機廠商（圖3）。其中二〇一五年出貨給Lenovo、華為等Tier 1（一級）廠商總共有一億四千六百萬套，其他出貨給Tier 2（二級）廠商有二億一千六百萬套，為公司的主力事業。另一方面，出貨給中國以外的廠商則只有二千五百萬套，僅占極小部分而已。

合併設計．組裝等雙重強項擴大事業版圖

聯發科從生產CD－ROM用的半導體事業開始發展，二〇〇四年投入功能型手機、二〇〇五年投入數位電視、二〇一一年投入智慧型手機市場。在數位電視領域方面，於二〇一四年與台灣半導體大廠晨星合併，並占有一定程度以上的營業額（圖4）。

另一方面，從二〇〇七年以來，主要的營業額都集中在功能型手機與智慧型手機用的積體電路（IC）。

提供設計圖的這個業務項目是應虛擬行動網路業者（MVNO）的要求而開始的。每家公司都想推出自己特有的行動電話，為了因應這樣的需求，聯發科不僅承接設計業務，也同時提供手機內部的AP，因而奠定聯發科的商業經營基礎。在功能型手機時代就提供的服務，在轉移到智慧型手機市場時成為急遽成長的原動力，也成為現在的主力商品（圖5）。

圖3　聯發科的智慧型手機AP有超過九成是供應中國手機製造商

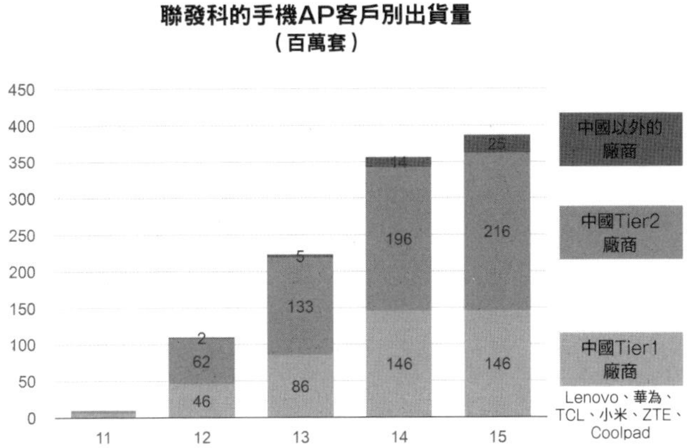

資料：Credit Suisse" China Smartphones Sector" 5-Jan-2016，由BBT大學綜研製作

圖4　行動電話IC事業引領營業額，2014年與數位電視半導體大廠合併

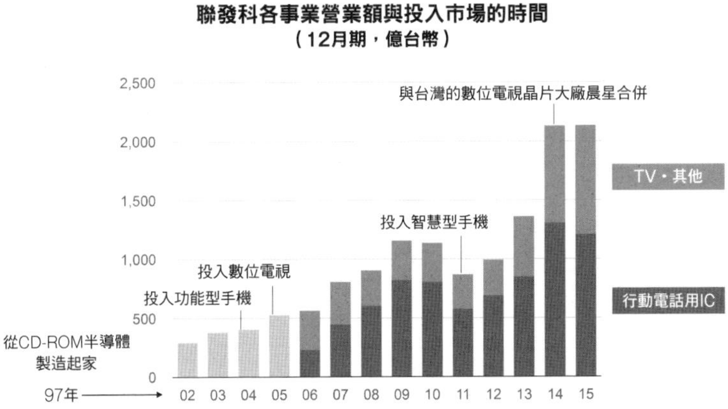

資料：Annual Report, Quarterly Report, "Daiwa Capital Markets 30-Oct.-2015"
http://asiaresearch.daiwacm.com/eg/cgi-bin/files/20151030tw_MediaTek.pdf，由BBT大學綜研製作

中國智慧型手機市場價格競爭激烈

其他公司興起&價格競爭白熱化導致利益率惡化

中國的智慧型手機出貨量從二〇一一年後快速成長，二〇一一年第一季出貨量為一千七百三十二萬支，二〇一三年第二季達到一億一千五百六十四萬支。但市場也很快便飽和，二〇一四年出貨量開始減少，二〇一五年雖稍有回升，但大概都處於平穩狀態（圖6）。

聯發科隨著智慧型手機市場擴大而快速成長，二〇一五年十二月期合併決算的純利益是二百五十七億台幣，大約是九百二十五億日圓，與前期比少了四五％。圖7呈現的是每季營業額、營業利益、純利益的變化。可以看出二〇一四年第四季以後，利益率急遽惡化。

會出現這樣的狀況是因為在市場成長速度減緩當中，發生激烈的價格競爭。特別是主要客群的中小規模手機廠商很容易被捲入價格競爭之中，聯發科的供貨價格當然也受到影響。

另外，其他競爭公司也仿效聯發科，配套銷售設計圖與ＡＰ，所以聯發科向來擁有的商業模式優勢也因此而產生變化。

圖5　對中國的智慧型手機製造商提供自己設計的廉價手機以及自家公司製的AP，業績急遽成長

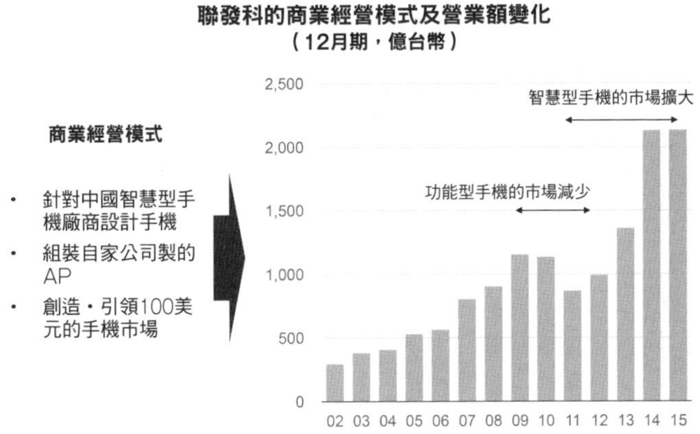
聯發科的商業經營模式及營業額變化
（12月期，億台幣）
商業經營模式
針對中國智慧型手機廠商設計手機
組裝自家公司製的AP
創造・引領100美元的手機市場
智慧型手機的市場擴大
功能型手機的市場減少
2,500
2,000
1,500
1,000
500
0
02 03 04 05 06 07 08 09 10 11 12 13 14 15

資料：MediaTek, Annual Report, Quarterly Report，由BBT大學綜研製作

圖6　中國的智慧型手機市場從2011年以後快速成長，2013年以後呈現停滯狀態

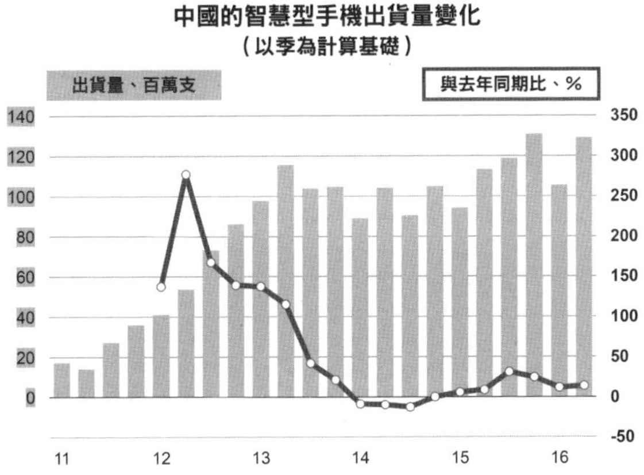
中國的智慧型手機出貨量變化
（以季為計算基礎）
出貨量、百萬支
與去年同期比、%
140
120
100
80
60
40
20
0
350
300
250
200
150
100
50
0
-50
11 12 13 14 15 16

資料：中國信息通信研究所（CAICT）〈國內手機市場運行分析報告〉，由BBT大學綜研製作

課題是擴大既有客戶與既有市場以外的客群

以下再來確認一次聯發科與市場．競爭對手的現狀吧（圖8）。

以中國廉價智慧型手機廠商為客戶，擅長終端設計圖與AP組裝而快速成長的聯發科，緊追在以智慧型手機AP為主的Qualcomm以及Apple之後，市占率為全球第三，在中國市場擁有四五％的市占率，高居第一。

但由於中國市場成長趨緩、其他廠商興起的緣故，二〇一五年利益率急遽惡化。中國的展訊等晶片競爭廠商也來分一杯羹。

以往開發的中國市場看來已經飽和了，現在聯發科的課題是如何開闢新的道路，尋找中國以外的手機廠商提供IC晶片。

擴大他國市場以及開發戰略性的資本合作對象

接受Google的資本挹注也是可考慮的合作選項

關於聯發科的未來，有三個方向可以考慮，分別是「加強與印度廠商合作」、「接受

圖7　因中國市場飽和，聯發科的利益率快速惡化

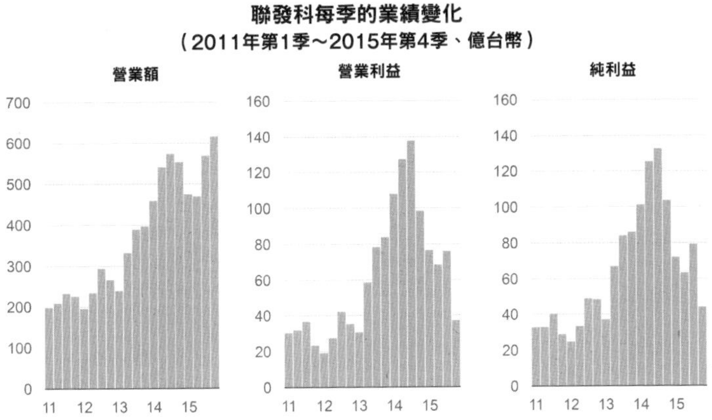
聯發科每季的業績變化
（2011年第1季～2015年第4季、億台幣）
營業額
營業利益
純利益
700
600
500
400
300
200
100
0
160
140
120
100
80
60
40
20
0
11
12
13
14
15

資料：MediaTek, Annual Report, Quarterly Report，由BBT大學綜研製作

圖8　為中國以外的廠商提供晶片，擴大智慧型手機以外的半導體市場

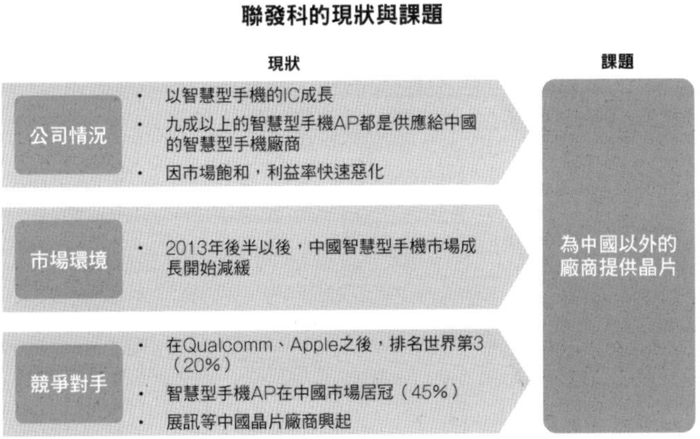
聯發科的現狀與課題
現狀
課題
公司情況
• 以智慧型手機的IC成長
• 九成以上的智慧型手機AP都是供應給中國的智慧型手機廠商
• 因市場飽和，利益率快速惡化
市場環境
• 2013年後半以後，中國智慧型手機市場成長開始減緩
競爭對手
• 在Qualcomm、Apple之後，排名世界第3（20%）
• 智慧型手機AP在中國市場居冠（45%）
• 展訊等中國晶片廠商興起
為中國以外的廠商提供晶片

資料：BBT大學綜研製作

Google的資金挹注攜手合作」、「與中國半導體廠商併購」（圖9）。

首先是擴大中國以外的市場，建議他們把目光焦點放在印度市場。印度與中國一樣，當地的廉價智慧型手機廠商紛紛興起。印度國內有Micromax（印度第二名）、Intex（印度第三名）、Ｌａｖａ（印度第四名）等行動電話廠商，所以聯發科應該能夠以提供晶片的業務為主，加強與各廠商的合作關係。接受Google的資金挹注攜手合作，也是突破性的想法。雖然在政治的考量上有其難處，不過目前智慧型手機的兩大ＯＳ為ｉＯＳ與Android，對於採用Android為設計基礎的聯發科而言，加強與Google的關係將可強化本身的實力。利用Android規格共同開拓全球市場的戰略中，可以針對例如奈及利亞或印度等國家，一邊制訂各國的標準規格，同時也能夠開拓新興國家的市場，發揮堅強的實力。

最後是與中國半導體廠商的合作。雖然勢力成長的中國同業曾經傳出有可能併購聯發科的消息，不過聯發科應該反過來積極考慮併購中國的競爭企業吧。例如前述的展訊就可以視為併購的對象。

只是，在目前利益率持續惡化的時間點上，第三個選項一定要慎重考慮，所以第二個選項，也就是接受Google資金投入的合作應該是最有效率的方案吧。聯發科的技術層級極高，這是該公司的強項。該公司以世界新興國家為對象，提供客製化服務，這點對Google而言應該非常具有吸引力。據說Google未來也會投入汽車產業，聯發科的設計技術與ＡＰ

圖9　與印度廠商合作、與Google合作，藉此加強提供晶片給中國以外的廠商，更進一步與中國的競爭企業合併以達到寡占市場的目標

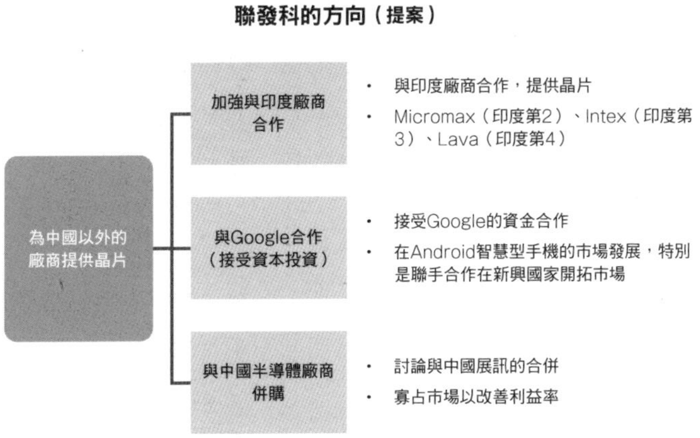
聯發科的方向（提案）
為中國以外的廠商提供晶片
加強與印度廠商合作
與印度廠商合作，提供晶片
Micromax（印度第2）、Intex（印度第3）、Lava（印度第4）
與Google合作（接受資本投資）
接受Google的資金合作
在Android智慧型手機的市場發展，特別是聯手合作在新興國家開拓市場
與中國半導體廠商併購
討論與中國展訊的合併
寡占市場以改善利益率

資料：BBT大學綜研製作

可以內建在智慧型手機上，當然也可以更進一步內建於汽車當中吧。這是我覺得聯發科應該採取的戰略。

歸納整理

- ☑ 加強與印度廠商的合作，拓展新市場
- ☑ 促進Google的資本投資，共同發展新興國家的Android智慧型手機市場
- ☑ 透過與中國半導體廠商的併購，達到寡占市場的目標

大前總結

智慧型手機設計圖與公司自製的AP——運用強大的技術力，在中國以外的區域發展，加強合作。

雖然以高技術能力建立特有的商業經營模式，但是中國市場也已經飽和。必須接受Google的資本投資進行戰略性的資本合作，藉此對中國以外的廠商提供晶片以擴大市場。

CaseStudy

17

S & B 食品

以晚起步的「海外發展」戰略逆轉勝

假如你是**S&B食品**的社長，你會採取什麼樣的成長戰略逆轉減收減益的狀況？

※根據2015年11月進行的個案研究編輯．收錄

正式名稱	S&B食品株式會社
成立年份	1923年
負責人	代表取締役社長 山崎雅也
總公司所在地	東京都中央區
事業種類	食品
事業內容	咖哩、胡椒、大蒜等辛香料及軟管裝辛香料等辛香調味料、即食濃湯塊（咖哩、白醬等）、調理包、無菌包裝白飯、冷凍食品、生鮮香料及香料相關商品、其他各種食品之製造與銷售
資本金額	17億4,400萬日圓（2014年度）
合併營業額	1,218億6,600萬日圓（2014年度）
主要子公司	S&B Garlic食品株式會社、S&B Spice工業株式會社、株式會社S&B興產、株式會社S&B Thank You Foods、株式會社大伸、株式會社HIGASHIYA DELICA、S&B INTERNATIONAL CORPORATION

日本香料市占率第一，S&B食品的課題

以咖哩粉創業，綜合香料製造廠的S&B食品

S&B食品以製造咖哩粉起家，在香料市場中是日本最大的辛香料製造公司。主要的事業內容分為辛香料相關（日式、西式、中式的辛香料以及咖哩・白醬等即食濃湯塊）與加工食品相關（調理包・冷凍食品）等兩大類。

如果更進一步詳細分析營業額，可以看出辛香料相關品項中，洋式的香料・香草約占一八％，日式、中式的辛香調味料約二四％，即食濃湯塊約二五％；加工食品品項方面，調理包約二五％，其他冷凍食品約九％等（圖1）。

即食咖哩湯塊與咖哩調理包的市場規模大

S&B食品所投入的各事業之市場規模是如何呢？請看圖2調味料・調理包食品的商品別市場規模概況。

首先，包含辛香料的整體調味料的國內市場規模約有一兆四千七百億日圓，其中醬油・

圖1 日・西・中的辛香料、調味料、即食湯塊、調理食品等都有生產

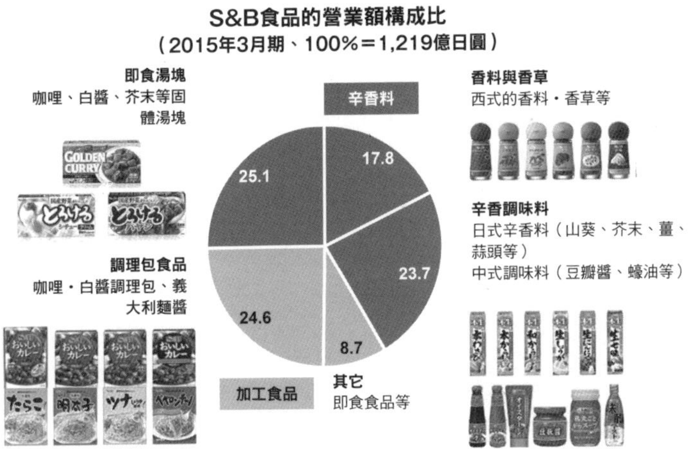
S&B食品的營業額構成比
（2015年3月期、100%＝1,219億日圓）
即食湯塊
咖哩、白醬、芥末等固體湯塊
辛香料
香料與香草
西式的香料・香草等
17.8
25.1
辛香調味料
日式辛香料（山葵、芥末、薑、蒜頭等）
中式調味料（豆瓣醬、蠔油等）
23.7
調理包食品
咖哩・白醬調理包、義大利麵醬
24.6
8.7
加工食品
其它
即食食品等
GOLDEN CURRY

資料：摘自エスビー食品決算資料，由BBT大學綜研製作
引用出處：商品相片取自於S&B食品官網的商品資訊

圖2 「即食湯塊」與「咖哩調理包」市場比「香料」市場的規模還大

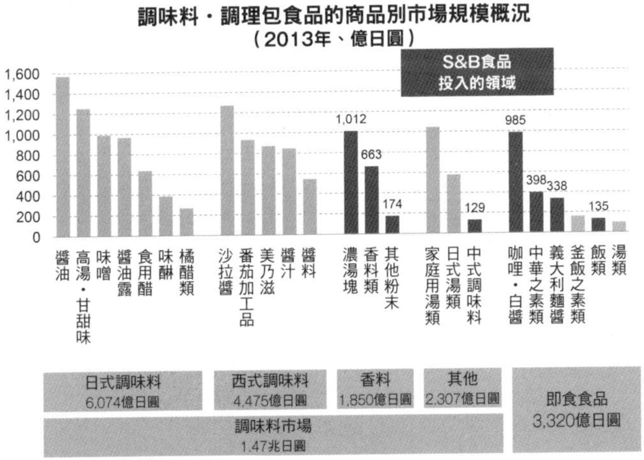
調味料・調理包食品的商品別市場規模概況
（2013年、億日圓）
S&B食品
投入的領域
1,600
1,400
1,200
1,000
800
600
400
200
0
1,012
663
174
129
985
398
338
135
醬油
高湯・甘甜味
味噌
醬油露
食用醋
味醂
橘醋類
沙拉醬
番茄加工品
美乃滋
醬汁
醬料
濃湯塊
香料類
其他粉末
家庭用湯類
日式湯類
中式調味料
咖哩・白醬
中華之素類
義大利麵醬
釜飯之素類
飯類
湯類
日式調味料
6,074億日圓
西式調味料
4,475億日圓
香料
1,850億日圓
其他
2,307億日圓
即食食品
3,320億日圓
調味料市場
1.47兆日圓

資料：摘自日刊経済通信社《酒類食品統計年報2014-2015》，由BBT大學綜研製作

味噌・甘甜味（胺基酸系列）等日式調味料市場約六千一百億日圓，美乃滋・沙拉醬料・番茄加工品（番茄醬）等西式調味料市場約四千五百億日圓，而S＆B食品投入的辛香料市場約是一千八百五十億日圓。另外，包含咖哩調理包與義大利麵醬料的調理包食品的市場規模約三千三百億日圓。在辛香料市場中，咖哩與白醬等即食濃湯塊的市場最大，約為一千億日圓，香料類約六百六十億日圓。另外，在調理包食品市場中，也是咖哩與白醬類的市場最大，約一千億日圓左右。

可以明顯看出S＆B食品投入的事業中，即食濃湯塊與咖哩調理包的市場比香料市場的規模還要大。

S＆B食品的市占率中，咖哩慘敗，香料獲壓倒性勝利

那麼，在各領域當中，我們來確認一下S＆B食品的市占率吧。

首先來看看即食咖哩湯塊的市場狀況（圖3）。House Foods（好侍食品，一九一三年創業。以製造與銷售咖哩湯塊而提高知名度，因「佛蒙特咖哩塊」熱銷而確立了日本最大即食咖哩廠商的地位）約占六〇％的市占率。相對於此，S＆B食品不到一半，只有二八％。另外，在咖哩調理包方面，市占率居冠的也是House Foods。雖然S＆B食品也努力取得第二名的位置，不過其市占率也才一六％而已。第三名是以「Bon Curry」而聞名的大塚食品。

圖3　「即食咖哩湯塊」與「咖哩調理包」市場由House Foods居首位

國內即食咖哩湯塊與咖哩調理包市占率前五名的廠商

即食咖哩湯塊
2013年、100%=751億日圓

咖哩調理包
2013年、100%=759億日圓

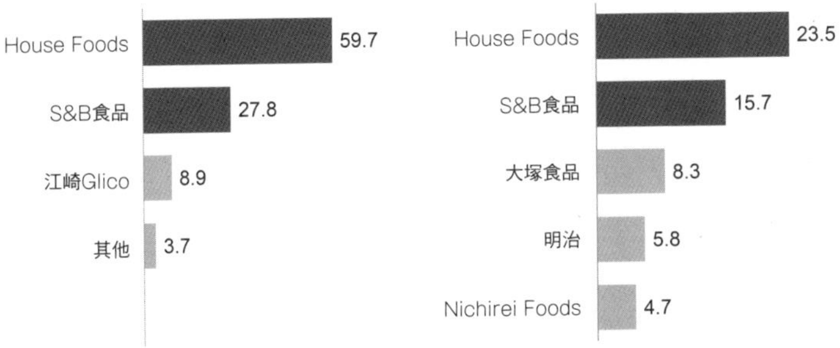
House Foods 59.7
S&B食品 27.8
江崎Glico 8.9
其他 3.7
House Foods 23.5
S&B食品 15.7
大塚食品 8.3
明治 5.8
Nichirei Foods 4.7

資料：摘自富士経済《2015年 食品マーケティング便覧》，由BBT大學綜研製作

圖4　香料類中，S&B食品是獲得絕對勝利的冠軍廠商

國內香料類市占率前五名的廠商

香料類
2013年、100%=960億日圓

山葵・芥末
2013年、100%=317億日圓

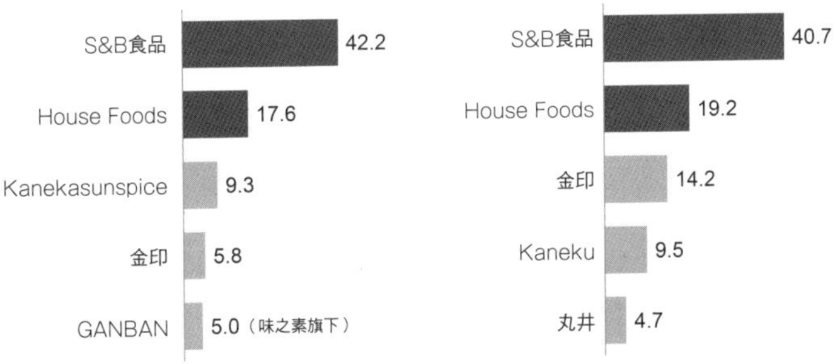
S&B食品 42.2
House Foods 17.6
Kanekasunspice 9.3
金印 5.8
GANBAN 5.0（味之素旗下）
S&B食品 40.7
House Foods 19.2
金印 14.2
Kaneku 9.5
丸井 4.7

※由於調查範圍不同，所以與前述香料類市場規模不同

※只調查香料類中的「山葵・芥末」

資料：摘自富士経済《2015年 食品マーケティング便覧》，由BBT大學綜研製作

接下來是國內香料類的廠商市占率（圖4）。

以整體的香料類市場來說，S&B食品約占四〇%，其次是House Foods一八%。香料類當中，特別拉出日式的山葵・芥末的市占率來看，S&B食品還是擁有四〇%的傲人市占率，House Foods則不到二〇%。

S&B食品在香料類絕對是國內居冠的廠商，不過在即食咖哩湯塊或咖哩調理包方面，則屈居House Foods之下。

中式調味料廠商等雖努力奮戰，但規模並不大

來看看其他調味料、食品領域的情況吧。

S&B食品在中式調味料方面，與香港的食品廠商「李錦記」（由發明蠔油的李錦裳於一八八八年成立，是香港的食品廠商）合作（圖5）。蠔油居第四名，豆瓣醬居第二名，有料辣油第二名等，擁有傲人的成績，只是，請各位要記住，以上各調味料市場都是不滿一百億日圓的小規模市場。

S&B食品擁有一席之地的其他產品中的義大利麵醬料，與日清食品、Kewpie等形成三強鼎立狀態。另外讓人感到意外的是，S&B食品在關東煮醬料市場中，「關東煮高湯粉」擁有接近五成的市占率，與第二位的紀文食品有很大的差距（圖6）。只是，與中式調

圖5　與香港的「李錦記」合作，發展中式調味料市場

各類中式調味料市占率前五名的廠商

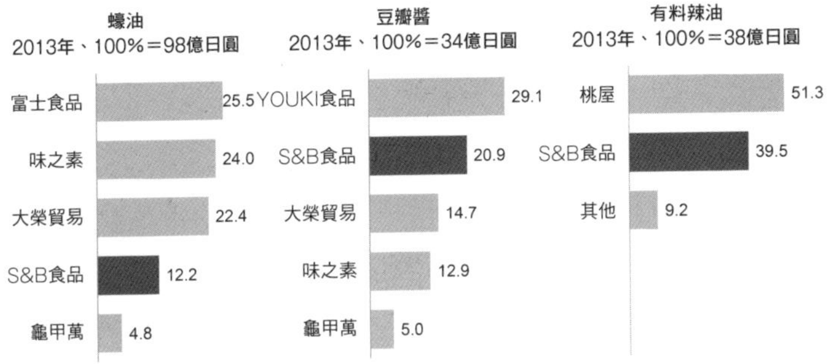
蠔油
2013年、100%＝98億日圓
富士食品 25.5
味之素 24.0
大榮貿易 22.4
S&B食品 12.2
龜甲萬 4.8
豆瓣醬
2013年、100%＝34億日圓
YOUKI食品 29.1
S&B食品 20.9
大榮貿易 14.7
味之素 12.9
龜甲萬 5.0
有料辣油
2013年、100%＝38億日圓
桃屋 51.3
S&B食品 39.5
其他 9.2

※李錦記（http://www.sbfoods.co.jp/lkk/）

資料：摘自富士経済《2015年 食品マーケティング便覧》，由BBT大學綜研製作

圖6　「義大利麵醬」與「關東煮高湯粉」的各廠商市占率

S&B食品擁有市占率的其他產品之前五名廠商

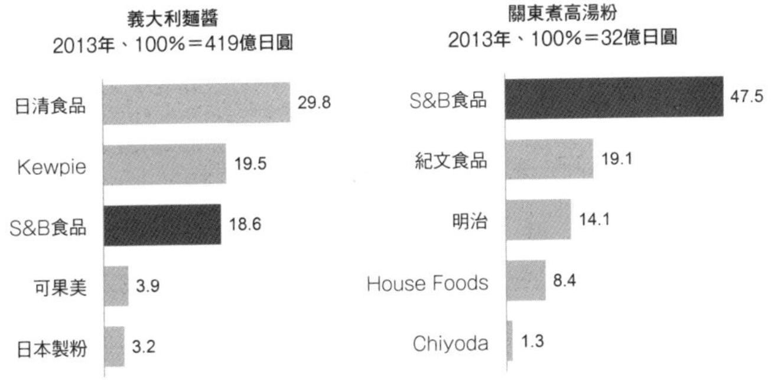
義大利麵醬
2013年、100%＝419億日圓
日清食品 29.8
Kewpie 19.5
S&B食品 18.6
可果美 3.9
日本製粉 3.2
關東煮高湯粉
2013年、100%＝32億日圓
S&B食品 47.5
紀文食品 19.1
明治 14.1
House Foods 8.4
Chiyoda 1.3

資料：摘自日刊経済通信社《酒類食品統計月報2015年2月号》、富士経済《2015年 食品マーケティング便覧》，由BBT大學綜研製作

味料一樣，這個市場本身的規模只有三十二億日圓，所以營業額並不算大。

S&B食品成長速度下降與起步晚的海外發展

成長停滯的國內市場

隨著日本國民的飲食習慣改變，食品市場的樣貌也產生變化。

請看圖7S&B食品經手的商品之市場規模變化情況。包含白醬與洋蔥牛肉咖哩飯的咖哩調理包類持續成長，相反地，即食濃湯塊類的成長呈現下滑的趨勢。

另外，義大利麵醬料有增加的傾向，香料略有成長呈現平盤，中式調味料也呈現平穩狀態。從圖形來看，可以說就算各商品都略有成長，不過似乎都沒有很大的成長空間，預計日本國內市場未來將很難看到成長吧。

增收增益的美景不再，S&B食品成長下滑的主要原因為何？

那麼，從這樣的市場變化當中，S&B食品的業績狀況又是如何呢？長期來說，S&B食品大概都保持增收增益的狀態（圖8），然而，這三～四年之間卻呈現失速下降的趨勢。

圖7　咖哩調理包、義大利麵醬有增加趨勢，香料微增，中式停滯，即食咖哩湯塊下降

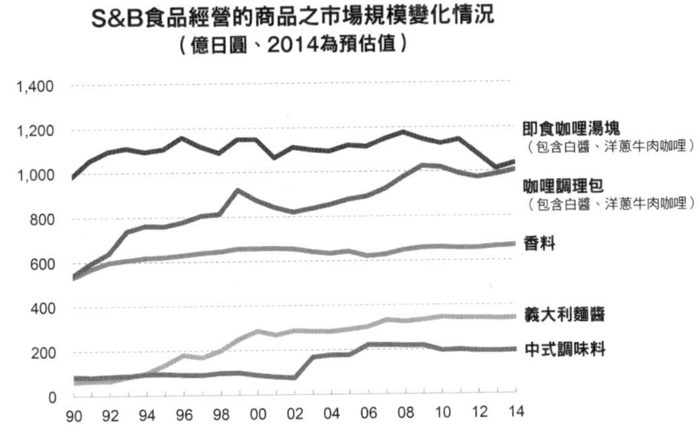

※中式調味料合併計算中式的粉末調味料

資料：摘自日刊経済通信社《酒類食品統計年報》各年版，由BBT大學綜研製作

圖8　雖然長期性的增收增益傾向，不過近年來營業利益持續下滑

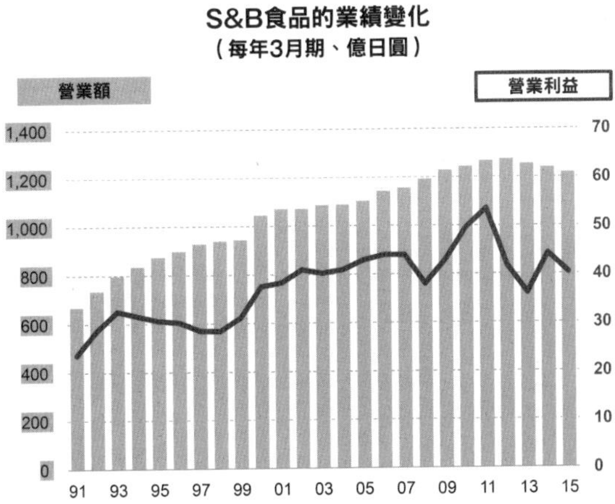

資料：摘自エスビー食品決算資料，由BBT大學綜研製作

營業額在二〇一二年三月期達到顛峰，超過一千二百七十億日圓，但是在那之後卻年年持續滑落。伴隨著這樣的情況，營業利益也有下降傾向，二〇一五年三月期的營業利益大約是四十億日圓。

長期以來都保持增收增益的S＆B食品，為什麼現在會淪落到成長速度下降的地步呢？從S＆B食品的產品別來看營業額（圖9），就可明顯看出主要原因了。首先，即食湯塊的營業額不斷下降。如前所述，即食湯塊的市場規模有縮小傾向，即食湯塊營業額下降可以說就是S＆B食品營業額急速下滑的主因之一吧。

如果看其他產品的話，香料與香草的營業額持續成長，但是辛香調味料、調理包其他產品的營業額幾乎都停滯，甚至下降。

競爭對手的House Foods加強發展海外市場

在國內市場成長停滯的情況下，競爭對手House Foods卻已經開始往海外市場發展了。包含咖哩的多種香料原本就是從海外進口的產品，以往S＆B食品與House Foods的經營模式就是在國內銷售這些國外生產的香料。不過，House Foods卻特地計畫在海外開拓日式咖哩的市場（圖10）。

這項發展的起步是House Foods與原本就有資本合作關係，也是經營咖哩專賣連鎖店

圖9　即食湯塊銷售額大幅下滑的最大主因

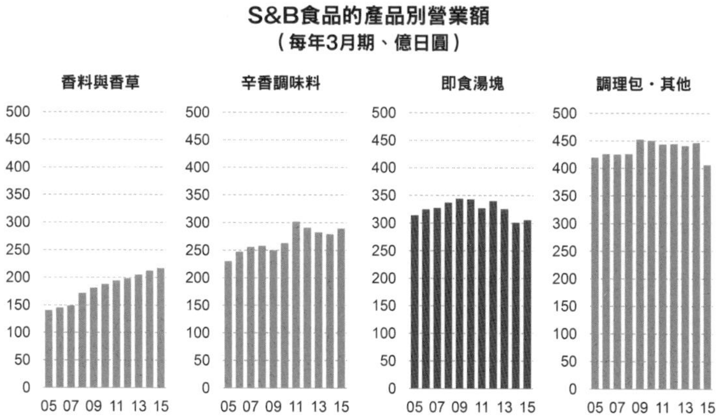
S&B食品的產品別營業額
（每年3月期、億日圓）
香料與香草
辛香調味料
即食湯塊
調理包・其他
500
450
400
350
300
250
200
150
100
50
0
05 07 09 11 13 15

資料：摘自エスビー食品決算資料，由BBT大學綜研製作

圖10　House Foods收購壹番屋，藉此推廣日式咖哩並開拓自家公司產品的海外市場

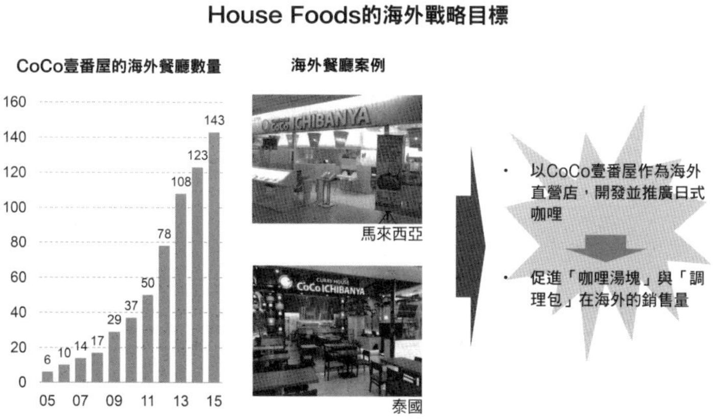
House Foods的海外戰略目標
CoCo壹番屋的海外餐廳數量
海外餐廳案例
160
140
120
100
80
60
40
20
0
6
10
14
17
29
37
50
78
108
123
143
05 07 09 11 13 15
馬來西亞
泰國
以CoCo壹番屋作為海外直營店，開發並推廣日式咖哩
促進「咖哩湯塊」與「調理包」在海外的銷售量

資料：摘自各媒體報導，由BBT大學綜研製作
引用出處：店面相片來自壹番屋2015年5月期決算說明會資料

「ＣｏＣｏ壹番屋」（株式會社壹番屋所開的咖哩專賣店。一九七八年成立一號店，到了二〇一五年十一月，國內外合計有一千四百二十一家店）的壹番屋公司共同合作，以亞洲為中心在海外共同展店。目的是以ＣｏＣｏ壹番屋為直營店，在各地區推廣日式咖哩，透過這樣的做法，促進自家公司的咖哩塊或調理包的海外銷售量。二〇一五年十月收購壹番屋以進行更進一步的發展。

各家調味料公司均往海外開拓市場，S&B食品卻無明顯進展

甚至，其他各調味料廠商也都前往海外開拓市場。

我們來看看日本國內個調味料廠商的海外營業額比率吧（圖11）。味之素在全球約四十億人口、五兆美元（約超過六百兆日圓）規模的ＢＯＰ（低所得階層）市場中，踏踏實實地持續進行推廣活動（味之素在非洲、亞洲、中東等開發中國家成立當地法人，以貧困階層的餐桌好朋友的商品訴求，將「味之素」推廣到各地），現在（二〇一四年度資料），該公司有一半的營業額都是來自海外。龜甲萬也是一樣，傾力利用醬油研發在地料理，在海外的營業額已經超過國內營業額。

Mizkan收購海外的食用醋廠商以及美國的義大利麵醬品牌「Ragu（聯合利華旗下的美國最大義大利麵醬品牌）」，使得海外營業額達到五六％。ARIAKE JAPAN（以雞・豬・牛為原料

圖11　日式調味料的三家廠商積極發展海外市場…西式調味料難以發展海外市場…House Foods也發展海外市場，在北美積極推廣豆腐（日式食材）事業

國內調味料廠商的海外營業額比率
（2014年度、%）

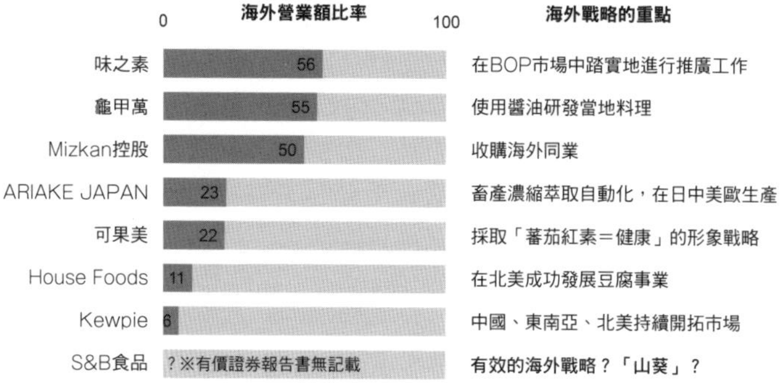
海外營業額比率
0
100
海外戰略的重點
味之素
56
在BOP市場中踏實地進行推廣工作
龜甲萬
55
使用醬油研發當地料理
Mizkan控股
50
收購海外同業
ARIAKE JAPAN
23
畜產濃縮萃取自動化，在日中美歐生產
可果美
22
採取「蕃茄紅素＝健康」的形象戰略
House Foods
11
在北美成功發展豆腐事業
Kewpie
6
中國、東南亞、北美持續開拓市場
S&B食品
？※有價證券報告書無記載
有效的海外戰略？「山葵」？

資料：摘自各公司決算資料，由BBT大學綜研製作

製成畜產天然調味料之龍頭廠商，製造・銷售外食產業專用的醬料基底、高湯以及泡麵湯底等。除了日本之外，在中國、美國、歐洲等地也都有生產據點）主要生產營業用調味料，以畜產為原料製成的天然調味料等商品在國內擁有第一市占率，該公司透過畜肉高湯抽取技術，在海外進行生產，海外營業額比率已經成長到二五%。

此外 可果美公司戰略性地提出番茄內所含的蕃茄紅素（Lycopene）之健康訴求，因而擁有二二%市占率；在北美成功打出豆腐事業的House Foods有一一%市占率；在中國、東南亞、北美發展事業的Kewpie有七%市占率等，各家公司都在海外持續開拓市場。

概觀國內調味料廠商的海外發展動

向，可以看出醬油、甘甜味調味料、食用醋等日式調味料廠商早先一步發展海外事業，而美乃滋、番茄醬等西式調味料廠商則慢了一步。

在各家廠商紛紛發展海外市場的情況當中，S＆B食品到目前為止的海外發展動向則尚不清楚，連有價證券報告書中也沒有記載，針對海外事業發展無法評論。總之，可以說該公司並沒有擬定任何海外戰略可供報告。

全球性的香料廠商與S＆B食品的差別

香料排名全球第一的McCormick是什麼樣的公司？

在日本國內的香料市場中，S＆B食品擁有高市占率，不過如果以全球的角度來看，還有哪些廠商正在世界各地拓展勢力版圖呢？

全球最大的香料廠商是美國的McCormick（味好美）。McCormick在這二十五年之間，在世界各地一邊收購同業的其他公司，一邊擴大業績，最後終於取得全球香料市場的龍頭寶座。二十五年前連二千億日圓都不到的營業額，而今已經超過五千億日圓。六五％的營業額來自北美．南美，其他的營業額則來自歐洲．中東．非洲．亞洲．太平洋等地。

圖12 全球香料第1名的美國McCormick在世界各地收購同業，藉此擴大業績

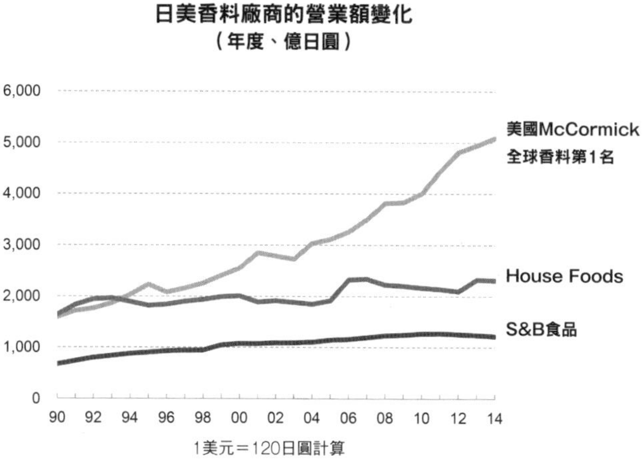
日美香料廠商的營業額變化
（年度、億日圓）
6,000
5,000
4,000
3,000
2,000
1,000
0
90 92 94 96 98 00 02 04 06 08 10 12 14
美國McCormick
全球香料第1名
House Foods
S&B食品
1美元＝120日圓計算

資料：摘自各公司決算資料，由BBT大學綜研製作

圖13 在全球20多國中擁有40多家工廠，發展1萬種產品

美國McCormick在世界發展的案例

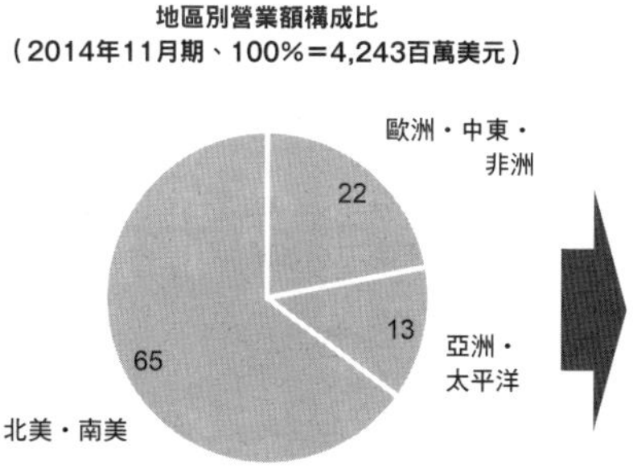
地區別營業額構成比
（2014年11月期、100%＝4,243百萬美元）
歐洲・中東・非洲
22
13
亞洲・太平洋
65
北美・南美

在全球發展的情況

- 在全球20多國中擁有40多家工廠
- 約1萬種產品
- 以香料・香草為主，發展燒烤醬、沙拉醬以及義大利麵醬等各種調味料
- 在日本與YOUKI食品（中式調味料）合作

資料：摘自McCormic Annual Reports、各媒體報導、YOUKI食品官網，由BBT大學綜研製作

McCormick在全球二十多個國家中設有四十多家工廠，產品線有一萬種，不只生產香料與香草類，也生產燒烤醬、沙拉醬以及義大利麵醬等各種調味料。在日本與YOUKI食品合作，發展香料、沙拉醬、洋蔥酥以及蒜頭酥等各種產品（圖12、13）。

S＆B食品營業利益率低，市值也下降

圖14呈現的是香料世界中居首位的McCormick以及日本國內主要調味料廠商的營業額、營業利益率。McCormick的營業額是五千零九十二億日圓，與國內第二名的Kewpie（五千五百三十四億日圓）規模相當。

國內營業額第一名的是味之素的一兆六十六億日圓。S＆B食品是一千二百一十九億日圓，位居第七。S＆B食品雖然是國內最大香料製造商，但是以調味料來說，只居於中間程度而已。

另外，如果看營業利益率的話，相對於國內第一名味之素的七．四％，McCormick則有一四．二％，是非常高的利益率，S＆B食品則只有三．三％。如果同時比較營業額與營業利益率的話，雖說S＆B食品是日本國內最大的香料廠商，但是不得不說與世界最大的香料公司相比，差距實在極大。不過這也是合理的，收益力的高低其實就可以從市值總額看出來（圖15）。味之素的營業額是一兆六十六億日圓，市值有一兆六千三百八十七億日圓，

圖14　在香料市場是國內最大，但在調味料廠商中只屬於中間，利益率低

國內主要調味料廠商之收益率比較（2014年度）

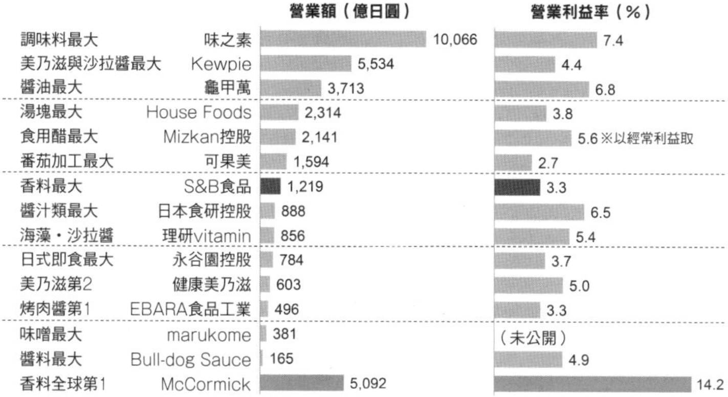
營業額（億日圓）
營業利益率（%）
調味料最大 味之素 10,066 7.4
美乃滋與沙拉醬最大 Kewpie 5,534 4.4
醬油最大 龜甲萬 3,713 6.8
湯塊最大 House Foods 2,314 3.8
食用醋最大 Mizkan控股 2,141 5.6※以經常利益取
番茄加工最大 可果美 1,594 2.7
香料最大 S&B食品 1,219 3.3
醬汁類最大 日本食研控股 888 6.5
海藻・沙拉醬 理研vitamin 856 5.4
日式即食最大 永谷園控股 784 3.7
美乃滋第2 健康美乃滋 603 5.0
烤肉醬第1 EBARA食品工業 496 3.3
味噌最大 marukome 381 （未公開）
醬料最大 Bull-dog Sauce 165 4.9
香料全球第1 McCormick 5,092 14.2

資料：摘自各公司決算資料，由BBT大學綜研製作

圖15　因收益力低，所以市值也低

國內主要調味料廠商之市值（2014年度）

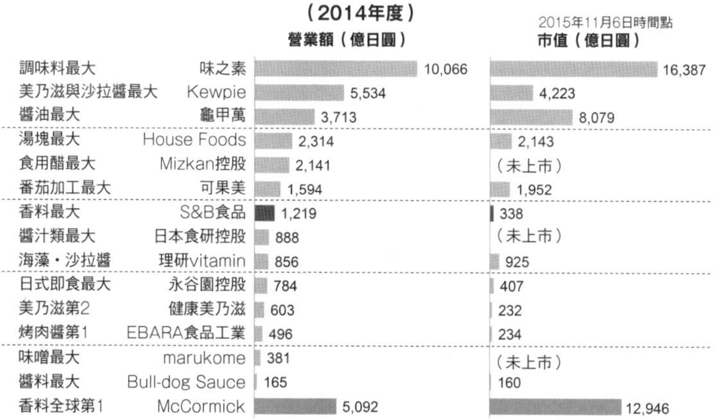
營業額（億日圓）
2015年11月6日時間點
市值（億日圓）
調味料最大 味之素 10,066 16,387
美乃滋與沙拉醬最大 Kewpie 5,534 4,223
醬油最大 龜甲萬 3,713 8,079
湯塊最大 House Foods 2,314 2,143
食用醋最大 Mizkan控股 2,141 （未上市）
番茄加工最大 可果美 1,594 1,952
香料最大 S&B食品 1,219 338
醬汁類最大 日本食研控股 888 （未上市）
海藻・沙拉醬 理研vitamin 856 925
日式即食最大 永谷園控股 784 407
美乃滋第2 健康美乃滋 603 232
烤肉醬第1 EBARA食品工業 496 234
味噌最大 marukome 381 （未上市）
醬料最大 Bull-dog Sauce 165 160
香料全球第1 McCormick 5,092 12,946

資料：摘自各公司決算資料，由BBT大學綜研製作

McCormick的營業額是五千零九十二億日圓，市值卻達到一兆二千九百四十六億日圓。另一方面，S＆B食品的營業額雖然有一千二百一十九億日圓，但是因為收益力低，所以市值下降到三百三十八億日圓。

若想捲土重來，應致力於三個課題

「加強收益能力」、「加強產品項目」、「加強發展海外市場」

從以上的種種數字，可以整理出S＆B食品的課題（圖16）。

如前所述，S＆B食品在國內香料市場位居第一，但是因為收益力低，所以市值也低。另外，該公司投入的日本國內市場已經是成熟‧衰退市場，所以預估不會有太大的成長，在這樣的狀況之下，沒有發展海外市場的計畫是個問題。競爭對手不斷往海外拓展市場，例如即食湯塊或咖哩調理包等市場已經由House Foods取得優先地位，日式調味料市場也由味之素等廠商取得領先的地位。另外，日本國內調味料業界的特徵是在各領域之中，小～中型規模的領先廠牌爭相競爭。根據這些現狀來看，S＆B食品必須解決「加強收益能力」、「加強產品項目」、「加強發展海外市場」等三個課題才行（圖17）。

圖16　面對的課題是「加強收益能力」、「加強產品項目」、「加強發展海外市場」

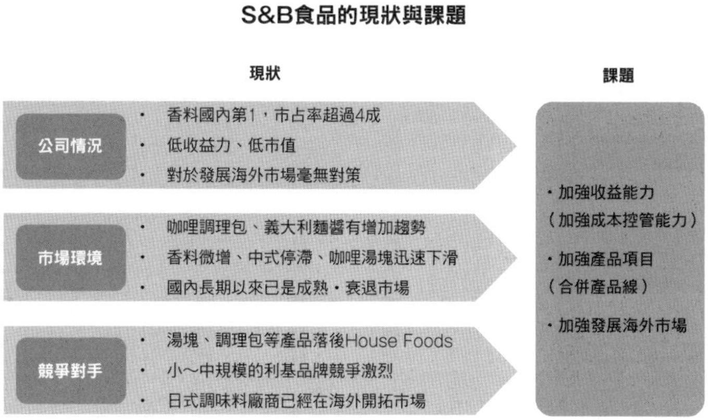
S&B食品的現狀與課題
現狀
課題
公司情況
・香料國內第1，市占率超過4成
・低收益力、低市值
・對於發展海外市場毫無對策
市場環境
・咖哩調理包、義大利麵醬有增加趨勢
・香料微增、中式停滯、咖哩湯塊迅速下滑
・國內長期以來已是成熟・衰退市場
競爭對手
・湯塊、調理包等產品落後House Foods
・小～中規模的利基品牌競爭激烈
・日式調味料廠商已經在海外開拓市場
・加強收益能力（加強成本控管能力）
・加強產品項目（合併產品線）
・加強發展海外市場

資料：BBT大學綜研製作

圖17　S&B食品的戰略（提案）

加強收益能力（加強成本控管能力）	・重新檢視全球性的採購、生產體制 ・將生產工廠轉移海外等，在全球執行最最佳地點採購・最佳地點生產策略 ・以營業利益率10%為目標
加強產品項目	・公司主導，合併國內各產品的龍頭公司 ・嘗試成為「綜合調味料廠商」，在各領域中都有居首的產品
加強發展海外市場	・以日式調味料為主軸開拓海外市場（山葵等） ・考慮與美國McCormick進行資本合作 ・討論與Mizkan合併（商品互補性高，可靈活運用既有的海外銷售通路）

資料：BBT大學綜研製作

最重要的課題就是加強收益能力

首先，最重要的就是加強公司的收益能力。在成本戰略方面，要重新檢視全球性的採購以及生產體制。同時也要考慮把生產工廠轉移到海外，執行最佳地點採購・最佳地點生產的策略，將營業利益提高到一〇％才行。另外，加強產品線方面，則可以考慮由公司主導，合併國內各類產品的頂尖公司。

「山葵」將成為海外事業的救世主？

加強發展海外市場方面，我認為可以利用日式調味料為主軸開拓市場。近年來，全球消費者對日式料理的關注程度升高，而S＆B食品也是山葵在日本市占率居冠的製造廠，所以就如同龜甲萬透過醬油成功開拓市場一樣，推廣山葵產品應該也是發展海外市場的一個有效戰略吧。

若想開拓山葵市場，可以考慮如McCormick的做法，與其他公司進行資本合作。總之，就是投入在全球市場中已有固定基礎的廠商之旗下，透過這個管道銷售山葵產品。只是，日本家庭的餐桌上非常普遍的軟管山葵產品必須放在冰箱保存，無法與常溫保存的香料並列在貨架上。應該仿效McCormick以家庭常備藥品的概念出發，把各種香料陳列架上使用的做法那樣，如果山葵也可以被列為香料的一種，排列在廚房的層架上，就能夠更有效地打進每個家庭吧。

考慮與Mizkan合併，加強發展海外市場

另外，加強發展海外市場方面，與Mizkan合併似乎也值得列入考慮。怎麼說呢？因為Mizkan是食用醋的龍頭廠商，在日本的國內市場中不會與S＆B食品正面衝突。由於收購了Ragu，Mizkan的海外營業額成長到一千億日圓，所以S＆B食品在計畫發展海外市場時，Mizkan是很值得信賴的存在。甚至，從加強國內產品項目的角度來看，這樣的合併應該也是有效的策略吧。

就算持續傳統的家族企業，以市值約三百億日圓的規模，無法期待飛躍性成長，而且連拓展海外市場的資金都不夠。S＆B食品應該嘗試各種方法，例如考慮加入McCormick旗下或是與Mizkan合併等，總之，一定要先脫離目前的狀況，否則將無法阻止失速越演越烈的情況。

我認為S＆B食品已經面臨這樣的生死存亡關頭了。

歸納整理

- ✓ 以營業利益一〇%為目標，在全球執行最最佳地點採購・最佳地點生產策略，加強收益力（成本競爭力）。
- ✓ 由公司主導，合併國內各產品的龍頭公司，成為一個在各領域中都擁有國內居首位產品的「綜合調味料廠商」，以此加強產品項目。
- ✓ 以山葵等日式調味料為主軸開拓海外市場。也可以考慮加入世界最大公司的旗下，或是與Mizkan等公司合併。

大前總結

國內市場長期以來已達成熟、衰退；對海外市場毫無作為，可投入大公司旗下以圖重返市場。

除了擅長的領域以外，其他任何事業都嚴重落後競爭對手。若想在這樣的情況下成長，首先就要加強本業的收益力，並且擴大事業領域、發展海外市場。如果想脫離急速下降的狀況，就必須擬訂大型對策，以跨國性的企業體系創造出亮眼的業績才行。

CaseStudy

18

雪印MEGMILK集團

脫離「封閉的舒適圈」與進行全球最佳配置

假如你是雪印MEGMILK的社長，預估公司將創歷史最高的收益記錄，你現在要如何描繪未來的成長戰略？

※根據2015年12月進行的個案研究編輯・收錄

正式名稱	雪印MEGMILK株式會社
成立年份	2009年
負責人	代表取締役社長　西尾啟治
總公司所在地	登記總公司：北海道札幌市　總公司：東京都新宿區
事業種類	食品原料
事業內容	牛乳、乳製品以及食品製造・銷售等
資本金額	200億萬日圓
合併營業額	5,498億1,600萬日圓
合併員工人數	4,875人（2015年3月底）

歷經食物中毒事件而解體・整合而重生

二次大戰後最嚴重的食物中毒事件導致國內乳業龍頭公司解體

雪印MEGMILK是日本國內乳業最大廠商，雪印乳業因食物中毒事件，以及子公司發生偽裝食用肉事件而導致事業分割・重編・重新整併，於二〇〇九年十月成立的乳業廠商。此中毒事件是二〇〇〇年六月，雪印乳業的大阪工廠製造的低脂牛奶引起的。回溯到同年三月，北海道的大樹工廠發生停電，脫脂牛奶沒有冷藏而感染金黃色葡萄球菌，但是工廠卻直接把遭感染的牛奶製成脫脂奶粉。金黃色葡萄球菌會產生腸毒素，一旦被腸道吸收就會發生腸胃炎。由於被汙染的脫脂奶粉被送到大阪工廠當成低脂牛奶與優酪乳的原料使用，此舉造成約一萬四千名消費者食物中毒，引發二次世界大戰後最嚴重的食物中毒事件。

到了二〇〇二年一月，子公司雪印食品發生假牛肉事件，這使得消費者對於雪印乳業的信心大崩解，公司不得不將事業分割・解散，重建經營團隊（圖1）。二〇〇一年分割冷凍食品事業，二〇〇二年分割藥品事業、冰淇淋事業，各事業分別成立Aqli Foods（現・MARUHA NICHIRO）、EN大塚製藥以及Lotte Snow（現・Lotte Ice）等公司。到了二〇〇

圖1　以食物中毒事件為契機，透過事業分割與重整，誕生了現在的雪印MEGMILK

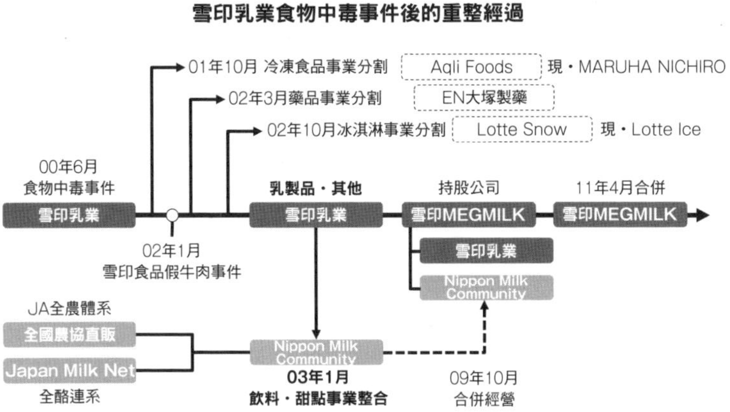

資料：摘自雪印メグミルク《個人投資家向け会社説明会資料》等、各媒體報導，由BBT大學綜研製作

圖2　雪印曾經是超過一兆日圓的國內最大乳業公司，現在跌至第3

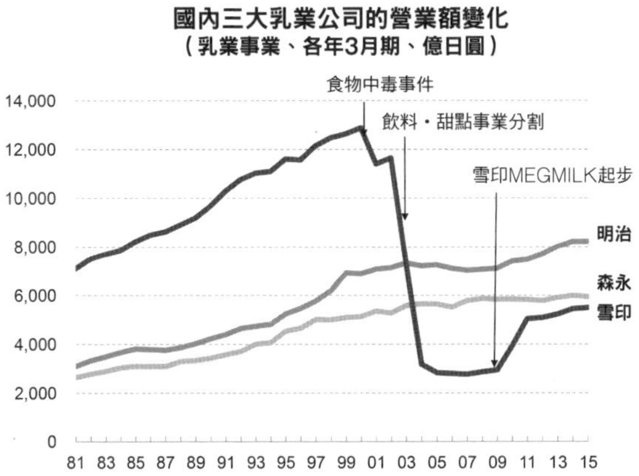

※雪印＝2009年3月期為止，為雪印乳業合併計算，2010年3月期以後為雪印MEGMILK合併計算
※明治＝2009年3月期為止為明治乳業合併計算，2010年3月期以後為明治控股的乳業・其他事業，14～15年為BBT大學綜研推估計算
※森永＝森永乳業合併計算

資料：摘自各公司決算資料，由BBT大學綜研製作

三年，再分割市乳事業，與全國農業協同組合體系的全國農協直販、全國酪農業協同組合連合會體系的Japan Milk Net合併飲料・甜點事業，成立了Nippon Milk Community。事業主體的雪印乳業則集中經營乳製品事業，試圖重振。到了二〇〇九年十月，雪印乳業與Nippon Milk Community轉移股份成為持股公司，成立雪印MEGMILK，二〇一一年四月，三家公司合併為雪印MEGMILK株式會社。

食物中毒事件後，營業額規模減至一半以下，從首位跌到第三名

從日本國內三大乳業的營業額變化（圖2），可以看出二〇〇〇年的食物中毒事件對雪印公司造成多大的衝擊。在那之前，雪印是日本國內乳業最大公司，擁有傲人的營業額。在食物中毒事件之前的二〇〇〇年三月期營業額約一兆三千億日圓，是其他公司的二倍以上，但是在食物中毒事件之後，營業額驟降。雪印公司將冷凍食品、藥品、冰淇淋、飲料・甜點事業分割出去，二〇〇四年的營業額約三千億日圓，下降到顛峰時期的四分之一。二〇〇九年重新整合之後，營業額有恢復跡象，但是二〇一五年三月期的營業額約五千五百億日圓，不到巔峰時期的一半。業界第一名是明治，第二是森永乳業，雪印MEGMILK則位居第三。

隨著營業額驟降，利益也減半（圖3）。以前的營業利益約二百億日圓，食物中毒事件之後出現鉅額虧損，最近則有一百億日圓左右。

圖3　與食物中毒事件之前相比，目前營業額只有一半以下，營業利益減半

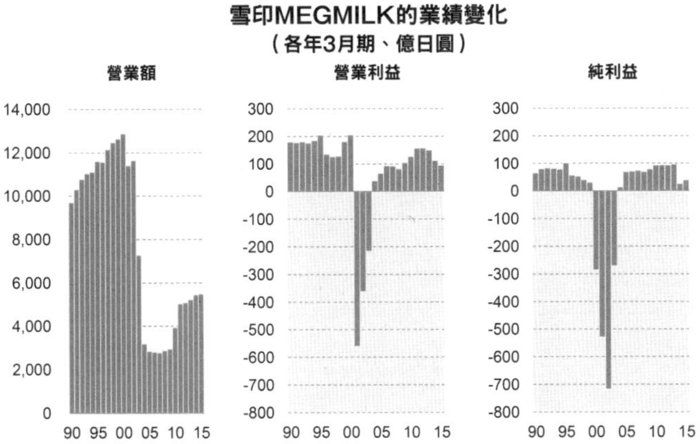

※2009年3月期為止為雪印乳業合併計算，2010年3月期以後為雪印MEGMILK合併計算

資料：摘自雪印メグミルク決算資料，由BBT大學綜研製作

圖4　含乳飲料失去大部分市占率

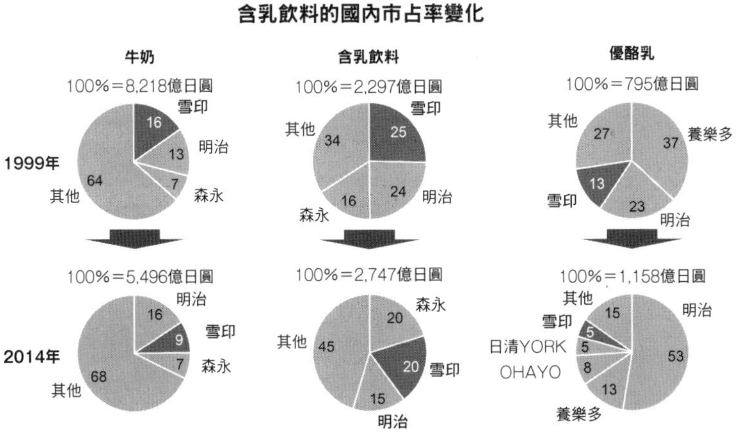

※小數點以下因四捨五入計算，總數不會剛好100

資料：摘自富士經濟《食品マーケティング便覧》各年版，由BBT大學綜研製作

公司業績低迷的原因之一是含乳飲料的市占率大幅下滑。食物中毒事件前的一九九九年，雪印在各種含乳飲料的市占率分別是牛奶一六%、含乳飲料二五%，以一家廠商來說，占了最大的市占率，連優酪乳也位居第三。但事件後各產品的市占率分別縮小，其中造成中毒主因的牛奶掉到只剩九%，優酪乳只剩五%（圖4）。

另一方面，奶油、起司等乳製品市占率所受的影響就沒有乳製品那樣嚴重。雖然加工起司與天然起司的市占率分別從四三%、二二%掉落到三一%、二〇%，不過奶油卻從三三%微增到三六%，各領域都還維持居冠的市占率（圖5）。

因封閉的通路結構而吃盡苦頭的日本乳業廠商

酪農歇業與需求減少導致生乳生產量有減少趨勢

酪農的乳牛所生產的牛奶稱為「生乳」，依照日本的食品衛生法是不得直接販售的。生乳必須在取得營業執照的乳業工廠經過殺菌．滅菌處理而成為「牛奶」，或是可以製成各種「乳製品」，例如加入其他成分而成為「乳飲料」，從分離出來的乳脂肪製成鮮奶油或奶油，或是透過發酵製成優格或起司等。

圖5　乳製品堅守市占率首位

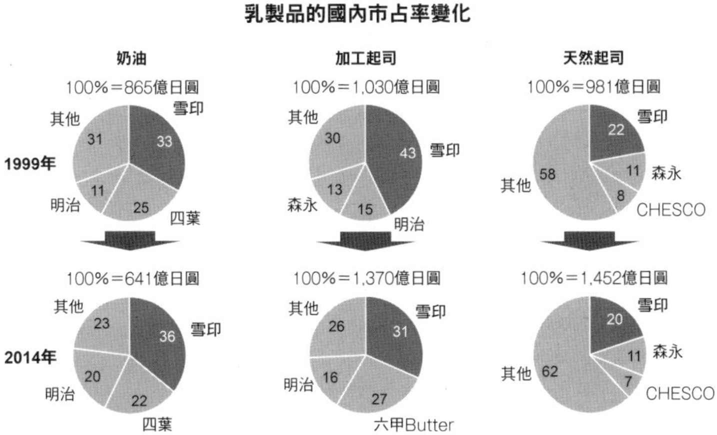
乳製品的國內市占率變化
奶油
加工起司
天然起司
1999年
100%＝865億日圓
雪印 33
其他 31
明治 11
四葉 25
100%＝1,030億日圓
其他 30
雪印 43
森永 13
明治 15
100%＝981億日圓
雪印 22
森永 11
CHESCO 8
其他 58
2014年
100%＝641億日圓
其他 23
雪印 36
明治 20
四葉 22
100%＝1,370億日圓
其他 26
雪印 31
明治 16
六甲Butter 27
100%＝1,452億日圓
雪印 20
森永 11
CHESCO 7
其他 62

※小數點以下因四捨五入計算，總數不會剛好100

資料：摘自富士経済《食品マーケティング便覧》各年版，由BBT大學綜研製作

圖6　國內生乳生產量有減少趨勢

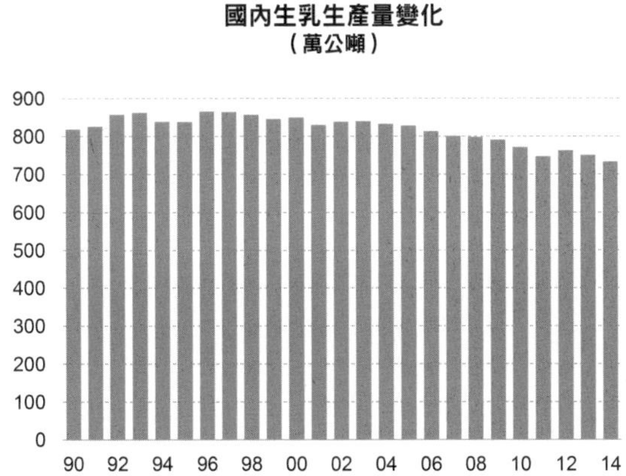
國內生乳生產量變化
（萬公噸）
900
800
700
600
500
400
300
200
100
0
90 92 94 96 98 00 02 04 06 08 10 12 14

※生乳＝從乳牛擠出未經加工狀態的生乳汁，為牛奶・含乳飲料・乳製品的原料

資料：摘自農林水產省《牛乳乳製品統計調查》，由BBT大學綜研製作

如果觀察日本國內乳業的整體現狀，會發現飲食變化與少子化使得需求減少，以及因缺少繼承經營的人才與飼料價格高漲都是造成酪農歇業的主因，這些因素使得作為原料的生乳生產量有減少的趨勢（圖6）。

圖7顯示了各產品的生產量，可以看出飲用牛奶與奶油的生產量大幅減少。另一方面，除此以外的其他產品因為飲食習慣與嗜好改變而持續增加生產量。

廠商的營業利益二%左右，整個業界都是低利益結構

圖8是國內前三家公司的營業利益率。除了雪印因食物中毒事件導致虧損之外，每家廠商長年以來都維持著二%左右的低水準。可以說整個業界都是低利益結構。

特定團體獨占通路，國內酪農高成本經營

造成乳業業界低利益結構的原因之一是生乳的流通結構。許多酪農都隸屬於農協或酪連等機構，每個都道府縣都有各自的地區農協．酪農業協同組合連合會（酪連）。這些特定生乳生產者團體以保護國內酪農之名而形成，在此制度之下，生產出來的生乳幾乎被全國十個地區（北海道、東北、北陸、關東、東海、近畿、中國、四國、九州、沖繩）的特定團體獨占，由他們統一與乳業廠商談判生乳的進貨價格。由於國家會透過這些特定團體給予酪農補助款，所

圖7　飲用牛奶的生產量大幅下滑，奶油生產量也有減少趨勢

含乳飲料・乳製品的國內生產量變化

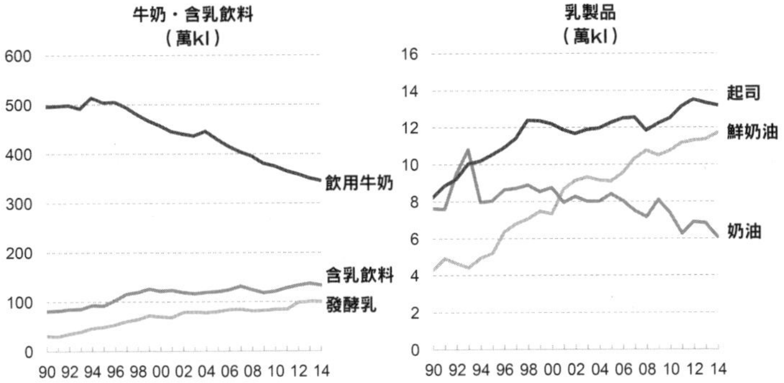

資料：摘自農林水產省《牛乳乳製品統計調查》，由BBT大學綜研製作

圖8　乳業三大公司的營業利益率都在2%左右，業界整體都是低利益結構

國內乳業三大公司的營業利益率
（合併基礎、各年3月期、%）

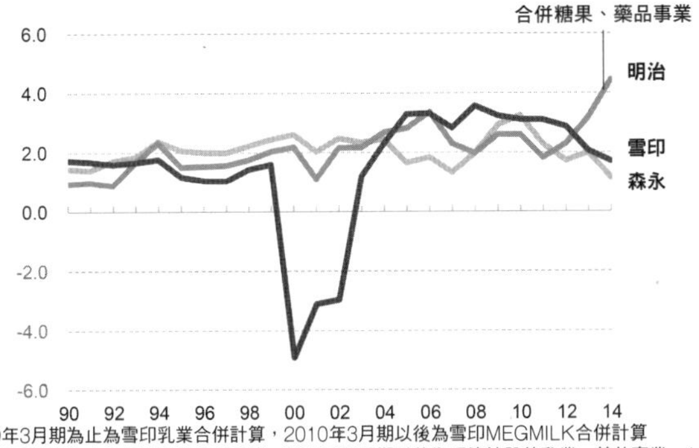

※雪印＝2009年3月期為止為雪印乳業合併計算，2010年3月期以後為雪印MEGMILK合併計算
※明治＝2009年3月期為止為明治乳業合併計算，2010年3月期以後為明治控股的乳業・其他事業，14～15年由BBT大學綜研推估計算
※森永＝森永乳業合併計算

資料：摘自各公司決算資料，由BBT大學綜研製作

以特定團體形成了幾乎可以獨占國內生乳流通的結構（圖9）。當然，乳業廠商也可以直接向酪農購買生乳，只是這樣的比率不到整體的五％。

由於是透過這樣的通路流通生乳，所以國內的乳業廠商只能以固定價格向特定團體購買原料，不只是雪印，其他競爭廠商也都一樣，都是高成本經營的結構。

另外，造成乳業廠商低利益結構的更直接原因是生乳價格本來就高。理由是國內的酪農經營型態幾乎就是在牛棚裡飼養乳牛，比放牧飼養需要更多的人力，甚至由於混和飼料與進口乾草價格高漲，導致生產成本提高等，酪農的經營本來就有著結構性的問題。再加上如前述的由於生乳流通遭到獨占，價格被特定團體掌控，導致日本的生乳價格比外國還要貴很多。如圖10所顯示的，二〇一三年每一百公斤的生乳價格在日本賣九千一百日圓，紐西蘭為六千日圓，美國、歐洲或是澳洲為四千日圓，特別是美國只有四千三百四十九日圓，不到日本的一半。

就像這樣，日本的乳業廠商不得不用比外國貴兩倍的高價購買原料，這樣的情況對於未來雪印MEGMILK在加強收益力，或是想更進一步開拓海外市場時，都會是很嚴重的問題。

圖9　全國特定10個團體掌控95%以上的生乳交易量，乳業廠商的採購方式受到限制

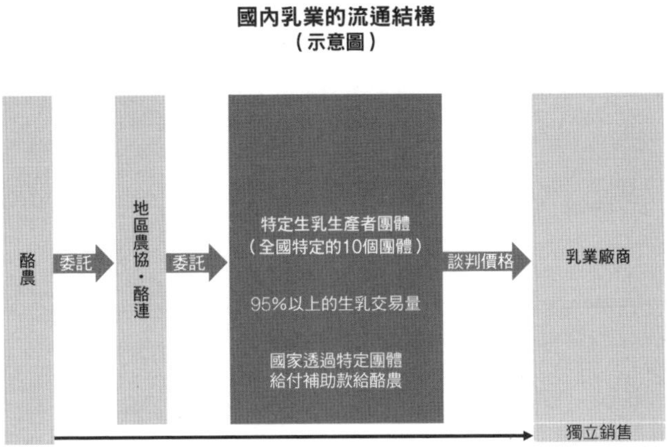
國內乳業的流通結構
（示意圖）
酪農
委託
地區農協・酪連
委託
特定生乳生產者團體
（全國特定的10個團體）
95%以上的生乳交易量
國家透過特定團體
給付補助款給酪農
談判價格
乳業廠商
獨立銷售

資料：農畜產業振興機構、農林水產省資料，由BBT大學綜研製作

圖10　國內乳業廠商不得不以高價購買生乳，業界整體薄利經營

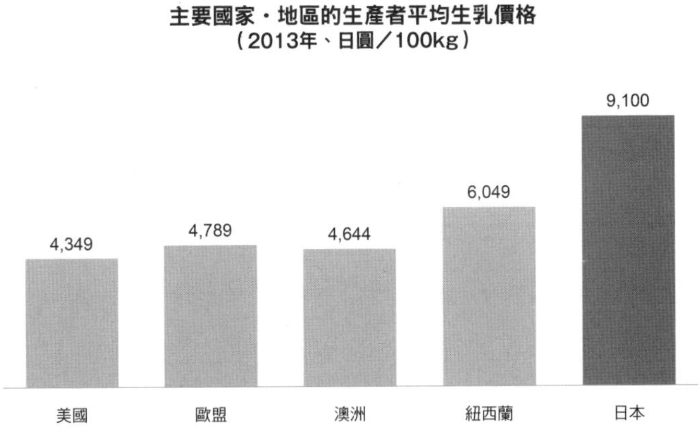
主要國家・地區的生產者平均生乳價格
（2013年、日圓／100kg）
4,349
4,789
4,644
6,049
9,100
美國
歐盟
澳洲
紐西蘭
日本

資料：摘自Jミルク統計《酪農乳業に関する情報》，由BBT大學綜研製作

以農協為基礎的乳業廠商

在此，我們來先瞭解一下雪印的歷史沿革吧。一八九五年，札幌附近的酪農成立「札幌牛乳搾取業組合」，一九二五年成立「北海道製酪販賣組合」作為銷售部門，也就是雪印乳業的前身。原來的「札幌牛乳搾取業組合」現在也以「Satsuraku農業協同組合」的名稱持續運作。

一九二五年成立「北海道製酪販賣組合」以後，經過二次大戰時期的經濟管制，以及戰後適用《過度經濟力集中排除法》，一九五〇年成立「雪印乳業」與「北海道Butter」，一九五八年，兩家公司合併。後來就如前面提過的，二〇〇〇年發生食物中毒事件而分割事業，後來合併全農・全酪連體系的市乳事業，形成現在的雪印MEGMILK。

從這樣的過程可以瞭解，雪印MEGMILK是以農協為基礎的乳業廠商，就算分割・重新整合，也與全農有密切的關係。目前，雪印MEGMILK的大股東由全農（最大股東）、農林中金（第二，農林中央金庫）、Hokuren（第十）等ＪＡ體系占最多，所以該公司在改革生產、採購等供應鏈時，就無法忽視ＪＡ的意向，甚至國內酪農的想法。

脫離國內業界的環境，目標是全球最佳配置

「封閉」的日本乳業界

以下，就根據前面的介紹來整理國內乳業廠商的現狀與課題吧。日本的酪農規模比海外各國的規模小，所以需要較多的人手管理，甚至受到混和飼料的價格高漲影響，從全球的標準來看就是高成本的結構。不只如此，生乳受到全國特定的團體獨占流通管道，所以採購的方式受到限制，乳業廠商就只能乖乖購買高價的生乳——可以說整個乳業業界就是處於一個「封閉」狀態。二〇一六年二月，日本政府簽署了跨太平洋夥伴協定（TPP）。可以預見在不久的將來，便宜的外國產品將會大量湧入日本國內，而日本的乳業廠商也不得不與這些產品競爭吧。但是，在目前這樣的狀況下，日本的乳業廠商根本不具有國際競爭力（圖11）。若想在整個世界中競爭，就必須脫離包含生乳生產、採購等一整個封閉的日本乳業界才行。

如果觀察全球市場的情況，可以看到日本國內的廠商並沒有排在前幾名（圖12）。世界最大的廠商是瑞士的Nestle，二〇一四年的營業額為二百七十八億美元，其次是法國的

Lactalis與Danone，營業額都接近二百億美元。另一方面，日本的廠商中，明治以五十六億美元拚上第十七名的位置，而森永與雪印的營業額都不及五十億美元，連前二十名都排不上。甚至，現在以歐美與紐西蘭為主的海外廠商都往大型化、國際化發展，照這樣下去，日本的乳業廠商就會被遠遠地拋在後面。

接受海外大規模資本投入，將生產・採購調整至全球最佳配置

雪印MEGMILK的根本問題在於封閉的日本乳業業界。未來若想成長，必須把國際標準帶入國內，把生產與採購方式調整到最適合全球的模式才行。

可以考慮收購海外的乳業廠商，以及投入海外乳業廠商旗下等兩種方法。不過，該公司到目前為止已經為了食物中毒與後來的事業分割・重整等吃盡苦頭，所以手上的流動現金只有一百億日圓左右。以收購對象的現金作抵押，採取ＬＢＯ（Leveraged Buyout；融資收購，企業收購的方法之一。以收購對象的資產或現金流做擔保，籌措收購資金以收購企業）的方式雖然不是不可行，不過這樣的做法風險太高，很難收購大型廠商。

比起前面的方法，接受來自海外的大規模資金，投入旗下以達到國際化的做法還比較實際。點心製造公司Calbee也是透過這個方法成功改善業績。該公司雖然在日本點心市場擁有約一半的市占率，但利益率低卻是一個無法解決的問題。二〇〇九年，該公司與美國食品大

圖11 由於國內酪農的高成本與生乳交易的寡占，乳業廠商沒有國際競爭力

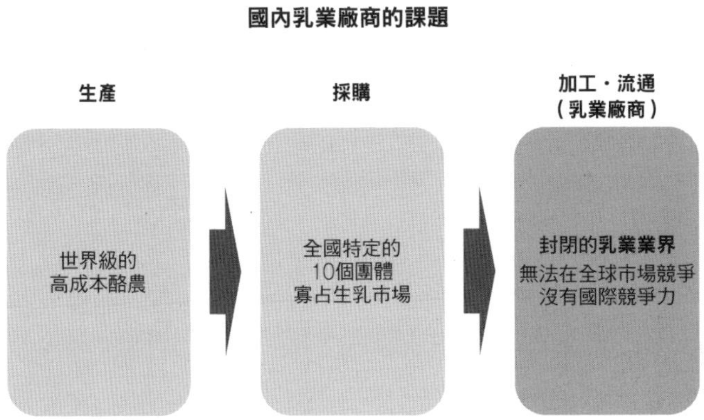
國內乳業廠商的課題
生產
採購
加工・流通
（乳業廠商）
世界級的
高成本酪農
全國特定的
10個團體
寡占生乳市場
封閉的乳業業界
無法在全球市場競爭
沒有國際競爭力

資料：BBT大學綜研製作

圖12 以歐美、紐西蘭為主的世界乳業廠商往大型化、國際化發展

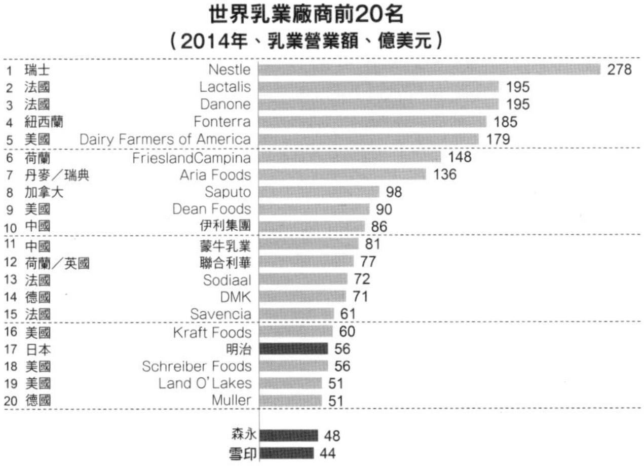
世界乳業廠商前20名
（2014年、乳業營業額、億美元）
1 瑞士 Nestle 278
2 法國 Lactalis 195
3 法國 Danone 195
4 紐西蘭 Fonterra 185
5 美國 Dairy Farmers of America 179
6 荷蘭 FrieslandCampina 148
7 丹麥／瑞典 Aria Foods 136
8 加拿大 Saputo 98
9 美國 Dean Foods 90
10 中國 伊利集團 86
11 中國 蒙牛乳業 81
12 荷蘭／英國 聯合利華 77
13 法國 Sodiaal 72
14 德國 DMK 71
15 法國 Savencia 61
16 美國 Kraft Foods 60
17 日本 明治 56
18 美國 Schreiber Foods 56
19 美國 Land O'Lakes 51
20 德國 Muller 51
森永 48
雪印 44

資料：摘自Rabobank, Global Dairy Top20, 2015，由BBT大學綜研製作

廠PepsiCo合作，PepsiCo擁有Calbee二〇%的股份，而Calbee則投入PepsiCo旗下成為子公司，並且將經營模式美國化。透過這些方法，Calbee成功改善利益率，業績也有了飛躍性的提升。雪印MEGMILK也一樣，不應該把目光放在收購海外廠商，而是接受海外廠商的資金投入，以國際化為目標才對（圖13）。

合作夥伴是農協體系廠商，目標是做到採購最佳化與成本改革

若想接受海外廠商的資金投入，藉以做到生產．採購的全球最佳配置，以及改革生產成本，必須考量的最大問題就是雪印與農協、國內酪農之間的關係。在食物中毒事件發生之際，其實Nestle及海外廠商都曾探詢收購雪印的可能性。因為日本的乳業市場大，也有良好的流通管道，對外資企業而言，是非常具有吸引力的。不過，因為農政問題影響深遠，所以日本的農林水產省沒有批准這樣的合併計畫。單純地投入海外廠商旗下，捨棄國內生產者，把生產．採購管道切換至海外，在現實來說是極為困難的。因此，雪印未來的成長戰略中，最重要的是必須把農協、酪農等一併考慮在內，一邊矯正國內酪農的高成本結構，一邊以生產者也能獲得好處的方式進行。

如果考量這些種種因素，接受資本投資的合作廠商就可以選擇農協體系的乳業廠商。海外廠商中，有不少都屬於農協體系的廠商，例如法國的Lactalis、紐西蘭的Fonterra以及美

圖13　脫離封閉的國內乳業業界，把生產・採購調整為全球最佳配置狀況

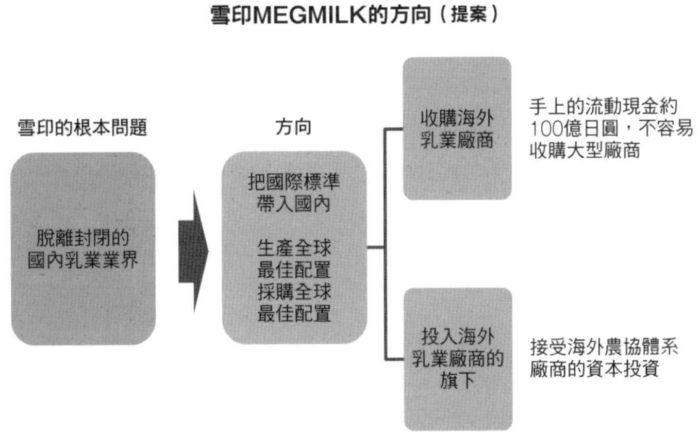

資料：BBT大學綜研製作

圖14　接受海外農協體系乳業廠商的資本投資，在全球拓展採購網，同時領導國內酪農改革成本結構

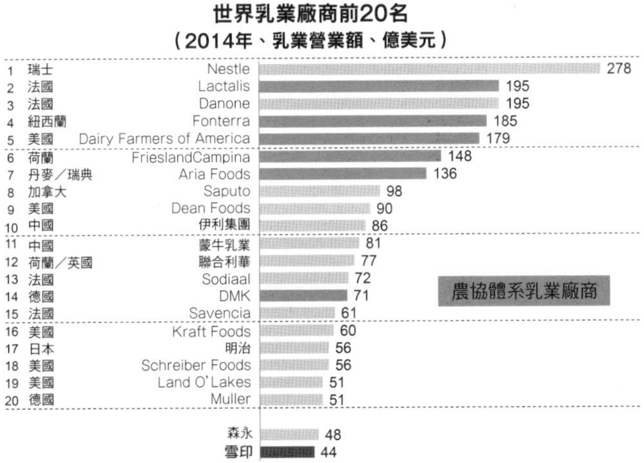

資料：摘自Rabobank, Global Dairy Top20, 2015，由BBT大學綜研製作

國的Dairy Farmers of America等（圖14）。對於同是農協體系的雪印而言，那些同樣是生產者的農協體系廠商的生產模式也是容易接受的吧。另外，如果一邊與海外農協進行技術交流，改善國內酪農的高成本結構，一邊逐漸把生產流程或採購成本調整至接近國際標準，這樣可以同時解決國內酪農的課題，政府或生產者也都能夠接受吧。

接受國外農協體系的乳業廠商的資本，改革國內酪農的生產成本，同時把生產・採購調整至接近國際標準，建構可穩定提供消費者便宜又高品質產品的體制。這是我認為雪印MEGMILK應該採取的戰略。

歸納整理

- 接受國外農協體系的乳業廠商的資本，透過與海外農協的技術交流，主導國內酪農改革生產成本。
- 另一方面，把封閉的日本乳業業界規格國際化，並建構最佳供應鏈。

大前總結

「封閉」的國內業界沒有國際競爭力，應以全球最佳配置為努力的目標。

日本酪農的經營成本高，而且流通結構呈現競爭力低落的封閉狀態。如果不改變這樣的狀況，與世界的差距就會越來越大。不只是食品，跨國界地進行全球最佳配置，結合製造・流通供應鏈是避免不了的趨勢。應該接受國際標準，培養可在世界上戰鬥的競爭力。

CaseStudy

19

永谷園控股

預測市場成長的「組合」管理

假如你是**永谷園控股**的社長，當公司沒有令人耳目一新的新商品，利益又激烈震盪的情況下，你要如何擬定成長戰略？

※根據2016年12月進行的個案研究編輯・收錄

正式名稱	株式會社永谷園控股
成立年份	2015年（前身的永谷園本舖為1953年創業）
負責人	取締役社長　永谷泰次郎
總公司所在地	東京都港區
事業種類	食品製造業
事業內容	擬定整個集團的經營戰略與經營管理等
合併事業	茶泡飯、香鬆、即食味噌湯、其他飲料食品之製造銷售
資本金額	35億292萬日圓（2016年3月期）
營業額	791億9,300萬日圓（截至2016年3月底）

陸續推出暢銷商品，日式即食食品的龍頭廠商

發跡於江戶時代，以「海苔茶泡飯」創業，連續推出熱銷商品

以茶泡飯、即食味噌湯以及即食湯品等商品而知名的永谷園，是日式即食食品的龍頭廠商。除了上述商品以外，還發展中式調理食品等商品，二〇一六年三月期營業額就超過七百九十一億日圓。

該公司創業於一九五三年，發跡則可回溯至江戶時代中期（圖1）。

一七三八年，在山城國宇治田原鄉湯屋谷村（現．京都府綴喜郡宇治田原町）經營製茶業的永谷宗圓發明了煎茶的製法，而這就是永谷園的起源。煎茶是日本消費最廣的茶，目前占日本國內生產茶葉的六成。以這位永谷宗圓為始祖，分家傳到第十代的永谷嘉男於一九五三年成立「永谷園本舖」，也就是現在的永谷園。至於創業契機的商品，就是大家熟悉的模仿歌舞伎舞台的布幕為包裝設計的「海苔茶泡飯」。

從一九六〇年代到一九八〇年代，永谷園陸續推出新商品，也透過令人印象深刻的電視廣告，誕生許多熱銷商品，公司大幅度成長。一九六四年推出代表永谷園的另一個長銷商品

圖1　1960～1980年靠研發新商品成長，後來追求商品的高附加價值，並展開多角化戰略

永谷園控股的歷史

■發跡～創業	
1738年	永谷宗圓發明煎茶的製法
1952年	「海苔茶泡飯」開始販售
1953年	分家傳到第10代的永谷嘉男成立「永谷園本舖」
■研發新商品的成長期（1960～1980年代）	
1964年	開始販售「松茸味湯品」
1970年	開始販售「鮭茶泡飯」，任用北島三郎拍攝電視廣告，全國風靡一時
1974年	開始販售即食味噌湯「朝食」，引進冷凍乾燥技術
1977年	開始販售散壽司料「壽司太郎」
1980年代	開始販售「麻婆春雨」、「蟹玉之素」、「炒飯之素」等調理食品
1989年	開始販售「大人的香鬆」系列
■高附加價值（2000年代）	
2000年代	投入少鹽、抗過敏等健康取向的商品
2007年	開始採取網購、販售高級茶泡飯「極膳」系列
■多角化經營（2000年後期～現在）	
2008年	收購「藤原製麵」（拉麵）
2013年	收購「麥之穗控股」（泡芙等甜點專賣店）
2016年	收購英國公司Broomco（冷凍乾燥食品）

資料：摘自永谷園〈永谷園の舞台裏〉、永谷園ホールディングス〈有価証券報告書〉，由BBT大學綜研製作

「松茸味湯品」，一九七〇年代有即食味噌湯的「朝食」、散壽司料「壽司太郎」，一九八〇年代有「麻婆春雨」等中華風調理食品、以大人為目標客群的「大人的香鬆」等，公司不斷開發各種暢銷商品。

一九九〇年代以後，開發新商品的速度開始下降，公司摸索新的成長戰略。二〇〇〇年開發以健康取向的商品以及高級的茶泡飯「極膳」系列，試圖提高商品的高附加價值。接著二〇〇〇年代後期之後，透過併購多角化經營，收購製作拉麵的藤原製麵、甜點專賣店麥之穗控股以及英國的冷凍乾燥食品公司Broomco等。

還有，二〇一五年轉型為持股公司，成立株式會社永谷園控股公司為持股公

司，而負責製造銷售食品的株式會社永谷園則隸屬該集團之下。

日式即食食品的龍頭，「茶泡飯」與「即食湯品」幾乎獨占市場

以下來看永谷園事業別的營業額構成比吧（圖2）。日式即食湯品占二六・二%、茶泡飯占一九・七%、送禮・業務用商品占七・三%，總計這些日式即食食品的營業額就占了五三・二%。其次是散壽司料、炒飯料等加入食材使用的調理食品類占了三二・五%。還有，近年來透過多角化經營戰略收購的以麥之穗控股為主的外帶食品・其他事業則占了一四・三%。

事業主力的日式即食食品以擁有國內最大市占率為傲（圖3）。雖然即食味噌湯的市占率二八・六%與marukome的二六・二%不相上下，不過茶泡飯的市占率有七七・八%，即食湯品有九七・九%，幾乎呈現寡占狀態。

關於其他主力商品，香鬆的市占率有一三・四%，落後丸美屋、田中食品位居第三位；散壽司料的市占率有三〇・四%，僅次於Mizkan位居第二；炒飯料的市占率有六三・六%高居第一，大幅拉開與第二名江崎Glico的差距（圖4）。

圖 2　茶泡飯・香鬆、即食味噌湯等日式即食食品超過五成營業額

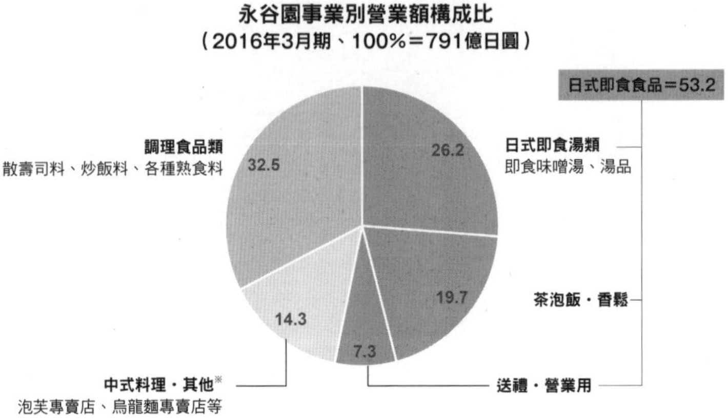

永谷園事業別營業額構成比
（2016年3月期、100%＝791億日圓）
日式即食食品＝53.2
調理食品類
散壽司料、炒飯料、各種熟食料
32.5
26.2
日式即食湯類
即食味噌湯、湯品
19.7
茶泡飯・香鬆
14.3
7.3
中式料理・其他※
泡芙專賣店、烏龍麵專賣店等
送禮・營業用

※2013年11月收購擁有「BEARD PAPA」等泡芙專賣店的「麥之穗控股」

資料：摘自永谷園ホールディングス〈有価証券報告書〉的數值，由BBT大學綜研製作

圖 3　茶泡飯・即食湯品、味噌湯等日式即食食品的市占率居國內之冠

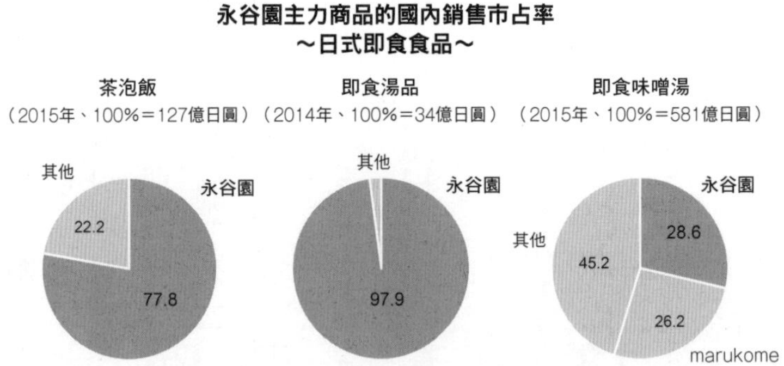

永谷園主力商品的國內銷售市占率
～日式即食食品～
茶泡飯
（2015年、100%＝127億日圓）
即食湯品
（2014年、100%＝34億日圓）
即食味噌湯
（2015年、100%＝581億日圓）
其他
永谷園
22.2
77.8
其他
永谷園
97.9
永谷園
其他
28.6
45.2
26.2
marukome

資料：摘自日刊経済通信社〈酒類食品統計年報〉、〈酒類食品産業の生産・販売シェア〉、〈酒類食品統計月報〉，由BBT大學綜研製作

成長有限的市場，持續著不穩定的經營狀態

利基市場的龍頭廠商，成長領域有限

永谷園除了日式即食食品以外，其他許多商品也都擁有高市占率。如果綜觀整體的調味料市場，就可瞭解永谷園主力商品的市場規模其實並不大（圖5）。二〇一四年茶泡飯・香鬆市場的規模為六百五十六億日圓，日式即食湯品為五百八十一億日圓，粉末調味料為三百八十三億日圓，總計達一千六百二十億日圓。但就算加總這些金額，也只是跟醬油的市場規模一千五百六十五億日圓相當而已。總之，永谷園主力商品的市場規模小，卻已經擁有高市占率，這意味著市場成長的空間有限。以下我們再來分析詳細內容吧。

「即食味噌湯」與「香鬆」引領成長

永谷園的主力商品長期性地在國內市場擴展（圖6）。從一九八〇年代後半到一九九〇年代，以年平均成長率（CAGR）四・〇%的速度擴大，一九八五年市場規模約九百億日圓，到了一九九九年成長到接近一千六百億日圓。二〇〇〇年代以後，年平均成長率雖然降

圖4　香鬆居第3、壽司料第2、炒飯料第1

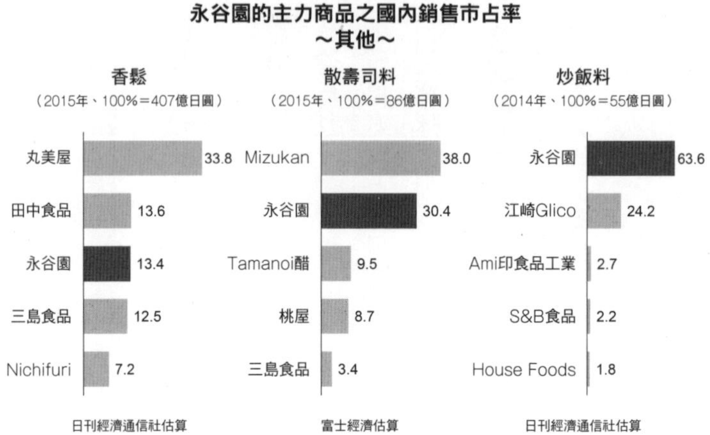
永谷園的主力商品之國內銷售市占率
~其他~
香鬆
（2015年、100%=407億日圓）
丸美屋 33.8
田中食品 13.6
永谷園 13.4
三島食品 12.5
Nichifuri 7.2
日刊經濟通信社估算
散壽司料
（2015年、100%=86億日圓）
Mizukan 38.0
永谷園 30.4
Tamanoi醋 9.5
桃屋 8.7
三島食品 3.4
富士經濟估算
炒飯料
（2014年、100%=55億日圓）
永谷園 63.6
江崎Glico 24.2
Ami印食品工業 2.7
S&B食品 2.2
House Foods 1.8
日刊經濟通信社估算

資料：摘自日刊経済通信社〈酒類食品産業の生産・販売シェア〉、〈酒類食品統計月報〉、富士経済〈食品マーケティング便覧〉，由BBT大學綜研製作

圖5　永谷園主力商品的市場規模小，總計營業額約與「醬油」市場規模相當

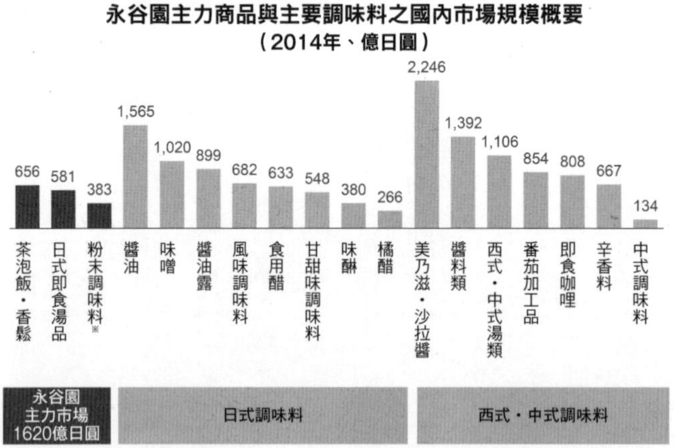
永谷園主力商品與主要調味料之國內市場規模概要
（2014年、億日圓）
656 茶泡飯・香鬆
581 日式即食湯品
383 粉末調味料※
1,565 醬油
1,020 味噌
899 醬油露
682 風味調味料
633 食用醋
548 甘甜味調味料
380 味醂
266 橘醋
2,246 美乃滋・沙拉醬
1,392 醬料類
1,106 西式・中式湯類
854 番茄加工品
808 即食咖哩
667 辛香料
134 中式調味料
永谷園主力市場1620億日圓
日式調味料
西式・中式調味料

※粉末調味料=包含散壽司料、炒飯料等

資料：摘自日刊経済通信社〈酒類食品統計年報〉、〈酒類食品統計月報〉，由BBT大學綜研製作

為〇・六%，不過還是緩慢地持續成長，到了二〇一五年突破一千六百億日圓。

引領永谷園主力市場擴大的商品就是即食味噌湯與香鬆（圖7）。隨著親子家庭減少以及單身家庭增加，自炊使用的味噌消費量不斷減少，相對的即食味噌湯的需求節節升高。另外，香鬆以前多半是以兒童取向的商品，後來以成人為訴求的商品戰略奏效，所有年齡層的需求擴大是成長的主因。即食湯品雖然只有微成長，不過因為市場規模小，所以永谷園就已經占有約九八%的市占率，未來預期不會有太大的成長。

茶泡飯與粉末調味料的市場在一九九〇年代後半達到顛峰，後來就持續衰退。不過，由於永谷園幾乎是獨占茶泡飯的市場，所以就算衰退，也還是能夠保持一定的利益。

新商品不足、經典商品業績低迷，營業額幾乎停滯不動

以下來看看永谷園的營業額變化吧。一九九〇年左右，公司不斷開發新商品，公司順利成長，一九九〇年代前半，大概都是成長趨勢（圖8）。但是在那之後，由於沒有令人耳目一新的新商品，加上經典商品銷售低迷，使得營業額開始減少。雖然一九九七～九九年度，與神奇寶貝異業合作，角色造型商品暢銷創造了特殊需求、二〇〇八年度收購藤原製麵以及二〇一三年度收購麥之穗控股而帶來暫時性的營業額擴大，其他年度的營業額就沒有太大的變化。如果摒除特殊需求與收購等要素，幾乎就是處於停滯的狀態。營業額停滯，另一方

圖6　永谷園主力商品的國內市場規模長期持續擴大

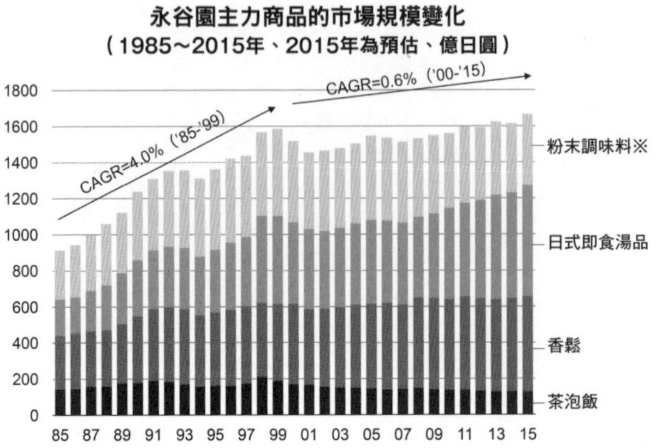

※粉末調味料＝包含散壽司料、炒飯料等

資料：摘自日刊経済通信社〈酒類食品統計年報 各年版〉，由BBT大學綜研製作

圖7　即食味噌湯・香鬆引領業績成長，茶泡飯・粉末調味料呈現衰退狀態

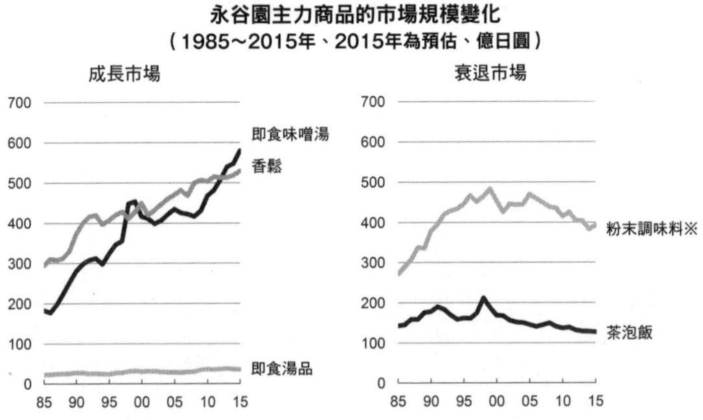

※粉末調味料＝包含散壽司料、炒飯料等

資料：摘自日刊経済通信社〈酒類食品統計年報 各年版〉，由BBT大學綜研製作

面，利益卻呈現劇烈震盪的狀態（圖9）。

營業利益雖然在一九九九年度因神奇寶貝的特殊需求而成長超過四十億日圓，但是隔年的二〇〇〇年卻反轉而驟降到只剩四分之一。後來雖然逐漸回復，二〇一一年度再度超過四十億日圓，但二〇一四年度卻因為日圓貶值以及原材料費高漲的緣故，使得營業利益又下修到三十億日圓。

有多項因素造成這樣的狀態。主要的原因之一就是即食味噌湯與香鬆市場雖然持續成長，但另一方面也有實力強大的競爭對手存在，若想獲得市占率，就只能靠價格競爭，而這樣的做法就會壓縮到利益成長的空間。

另外，茶泡飯與即食湯品等商品雖然獨占市場而避開了價格競爭，但是這些市場也逐漸鈍化・衰退，甚至因為是固定的長銷商品無法大幅漲價，所以利益會因為原物料的變動而上下震盪。原物料成本受到匯兌影響，當日圓升值時，採購成本下降，利益就會上升，但是當日圓貶值時，採購成本上漲，利益就受到擠壓。就像這樣，每種商品的市場環境或競爭狀況不同，收益結構也不一樣。

圖8　90年代以後沒有令人驚豔的新商品，如果摒除特殊需求或收購因素，營業額幾乎呈現停滯狀態

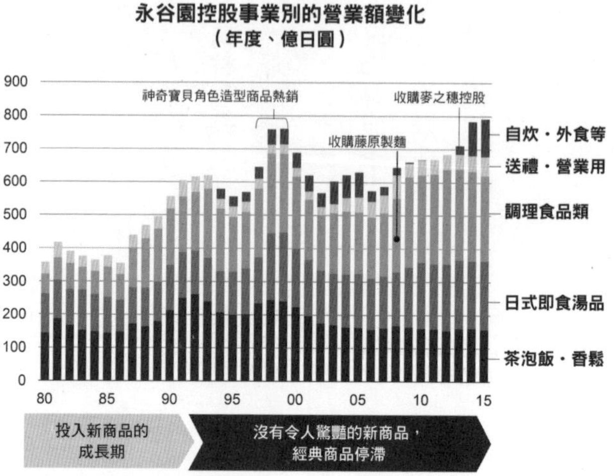
永谷園控股事業別的營業額變化
（年度、億日圓）
神奇寶貝角色造型商品熱銷
收購麥之穗控股
收購藤原製麵
自炊・外食等
送禮・營業用
調理食品類
日式即食湯品
茶泡飯・香鬆
投入新商品的成長期
沒有令人驚豔的新商品，經典商品停滯

資料：摘自永谷園ホールディングス〈有価証券報告書〉，由BBT大學綜研製作

圖9　由於長期依賴經典商品，利益受到消費者動向與原物料高漲的影響而劇烈震盪

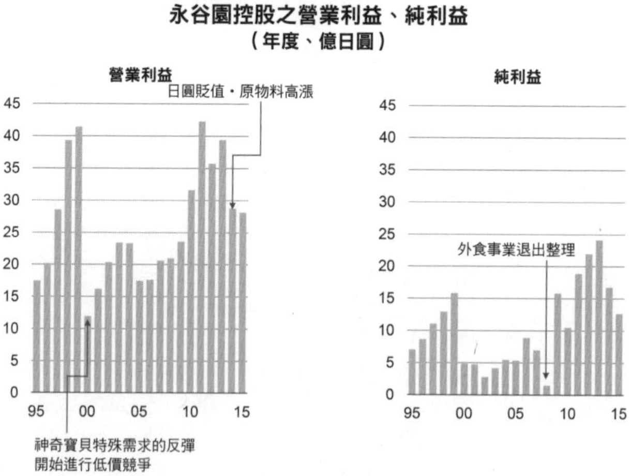
永谷園控股之營業利益、純利益
（年度、億日圓）
營業利益
日圓貶值・原物料高漲
神奇寶貝特殊需求的反彈
開始進行低價競爭
純利益
外食事業退出整理

資料：摘自永谷園ホールディングス〈有価証券報告書〉，由BBT大學綜研製作

配合商品的市場成長特性擬定戰略

課題是擴大市占率以及開發新用途・商品

以下來整理永谷園的現狀與課題。如前所述，該公司的主力商品是日式即食食品與日式調味料，而不同商品的狀況也各有不同。以下利用PPM（Product Portfolio Management，產品組合管理）分析來整理永谷園的主力商品吧（圖10）。

市場成長性高且市占率高的「明星」商品是「即食味噌湯」。目前是永谷園的搖錢樹，可以期待拉高公司的收益。只是，就算市占率居冠，其實也與第二名的Marukome勢均力敵，因此被迫進行價格戰，促銷費用也隨之增加。若想穩定收益率，擴大市占率便成為公司需要面對的課題。

其次是市場成長性高但市占率低的「問題兒童」商品「香鬆」。在香鬆市場中，丸美屋獲得壓倒性的地位，包含永谷園的第二名到第四名則呈現勢均力敵的狀態。在這個商品領域中，擴大市占率也是公司要面對的課題。不過，永谷園若想從第三名成長到第一名的地位，需要花費相當龐大的研發費用與促銷費用。

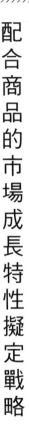

圖１０　課題是擴大「香鬆」、「即食味噌湯」的市占率，以及開發「茶泡飯」等商品的新用途與食譜

永谷園的產品組合管理

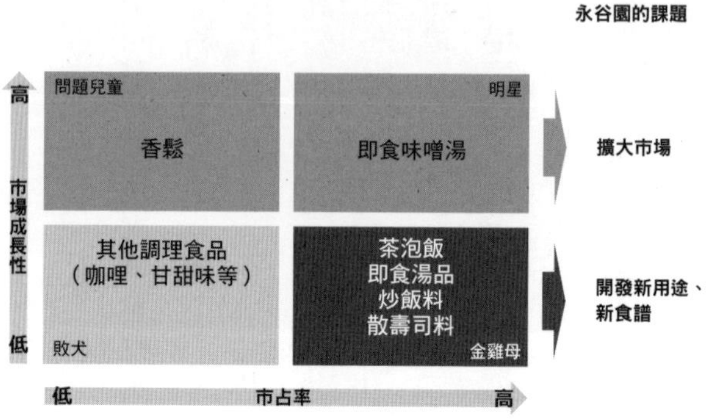

資料：BBT大學綜研製作

圖１１　集中資源促銷成長性高的即食味噌湯與香鬆；透過食譜網站向世界各地募集創意食譜

永谷園的方向（提案）

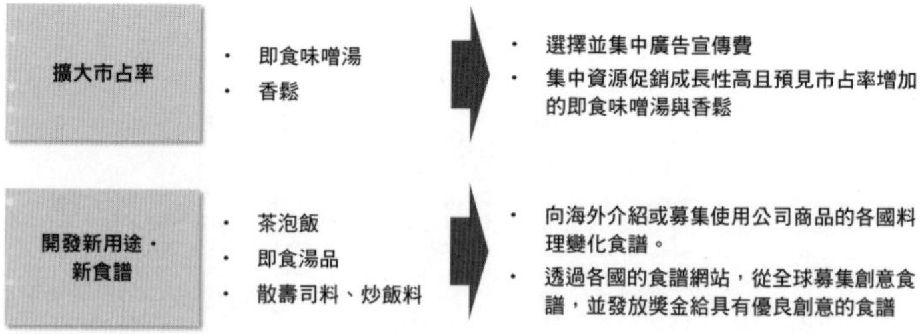

資料：BBT大學綜研製作

再來看看市場成長性低但市占率高的「金雞母」商品群，也就是「茶泡飯」、「即食湯品」、「炒飯料」、「散壽司料」等。這些商品暫時會帶來穩定的收益，但長期來看卻是衰退的事業。不過，如果這些商品能開發異於以往的新用途，例如茶泡飯或即食湯品當成粉末調味料使用等，就有成長的可能性。因此，開發新用途與研發新商品就是目前面臨的課題。

最後，市場成長性低且市占率也低的「敗犬」商品群，就應該檢討退出市場。

利用行銷與廣告宣傳擴大市占率

首先，針對市場成長性高的香鬆與即食味噌湯，應該積極促銷與廣告宣傳以擴大市占率。永谷園一直以來都花費相當高額的廣告費宣傳，大多數的商品都製作電視廣告。不過，茶泡飯與即食湯品等雖說是「金雞母」，但因為市場成長性低，所以就算已經是獨占狀態，也無法期待再擴大市占率了。因此，公司應該把資源集中在值得花費的領域，投入廣告費用。建議把廣告宣傳費花在香鬆與即食味噌湯等市場成長性高且可預期擴大市占率的商品，以達到擴大市占率的目的。

利用群眾外包的方式向外界募集創意

其次是市場成長性低的茶泡飯、即食湯品、散壽司．炒飯料等，因為不容易擴大市占率，必須研發新用途或新菜單。關於這點，其實永谷園已經著手進行，二〇〇七年左右刊載了「松茸湯品」包裝內的變化食譜。目前該公司的網站上可以依商品別參考五百多種的食譜，消費者也能夠投稿自己研發的創意料理。

只是，雖然做了這類的努力，茶泡飯、即食湯品的營業額仍舊低迷，表示這樣的做法並未有效引發消費者新的需求。其實這樣的行銷經營不應該僅限日本國內，也應該針對海外市場積極發送訊息才對。就算國內市場的需求飽和，日式即食食品廠商的海外市場也是一片藍海。由於茶泡飯、即食湯品或味噌湯等日式即食食品本來就幾乎沒有海外市場，如果這些商品可以在海外穩定銷售的話，預估會有大幅度的成長。

至於海外市場的攻略，應該多加應用這些變化食譜。從一開始，就可以把茶泡飯或即食湯品當成高湯料或調味料，運用在當地料理的食譜裡面，更進一步地向全球消費者募集使用永谷園商品的食譜，並選出優秀食譜發放獎金。媒體方面，可以運用YouTube或Cookpad這類的食譜網站。在這些網站註冊帳號，介紹或募集使用公司商品烹調的各國料理的變化食譜，藉以開拓海外市場。

在國內，把廣告費集中在預見市場有成長的「即食味噌湯」、「香鬆」等商品以擴大市占率。市場成長性低且國內市占率已經處於獨占狀態的「茶泡飯」與「即食湯品」等商品，可透過提案或募集變化食譜以發展海外市場。這是我認為永谷園應該採取的戰略（圖11）。

歸納整理

- 在國內市場方面，把廣告費集中在預見市場有成長的「即食味噌湯」、「香鬆」等商品，以擴大市占率
- 市場成長性低且國內市占率處於獨占狀態的「茶泡飯」與「即食湯品」等商品，應該向海外市場尋求新的用途，透過提案或募集各國料理的變化食譜以發展海外市場。

大前總結

產品組合管理分析後，配合商品的市場成長性，檢討投資的方向。

對於市場成長性高且預見市占率會增加的領域，要密集投入廣告宣傳費進行促銷。市場成長性低但擁有高市占率的商品，要思考如何創造消費者的新需求。先從成長性與市占率等兩個方向來分析公司商品吧。

CaseStudy

20

YAMASA醬油

「大公司的躍進」無死角嗎？

假如你是**YAMASA醬油**的社長，當國內醬油的消費量逐漸減少，你要採取什麼樣的成長戰略呢？

※根據2016年11月進行的個案研究編輯・收錄

正式名稱	YAMASA醬油株式會社
成立年份	1928年（創業於1645年）
負責人	代表取締役社長　濱口道雄
總公司所在地	千葉縣銚子市
事業種類	食品製造業
事業內容	醬油製造・銷售、各種調味料製造・銷售、藥品製造・銷售
資本金額	1億日圓
營業額	535億日圓（2015年12月期）

被龜甲萬控制的國內醬油市場

創業超過三百七十年的老廠

以千葉縣銚子市為據點的YAMASA醬油（以下稱YAMASA），是創業超過三百七十年的醬油釀造老店。進入現代以後，為了以科學方式解開醬油釀造的祕密，公司不斷投入研究，最後終於分解出酵母的核糖核酸（RNA，Ribonucleic Acid，與基因資訊的傳遞或蛋白質合成有關的物質），並成功做出肌苷酸（Inosinic Acid，柴魚片等的甘甜成分）與鳥苷酸（Guanylic Acid，香菇等的甘甜成分）。也因此，YAMASA便開始投入甘甜味調味料的工業生產。甚至，這項技術也發展到製造核酸相關化合物，事業範圍擴大到藥品的原料藥（Active Pharmaceutical Ingredient）與診斷用藥等領域，而這些都是在醬油釀造中因研究微生物而發展出來的事業。根據這樣的背景，再來觀察YAMASA的事業別營業額，可以看出甘甜味調味料等各種調味料營業額占了將近一半，醬油的比率為四一％，藥品的原料藥、中間體以及診斷用藥等占一三％（圖1）。

公司的經營非常踏實，如果看一九八〇年以後的業績變化，就可看出營業額雖然緩慢成

圖 1　各種調味料占46%、醬油占41%、藥品等占13%

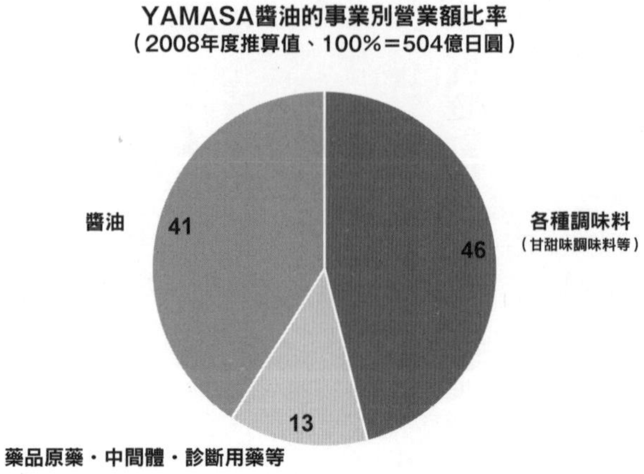
YAMASA醬油的事業別營業額比率
（2008年度推算值、100%＝504億日圓）
醬油
41
各種調味料
（甘甜味調味料等）
46
13
藥品原藥・中間體・診斷用藥等

資料：摘自東京商工リサーチ〈東商信用録〉各年版，由BBT大學綜研製作

圖 2　長期以來營業額持續增加，除了震災時期以外，都保持盈餘狀態

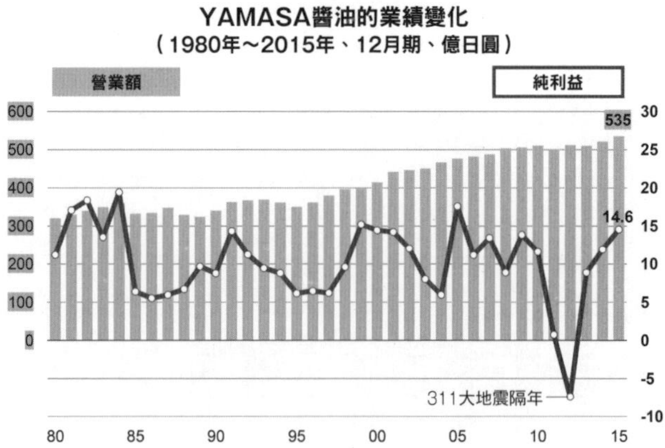
YAMASA醬油的業績變化
（1980年～2015年、12月期、億日圓）
營業額
純利益
600
500
400
300
200
100
0
535
14.6
30
25
20
15
10
5
0
-5
-10
311大地震隔年
80
85
90
95
00
05
10
15

資料：摘自東京商工リサーチ〈東商信用録〉各年版，由BBT大學綜研製作

長，但是長期以來一直有增加趨勢。如果是純利益的變化，二〇一一年日本三一一大地震的隔年雖有虧損，不過長期以來一直都保持盈餘的狀態（圖2）。後面將會提到，最近日本國內的醬油市場大幅縮小，在這樣的狀況下還能保持盈餘，可以說是以品牌力為基礎擴大市場，以及運用本業的技術多角化運作的結果。

國內醬油市場由龜甲萬一家獨大

接著來看看日本國內市場的狀況吧。

醬油出貨量的前十家公司的市占率分別是，龜甲萬居冠占二七・五%，第二名是YAMASA占一一・五%，接下來分別是正田醬油、Higeta醬油、Higashimaru醬油等（圖3）。

如果比較醬油出貨量前十名的公司營業額，顯然龜甲萬處於一強獨大的狀態。在這部分YAMASA也位居第二，但是跟龜甲萬的四千零八十四億日圓相比，YAMASA的五百三十五億日圓只有前者的八分之一而已（圖4）。

前五名市占率超過五成的寡占現象，各地擁有各自的利基市場

國內醬油廠商不斷減少，一九五五年約有六千家廠商，到了一九八〇年減半剩

圖3　醬油出貨量僅次於龜甲萬，居國內第2

國內醬油出貨量前10名市占率
（2015年、100%＝78萬411公升）

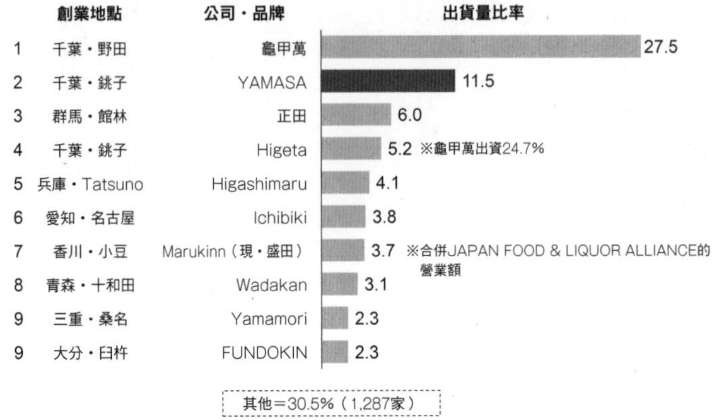
創業地點
公司・品牌
出貨量比率
1 千葉・野田 龜甲萬 27.5
2 千葉・銚子 YAMASA 11.5
3 群馬・館林 正田 6.0
4 千葉・銚子 Higeta 5.2 ※龜甲萬出資24.7%
5 兵庫・Tatsuno Higashimaru 4.1
6 愛知・名古屋 Ichibiki 3.8
7 香川・小豆 Marukinn（現・盛田） 3.7 ※合併JAPAN FOOD & LIQUOR ALLIANCE的營業額
8 青森・十和田 Wadakan 3.1
9 三重・桑名 Yamamori 2.3
9 大分・臼杵 FUNDOKIN 2.3
其他＝30.5%（1,287家）

資料：摘自日刊経済通信社〈酒類食品統計月報2017年1月号〉，由BBT大學綜研製作

圖4　從營業額來看，龜甲萬呈現一強獨大的狀態

國內醬油出貨量前10名的營業額
（2015年度、含醬油以外的營業額、億日圓）

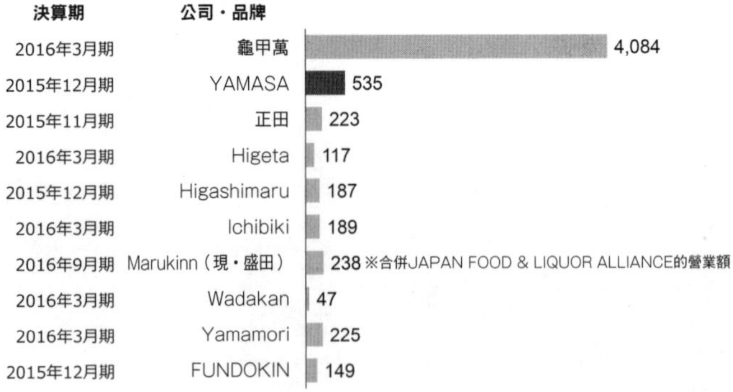
決算期
公司・品牌
2016年3月期 龜甲萬 4,084
2015年12月期 YAMASA 535
2015年11月期 正田 223
2016年3月期 Higeta 117
2015年12月期 Higashimaru 187
2016年3月期 Ichibiki 189
2016年9月期 Marukinn（現・盛田） 238 ※合併JAPAN FOOD & LIQUOR ALLIANCE的營業額
2016年3月期 Wadakan 47
2016年3月期 Yamamori 225
2015年12月期 FUNDOKIN 149

資料：摘自各公司決算資料、東京商工リサーチ，由BBT大學綜研製作

二千九百二十七家，之後也持續減少。即便如此，到了現在日本國內還存有一千三百家醬油廠商。

不過，醬油市場的寡占程度很高，國內出貨量中的五四％由龜甲萬、YAMASA、正田、Higeta、Higashimaru等五家公司包辦（圖5）。如果包含第六～十名的Ichibiki、Marukin、Wadakan、Yamamori、FUNDOKIN等十家公司，約占整體的七〇％，其餘的三〇％左右則由一千二百八十七家小廠分食。

那麼多小規模醬油廠存在的理由，是因為每個地區的飲食文化不同而衍生出消費者對於醬油的不同喜好，為了配合各地的飲食文化，在地小規模廠商形成特有的利基市場。舉例來說，「東日本愛濃醬油，西日本愛薄醬油」這種因地區性而產生的嗜好差異以及與鄉土料理的搭配，帶來多樣化的需求。如圖6所示，醬油的消費地區散布各處，在全國形成分散的市場。

巔峰時期為一九七〇～一九九〇年代，現在市場持續縮小

如果看整個醬油市場的變化，可以看出自從一九九〇年代以後，市場開始有縮小的傾向。如圖7所示，一九四五年的出貨量約有四十萬公升，在二次世界大戰後順利成長，七三年達到一百三十萬公升。但是從一九九〇年代開始就逆轉而有減少趨勢，到了二〇一五年只

圖5　前5名公司共占54%、前10名公司占70%，其他30%由1,287家公司分食

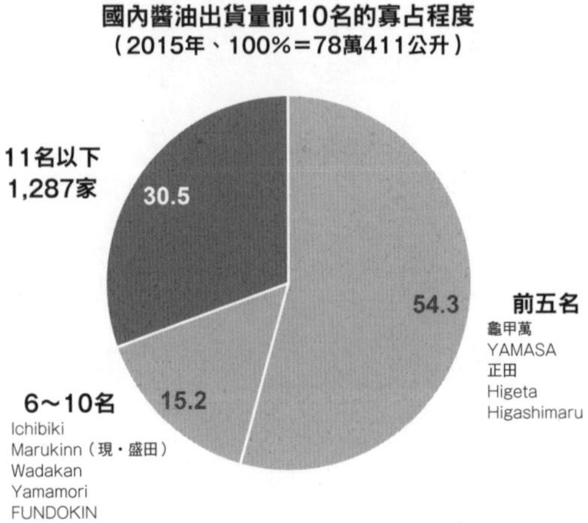
國內醬油出貨量前10名的寡占程度
（2015年、100%＝78萬411公升）
11名以下
1,287家
30.5
54.3
前五名
龜甲萬
YAMASA
正田
Higeta
Higashimaru
15.2
6～10名
Ichibiki
Marukinn（現・盛田）
Wadakan
Yamamori
FUNDOKIN

資料：摘自日刊経済通信社〈酒類食品統計月報2017年1月号〉、しょうゆ情報センター〈醤油の統計資料〉，由BBT大學綜研製作

圖6　因地區性的喜好差異以及與鄉土料理的搭配而在各地區形成利基市場

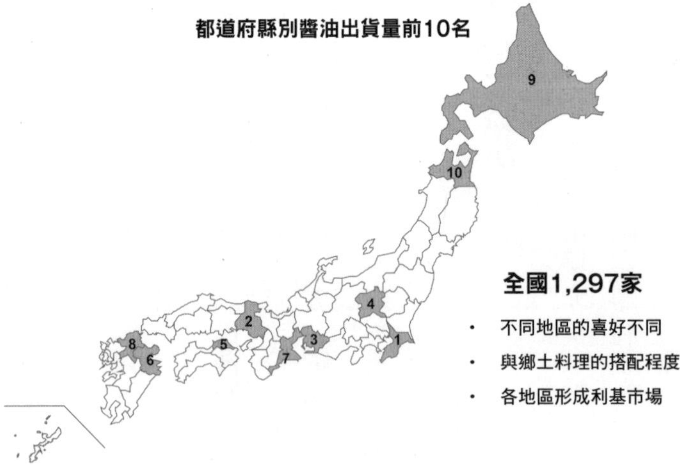
都道府縣別醬油出貨量前10名
9
10
4
2
3
1
8
5
6
7
全國1,297家
・不同地區的喜好不同
・與鄉土料理的搭配程度
・各地區形成利基市場

資料：摘自しょうゆ情報センター〈醤油の統計資料〉，由BBT大學綜研製作

有七十九萬公升，約為巔峰時期的六成左右。

醬油消費量減少的主要原因有三（圖8）。第一是「飲食文化的改變」，從日式改成西式、從米飯變成麵包，從自炊變成外帶回家等，飲食習慣變得多樣化。也因此，餐桌上使用醬油的機會不斷減少。第二個原因是「家庭結構的變化」，由於少子高齡化的進展，單身家庭增加而親子家庭持續減少。如果是一個人生活，外食或外帶回家比較方便，所以自己做菜的機會也很容易變少。有的人甚至買一小瓶醬油就可用一年，所以當單身家庭增加，買醬油的機會就變得越少。第三個原因是「被綜合調味料取代」，即食湯品、高湯・醬料類、沙拉醬等調味料直接使用即可，所以用餐時使用醬油機會也變少。因為這三個主要因素，醬油的消費量就逐漸減少。

如果看每個人的醬油消費量變化，就可以明確看出從一九五〇年代開始，消費量就已經有減少的傾向直到現在（圖9）。因飲食內容多樣化，使得醬油的使用減少，還有單身家庭增加（親子家庭減少），在家烹飪的機會減少等種種因素，調味使用的基礎調味料用量減少。另一方面，加在食材或現成的熟菜上就可以吃的綜合調味料使用量增加等結構性的變化，也使得醬油的消費量減少。

如果比較一九八五年與二〇一五年主要調味料的市場成長率，可以看出醬油與味噌等基礎調味料雙雙呈現負成長，相對於此，綜合調味料與即食調味料都有正成長。

圖7　國內醬油市場在 1970～90年代達到巔峰，之後就持續縮小

國內醬油出貨量變化
（1945～2015年、萬公升）

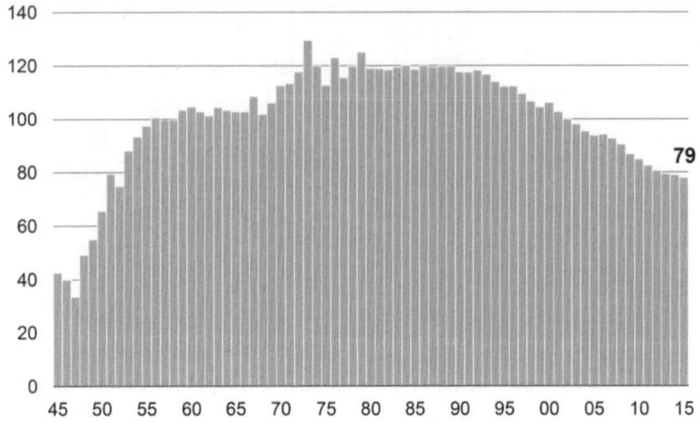

資料：摘自しょうゆ情報センター〈醬油の統計資料〉，由BBT大學綜研製作

圖8　由於飲食習慣改變、家庭結構改變、被綜合調味料取代等因素，每人的醬油消費量減少

醬油消費量減少的主因

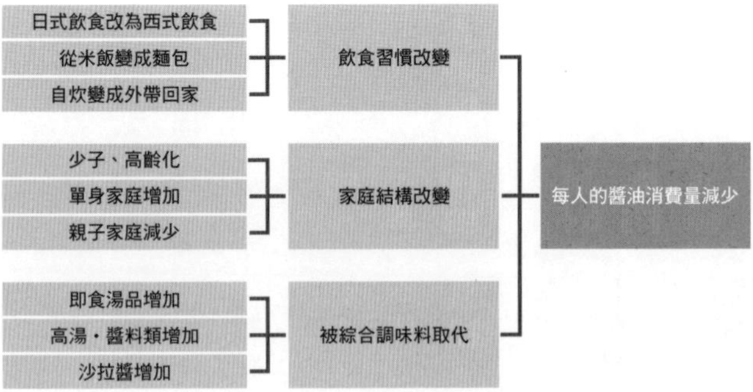

資料：摘自訪問日刊經濟通信社責任編輯的調查內容，由BBT大學綜研製作

其中成長率特別高的是沙拉醬，以金額計算的話，成長率達到四三〇%。其他的如日式湯類、西式．中式湯類、醬油露、橘醋等都受到消費者的高度歡迎（圖10）。

因海外市場活絡，龜甲萬持續大幅增加收益

海外需求成長

日本國內的醬油市場持續縮小，另一方面，海外需求卻持續成長。在海外生產醬油的廠商只有龜甲萬與YAMASA等兩家公司而已，不過生產量卻不斷往上攀升，二〇一四年已經超過二十二萬公升（圖11）。這對於各廠商的業績有莫大的貢獻，在國內市場長期下滑的狀況之下，龜甲萬與YAMASSA的收入卻持續增加（圖12）。

龜甲萬成功的原因是發展海外市場

雖然在海外生產的有龜甲萬與YAMASA兩家公司，不過龜甲萬就占了九成的海外生產量，而YAMASA則不到一成。

龜甲萬近年來持續大幅增加收益，領導公司成長的就是海外事業。從地區別的營業額變

圖9　每人的醬油消費量在60年之間持續減少

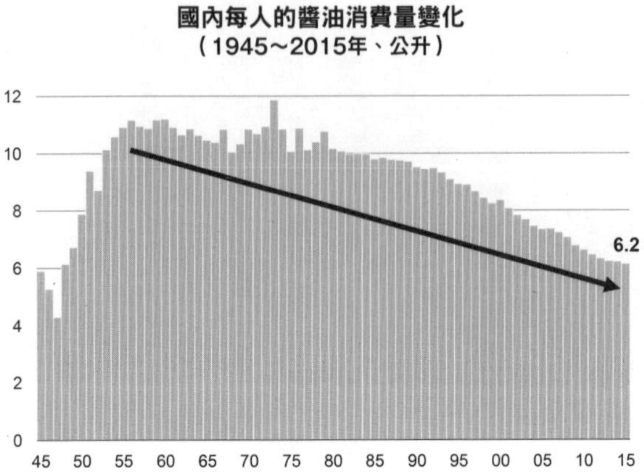

※單純以出貨量除以人口數，也包含餐飲店・加工食品的攝取量

資料：摘自しょうゆ情報センター〈醬油の統計資料〉、總務省人口推算，由BBT大學綜研製作

圖１０　用在烹調上的基礎調味料減少，綜合調味料與即食湯品持續成長

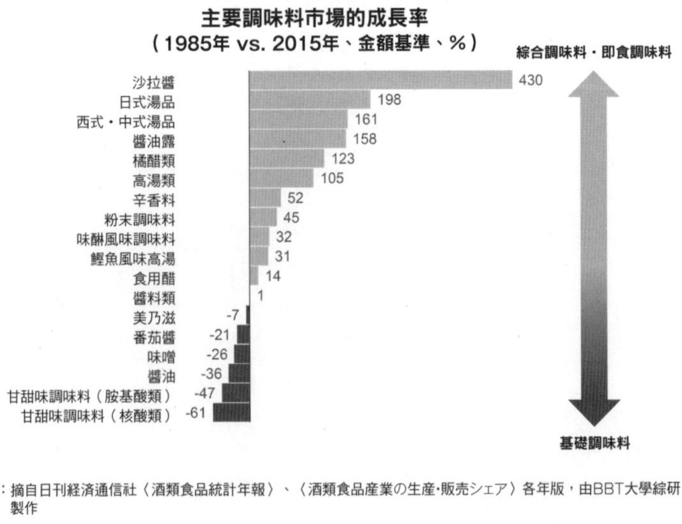

資料：摘自日刊経済通信社〈酒類食品統計年報〉、〈酒類食品産業の生産·販売シェア〉各年版，由BBT大學綜研製作

化（圖13）可以看出，龜甲萬的海外事業除了醬油之外，亞洲地區還有Del Monte產品（番茄加工品）、健康食品以及和食食材的批發事業等。海外營業額持續成長，二〇一三年度超越國內營業額，二〇一五年度的海外營業額達到二千三百一十五億日圓，而國內營業額則有一千七百六十九億日圓。另一方面，公司利用多角化經營來彌補醬油市場的衰退，所以國內營業額也慢慢地從停滯走向微增。

不是只有龜甲萬的海外營業額比率成長而已。Mizkan與味之素等日式調味料廠商的海外營業額比率也都超過五〇%。相反地，看得出以歐美市場為主要產地的辛香料、美乃滋或是番茄加工品等廠商，則在海外展開苦戰。

關於各日式調味料公司的海外戰略，是各公司經過數十年踏實努力的結果。不過，若要簡單點出關鍵重點，其實就是「在地化」、「併購」與「提味」等三點吧（圖14）。龜甲萬從一九五〇年代開始就發展海外市場，利用醬油研發在地料理，並成立餐廳作為直營店。透過這樣的做法，在海外開拓醬油的用途並進行在地化。

Mizkan於一九八一年收購美國大型食用醋廠商，從此開始就持續在北美收購多家食用醋製造商。二〇〇二年以及二〇一二年收購英國食用醋製造商，二〇一四年從英國・荷蘭的聯合利華手中買下北美的義大利麵醬事業等，透過併購加強海外事業。

味之素的主力商品「味素」是利用昆布高湯等材料的甘甜成分・麩胺酸（Glutamic

圖11　相對於國內需求減少，國外需求量持續成長

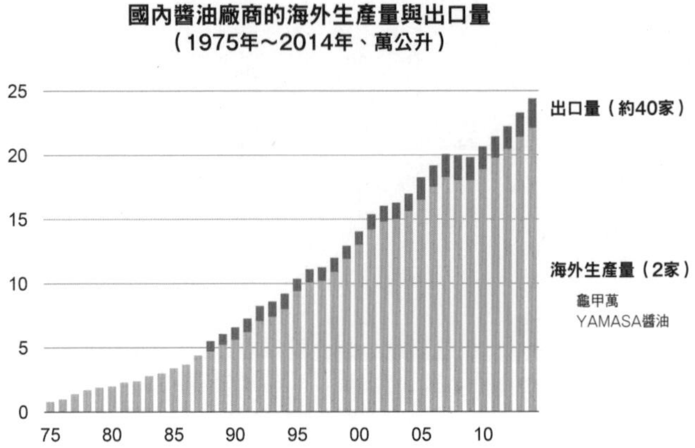

國內醬油廠商的海外生產量與出口量
（1975年～2014年、萬公升）
25
20
15
10
5
0
75
80
85
90
95
00
05
10
出口量（約40家）
海外生產量（2家）
龜甲萬
YAMASA醬油

※1987年以前的出口量不清楚，海外生產量由日本醬油協會推算

資料：摘自橫浜税関〈醤油の輸出〉2015年10月22日、日本醬油協會推估、訪問日刊經濟通信社責任編輯的調查內容，由BBT大學綜研製作

圖12　在國內市場縮小的情況之中，只有龜甲萬與YAMASA持續增加收入

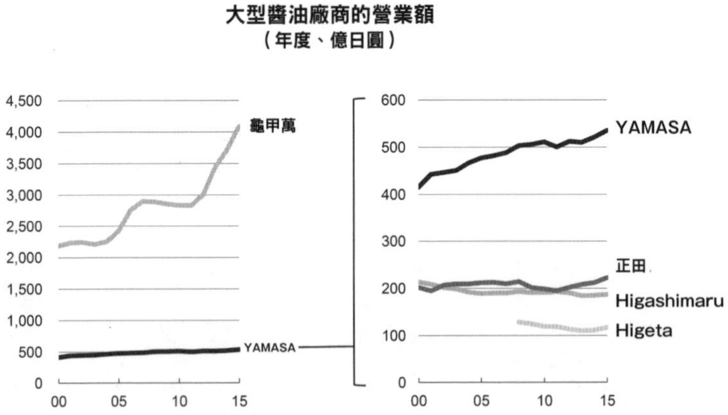

大型醬油廠商的營業額
（年度、億日圓）
4,500
4,000
3,500
3,000
2,500
2,000
1,500
1,000
500
0
00
05
10
15
龜甲萬
YAMASA
600
500
400
300
200
100
0
YAMASA
正田
Higashimaru
Higeta

※龜甲萬的營業額是扣除可口可樂事業後的數值（2000～2008年度）

資料：摘自各公司決算資料、東洋経済新報社〈会社四季報〉，由BBT大學綜研製作

Acid，胺基酸的一種）所製成的產品，可以加在世界上各種料理與食品當中，或是當成提味用調味料等，是使用性相當廣泛的調味料。該公司目前在二十七個國家．地區都設有據點，在一百三十多國推廣產品。醬油的甘甜成分是來自於大豆或小麥等原料的麩胺酸，因此，龜甲萬的在地化戰略可以說就是把醬油當成「提味」調味料，讓醬油融合於在地料理之中。

與其他廠商合作以加強國內外市場

課題是擴大國內市占率、推動多角化經營與加強發展海外市場

以下整理YAMASA的現狀與課題吧（圖15）。

如果觀察醬油的「市場」，可以看出隨著每個人的消費量減少，國內市場也跟著縮小，另一方面，海外市場卻持續成長。關於「競爭對手」方面，日本國內靠著各地區的利基市場而生存的醬油廠約有一千三百家，雖然YAMASA排名國內第二，但是與第一名的龜甲萬還有很大的差距，這是因為多角化經營與發展海外市場的程度高低所產生的差距吧。

關於「公司」方面，因踏實經營，所以公司一直保持增加收益與盈餘，而且不僅從釀造技術的研究到各種調味料的多角化經營，也積極發展海外市場。在這樣的狀況之下，若想追

圖１３　龜甲萬在國內進行多角化經營並發展海外市場以持續增加收入

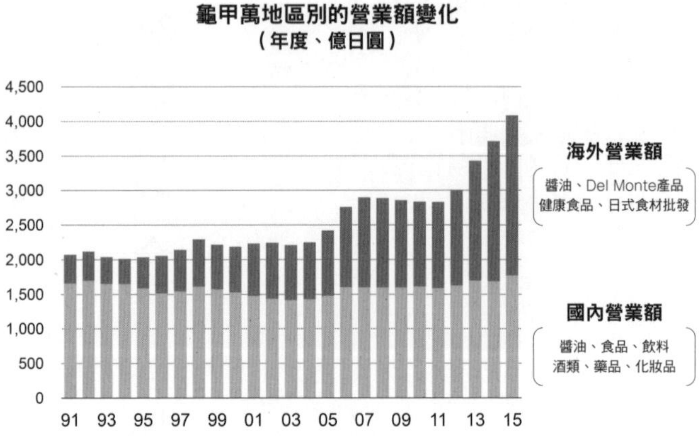
龜甲萬地區別的營業額變化
（年度、億日圓）
4,500
4,000
3,500
3,000
2,500
2,000
1,500
1,000
500
0
91 93 95 97 99 01 03 05 07 09 11 13 15
海外營業額
醬油、Del Monte產品
健康食品、日式食材批發
國內營業額
醬油、食品、飲料
酒類、藥品、化妝品

※龜甲萬的營業額是扣除可口可樂事業後的數值（2000～2008年度）
※2000年度以前是12月期，2001年度以後為3月期

資料：摘自キッコーマン〈株主‧投資家情報〉，由BBT大學綜研製作

圖１４　日式調味料在海外發展的重點是「在地化」、「併購」、「提味」

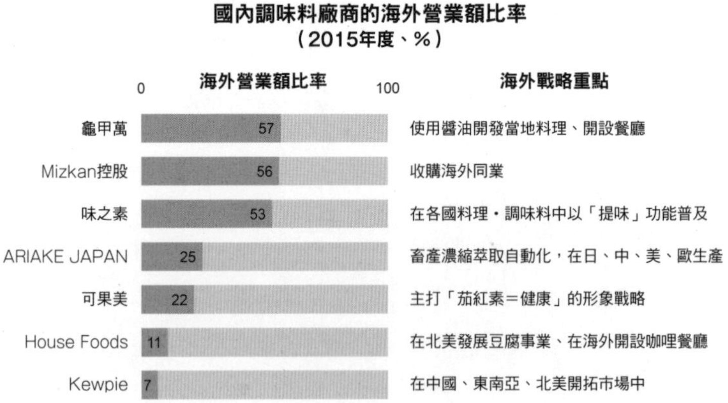
國內調味料廠商的海外營業額比率
（2015年度、%）
0
海外營業額比率
100
海外戰略重點
龜甲萬
57
使用醬油開發當地料理、開設餐廳
Mizkan控股
56
收購海外同業
味之素
53
在各國料理・調味料中以「提味」功能普及
ARIAKE JAPAN
25
畜產濃縮萃取自動化，在日、中、美、歐生產
可果美
22
主打「茄紅素＝健康」的形象戰略
House Foods
11
在北美發展豆腐事業、在海外開設咖哩餐廳
Kewpie
7
在中國、東南亞、北美開拓市場中

資料：摘自各公司決算資料，由BBT大學綜研製作

求更進一步的成長，公司就必須從以下三個課題著手，分別是「擴大國內市占率」、「推動國內多角化經營」以及「加強發展海外市場」。

以「醬油廠商結盟」對抗龜甲萬

以下針對各個課題提出各種不同的戰略吧（圖16）。首先是國內市場。這裡的課題是「擴大市占率」與「多角化經營」。擴大市占率會遇到的阻礙就是飲食差異所產生的區域性問題。如前所述，各地區的在地廠商擁有各自的利基市場，所以想超越地區性以擴大市占率並不容易。不過，這些地方上的醬油廠商多屬於小規模事業，財務基礎脆弱。因此，可以考慮以YAMASA主導的方式，把各地具代表性的醬油廠商集合在持股公司之下，組成聯合陣線。透過結盟，以共同採購原料的方式刪減成本、集中間接部門以降低管銷費、加強各公司的財務狀況以及應對各地區的特殊性等。甚至應該也可以共同發展海外市場吧。形成共同採購集團的參考案例就是流通業界，例如永旺集團的前身是JUSCO，而JUSCO的起源就是地區性的連鎖超市岡田屋、Hutagi、Shiro等公司共同出資成立的共同採購公司。這是小規模的地方企業聯手合作，利用規模經濟有效率經營的案例之一。

「多角化經營」可考慮與各種調味料的第一名、第二名廠商進行併購。國內有那種在特定領域中擁有高市占率，但事業規模不大的小型調味料廠商。EBARA食品工業、永谷園、

圖15　面臨的課題是擴大國內市占率、多角化經營以及加強發展海外市場

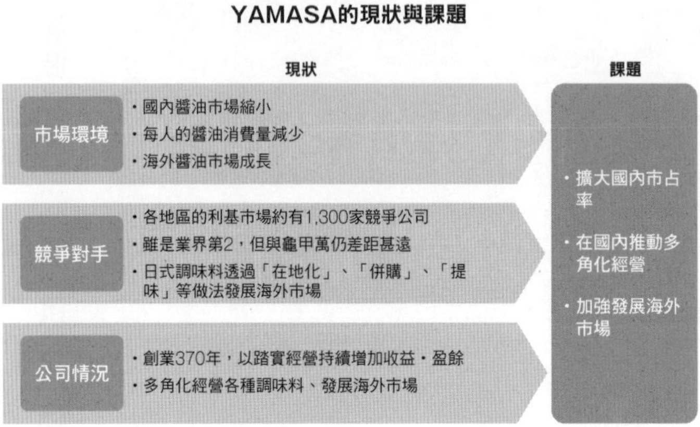

資料：BBT大學綜研製作

圖16　與醬油廠商結盟，透過併購多角化經營，可與Mizkan或McComick合作加強海外市場

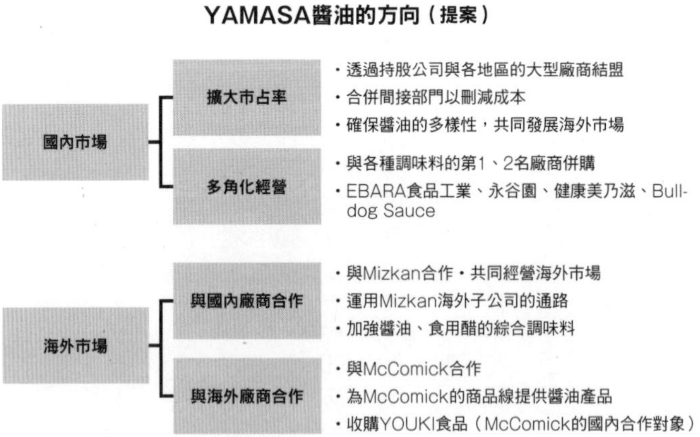

資料：BBT大學綜研製作

健康美乃滋、Bull-dog Sauce等在各調味料領域中都占有第一、第二的市占率，但事業規模與YAMASA相當或更小，這就是「多角化」的課題。以醬油與甘甜味調味料等基礎調味料為主力的YAMASA醬油與這些各調味料廠商產品內容相似，攜手合作的好處應該很大吧。

把醬油推向「世界共通的提味醬料」地位

在海外市場建構商品銷售通路也是很大的課題。關於這點，可以像龜甲萬與味之素那樣，花數十年時間一步一腳印地開拓市場。不過，也可以考慮與海外廠商合作或收購以獲得通路的方法。速度最快的就是採取合作方式，這部分可以考慮「與國內廠商合作」或是「與國外廠商合作」等方法。如果是國內廠商的話，應該可以選擇與Mizkan聯手。如前面提過的，Mizkan透過併購將海外廠商納入旗下，獲得這些廠商既有的通路。如果與Mizkan合作，或許就可以找機會在這些通路上架YAMASA的商品。只是，在這樣的情況下，兩家公司產品中的競爭產品「橘醋」就會互相衝突，這時YAMASA就勢必得讓步了吧。如果能夠解決這點，而醬油與食用醋本來就是互搭性很高的組合，若有機會共同在海外發展應該可獲得加乘效果吧。

如果與Mizkan合作有困難的話，也可以考慮與海外廠商McComick合作。這家公司是世界最大的香料廠商，在各地生產・銷售香料與醬料類的產品，特別是在北美、英國與法國等國家的市占率接近一半。YAMASA可提供醬油加入McComick的商品線，目標不只是和食料理，而是全球的料理都能夠使用醬油。另外，目前McComick的國內合作對象是YOUKI食品，或許YAMASA也可以考慮收購這家公司。

還有，我覺得YAMASA應該投入的最重要課題就是把醬油的地位推向「世界共通的提味醬料」。我在美國留學期間，自己下廚炒蛋時，不只會加鹽、胡椒等調味料，也一定會加醬油。而這樣的做法深受德國、瑞士、義大利等室友的好評。我認為YAMASA的線索就在這裡。無須因為是醬油，所以執著要用在日式料理。舉例來說，在亞洲最受歡迎的西班牙料理餐廳中，許多料理都會使用咖哩粉提味，醬油要追求的，就是這樣的角色。如果全球的消費者無論做什麼料理都習慣加入少許的醬油，就能夠預見可觀的出貨量了。如果能夠透過與McComick這類的世界香料廠商合作，開發以醬油為基底的綜合調味料並在全球市場發展，就有可能完成這個課題。

醬油大廠龜甲萬以自己的戰略，無論在國內市場、海外市場都大有斬獲，如果YAMASA停留在現狀不作為的話，將不會有成長的機會。不要只在自家公司尋找戰略，應該積極與其他廠商攜手合作，在國內、外多方面嘗試各種成長戰略。這是我認為YAMASA應該採取的態度。

歸納整理

- ☑ 由YAMASA主導，把各地具代表性的醬油廠商集合在持股公司之下，組成聯合陣線。共同採購原料或集中間接部門以提高經營效率、加強各公司的財務結構。不僅可互補因飲食文化差異所產生的醬油地區性，也可共同發展海外市場。
- ☑ 可以考慮與各類調味料的第一名、第二名廠商進行併購。透過商品線的互補達到多角化經營。
- ☑ 與Mizkan合作，藉此獲得海外子公司的銷售通路。加強醬油與食用醋搭配的綜合調味料。競爭產品的「橘醋」方面YAMASA要讓步。
- ☑ 與海外廠商McComick合作，提供醬油加入該公司的商品線。開發以醬油為基底的調味料。把醬油轉型為全球料理均通用的提味調味料，並透過該公司的通路推廣到全世界。

大前總結

雖然市占率居第二且業績穩定，但市場逐漸縮小，應積極與國內外廠商合作以對抗龍頭廠商。

醬油市場第一名的廠商實力強大，甚至在海外市場也有傲人的成績。YAMASA雖然踏實經營，卻也只能屈居第二。應主導全國各地具代表性的廠商共同結盟，並在國內外多方面尋找成長的戰略。

CaseStudy

21

美津濃

以利基企業為目標的「多品牌策略」

假如你是**美津濃**的社長，在業績低迷，與亞瑟士有著大幅差距的情況下，你要如何擬定成長戰略？

※根據2015年5月進行的個案研究編輯・收錄

正式名稱	美津濃株式會社
成立年份	1906年
負責人	代表取締役社長　水野明人
總公司所在地	大阪總公司：大阪府大阪市、東京總公司：東京都千代田區
事業種類	其他類產品
事業內容	運動用品之製造銷售
資本金額	261億3,700萬日圓（截至2015年3月31日）
合併營業額	1,870億7,600萬日圓（2015年3月期）
合併員工人數	5,365人（截至2015年3月31日）

被亞瑟士大幅拉開差距的前國內龍頭廠商

國內市場縮小使得營業額低迷，被亞瑟士迎頭趕上

美津濃是經營綜合運動用品的大型企業，曾經是日本國內的龍頭廠商，但是現在被亞瑟士（ASICS）大幅拉開差距。日本的運動用品市場在一九九〇年代達到巔峰之後開始縮小，隨著這樣的局勢變化，美津濃的業績也持續呈現低迷狀態（圖1、2）。

另一方面，亞瑟士從二〇〇五年左右開始，業績急遽上升，到了二〇一五年業績達到四千七百一十五億日圓，而美津濃只有一千八百七十一億日圓，兩者的差距大幅拉開。

亞瑟士成功的關鍵是對「足下」的堅持與發展海外市場

在國內市場低迷的情況下，亞瑟士卻還能夠擴大營業額到這樣的程度，最主要的原因是海外市場的發展有了耀眼的成績（圖3）。美津濃的海外營業額比率為三四・五％，相對於此，亞瑟士的海外營業額比率則達到七八・六％。還有，海外市場快速成長的原動力是鞋類事業（圖4）。近年來雖然亞瑟士也在服飾方面投入資源，不過如果提到亞瑟士，就會讓人

圖1　國內運動用品市場在90年代開始減少，2000年以後呈現停滯狀態

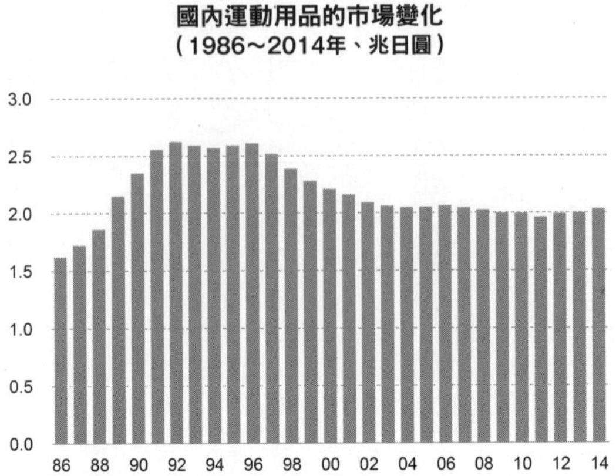
國內運動用品的市場變化
（1986～2014年、兆日圓）
3.0
2.5
2.0
1.5
1.0
0.5
0.0
86 88 90 92 94 96 98 00 02 04 06 08 10 12 14

※〈休閒白書〉的休閒市場中，扣除運動部門中的「運動設施・運動補習班・入場券」等部分之後的「用品」市場

資料：摘自日本生產性本部《レジャー白書》各年版，由BBT大學綜研製作

圖2　受國內市場縮小的影響，美津濃的營業額也跟著呈現低迷狀態，另一方面亞瑟士的營業額卻驟升

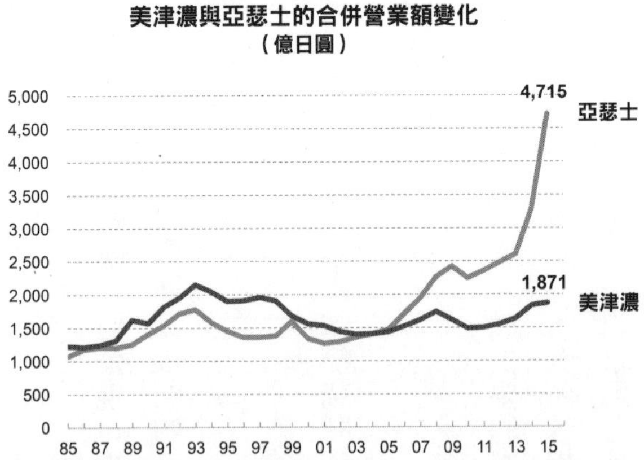
美津濃與亞瑟士的合併營業額變化
（億日圓）
5,000
4,500
4,000
3,500
3,000
2,500
2,000
1,500
1,000
500
0
85 87 89 91 93 95 97 99 01 03 05 07 09 11 13 15
4,715
亞瑟士
1,871
美津濃

※美津濃：85～87年為單獨計算，88年為止為2月期，89年改變決算期（以13個月決算），之後以3月期決算
※亞瑟士：98年為止為1月期，99年改變決算期（以14個月決算），之後以3月期決算，14年改為12月期決算，不過15年是以3月期試算

資料：摘自有價證券報告書、IR資料等，由BBT大學綜研製作

聯想到慢跑鞋，可見其品牌力深植人心。在亞瑟士的前身Onitsuka時代，曾以Onitsuka Tiger的鞋款而聞名。目前全球最大的運動用品公司ＮＩＫＥ本來是Onitsuka Tiger鞋款的美國銷售代理店，後來獨立創業的公司。就如公司名稱ASICS也被人稱為「足ＣＳ」（註：日文的「足」發音為「ASHI」）一樣，總之就是把重點放在鞋類商品上。

世界各國．地區流行的運動各有不同，不過慢跑鞋是各種運動在基礎訓練時使用且使用範圍廣泛的運動用品。另外，機能性高的鞋款就算當成平常穿的鞋子也非常受歡迎，能夠發展成時尚品項，可以說是很容易在全球發展的運動用品。

另一方面，美津濃生產的是各類運動使用的專業器材，許多產品若不是該項運動的選手，是幾乎完全不會用到的。美津濃特別以棒球用品而知名，不過手套、球棒、頭盔、釘鞋等，對於不打棒球的人而言，幾乎是不需要的商品。另外，棒球這項運動也僅限於熱衷棒球的國家。也就是說，美津濃雖然生產各類運動使用的專業用品，但是由於專業性太高，反而阻礙了在全球市場的發展。

這個事業組合的差異成為兩家公司在全球發展的差異，更進一步造成營業額的差距。

圖3　營業額的差距來自於海外市場的差距

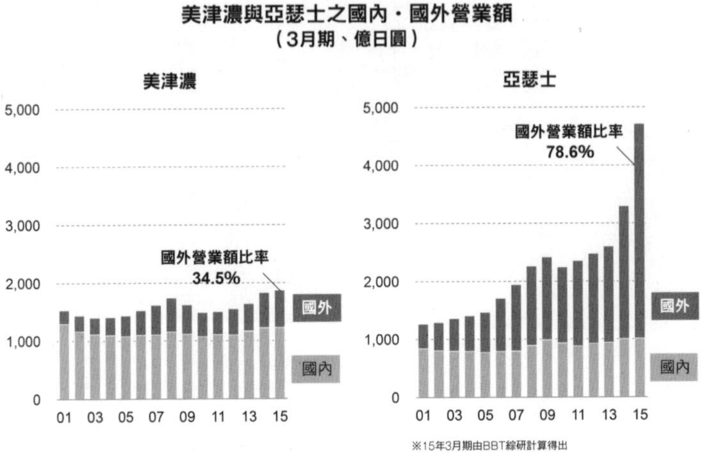

資料：摘自有価證券報告書、IR資料等，由BBT大學綜研製作

圖4　亞瑟士把產品集中在鞋類，這是海外營業額躍升的原動力

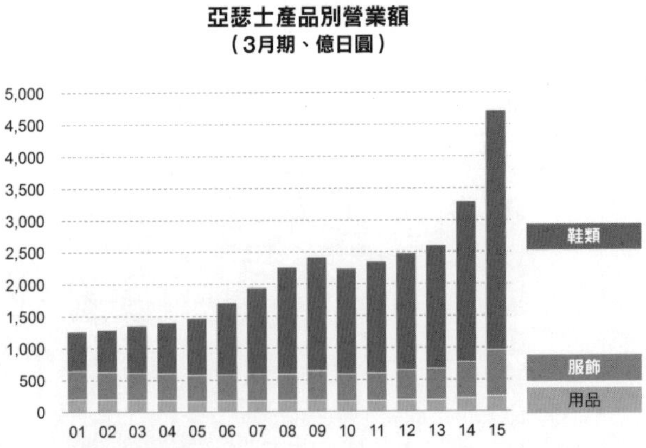

※15年3月期的數值由BBT綜研計算得出

資料：摘自アシックス決算資料，由BBT大學綜研製作

運動用品的通路結構發生變化，傳統商業模式瓦解

廣泛的商品類別不適合量販店時代

美津濃的主力事業是棒球、高爾夫球以及其他各種運動的專業用具。只是，棒球除了日本與美國之外，其他地方並不太盛行，而美津濃的高爾夫球用具也稱不上受歡迎。其他的各種運動用品、鞋類、服飾等雖然大範圍地發展，但也正是這點造成美津濃業績低迷。家電廠商其實也發生類似的狀況（圖5）。

舉例來說，松下電器（現．Panasonic）曾經擁有National Shop（指專門銷售前松下集團企業產品的特約店之通稱及其銷售網路，是日本最早的電器專賣店，也是日本國內最大的地區性電器行網路，現已改名為Panasonic Shop）銷售網，自家公司則生產所有領域的家電產品。

但是，到了家電量販店時代，各廠商的商品都集中在同一個賣場，消費者只要去特定的商品區找自己想買的商品即可，因此，公司自己獨有的銷售網就變得沒那麼重要了。美津濃所面臨的情況也完全一樣。以前運動用品的通路是以街上的個人商店為主，如果是小規模的個人商店進貨各種運動用品來銷售，美津濃這類綜合性的專業運動用品廠商就具有一定的優

圖5　美津濃除了棒球、高爾夫球之外，也生產廣泛的專業運動用品

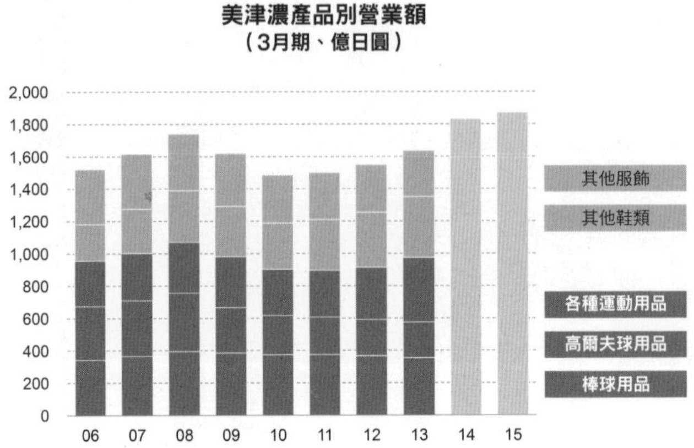

※「棒球」、「高爾夫球」、「各種運動」用品都各自包含專業的鞋類・服飾
※14年、15年變更區分項目，所以詳細內容不清楚

資料：摘自美津濃株式會社 投資人關係 公司概況，由BBT大學綜研製作

圖6　雖然發展各項運動用品，但是除了棒球與游泳之外，察覺不到存在感

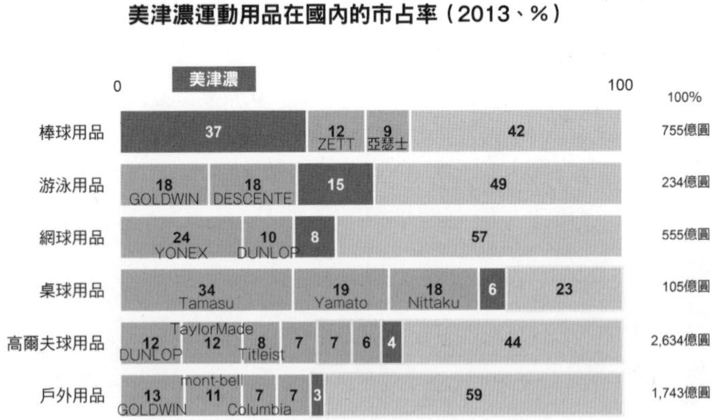

資料：摘自矢野経済研究所《2014年版 日本マーケットシェア事典》，由BBT大學綜研製作

勢。

但是，現在出現了運動用品量販店，不只美津濃這類綜合廠商的商品，連亞瑟士的慢跑鞋、Wilson的網球鞋等特定領域的特定廠商的商品也都一同陳列架上。

在這樣的商店裡，美津濃的商品無論位在哪個商品區，陳列數量都極少。可以說，這種通路結構的改變對美津濃的商業經營模式造成很大的影響。

除了棒球與游泳之外，無法突顯存在感

從美津濃的運動用品在國內的市占率（圖6），也可以看出美津濃在運動用品量販店中的劣勢。

美津濃在各領域的國內市占率方面，棒球用品居冠，游泳用品居第三位，但此外的各類產品都分別被稱得上是專業廠商占據大部分的市占率，例如網球、羽球的YONEX；桌球的Tamasu；高爾夫球的DUNLOP與TaylorMade等。

總之，可以說除了棒球與游泳以外，其他領域都感覺不到美津濃的存在。

綜合性的專業運動用品廠商之困境

跨國廠商以鞋類、服飾為主體，美津濃專攻專業用品

如果觀察美、歐、亞等主要運動用品廠商的營業額（圖7），可以看出世界龍頭的NIKE營業額超過三兆日圓，Adidas接近二兆日圓，第三名是以戶外用品為主的服飾品牌VF Corporation，營業額也接近一兆五千億日圓，接下來的亞瑟士規模大幅縮小。相較之下，位居十三的美津濃營業額為一千八百七十一億日圓，與世界前幾名的廠商相比，還有相當大的距離。

最主要的原因是美津濃為綜合性的專業運動用品廠商，其商業經營模式跟以鞋類及服飾為主的跨國廠商完全不同。如果看居上位的廠商之營業額構成比的話，就可知道鞋類的占比很高，例如NIKE專攻慢跑鞋、籃球鞋，Adidas與PUMA專攻足球鞋、慢跑鞋，而亞瑟士則以慢跑鞋為主（圖8）。另一方面，美津濃最大的營業額占比則為專業的運動用品。

如前所述，慢跑鞋是實用性極高的運動用品，任何運動都用得到，同樣地，運動服飾也是極具實用性的運動用品。前面提過，美津濃與亞瑟士的營業額差距來自鞋類，不過亞瑟士

與歐美二強的差距可以說是來自於服飾的發展程度。鞋類與服飾有可能運用在發展服飾品牌，跟各運動的專業用品市場相比，其基礎市場顯得更為龐大。

專業用品的基礎市場太小，頂端形象戰略的影響效果也不大

運動用品廠商會與頂尖運動員簽約，把他們當成招牌，採取頂端形象的行銷策略。範圍廣泛的鞋類或服飾由於基礎市場龐大，所以頂端形象戰略的促銷效果極佳不僅是以頂尖選手為努力目標的中階選手，連業餘運動者，特別是不運動的人也都會受到促銷活動的影響。

另一方面，像美津濃這類專業用品廠商在各類運動的基礎市場小，頂端形象的促銷戰略頂多也只能影響到這項運動的中階選手，無法期待一般大眾會以看待時尚的感覺購買專業用具。

另外，由於是綜合運動用品廠商，所以在選擇簽約選手時，也會輸給把所有資源投注在單一一項運動用品的廠商（圖9）。

圖7　世界頂尖企業都是以鞋類・服飾為主

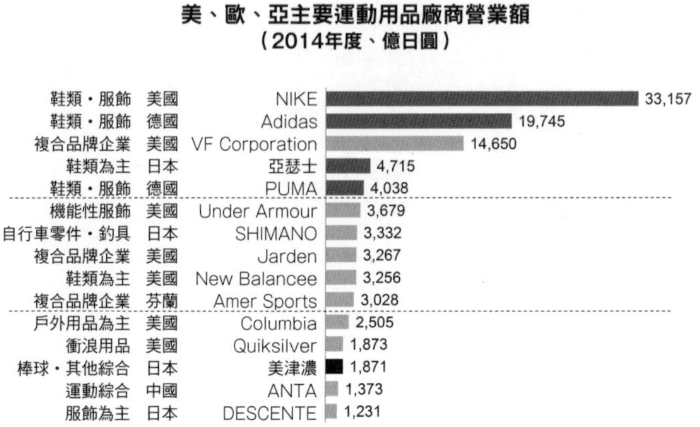
美、歐、亞主要運動用品廠商營業額
（2014年度、億日圓）
鞋類・服飾 美國 NIKE 33,157
鞋類・服飾 德國 Adidas 19,745
複合品牌企業 美國 VF Corporation 14,650
鞋類為主 日本 亞瑟士 4,715
鞋類・服飾 德國 PUMA 4,038
機能性服飾 美國 Under Armour 3,679
自行車零件・釣具 日本 SHIMANO 3,332
複合品牌企業 美國 Jarden 3,267
鞋類為主 美國 New Balancee 3,256
複合品牌企業 芬蘭 Amer Sports 3,028
戶外用品為主 美國 Columbia 2,505
衝浪用品 美國 Quiksilver 1,873
棒球・其他綜合 日本 美津濃 1,871
運動綜合 中國 ANTA 1,373
服飾為主 日本 DESCENTE 1,231

資料：摘自Bloomberg、Reuters，由BBT大學綜研製作

圖8　美津濃的專業運動用品營業額高

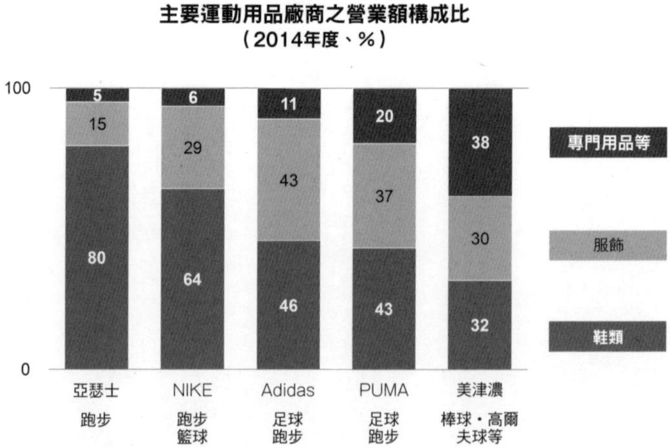
主要運動用品廠商之營業額構成比
（2014年度、%）
100
0
亞瑟士 跑步: 5 / 15 / 80
NIKE 跑步 籃球: 6 / 29 / 64
Adidas 足球 跑步: 11 / 43 / 46
PUMA 足球 跑步: 20 / 37 / 43
美津濃 棒球・高爾夫球等: 38 / 30 / 32
專門用品等
服飾
鞋類

資料：摘自各公司決算資料，由BBT大學綜研製作

應該發展多品牌的專業用品，以利基市場為目標

因應市場環境，透過併購發展品牌

如果整理前面介紹的美津濃的現狀，可以看出隨著日本國內運動用品市場縮小，美津濃的業績也持續低迷。由於美津濃的主力事業是基礎市場小的專業用品，所以客群中沒有一般的運動愛好者，也因此無論是發展海外市場甚至擴大營業額等，都難有太大的期待。那麼，該怎麼做才好呢？

就算美津濃改變原有的綜合性專業運動用品路線，把主力放在鞋類或服飾等用品方面，也會因為在這領域中沒有可做出差異性的強大實力，所以應該無法與領先的NIKE、Adidas或亞瑟士等廠商對抗吧。但是，如果能夠把綜合性專業運動用品廠商的弱點轉變為強項，就能夠與鞋類・服飾的跨國廠商做出差異，直接避免正面的競爭。

因此，美津濃現在應該採取利基戰略，作為一家綜合性專業運動用品廠商，以在各運動領域中獲得最大市占率為目標。不只是棒球，也把游泳、高爾夫球、網球、桌球、羽球、釣具、戶外用品等特定運動用品的頂尖廠商納入旗下，發展多品牌戰略，這對於走綜合專業運

圖9　以專業用品為主的美津濃在各運動領域的基礎市場中占比很小，頂尖策略帶來的效果不如服飾或鞋類市場

運動用品廠商的頂尖行銷策略

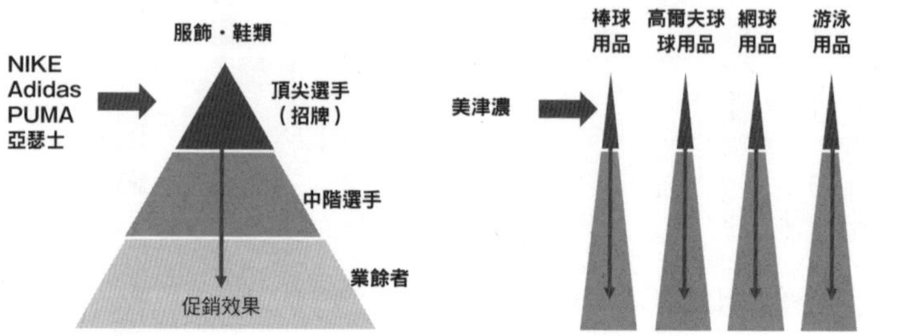

服飾或鞋類市場的基礎市場大，頂尖策略的影響效果大

以專業用品為主體的美津濃因為基礎市場小，頂尖策略的影響效果差

資料：BBT大學綜研製作

圖10　在特定運動領域中，已有廠商以多品牌發展優良產品

美、歐、亞主要運動用品廠商的營業額
（2014年度、億日圓）

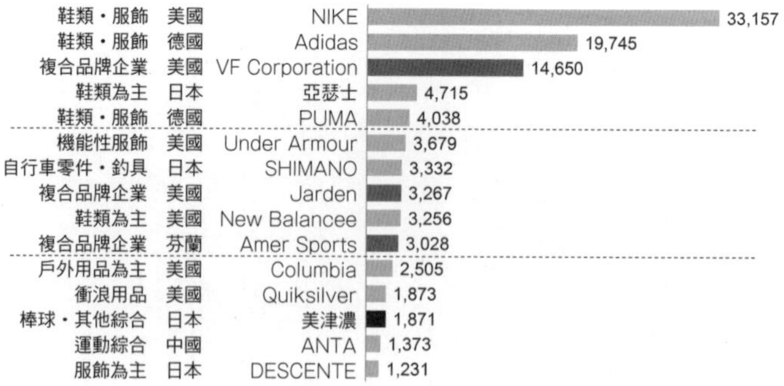

資料：摘自Bloomberg、Reuters，由BBT大學綜研製作

動用品路線的美津濃而言，可以說是最具實踐性的戰略吧。

世界上已經出現多品牌發展的廠商

其實歐美已經有發展多品牌的廠商分別在特定的運動領域中製造優良產品（圖10）。VF Corporation已經發展約三十種品牌，從The North Face等戶外用品品牌到Lee等服飾品牌等。Jarden也開發了Coleman等約六十種的戶外用品品牌。

其中之一就是總公司設在芬蘭的Amer Sports。該公司原來是芬蘭的冰上曲棍球用品製造商，後來陸續收購澳洲的滑雪用品廠商ATOMIC、芬蘭的戶外用品廠商SALOMON、美國的網球．棒球用品老店Wilson，以及製造洋基隊強棒貝比．魯斯愛用的球棒之老牌球棒製造商Louisville Slugger等（圖11）。或許美津濃就可以採用這樣的戰略。

運動觀賽已經發展為一項事業，採用頂尖運動選手也有效

美津濃沒有成功發展海外市場的原因之一是他們沒有世界頂尖的品牌。因此，如果不把戰略改成合併．收購擁有頂尖品牌的廠商，發展頂端利基市場的多品牌策略的話，未來就無法在市場上競爭吧。

因奧林匹克運動會、FIFA世界盃足球賽等賽事的影響，運動觀賽已經成為大眾化的

圖１１　Amer收購世界特定運動用品品牌，發展多品牌策略

Amer Sports旗下的運動用品品牌
（總公司芬蘭）
SALOMON
法國登山運動用品（從Adidas收購）
ATOMIC
奧地利的滑雪・滑雪板用品
ARC'TERYX
加拿大的戶外用品廠商
SUUNTO
芬蘭的運動用・軍用精密機器
PRECOR
製造健身房運動器材的美國廠商
MAVIC
法國自行車車輪廠商
Wilson
美國球類用品廠商，製造網球球拍、棒球球套等
Louisville Slugger
美國老牌球棒廠商（貝比・魯斯愛用）
DeMARINI
美國壘球用品廠商

資料：摘自Amer Sports Brands List，由BBT大學綜研製作

圖１２　合併或收購利基領域中擁有某種程度以上市占率的國內外運動用品廠商

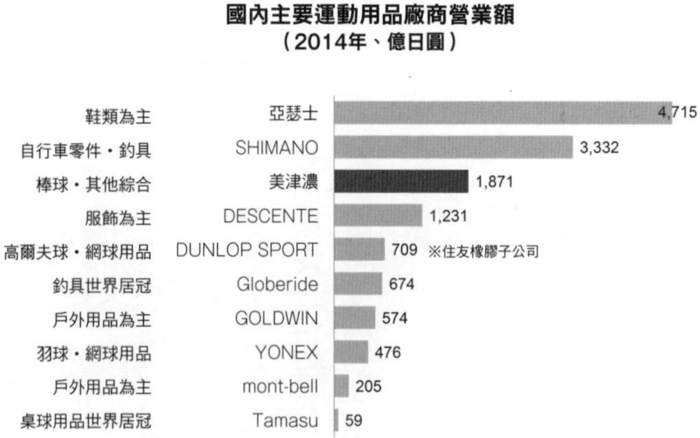
國內主要運動用品廠商營業額
（2014年、億日圓）
鞋類為主　亞瑟士　4,715
自行車零件・釣具　SHIMANO　3,332
棒球・其他綜合　美津濃　1,871
服飾為主　DESCENTE　1,231
高爾夫球・網球用品　DUNLOP SPORT　709　※住友橡膠子公司
釣具世界居冠　Globeride　674
戶外用品為主　GOLDWIN　574
羽球・網球用品　YONEX　476
戶外用品為主　mont-bell　205
桌球用品世界居冠　Tamasu　59

資料：摘自各公司決算資料、東京商工調查購入資料，由BBT大學綜研製作

娛樂活動而帶來全球性的大商機。面對這樣的狀況，採用超級頂尖選手作為廣告招牌就會發揮極大的影響力。我曾經擔任NIKE公司的取締役，公司與老虎伍茲簽約促銷服飾商品的那段期間，每當他比賽獲勝那天，他身上穿的服飾一定都會爆發驚人的銷售量。

與在利基市場中實力堅強的國內外廠商結合・收購

頂尖運動員對於商品的促銷非常有效，但相反地也有窒礙難行之處。前面提到的老虎伍茲因為是超級一流的選手，會選擇適合自己的用品，所以有時也不會使用NIKE製造的球桿或球，這跟日本網球選手錦織圭使用Wilson產品的情況相同。美津濃務必採取的戰略就是集結像Wilson那樣被頂尖選手選上的廠商。

那麼，具體來說應該合併・收購什麼樣的廠商呢？利基領域中擁有某種程度以上市占率的廠商就是應該納入旗下的目標吧。應該與專業性高的頂尖廠商討論合併・收購的方案，例如桌球的Tamasu、網球與羽球的YONEX、游泳的SPEEDO與arena等（圖12）。

次要的戰略也可以考慮與PUMA合併。美津濃擅長的領域是棒球，PUMA則是足球，透過合併就能夠互補彼此的產品線。另外，棒球盛行於日本・美國・加勒比海，而足球則風行於歐洲・南美等，兩種運動流行的地區不同，所以在地區性方面也能夠做到互補。

另外，還可以考慮的是加強基礎市場廣大的服飾・鞋類品牌。具體的方向是與

圖13　不與NIKE、Adidas、亞瑟士競爭，發展專業用品的多品牌，祭出頂端利基市場策略

美津濃的方向（提案）

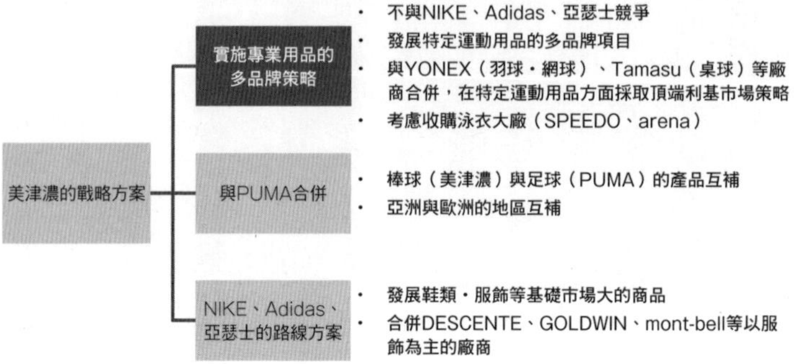
美津濃的戰略方案
實施專業用品的多品牌策略
・不與NIKE、Adidas、亞瑟士競爭
・發展特定運動用品的多品牌項目
・與YONEX（羽球・網球）、Tamasu（桌球）等廠商合併，在特定運動用品方面採取頂端利基市場策略
・考慮收購泳衣大廠（SPEEDO、arena）
與PUMA合併
・棒球（美津濃）與足球（PUMA）的產品互補
・亞洲與歐洲的地區互補
NIKE、Adidas、亞瑟士的路線方案
・發展鞋類・服飾等基礎市場大的商品
・合併DESCENTE、GOLDWIN、mont-bell等以服飾為主的廠商

資料：BBT大學綜研製作

DESCENTE、GOLDWIN、mont-bell等廠商合併（圖13）。

不過，更因為採取頂端利基市場的多品牌策略，所以更要加強美津濃長久以來經營的綜合性專業運動用品路線，同時避免與NIKE、Adidas、亞瑟士等廠商競爭，再來發展海外市場，這才是最佳的戰略。

歸納整理

- ☑ 避免與NIKE、Adidas、亞瑟士等廠商競爭，目標是透過特定的運動用品發展頂端利基市場的多品牌戰略。
- ☑ 考慮與YONEX、Tamasu、SPEEDO等在利基領域中擁有強大實力的國內外廠商合併・收購的方案。

大前總結

失去冠軍寶座的前頂尖廠商，應擬定跨國戰略，在利基領域中找到出路。

面對競爭的跨國廠商之龐大鞋類・服飾市場，美津濃若在專業用品市場採取頂尖策略將不會收到太大成效。應該在利基領域中進行合併或收購，以頂端利基市場的多品牌策略為目標。

CaseStudy

22

津村

如何防範「開拓新市場」的風險？

假如你是**津村**的社長，醫療漢方製劑擁有壓倒性市占率，同時OTC成藥與健康食品都還有發展空間的狀態下，你要如何兼顧兩者的均衡發展？

※根據2014年7月進行的個案研究編輯・收錄

正式名稱	株式會社津村
成立年份	1936年（創業於1893）
負責人	代表取締役社長 加藤照和
總公司所在地	東京都港區
事業種類	藥品
事業內容	藥品（漢方製劑、生藥製劑等）之製造銷售
資本金額	194億8,700萬日圓（截至2015年3月31日）
營業額	合併：1,104億3,800萬日圓（2015年3月期） 單獨：1,086億5,800萬日圓（2015年3月期）
員工人數	合併：3,335人（截至2015年3月31日） 單獨：2,358人（截至2015年3月31日）

克服副作用問題與散漫經營造成的經營危機，變身為高收益企業

雖因副作用問題導致市場萎縮，但透過推廣・教育活動而步入成長軌道

在日本的醫療漢方市場中，津村是擁有絕大部分市占率的漢方廠商。所謂漢方藥是以中國醫學為基礎，並根據日本獨自發展的漢方醫學而製成的藥品。相對於西洋醫學的西藥是以人工合成的單一成分，漢方藥的特徵則是組合各種含有有效成分的生藥而製成的。一九七六年漢方濃縮製劑有三十三種品項的藥價（藥價標準：醫療保險者給付給保險醫療機構或保險藥局的各項藥品之標準價格，以及在官方的醫療保險規定中能夠使用的藥品品項。由日本厚生勞動大臣頒定）已經被列為官方醫療保險的給付對象，到了一九八七年更擴大到一百四十八個品項。伴隨著政府的調整，漢方製劑的市場規模也隨之擴大（圖1）。

但是，一九九一年用於治療慢性肝炎且在醫療漢方製劑中占有高市占率的「小柴胡湯」據報會引發嚴重副作用，甚至一九九六年發生了因副作用而造成死亡的案例，這使得漢方市場急遽縮小。後來津村極力在醫療現場中投入漢方藥的教育與推廣，努力的結果使得一九九八年以後市場持續以二・七%的幅度成長。

圖 1　因副作用問題導致市場萎縮，後來靠踏實的教育・推廣活動，於98年落入谷底後，開始以2.7%的速度成長

國內漢方製藥市場的變化
（1976～2013年、生產金額基準、億日圓）

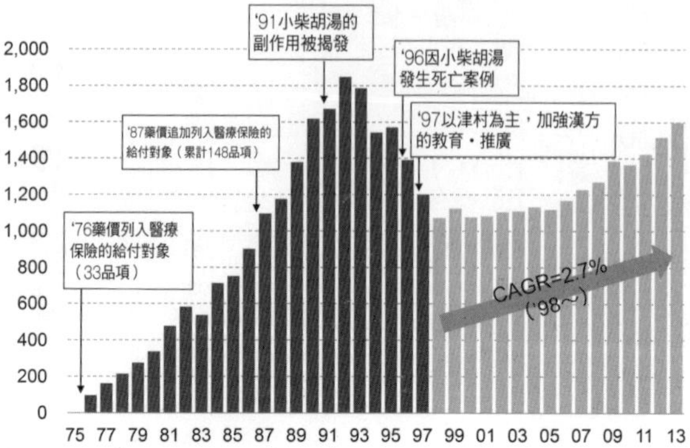
'91小柴胡湯的副作用被揭發
'96因小柴胡湯發生死亡案例
'87藥價追加列入醫療保險的給付對象（累計148品項）
'97以津村為主，加強漢方的教育・推廣
'76藥價列入醫療保險的給付對象（33品項）
CAGR=2.7%（'98～）
2,000
1,800
1,600
1,400
1,200
1,000
800
600
400
200
0
75 77 79 81 83 85 87 89 91 93 95 97 99 01 03 05 07 09 11 13

資料：摘自日本漢方生薬製剤協会《漢方製剤等の生產動態》、厚生労働省《薬事工業生產動態統計年報》、津村官網、各類媒體報導，由BBT大學綜研製作

圖 2　克服主力事業漢方藥的副作用、散漫經營造成損失等問題，業績恢復上漲局勢

津村的業績變化
（每年3月期、億日圓）

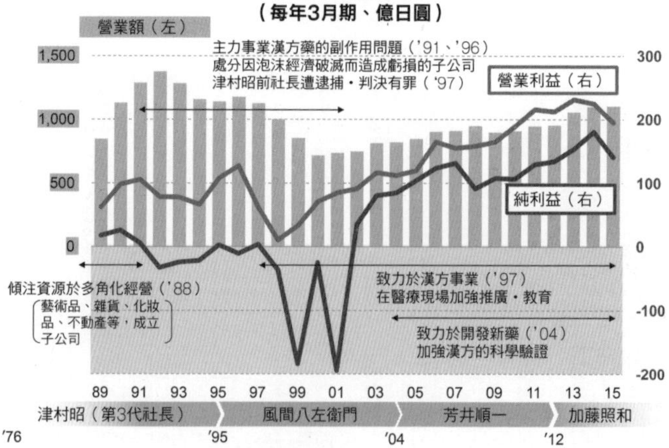
營業額（左）
主力事業漢方藥的副作用問題（'91、'96）
處分因泡沫經濟破滅而造成虧損的子公司
津村昭前社長遭逮捕・判決有罪（'97）
營業利益（右）
純利益（右）
1,500
1,000
500
0
300
200
100
0
-100
-200
傾注資源於多角化經營（'88）
（藝術品、雜貨、化妝品、不動產等，成立子公司）
致力於漢方事業（'97）
在醫療現場加強推廣・教育
致力於開發新藥（'04）
加強漢方的科學驗證
89 91 93 95 97 99 01 03 05 07 09 11 13 15
津村昭（第3代社長）
風間八左衛門
芳井順一
加藤照和
'76
'95
'04
'12

資料：摘自有価證券報告書，由BBT大學綜研製作

從散漫經營所造成的經營危機中重新振作

津村的業績深受市場動向改變的影響。另一方面，第三代社長津村昭在泡沫經濟的高度經濟成長期間，傾全力於藝術品與不動產等多角化經營，這些子公司隨著泡沫經濟破滅而產生虧損，甚至還被發現公司以虛構的事業資金名目，將七十億日圓借給沒有償還能力的虧損子公司。一九九七年津村昭因非法債務保證的特別背信罪而遭逮捕．起訴，最後被判有罪。像這樣散漫的經營方式加上藥物副作用的問題，一九九〇年代的津村陷入了經營危機（圖2）。

一九九五年，創業者的孫子．風間八左衛門就任為第四代社長，與從第一製藥公司轉職到津村的第五代社長．芳井順一共同投入經營重建公司，並傾注全力於漢方事業、加強醫療現場的推廣．教育活動，同時也處理虧損子公司的赤字，二〇〇一年三月期，認列二百億日圓的虧損，最後業績終於走向正軌。

二〇〇四年芳井順一繼任為社長，出售家庭用品事業，此事業部製造堪稱二〇〇八年的代名詞「巴斯克林」等產品，另外公司也斷然中止開發新藥，把所有資源集中在醫療漢方製劑。目前津村已經是營業利益率高達二〇%左右的高收益企業了。二〇一二年加藤照和繼任社長，正在摸索下一次的高度成長。

切割家庭用品事業，傾全力於醫療漢方製劑

如前所述，津村曾經發展「巴斯克林」等家庭用品事業，但是為了將資源集中在醫療漢方製劑，所以將該事業分割處理。該事業於二〇〇八年透過ＭＢＯ（併購的方法之一，指經營群自己出資收購並脫離原公司而獨立。通常，光靠經營群的能力很難籌措收購資金，所以大部分是從投資基金獲得金援）的方式脫離津村集團而完全獨立，二〇一二年大塚製藥旗下的EARTH製藥以一百八十億日圓納為旗下的子公司。

藥品分為根據醫師處方箋，並由藥劑師調劑的醫療藥品，以及任何人都能在藥局自由購買的成藥（ＯＴＣ藥品，又稱非處方藥）。成藥更進一步地依照不同風險區分為第一～第三類。這兩大類藥品的差別在於，醫療藥品是醫師配合患者的症狀所開的處方，所以效力通常強大，而成藥則重視穩定且安全的效果。

津村把經營方針轉移到以醫療藥品為主，成功恢復業績。超過九成的營業額都是來自於醫療漢方製劑，ＯＴＣ藥品及其他藥品則僅占少許的營業額（摘自二〇一五年三月期，津村〈決算說明會資料〉）。

國內的漢方廠商由津村一強獨大

國內藥品市場中，漢方製劑僅占二・三%

日本的藥品市場規模在二〇一三年的時間點成長到接近七兆日圓，但其中的漢方製劑比率卻只有二・三%，約為一千五百九十九億日圓。更進一步針對漢方製劑觀察，可發現八成以上都是醫療用，一般用則低於二成（摘自厚生労働省《平成二五年薬事工業生産動態統計年報》）。

醫療漢方製劑方面，津村市占率超過八成

二〇一四年度的醫療漢方製劑市場規模為一千四百零五億日圓，其中津村就占了八四・五%，擁有大半的市占率。與醫療製劑相比，一般漢方濃縮製劑的規模就非常小，只有一百六十六億日圓，市占率居冠的是三六・一%的Kracie藥品，其次是ROHTO製藥，津村則位居第三（圖3）。

二〇一四年度日本國內主要的漢方廠商營業額分別是津村一千一百零四億日圓，第二名

圖3　在醫療漢方製劑方面獨霸市場

漢方製劑市場中，津村的市占率

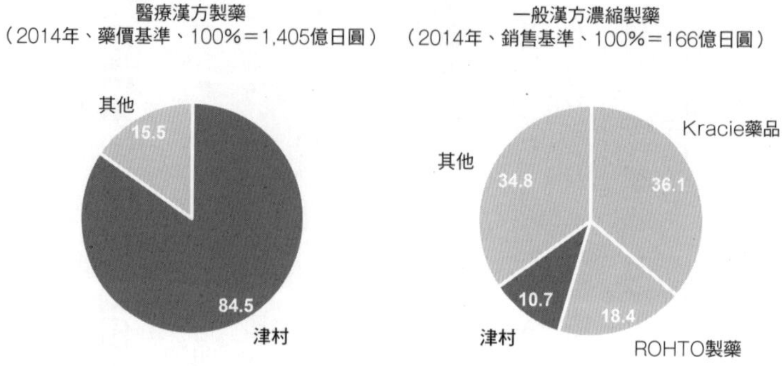
醫療漢方製藥
（2014年、藥價基準、100%＝1,405億日圓）
其他
15.5
84.5
津村
一般漢方濃縮製藥
（2014年、銷售基準、100%＝166億日圓）
Kracie藥品
36.1
其他
34.8
10.7
18.4
津村
ROHTO製藥

資料：摘自アイ・エム エス・ジャパン株式会社、津村決算説明会資料、
富士経済《一般用医薬品データブック2014》，由BBT大學綜研製作

圖4　因市場特殊性導致新投入者得不到利潤，最後形成高門檻

漢方市場的特徵與投入障礙

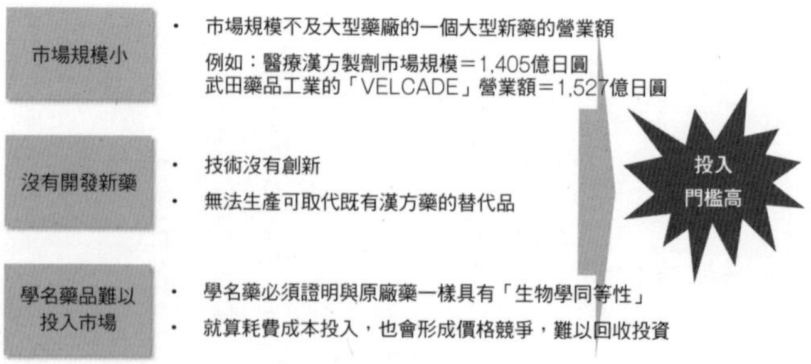
市場規模小
・市場規模不及大型藥廠的一個大型新藥的營業額
例如：醫療漢方製劑市場規模＝1,405億日圓
武田藥品工業的「VELCADE」營業額＝1,527億日圓
沒有開發新藥
・技術沒有創新
・無法生產可取代既有漢方藥的替代品
學名藥品難以投入市場
・學名藥必須證明與原廠藥一樣具有「生物學同等性」
・就算耗費成本投入，也會形成價格競爭，難以回收投資
投入門檻高

資料：摘自津村官網等，由BBT大學綜研製作

的Kracie藥品為二百一十億日圓，其他廠商則是數億到數十億日圓不等（摘自日本漢方生薬製剤協会資料，東京商工リサーチ・帝国データバンク・日経会社プロフィル之購入資料）。可以說日本國內的漢方廠商中，津村處於獨大的狀態。

漢方市場的特殊性與成本高漲的風險

新加入者得不到好處，投入門檻高

漢方市場是個特殊的領域。跟其他藥品相比，市場規模極小，整個醫療漢方製劑的市場比大型製藥公司的一個大型新藥的營業額還小（圖4）。二〇一四年度的醫療漢方製劑市場規模為一千四百零五億日圓，而武田藥品工業的多發性骨髓瘤治療用藥「VELCADE」的單獨營業額就有一千五百二十七億日圓。另外，漢方藥中，並沒有實質地研發新藥，無法期待透過改革來開拓新市場。甚至，一般來說學名藥（Generic Drug）若想投入市場，必須實際證明與原廠藥（Brand Drug）具有相同效果的「生物學同等性」（Bioequivalence）。然而漢方藥與單一成分的西醫新藥不同，通常都含有多種成分，若要證明「生物學同等性」是非常困難的。就算花費成本投入，學名藥也只能以低價競爭，這樣的投資也很難回收吧。由於漢方

圖5　津村的商業經營模式與「R&D型製藥廠」或「促銷型大眾藥廠」不同

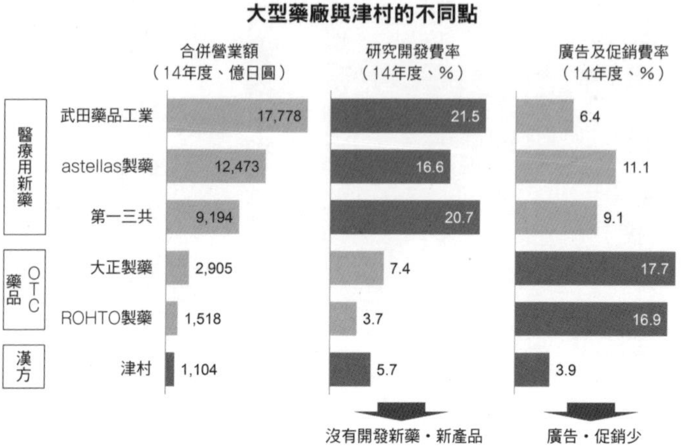

大型藥廠與津村的不同點
合併營業額
（14年度、億日圓）
研究開發費率
（14年度、%）
廣告及促銷費率
（14年度、%）
醫療用新藥
武田藥品工業
astellas製藥
第一三共
OTC藥品
大正製藥
ROHTO製藥
漢方
津村
17,778
12,473
9,194
2,905
1,518
1,104
21.5
16.6
20.7
7.4
3.7
5.7
6.4
11.1
9.1
17.7
16.9
3.9
沒有開發新藥・新產品
廣告・促銷少

資料：摘自各公司決算資料，由BBT大學綜研製作

市場有這樣的特殊性，所以投入新藥的好處不多，門檻也很高。

異於其他藥廠的事業特性

由於漢方市場的特殊性，津村的事業特性就與大型新藥廠商或OTC藥商不同。比較成本結構就可以清楚看出這些事業特性的不同之處（圖5）。

武田藥品工業、astellas製藥、第一三共等醫療用新藥廠商的事業特性是「R&A（研究開發）型的藥物開發」，在研究開發上耗費最多成本。津村不進行新藥的研發，所以沒有支出龐大的成本。另外，大正製藥與ROHTO製藥等OTC藥商的事業特性是「促銷型的大眾藥」，所以會投注龐大成本在廣告與促銷上。津村的主力是醫療藥品，所以在這部分也沒有花費太多成本。

津村的事業特性要做到採購與製造的最佳配置

津村以醫療漢方製劑為主力事業，其特徵在於跟新藥或OTC藥品相比，製造成本比率較高。如果比較代表性廠商的製造成本比率，新藥廠商的武田藥品工業為九%，OTC藥商的ROHTO製藥為二六%，而津村的成本比率高達四〇%，是武田藥品工業的四倍以上。如果觀察其中的細項，有六六%都是原材料費（武田、ROHTO是一三年單獨計算，以後沒有記錄，津村為一五年三月期。摘自各公司的有價證券報告書）。也就是說，津村的事業特性是原材料的採購與製造，如何將採購與製造調整到最佳配置，可以說就是津村面臨的重要課題了。

原料的生藥八〇%來自中國，價格上漲為風險主因

津村的原料生藥採購對象有八〇%是中國，日本一五%，寮國五%，中國占絕大部分的比率（圖6）。來自中國各產地與寮國的公司自家農場的原料都先集中在橫濱港，再與日本國內契作地的原料一起送到石岡中心，然後在茨城與靜岡的工廠生產製劑。

但中國產的原料價格自二〇一〇年後，每年都有上升的趨勢。與二〇〇六年的價格相比，二〇一一年因中國國內需求增加、天候不佳及投機性屯積等因素，導致原料價格上漲將

圖 6　原料生藥的採購地，中國占80%、國內15%、寮國5%

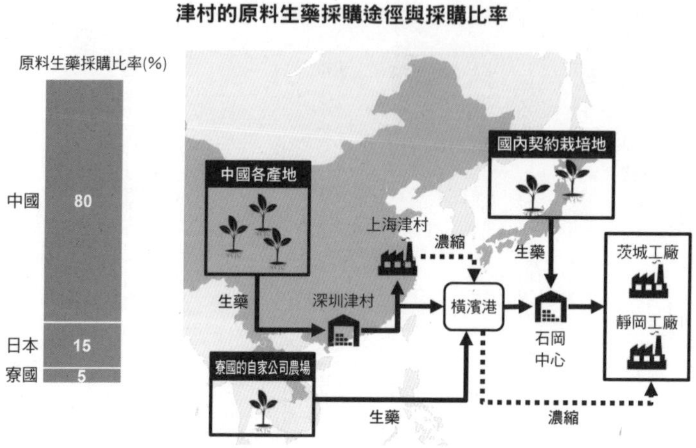

津村的原料生藥採購途徑與採購比率
原料生藥採購比率(%)
中國
80
日本
15
寮國
5
中國各產地
上海津村
濃縮
國內契約栽培地
生藥
深圳津村
橫濱港
生藥
石岡
中心
茨城工廠
靜岡工廠
寮國的自家公司農場
生藥
濃縮

資料：摘自津村官網等，由BBT大學綜研製作

圖 7　中國產原料生藥的價格上漲是風險的主因

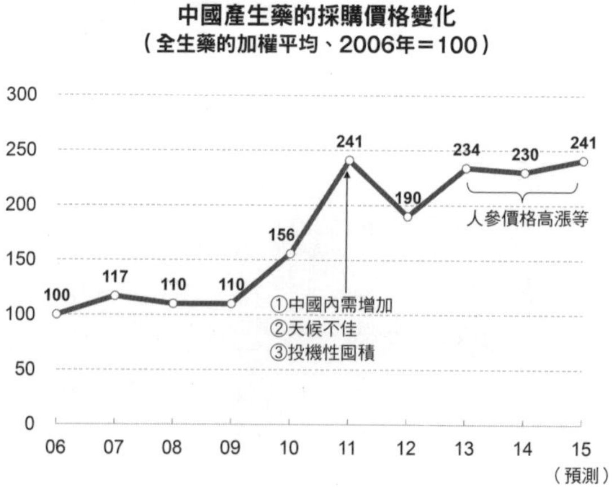

中國產生藥的採購價格變化
（全生藥的加權平均、2006年＝100）
300
250
200
150
100
50
0
100
117
110
110
156
241
190
234
230
241
人參價格高漲等
①中國內需增加
②天候不佳
③投機性囤積
06
07
08
09
10
11
12
13
14
15
（預測）

資料：摘自津村決算説明会資料，由BBT大學綜研製作

近二・五倍。雖然後來一度下降，不過由於人參價格高漲而使得原料價格又再度上漲（圖7）。

發展海外市場的高門檻

耗費龐大時間與資金，開拓市場困難

許多製藥公司都正發展海外市場，但是漢方製藥沒那麼簡單。使用漢方藥的主要國家是日本、中國與韓國等三個國家。日韓類似的處方比率有五七%，中韓一四%，日中一〇%，中日韓則只有二・四%（圖8）。漢方藥雖然系出同源，但後來各國獨自發展，法規也依國家而有所差別。日本的製劑不能直接在中國或韓國銷售，反之亦然。

若想在歐美銷售，與其他藥品一樣，漢方製劑也必須出示有效性與安全性的科學根據，需要長時間的臨床實驗，所以得耗費龐大的時間與資金成本，光靠津村一家公司的力量是很難開拓市場的。

在美國持續進行臨床實驗，離上市還有很長的一段時間

圖8　目前幾乎沒有海外市場

漢方製劑的海外市場狀況

東亞市場
（比較日、中、韓所使用的處方）

- 日韓間的類似處方＝57%
- 中韓間的類似處方＝14%
- 日中間的類似處方＝10%
- 三國的類似處方＝2.4%

↓

雖然系出同源，但是各國獨自發展，
各國的法規也不同

歐美市場
（進入歐美的困難性）

- 與其他藥品一樣，必須具有有效性與安全性的科學根據
- 必須進行長期性的臨床實驗
- 開拓市場必須投入相當規模的研發投資

↓

單靠津村難以開拓市場

資料：摘自国立医薬品食品衛生研究所·合田幸広《日本の漢方薬における伝統的知識の利用の現状》
2013/5/13、各類媒體報導，由BBT大學綜研製作

圖9　鎖定能有效改善大腸手術後的腸阻塞的「大建中湯」，在美國進行臨床實驗

津村對漢方國際化的投入情況
（大建中湯在美國進行臨床實驗的進度）

①第一期臨床試驗（健康者）	結束
②第二期臨床試驗（慢性便秘患者）	結束

↓

【大腸癌手術後腸道蠕動減緩】	【大腸激躁症】	【克隆氏症】
臨床實驗（便秘患者）結束	臨床實驗（大腸激躁症患者）結束（分析中）	療效反應實驗（克隆氏症患者）結束
↓	↓	
終點測試（腹腔鏡大腸切除患者）預定2017年度結束	終點測試（大腸激躁症患者）預定2016年度結束	

資料：摘自決算説明会資料，由BBT大學綜研製作

不過，津村也不會因此就作罷。事實上，津村現在已經在美國進行「大建中湯」的臨床實驗，期待「大建中湯」對於大腸手術後的腸阻塞能夠有改善的效果。目前已經完成以健康成人為對象，確認藥劑安全性的第一期臨床試驗（Phase I），以及確認少數患者的安全性與有效性、用量、用法等第二期臨床試驗（Phase II），接下來預定將進行第三期臨床試驗（Phase III），蒐集更多患者的詳細資料（圖9）。只是，這還需要花很長的時間，估計到了二〇二〇年才能夠上市。

強化傳統路線與投注資源於發展OEM

最重要的課題是控制成本與擴大市場

以下整理前面說明的津村的現狀與課題吧。如圖10所示，津村的醫療漢方占八成市占率，業績穩定地持續成長，不過問題是製造成本比率高。國內市場方面，雖然津村處於一強獨大的狀態，不過市場規模小，且因處方與法規不同，所以漢方的海外市場幾乎不存在。在這樣的現狀之下，津村應投入的課題就是控制採購・生產的成本，同時教育・推廣・擴大國內外市場。

圖１０　課題是採購・生產的成本控制與漢方市場的教育・推廣・擴大

津村的現狀與課題

	現狀	課題
公司情況	・把經營資源集中在漢方以追求穩定成長 ・醫療漢方製劑超過8成市占率 ・製造成本比率高	1. 採購・生產的成本控制 2. 國內外漢方市場的教育・推廣・擴大
競爭對手	・漢方市場津村一強獨大 ・因漢方市場的特殊性，難以投入學名藥領域	
市場環境	・雖然國內市場持續成長但是規模小 ・海外市場幾乎不存在	

資料：BBT大學綜研製作

圖１１　針對公司的課題，津村採取集中經營且適合自己的投資方式

津村面對課題所採取的行動

津村潛在的課題	津村的處理情況	
採購・生產的成本控制 →	加強自家公司管理的農地	・加強生藥國產以及契作栽培（北海道、岩手、群馬、和歌山、高知、熊本） ・在寮國成立公司自有的農場（2010年2月） ・擴大在中國的自家公司管理的農地
漢方市場的教育・推廣・擴大 →	在國內外教育・推廣	・國內市場 - 提供大學教育課程 - 針對學生、醫師、一般市民進行教育・推廣 - 加強科學驗證 ・海外市場 - 在美國進行「大建中湯」的臨床實驗 - 論文等資訊發送等

資料：摘自ツムラ官網，決算説明会資料，由BBT大學綜研製作

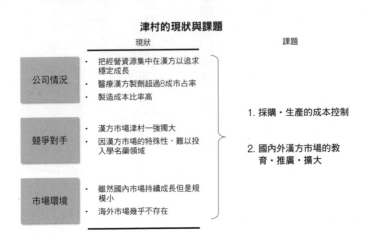

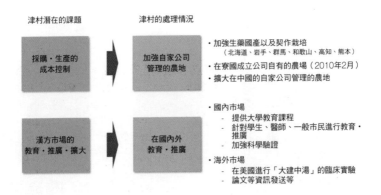

面對課題的津村應採取的行動

當然，到目前為止津村對於自家公司的課題已經集中且妥善處理了。針對採購・生產的成本控制課題，津村加強在日本各地的契作，以達到生藥國產的程度，另外在寮國成立自有農場並在中國擴大公司管理的田園，藉此加強公司自主管理（圖11）。透過這些管理，保持生藥的品質與成本的管控。

針對漢方市場的教育・推廣・擴大，在國內外實施各項對策。

在日本提供大學教育課程，針對醫師進行教育・推廣活動，透過這些活動與大學或研究機關合作，也強化漢方的科學檢驗。同時也對一般民眾進行推廣活動，以擴大國內市場。

海外市場方面，把在美國進行的臨床實驗，或與國內專家合作的訊息發布出去，探索擴大海外市場的可能性。

是否應該投入OTC成藥・健康食品市場？

這些傳統的路線是津村陷入經營危機之後，持續投入同時也獲得某種程度的成果。從危機重生的津村必須摸索新的成長戰略。相對於津村現在一千一百零四億日圓的營業額，醫療漢方製劑的市場規模約有一千四百零五億日圓，並沒有太大的成長空間。另一方面，OTC

圖12　壓縮以前過度膨脹的資產，把改善的現金流集中在漢方事業

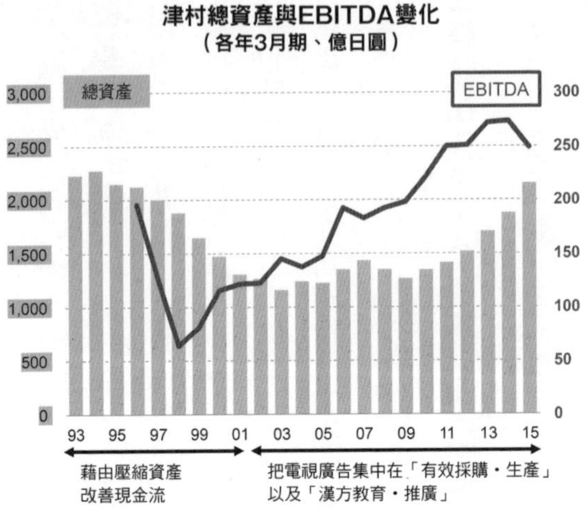

資料：摘自ツムラ決算資料，由BBT大學綜研製作

圖13　退出長年虧損的家庭用品事業（巴斯克林等）

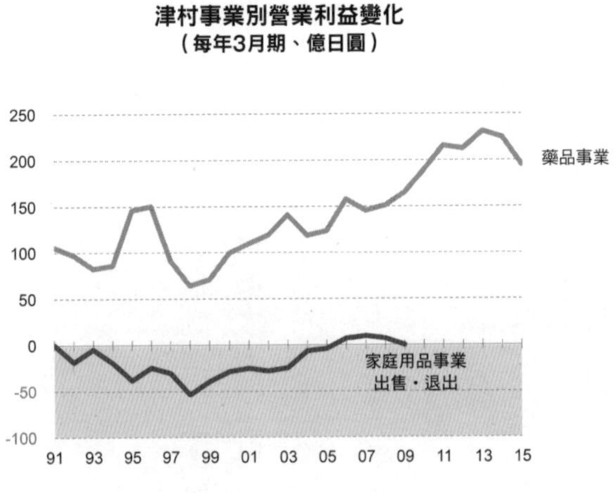

資料：摘自ツムラ決算資料，由BBT大學綜研製作

藥品與健康食品的市場約有六~七倍，具有極大的吸引力。但是，津村已經壓縮了以前因多角化經營而擴大的資產，將改善的現金流集中在醫療漢方事業上（圖12）。前面提過，由於OTC藥品與健康食品不容易與其他公司產品做出差異性，所以只能靠投注昂貴的廣告與宣傳費，若貿然進入這領域的話，很容易招來成本增加的風險。

津村的祖傳事業之一，以大眾為取向的招牌商品「巴斯克林」等家庭用品事業因為長期虧損而影響公司營運（圖13），所以重建經營之際，斷然出售．退出該事業，藉以刪減管銷費，最後達二〇%左右的利益。OTC藥品市場競爭激烈，最大的公司是大正製藥，其次分別是武田藥品工業以及第一三共Health Care。津村在這個市場的市占率位居第三十三，占比極小，與大正製藥約一千四百億日圓的營業額相比，津村只有二十五億日圓，所以如果打算投入該領域，將會導致經營資源分散（摘自二〇一三年度。富士経済《一般用医薬品データブック二〇一四 NO3》）。因此，如果現在投入OTC藥品與健康食品市場的話，不僅違逆以往的改革路線，也即可能增加經營風險。

投注資源於發展OEM，利用現金流更進一步加強傳統路線

在此，如果重新想想津村的強項，那就是在漢方製劑方面擁有國內最大規模的採購．生產能力。因此，如果想追求OTC藥品與健康食品等市場的成長，我想應該可以採取OEM

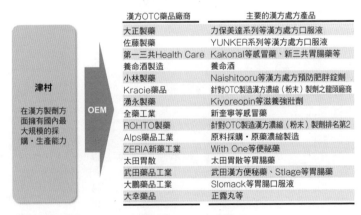

圖14　運用在漢方擁有國內最大規模的採購・生產能力，傾力於OEM，並將獲得的現金流更進一步地強化傳統路線

津村的方向（提案）

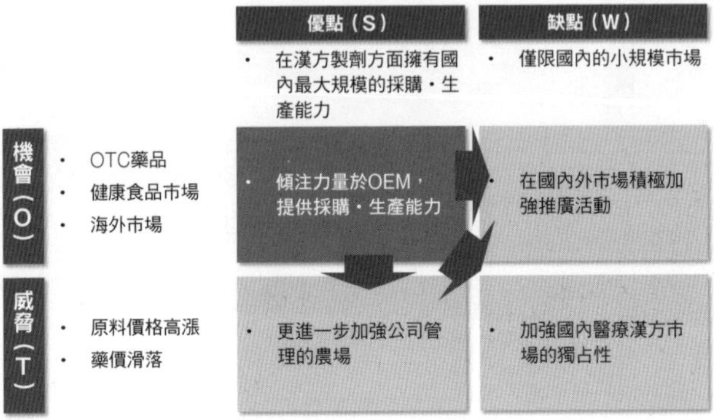

優點（S）
缺點（W）
・在漢方製劑方面擁有國內最大規模的採購・生產能力
・僅限國內的小規模市場
機會（O）
・OTC藥品
・健康食品市場
・海外市場
・傾注力量於OEM，提供採購・生產能力
・在國內外市場積極加強推廣活動
威脅（T）
・原料價格高漲
・藥價滑落
・更進一步加強公司管理的農場
・加強國內醫療漢方市場的獨占性

資料：BBT大學綜研製作

圖15　為漢方OTC藥品的主要廠商提供OEM服務

漢方OTC藥品的主要廠商及其產品

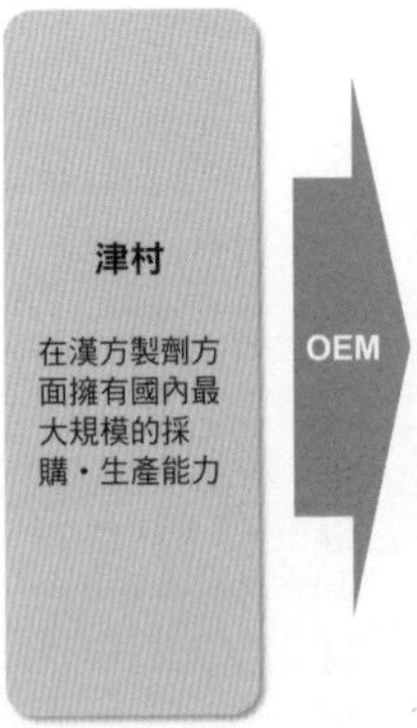

津村
在漢方製劑方面擁有國內最大規模的採購・生產能力
OEM

漢方OTC藥品廠商	主要的漢方處方產品
大正製藥	力保美達系列等漢方處方口服液
佐藤製藥	YUNKER系列等漢方處方口服液
第一三共Health Care	Kakonal等感冒藥、新三共胃腸藥等
養命酒製造	養命酒
小林製藥	Naishitooru等漢方處方預防肥胖錠劑
Kracie藥品	針對OTC製造漢方濃縮（粉末）製劑之龍頭廠商
湧永製藥	Kiyoreopin等滋養強壯劑
全藥工業	新奎寧等感冒藥
ROHTO製藥	針對OTC製造漢方濃縮（粉末）製劑排名第2
Alps藥品工業	原料採購・原藥濃縮製造
ZERIA新藥工業	With One等便祕藥
太田胃散	太田胃散等胃腸藥
武田藥品工業	武田漢方便秘藥、Stlage等胃腸藥
大鵬藥品工業	Slomack等胃腸口服液
大幸藥品	正露丸等

資料：富士経済《OTC漢方マーケティング便覧2010》，由BBT大學綜研製作

（Original Equipment Manufacturing，擁有公司自己的品牌，同時也接單生產客戶所銷售的產品，或指廠商）的方式提供產品，而不是由公司直接發展事業（圖14）。把公司既有的強項運用到最大極限，將OTC藥品大廠都納為自己的客戶，藉此開發新的成長方向。獲得的現金流就應該放在加強成本控制與漢方推廣等傳統路線。混和生藥的各種漢方OTC藥品由主要的OTC藥廠銷售（圖15）。對於這些廠商，如果津村能夠提供原料採購能力，以及濃縮製劑的生產能力，則津村的採購．生產能力就會透過規模經濟而可望更進一步加強成本競爭力，以及醫療漢方製劑這個主力事業的收益能力吧。

不發展OTC藥品與健康食品事業，這是芳井社長的偉大功績，公司今後也應該繼續堅持這項方針。不過，在成長有限的漢方市場中，OEM事業有可能是津村未來新的成長機會。OEM事業的合作對象很多，勝算應該很大。

歸納整理

☑ 運用漢方製劑方面國內最大規模的採購・生產能力，針對OTC藥商發展OEM事業，開闢新的收益來源。

☑ 把獲得的現金流用來加強成本控制、加強漢方推廣・教育，以及開拓海外市場等，更進一步地強化傳統路線。

大前總結

需要新的成長戰略。不要任意投入新市場，應該發展可運用自身強項的事業。

在投入門檻高且新加入者不會獲得太大利潤的特殊市場中，呈現一強獨大的狀態，但因市場規模小，海外市場幾乎不存在。雖然想發展具成長性的新市場，但貿然發展事業也會帶來增加成本的風險，應該思考如何運用公司的強項發展新市場的方法。

CaseStudy

23

小松製作所

創造新型態的「商業經營模式」

假如你是**小松製作所**的社長，預期未來將會因需求減少而減收減益，你要如何重新建構收益結構？

※根據2015年6月進行的個案研究編輯・收錄

正式名稱	KOMATSU（登記公司名稱：株式會社 小松製作所）
成立年份	1921年
負責人	代表取締役社長（兼）CEO 大橋徹二
總公司所在地	東京都港區
事業種類	機械
事業內容	建設・礦山機械・小型機械・林業機械・產業機械等
資本金額	合併 678億7,000萬日圓（依美國會計基準，截至2015年3月31日）
營業額	合併 1兆9,786億日圓（2015年3月期）
員工人數	合併 4萬7,417人、單獨10,416人（截至2015年3月31日）

透過經營改革而轉成高收益結構，擁有業界卓越的利益率

二〇〇〇年後，因新興國家對建設機械需求增加而擴大營業額

跨國性的建設機械廠商小松製作所，這幾年業績的預測與實績背離，可以想見未來將會陷入減收減益的苦戰。在這樣的情況當中，如何重新建構企業的收益結構就成為公司經營的關鍵重點。如果觀察小松生產的主要七種建機的全球需求，可以瞭解一九八〇年代有歐、美、日等已開發國家引領業績，到了一九九〇年代進入成熟期（圖1）。二〇〇〇年代除了新興國家・原物料生產國的需求高漲，歐美的需求也向上提升。但是二〇〇八年由於金融風暴的影響，已開發國家的需求大幅衰退。這時，由於中國政府實施了四兆人民幣（約五十六兆日圓）的擴大內需方案，這使得二〇〇九年度後的幾年，中國產生特別的需求，而小松也順利地搭上這些需求增加的順風車。從小松的合併營業額可以看到國內與海外的合併營業額與全球建機需求的連動情況（圖2）。二〇一四年度，海外營業額有七八・六％，國內則有二一・四％。

圖1　1990年代以後國內需求低迷，已開發國家市場成熟，2000年代以後新興國家需求驟增

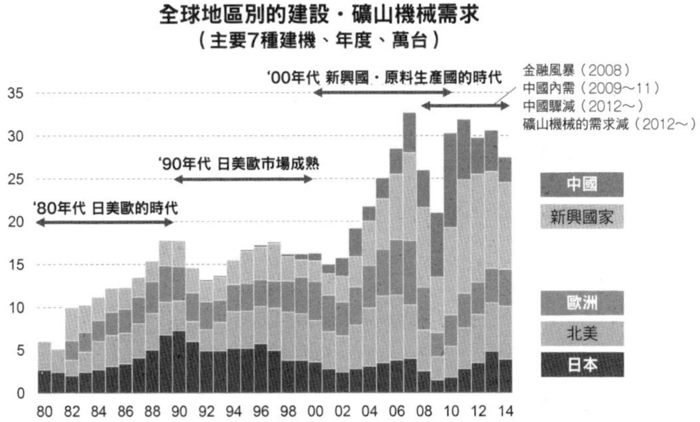

※主要七種建機：
油壓挖土機（履帶式、輪式）、推土機、裝載機、傾卸車（固定式、關節式）、平地機

資料：摘自小松報告2014、決算説明会資料 2015年3月期，由BBT大學綜研製作

圖2　小松的營業額受建機需求變動所影響，由於新興國家的需求增加而急遽成長

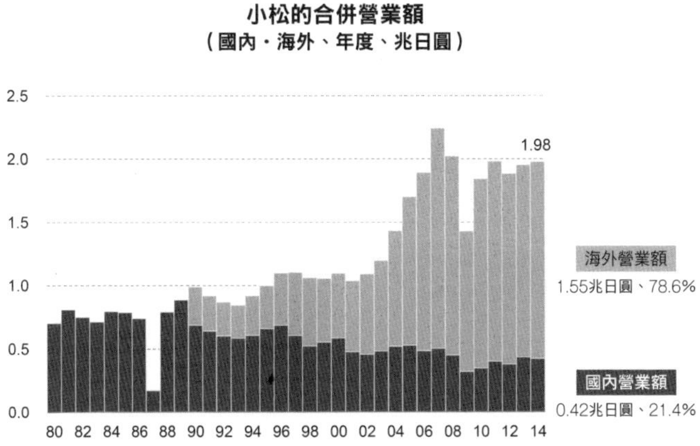

※1989年以前國內外合併計算，1987年改變決算期，3個月決算

資料：摘自小松報告2014、決算説明会資料 2015年3月期，由BBT大學綜研製作

透過經營改革強化成本結構

從圖3可以看出，一九九〇年代國內的需求呈現減少的趨勢，因賤賣產品使得管銷費用大幅增加，營業利益惡化，二〇〇一年度，公司陷入營業虧損的情況。由於這樣的狀況，公司斷然進行第一次經營改革、刪減管銷費用，引進KOMTRAX，並投入無人傾卸車等產品。所謂KOMTRAX是小松為了遠距離確認建機資訊而研發的運作管理系統。車輛系統中內建GPS與通信系統，從車輛內部的網路蒐集到的資訊或是透過GPS取得的車輛定位資訊等，都會經由通信系統傳送。伺服器系統儲存從車輛傳來的數據資訊，並透過網路提供給顧客或銷售代理店，如此就能夠進行維護管理、車輛管理、運作管理、車輛定位、省能源運作支援，以及製作傳票等。

更進一步地，小松傾注資源於需求日益升高的新興國家市場，透過這樣的「經營改革」把公司轉向收益結構。特別是引進KOMTRAX的舉動被稱為業界的革命，能夠即時管理該公司位於全球各處的建機之運作情況，藉此預估正確的需求，甚至提高業務．後勤部門的工作效率，而發揮刪減管銷費的強大效用。另外，小松在二〇〇六年度以後，實施第二次經營改革，更進一步加強成本結構並將資源集中在核心事業，試圖強化公司的收益力。

圖3 1990年代國內需求低迷導致收益惡化，經過「經營改革」轉變成高收益結構

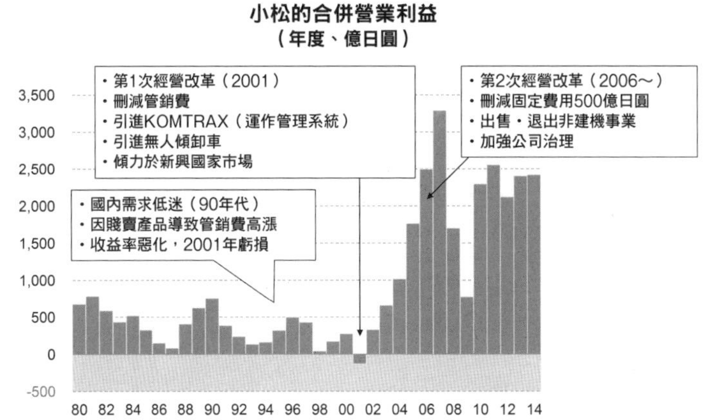
小松的合併營業利益
（年度、億日圓）
・第1次經營改革（2001）
・刪減管銷費
・引進KOMTRAX（運作管理系統）
・引進無人傾卸車
・傾力於新興國家市場
・第2次經營改革（2006～）
・刪減固定費用500億日圓
・出售・退出非建機事業
・加強公司治理
・國內需求低迷（90年代）
・因賤賣產品導致管銷費高漲
・收益率惡化，2001年虧損
3,500
3,000
2,500
2,000
1,500
1,000
500
0
-500
80 82 84 86 88 90 92 94 96 98 00 02 04 06 08 10 12 14

※1987年改變決算期，3個月決算

資料：摘自小松報告2014、決算說明会資料 2015年3月期，由BBT大學綜研製作

圖4 經營改革成功，利益率高於美國競爭對手（Caterpillar公司）

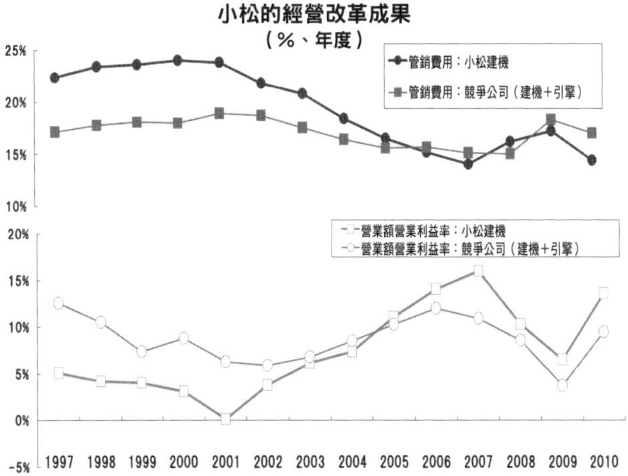
小松的經營改革成果
（%、年度）
管銷費用：小松建機
管銷費用：競爭公司（建機+引擎）
營業額營業利益率：小松建機
營業額營業利益率：競爭公司（建機+引擎）
25%
20%
15%
10%
20%
15%
10%
5%
0%
-5%
1997 1998 1999 2000 2001 2002 2003 2004 2005 2006 2007 2008 2009 2010

資料：摘自向研會綠陰研討會2012/5、小松製作所簡報資料，由BBT大學綜研製作

實現業界中數一數二的利益率

因為成功地改革經營方式，二〇〇五年度以後，公司的利益率比競爭對手，美國的Caterpillare還高（圖4）。如果看二〇一三年度全球建機廠商的營業額．營業利益，第一名的Caterpillare的營業額約為第二名的小松的兩倍（圖5）。不過，如果只看利益率的話，相對於Caterpillar的九．三%，小松則有一三．八%。如果光比較利益率的話，營業額第八名的瑞典Atlas Copco有一七．七%，其次是小松，所以利益率可說是非常亮眼。日系企業中，追在小松之後的是營業額第六名的日立建機，利益率八．六%；中國企業中，營業額第五名的徐工集團有六．二%的利益率，營業額第九的中連重科有一一．八%，第十名的三一重工有七．四%。顯見中國廠商也以飛快的速度追上。

以新興國家為主的需求減少，全球的需求量進入調整階段

全球需求量進入調整期，有減收減益的傾向

關於全球的建設．礦山機械的需求實績與預估方面，到了二〇一一年度為止，中國特殊

圖5　小松位居世界第2，雖然利益率位居高位，但是近年來中國廠商紛紛興起

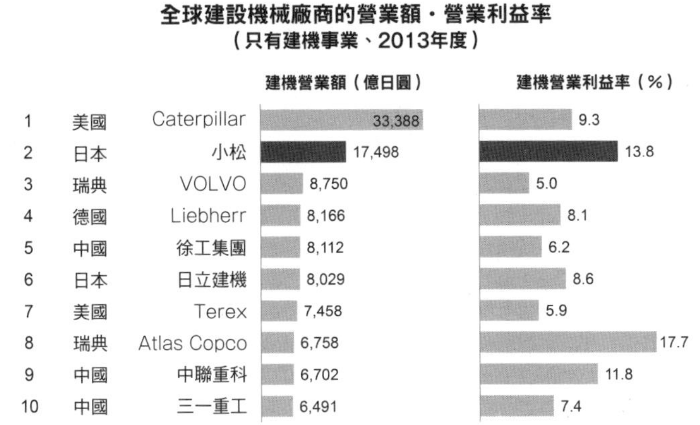
全球建設機械廠商的營業額・營業利益率
（只有建機事業、2013年度）
建機營業額（億日圓）
建機營業利益率（%）
1 美國 Caterpillar 33,388 9.3
2 日本 小松 17,498 13.8
3 瑞典 VOLVO 8,750 5.0
4 德國 Liebherr 8,166 8.1
5 中國 徐工集團 8,112 6.2
6 日本 日立建機 8,029 8.6
7 美國 Terex 7,458 5.9
8 瑞典 Atlas Copco 6,758 17.7
9 中國 中聯重科 6,702 11.8
10 中國 三一重工 6,491 7.4

※以1USD＝105.274JPY換算

資料：摘自中國新聞網《2014全球工程機械製造商50強公布》2014年8月6日，由BBT大學綜研製作

圖6　全球的需求量以新興國家為主，因驟然進入調整期，實際情況大幅偏離需求預測

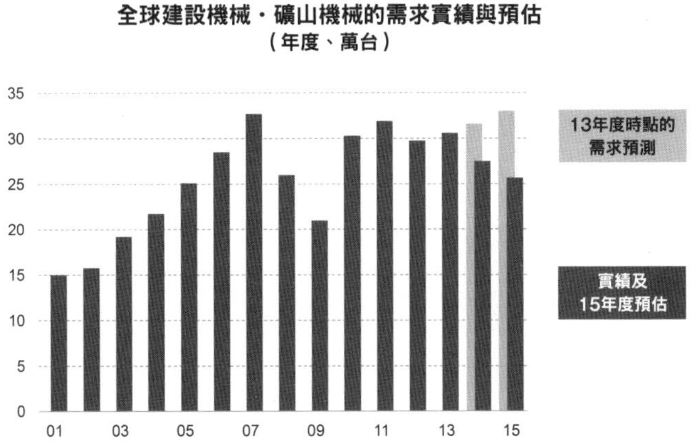
全球建設機械・礦山機械的需求實績與預估
（年度、萬台）
35
30
25
20
15
10
5
0
01
03
05
07
09
11
13
15
13年度時點的需求預測
實績及15年度預估

資料：摘自決算説明会資料 2015年3月期，由BBT大學綜研製作

需求開始轉變，隔年二〇一二年度，中國的建設市場規模驟降。建設停止表示鐵砂與煤炭不再有需求，所以對於原物料生產國巴西、澳洲的礦山機械需求也同時減少。這樣的結果導致本來判斷新興國家的需求將會擴大的預測失準，全球的需求反而走向減少的趨勢（圖6）。因此，從金融風暴之後，小松本來緩慢回升的業績又開始滑落，預估二〇一五年度將會減收減益。如果應對失準，也可能會再度陷入先前的窘境吧（圖7）。

課題是加強可支撐需求減少的成本結構與改變收益結構

以下來整理小松的現狀與課題吧（圖8）。

小松的優點是擁有業界數一數二收益率的成本結構，以及利用GPS管理運作的系統KOMTRAX。不過，如果觀察市場情況，由於中國需求驟減，使得其他新興國家的需求也被迫進入調整期，已開發國家市場也呈現停滯狀態。競爭對手方面，中國市場的徐工集團、中連重科、三一重工等國產廠商興起，小松正逐漸失去中國市場。

明顯可以預測長期性的結構不景氣即將到來，小松面臨的大課題是加強就算需求減少也可獲利的成本結構，以及建立不受需求變動影響的收益結構。

圖7　2015年度估計將減收減益

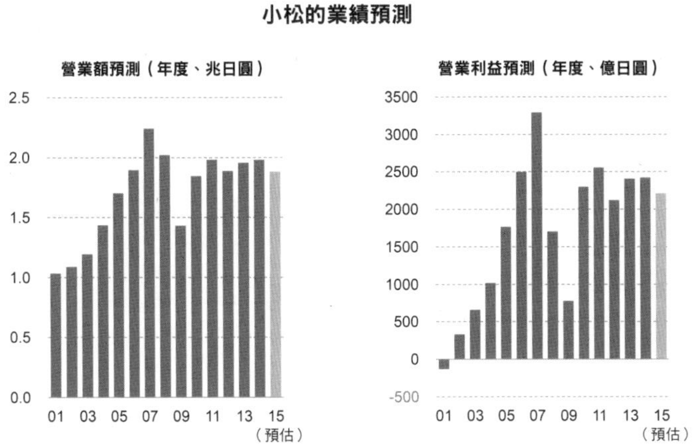

資料：摘自決算説明会資料 2015年3月期，由BBT大學綜研製作

圖8　課題是加強能夠因應需求減少的成本結構以及改變收益結構

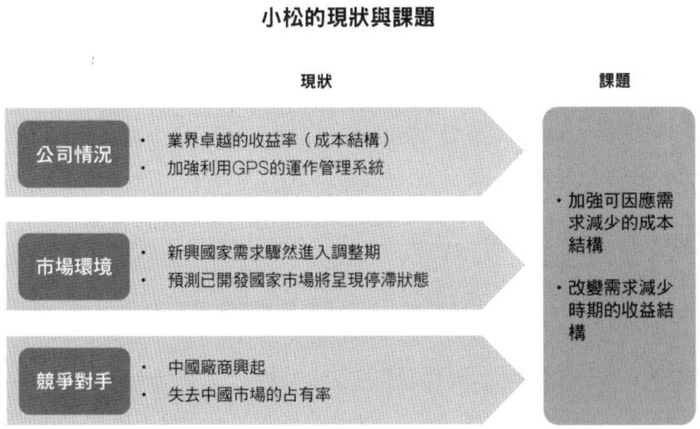

資料：BBT大學綜研製作

為企業客戶刪減成本並擴大公司市占率製造雙贏

需求減少時期的成長戰略

以下來思考小松未來的方向吧（圖9）。

首先是需求減少時應該採取加強成本結構的戰略，也就是必須採取「守」的戰略。自從二〇〇〇年代以後，該公司就已經持續採取這項戰略，不過這次必須以全球的高度來檢視業務狀況，之後再重新建構最適當的業務．維修．管理體制，並且以管銷費為主，縮減各項固定費用。

到目前為止，該公司對於需求減少的情況，貫徹「守」的戰略。不過，未來也必須擬定需求減少時期的成長戰略，也就是「攻」的戰略。作為一家建設機械廠商，最重要的就是脫離賣斷機械的模式，改成提供企業客戶各種解決問題的服務，藉以建構不容易受需求變動影響的收益結構。

傳統的建機業中，「就算一台也要盡量推銷」的廠商使命與「想長久使用機器，提高運作率」的企業客戶需求相牴觸（圖10）。因此，消除兩者之間的矛盾，並站在企業客戶的角

圖9　重新建構全球的業務・管理體制，藉此刪減固定費用（守的戰略）；脫離銷售機械的模式，為企業客戶提供解決問題的服務（攻的戰略）

小松的方向（提案）

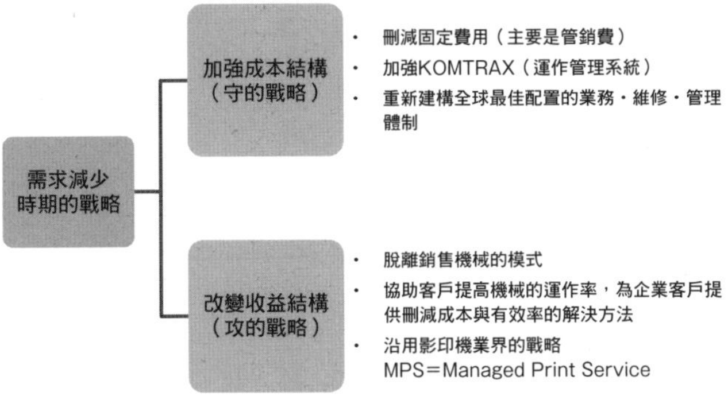

資料：BBT大學綜研製作

圖10　「建機廠商的使命」與「企業客戶的需求」相牴觸。改變商業經營模式，站在企業客戶的立場思考對方的需求

「建機廠商的使命」與「企業客戶的需求」

資料：BBT大學綜研製作

度思考，這樣或許有可能會產生提供客戶解決問題的服務之新商機。具體的案例就是影印機業界進行的ＭＰＳ（Managed Print Service，指為了降低影印業務相關的各種成本，大型印刷機器廠商傾力運用的委外方式。提供ＭＰＳ的各家公司會先調查企業內目前設置的印表機數量與負責維修服務的簽約廠商，提供企業適當的選擇與配置，並整合支援平台與付費窗口，藉以協助企業刪減影印成本）戰略，可以當作參考。

在影印機業界中，提高影印機統一管理服務的層級

如果回顧影印機業界商業模式的變遷，初期是對企業客戶銷售影印機的模式，與目前建機業界相同；接下來是改成收益模式，也就是與客戶簽約租賃影印機，根據使用量收取費用，這是更接近客戶立場的商業模式；到了現在，ＭＰＳ這種服務逐漸成長，影印機業界改由一家公司負責統一管理企業客戶的所有部門、所有分公司的影印機環境，藉此刪減企業客戶的影印成本（圖11）。

以往就算影印機租賃的是同一家廠商的產品，經常也會發生事業部門或分公司分別與不同的商家或租賃公司簽約的情況。這麼一來，就難以掌握全公司的影印狀況，同時也會產生無謂的影印成本。因此，由一家公司統一管理企業客戶的影印環境，分析平常的使用狀況並刪減多餘的機器，以全公司的使用狀況來重新檢視機器的最佳配置。透過這樣的做法，不僅

圖11 影印機業界盛行MPS，統一管理企業擁有的自、他牌影印機

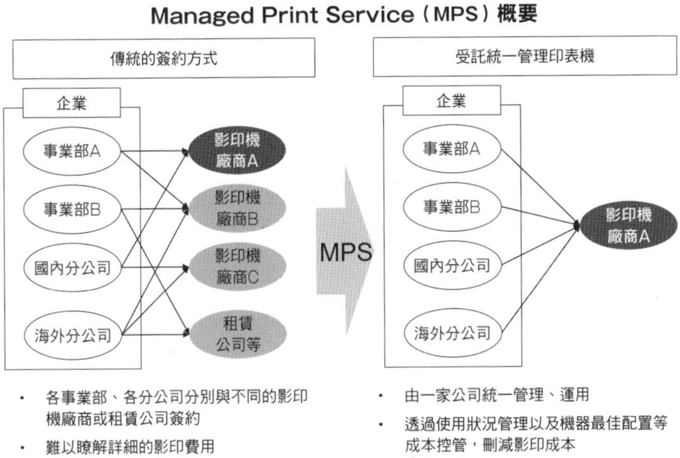

資料：摘自RTOCS《リコー》2012/8/26發表的部分片段，由BBT大學綜研製作

圖12 統一管理企業的影印機運作率，協助企業客戶達成刪減成本的目的，同時擴大自家公司的機器市占率

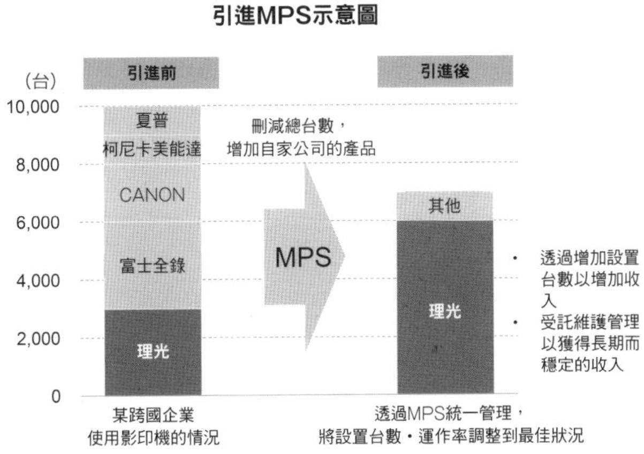

資料：摘自RTOCS《リコー》2012/8/26發表的部分片段，由BBT大學綜研製作

可以大幅刪減企業客戶的影印成本，同時也能為擴大自家公司機器的市占率提供解決方案（圖12）。

本來為了對影印機的使用以量計價，所以內建管理運作系統，現在隨著網路的發展，也能夠統一集中管理影印機的運作狀況。可以說這與小松的機械運作管理系統KOMTRAX的概念完全相同。因此，小松可以把影印機業界的MPS這種新的解決服務方式應用在建機業界，如此就能夠根據企業客戶的需求，建構新的商業模式（圖13）。現在，各家建設公司都各自擁有各家廠商的建設機械，如果企業客戶把這些建機都引進KOMTRAX，由小松統一管理運作狀況，就能夠提供可達最大運作效率的最佳解決方法。這樣企業客戶既能夠刪減成本，小松也能在更新機械設備時，銷售自家公司的產品以擴大市占率，則雙方都能夠保持雙贏的局面。

影印機業界的MPS模式是一邊刪減設置台數，同時也透過擴大市占率以獲得成長，如果把這樣的概念應用在建機業界，那就是在需求減少的情況下也能獲得成長的「攻」的戰略。

提供建設機械共享・回收媒合，以及針對中小建設公司提供最佳的套組服務

對於中小建設公司，提供共享建機或回收媒合的解決方案。由於能夠掌握全球建機的運

圖13 小松替企業客戶統一管理包含其他廠商的所有建機，協助客戶達到提高運作率、刪減成本的目標，同時也擴大自家公司的市占率

在建設機械業界運用MPS模式（提案）

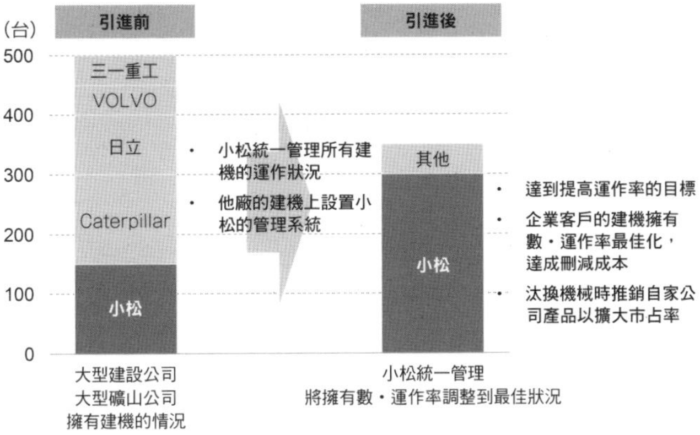

資料：摘自RTOCS《リコー》2012/8/26發表的部分片段，由BBT大學綜研製作

圖14 由小松媒合建機共享或回收，提供包含新品・中古品的最佳套組，藉以掌握中小企業客戶、擴大市占率

針對中小建設公司的解決方案（提案）

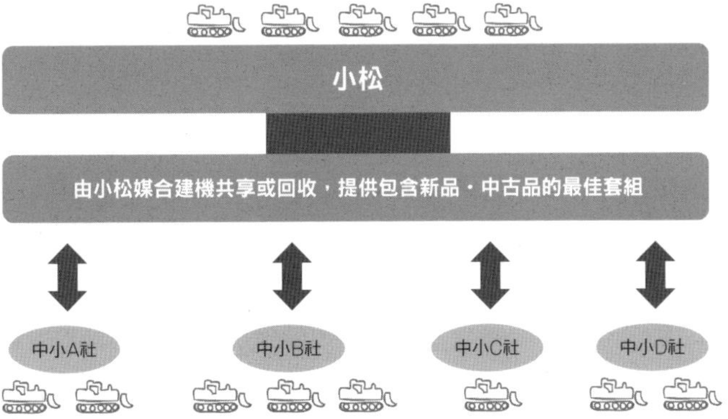

資料：BBT大學綜研製作

作狀況，所以連租借時間、簽約、購買等都能夠應對處理。公司可提供包含新品·中古品的最佳套組，確保與中小建設公司的合作以擴大市占率（圖14）。

建機廠商中營業額高居世界第二位的小松要達到這樣的大改變，需要耗費相當龐大的資金。不過，小松不應該只注重銷售自家公司的產品，也要率先改變收益結構，這樣才可能有機會在未來開創藍海商機。

歸納整理

- ☑ 把影印機業界的MPS引進建機業界。統一管理企業客戶的建機、有效刪減成本，同時擴大公司的產品市占率。
- ☑ 針對中小建設公司，共享或仲介回收建機。提供包含新品・中古品的最佳套組。

大前總結

需求減少時期應該採取攻與守等兩方向的成長戰略，加強成本結構＋改變收益結構。

因新興國家的需求擴大而得以成長，但是全球需求目前也進入調整期。雖然持續加強成本結構，但還是必須採取主動進攻的戰略。參考影印機業界的MPS戰略，為客戶提供刪減成本的方案，同時將客戶納入服務範圍。

CaseStudy

24

村上開明堂

起而面對「競爭規則的改變」

假如你是**村上開明堂**的社長，面對政府通過新的安全標準，未來後視鏡有可能被電子後視鏡系統取代，你要擬定什麼樣的成長戰略？

※根據2016年9月進行的個案研究編輯・收錄

正式名稱	株式會社村上開明堂
成立年份	1882年
負責人	代表取締役社長 村上太郎
總公司所在地	靜岡縣靜岡市
事業種類	運輸用機器
事業內容	汽車後視鏡，光學薄膜產品之製造・銷售
資本金額	31億6,544萬日圓（截至2016年3月）
營業額	377億4,200萬日圓（單獨）、656億8,300萬日圓（合併）（2016年3月期決算）
員工人數	2,664人（合併）（截至2015年3月31日）

為了拉近國內外市場市占率差距應發展海外市場

雖位居國內市占率之冠，但在全球市場卻僅占一小部分

村上開明堂創業於一八八二年（明治十五年），在靜岡縣靜岡市以製造五金與馬口鐵工藝品起家。一八九七年（明治三十年）開始製造鏡子，一直到現在的鏡類產品。村上開明堂當初是製作女性化妝時使用的化妝鏡台，一九五八年開始與TOYOTA汽車合作，目前則成為國內汽車後視鏡的龍頭供應商。

公司的營業額中，供應TOYOTA的部分就占了三七％，不過村上開明堂並非TOYOTA的旗下公司，與TOYOTA也沒有資本合作關係。村上開明堂以泰國為主，在亞洲、北美都設置了生產據點，國內外的合併營業額在二〇一六年三月期接近六百五十七億日圓。

汽車後視鏡分為車門後視鏡與車內後視鏡等兩大類。

依產品別來看國內市占率的話，車門後視鏡占四一・九％，車內後視鏡占四七・四％，兩者村上開明堂都擁有壓倒性的市占率（圖1）。另一方面，在全球的市占率僅占少許，車門後視鏡六・四％，車內後視鏡也只有幾個百分點而已（圖2）。

圖1　國內市占率居冠

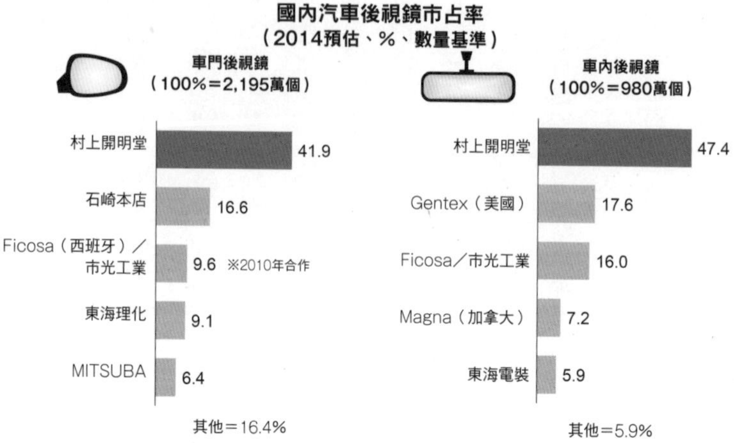
國內汽車後視鏡市占率
（2014預估、%、數量基準）
車門後視鏡
（100%=2,195萬個）
村上開明堂 41.9
石崎本店 16.6
Ficosa（西班牙）／市光工業 9.6 ※2010年合作
東海理化 9.1
MITSUBA 6.4
其他=16.4%
車內後視鏡
（100%=980萬個）
村上開明堂 47.4
Gentex（美國） 17.6
Ficosa／市光工業 16.0
Magna（加拿大） 7.2
東海電裝 5.9
其他=5.9%

資料：摘自富士キメラ総研〈2014ワールドワイド自動車部品マーケティング便覧〉，由BBT大學綜研製作

圖2　全球市占率僅占一小部分

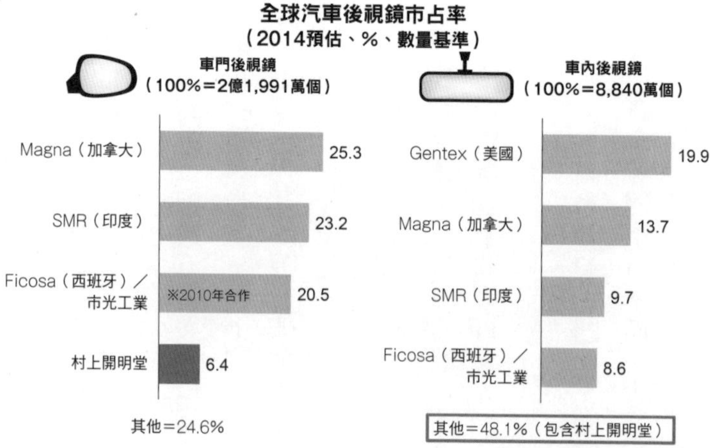
全球汽車後視鏡市占率
（2014預估、%、數量基準）
車門後視鏡
（100%=2億1,991萬個）
Magna（加拿大） 25.3
SMR（印度） 23.2
Ficosa（西班牙）／市光工業 ※2010年合作 20.5
村上開明堂 6.4
其他=24.6%
車內後視鏡
（100%=8,840萬個）
Gentex（美國） 19.9
Magna（加拿大） 13.7
SMR（印度） 9.7
Ficosa（西班牙）／市光工業 8.6
其他=48.1%（包含村上開明堂）

資料：摘自富士キメラ総研〈2014ワールドワイド自動車部品マーケティング便覧〉，由BBT大學綜研製作

供給對象只有日本廠商，對TOYOTA的依賴程度高

檢視車門後視鏡各廠商供應各車廠的明細可發現，村上開明堂除了TOYOTA汽車、三菱汽車之外，也只供應給日系的汽車廠商。另一方面，如果看世界三大廠商的供應對象，可看出他們建構一個廣泛的供給體制，大範圍地供應產品給日、美、歐等汽車廠商（圖3）。車內後視鏡各廠商的供給狀況也完全相同。村上開明堂若想提高全球市占率，重要的課題就是思考如何對歐美或新興國家的汽車製造廠擴大銷售通路（圖4）。

觀察村上開明堂的銷售別營業額（圖5），如前所述，針對TOYOTA汽車的營業額約有二百億日圓，是穩定的收入來源。另外，TOYOTA汽車以外的銷售量逐漸增加收益，對TOYOTA的依賴程度逐漸降低，從二〇〇二年的四七％降到二〇一六的三七％。

生產據點移往海外，從此穩定成長

來看看事業別的營業額，從創業初期就一直經營的建材事業不斷縮小，二〇一六年三月出售・退出，現在只做汽車後視鏡系列的單一產品（圖6）。此汽車後視鏡系列事業在一九九〇年代後半到二〇〇〇年代初期，受到日本國內汽車業不景氣的影響而低迷，但後來隨日系車廠轉移到海外生產，海外營業額也大幅增加收益（圖7）。目前，村上開明堂的海

圖3　村上開明堂供應的對象只有日系的汽車廠商

供應汽車廠商的矩陣表
（2013年、車門後視鏡）

	TOYOTA	日產	Honda	馬自達	三菱汽車	鈴木	GM	福特	克萊斯勒	福斯	BMW	戴姆勒	雷諾	PSA	現代汽車
村上開明堂	◎	○	○	○	◎	○									
石崎本店		○	○	◎		◎									
東海理化	○														
MITSUBA	○					○									
Honda Lock			◎												
Ficosa／市光工業	○	◎	○		○		○	○	○	○				○	
Magna	○	○	○				◎	◎	◎	○	○	○	○		
SMR	○	○				○	○	○	○	○	○	○	○	○	◎

○ 供給　◎ 從汽車廠商角度來看的主要零組件供應商

資料：摘自富士キメラ総研〈2014ワールドワイド自動車部品マーケティング便覧〉，由BBT大學綜研製作

圖4　村上開明堂提供的廠商只有日系汽車廠商

供應汽車廠商的矩陣表
（2013年、車內後視鏡）

	TOYOTA	日產	Honda	馬自達	三菱汽車	鈴木	GM	福特	克萊斯勒	福斯	BMW	戴姆勒	雷諾	PSA	現代汽車
村上開明堂	◎		◎	○	◎	○									
東海電裝	○				○	◎									
Ficosa／市光工業		◎		○						○		○		○	
Gentex	○	○	○	◎	○	○	◎	◎	◎	◎	◎	◎	◎	◎	○
Magna	○	○	○	◎	○		○	○	○	○	○	○	○	○	
SMR	○	○				○	○	○		○	○			○	◎

○ 供給　◎ 從汽車廠商角度來看的主要零組件供應商

資料：摘自富士キメラ総研〈2014ワールドワイド自動車部品マーケティング便覧〉，由BBT大學綜研製作

外營業額比率達四成左右。另外，由於將生產據點移往海外，從此利益就不斷成長（圖8）。

電子後視鏡・無後視鏡的時代終於到來

因修改安全標準，電子後視鏡合法上市

關於汽車後視鏡的消息，二〇一六年六月十七日，日本國土交通省通過《道路運送車輛法》新的安全標準，未來汽車已經能夠使用所謂的「電子後視鏡」（Camera-Monitor System，CMS）。

過去因為安全標準不斷修改，後視鏡與技術都有了進化與改變（圖9）。以前日本的後視鏡只有裝在引擎蓋上的引擎蓋後視鏡才合法（道路運送車輛法第四十四條）。不過，以車門後視鏡為主流的美國等其他海外汽車業界指控這條法令為非關稅障礙，所以日本政府於一九八三年修改法令，車門後視鏡終於可以合法上路。而今，引擎蓋後視鏡幾乎沒有人用，車門後視鏡也成為主流。隨著這樣的改變，鏡面也進展為大型化、輕量化，在提高能見度的技術上，更追求防眩光、防潑水的性能。

圖5　特別是供應TOYOYA的銷售量支撐穩定的收入

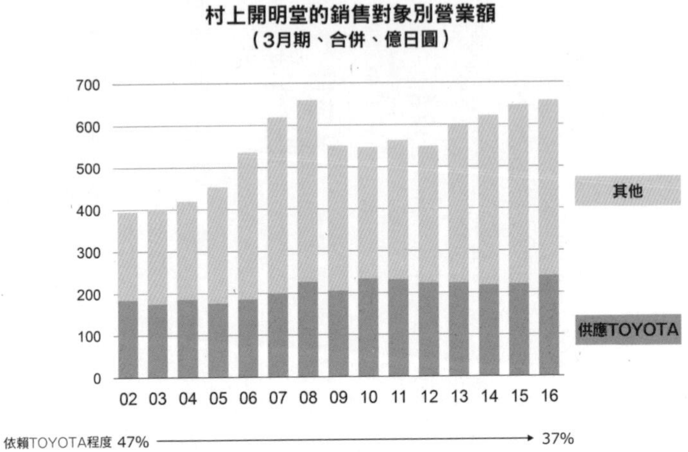

村上開明堂的銷售對象別營業額
（3月期、合併、億日圓）
700
600
500
400
300
200
100
0
02 03 04 05 06 07 08 09 10 11 12 13 14 15 16
其他
供應TOYOTA
依賴TOYOTA程度 47%
37%

資料：摘自有価證券報告書，由BBT大學綜研製作

圖6　因國內汽車銷售量減少等因素，90年代後半～2000年代前半停滯

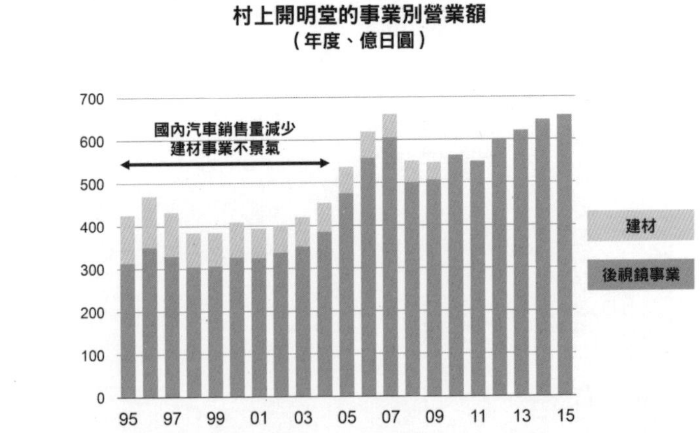

村上開明堂的事業別營業額
（年度、億日圓）
700
600
500
400
300
200
100
0
國內汽車銷售量減少
建材事業不景氣
95 97 99 01 03 05 07 09 11 13 15
建材
後視鏡事業

※「建材事業」從2010年度以後，因不滿10%而納入後視鏡事業計算。2016年3月出售並退出

資料：摘自〈有価証券報告書〉、〈決算短信〉，由BBT大學綜研製作

這次，由於二〇一六年六月的法令修改，傳統的後視鏡將會被相機與顯示螢幕取代。因此，提高後視鏡能見度的技術又改變為追求相機功能、影像處理功能以及顯示功能。由於這些新功能所需的技術與村上開明堂以往培養的技術領域完全不同，所以儘早培養重要技術、投入競爭力高的產品就成為直接影響公司生存的重大課題了。

發表兩款可兼用後視鏡的「車內顯示螢幕」

村上開明堂也配合法令修改的公告，發表兩款在車內後視鏡上內建攝影顯示功能的電子後視鏡。分別是一個畫面＋兩個相機的合成款（圖10）以及三個分割畫面＋四個相機的多鏡款（圖11）等兩種產品。兩種產品的特徵分別整理在圖12。

村上開明堂的電子後視鏡的最大特徵就是鏡面可以兼做螢幕的顯示功能。開啟電源可以充當顯示螢幕用，關上電源時，就是傳統的後視鏡功能。電子後視鏡安裝的位置就是長年以來被視為安全位置的車內後視鏡位置，透過相機數位化與影像處理技術，就算在夜間也能夠達到高度的能見度。而倒車齒輪動作時，也能夠確認以往被視為死角的車子後下方部位。以上是合成款與多鏡款的共同特徵。

多鏡款是除了合成款的兩個相機之外，在左右的車門後視鏡位置也裝上相機。側面相機的視野比傳統的車門後視鏡更大。車內的後視鏡顯示螢幕則可分割成三個畫面，駕駛不用移

圖7　配合日系車廠轉移到海外生產，海外營業額引領成長

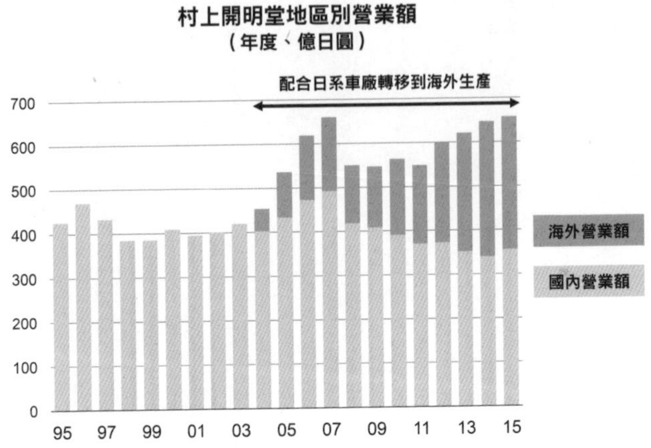
村上開明堂地區別營業額
（年度、億日圓）
配合日系車廠轉移到海外生產
700
600
500
400
300
200
100
0
95
97
99
01
03
05
07
09
11
13
15
海外營業額
國內營業額

※2003年度以前的「海外營業額」因不滿10%，故納入國內營業額計算

資料：摘自〈有価証券報告書〉、〈決算短信〉，由BBT大學綜研製作

圖8　隨著轉移海外生產，利益獲得改善

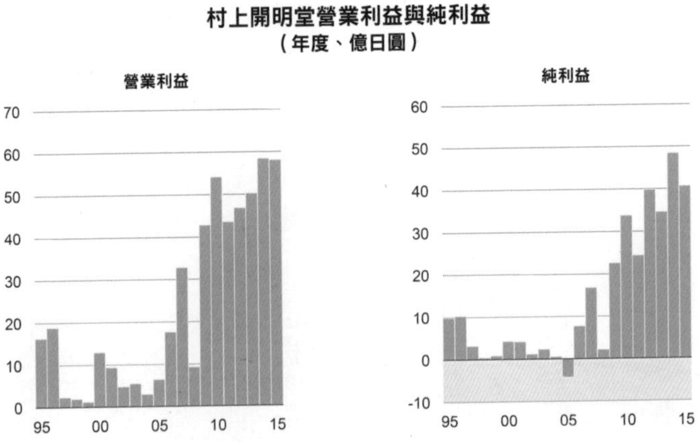
村上開明堂營業利益與純利益
（年度、億日圓）
營業利益
70
60
50
40
30
20
10
0
95
00
05
10
15
純利益
60
50
40
30
20
10
0
-10
95
00
05
10
15

資料：摘自〈有価証券報告書〉、〈決算短信〉，由BBT大學綜研製作

動視點就可一次確認後方與左後、右後三個方向。單純把車內後視鏡電子化的商品難以受到消費者的青睞，村上開明堂為了應對這樣的時代趨勢，開發了革新技術的新商品——村上開明堂的產品發表，對下個世代的車款提供一個新的概念，這點是值得給予肯定的。不過，一旦把傳統的後視鏡改成電子後視鏡，所需的關鍵技術或競爭條件就完全不同了。無鏡車時代的後方辨識方式脫離了以往的認知與習慣，關於這點，我認為要先暫時歸零，重新思考。

村上開明堂的車內顯示螢幕就相當於傳統的車內後視鏡，不過安裝位置應該無須與車內後視鏡完全相同吧。在車內看後方（側面）時，一直以來，如果後視鏡不是在「那個位置」的話，就無法適當地映照出影像。不過，由於現在已經是利用相機攝影了，所以車內顯示畫面無論擺放在哪裡應該都可以吧。汽車廠商利用前所未有的概念進行創造或設計，如果被「如果不是傳統的鏡面位置就無法發揮功用」的想法限制，就可能會在無鏡車時代的開發競賽中被淘汰。總之，設計時無須被「附有鏡面功能」的想法束縛。

那麼，車內的顯示螢幕要放在哪裡比較好呢？答案是駕駛的正面，儀表板的上方。右駕的人總是要一邊開車，一邊瞄著「左上方」的車內後視鏡，這對於不習慣的人而言，是非常困難的動作，就算習慣了也是負荷極大的行為。讓駕駛從這樣的壓力解脫，這不僅存在著極大的商機，也存在著極大的挑戰。

圖9　2016年電子後視鏡獲得法律認可，技術轉移到「相機」、「影像處理」、「顯像」等領域

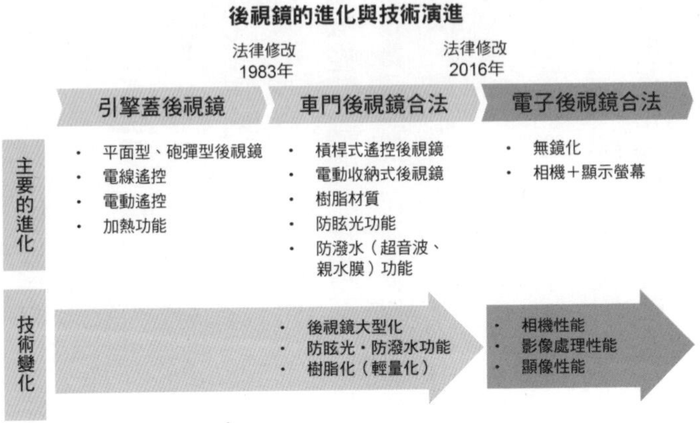

資料：摘自日経Automotive Technology 2011年5月号〈第24回 ドアミラー〉等記事，由BBT大學綜研製作

圖10　開發兩款電子車內後視鏡，車內後視鏡可搭載攝錄功能

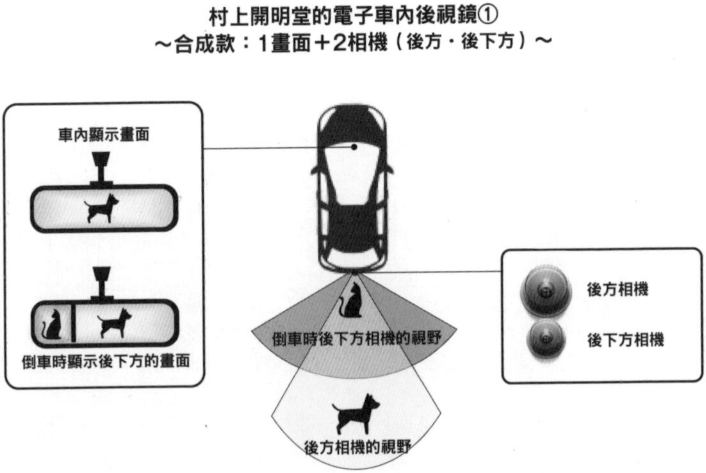

資料：根據村上開明堂〈ニュースリリース〉2016年6月17日，由BBT大學綜研製作示意圖

與儀表板整體化，創造高附加價值

儀表板的製造是直接供應零組件給車廠的一級零組件供應商（Tier 1）之事業領域。擅長製造儀表板的日本代表性廠商有DENSO與Calsonic Kansei等。這些廠商全權處理儀器的製造或組裝・束線等，最後供應給汽車廠商，汽車廠商只要進行安裝即可。村上開明堂也是國內後視鏡領域中最大的一級零組件供應商，不過若想開發電子後視鏡，未來就必須與其他零組件廠商合作。村上開明堂的成長戰略中，最重要的就是如何向儀表板的一級零組件廠商提案，將車內的顯示螢幕組裝進儀表板內。

必須與攝錄機器・畫面處理相關企業合作

接下來看看其他競爭對手的動向吧。電子後視鏡市場中（圖13），除了有幾家一級零組件供應商之外，攝錄機器・畫面處理等相關企業也都投入其中。如果觀察電子後視鏡的研發・供給體制（圖14），可以看到攝錄相關或車載機廠商已經與競爭的一級供應商合作出資或共同研發，而村上開明堂則處於獨立狀態。若想補強技術面，村上開明堂也必須與這樣的廠商合作。

圖11　開發兩款電子車內後視鏡，車內後視鏡可搭載攝錄功能

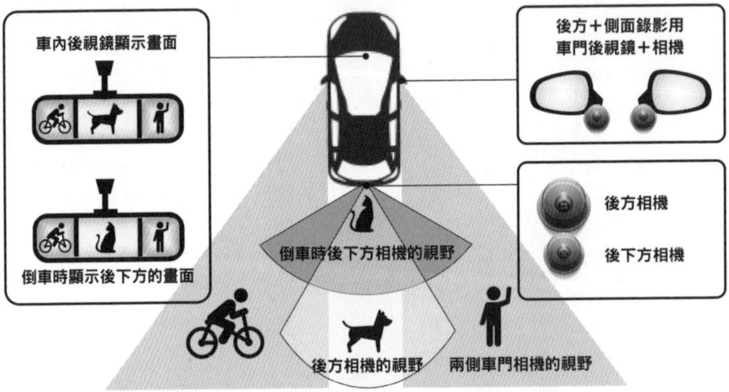
村上開明堂的電子車內後視鏡②
～多鏡款：3分割畫面＋4相機（右側・左側・後方・後下方）～
車內後視鏡顯示畫面
倒車時顯示後下方的畫面
後方＋側面錄影用
車門後視鏡＋相機
後方相機
後下方相機
倒車時後下方相機的視野
後方相機的視野
兩側車門相機的視野

資料：根據村上開明堂〈ニュースリリース〉2016年6月17日，由BBT大學綜研製作示意圖

圖12　做到寬廣視野與高能見度，關閉電源能夠恢復原來的後視鏡功能

村上開明堂的電子車內後視鏡特徵

＜共同特徵＞

- 打開電源可充當顯示螢幕，關閉電源則自動切換成一般後視鏡
- 安裝螢幕的位置可選擇向來被視為安全位置的車內後視鏡位置
- 利用特殊的玻璃電路板做出「低耗電」、「低發熱」、「明亮」的顯示螢幕
- 由於相機數位化，就算夜間也具有高能見度
- 倒車齒輪動作時，能夠確認車子後下方的死角位置

＜3分割畫面的多鏡款＞

- 側面相機的視野比傳統的車門後視鏡更寬廣
- 不用移動視點就可一次確認左、右、後三個方向

資料：根據村上開明堂〈ニュースリリース〉2016年6月17日，由BBT大學綜研製作

應加強國際競爭力並以高附加價值打出海外市場

重點是增強技術能力與研發「數位駕駛艙」

村上開明堂的課題可以彙整為下面三項（圖15）。

第一是確保攝錄相關技術。公司透過長久以來的事業實績，已經累積了製造傳統後視鏡的雄厚實力，不過電子後視鏡的技術還不足。公司必須培養相機、影像處理以及顯像相關的攝錄相關技術。第二個課題是開拓歐美汽車廠商的銷售通路。第三個課題就是開發與車載機合為一體的系統。與儀表板的一級供應商合作，提出「數位駕駛艙」的建議案。

關於第三個課題的數位駕駛艙，開發ＡＤＡＳ（Advanced Driver Assistance Systems，先進駕駛輔助系統）非常重要。舉例來說，當車後方有大型車輛高速迫近時，不僅相機與感測器可以探測得知並顯像於車內顯示螢幕，同時也會發出警告，提醒駕駛盡速離開危險。如果是傳統的後視鏡，駕駛要先「認知」對象並「判斷」是否危險之後，才會採取「閃避行動」。而ＡＤＡＳ這套系統不只是把車內後視鏡電子化、改裝相機而已，而是提供電子化才有的附加價值，而這點將決定村上開明堂未來的命運。

圖１３　除了汽車零件廠商之外，攝錄機器・畫面處理相關企業也都投入電子後視鏡市場

各公司投入電子後視鏡市場的情況

		事業概要	電子後視鏡的投入情況
汽車零組件（Tier 1）	村上開明堂	日本國內最大的後視鏡廠商	自行開發在車內後視鏡搭載攝錄功能的電子後視鏡
	東海理化	開關、安全鎖、座椅安全帶、後視鏡等大廠。TOYOTA體系	富士通將軍負責相機模組並共同研發
	市光工業	汽車照明、後視鏡大廠	法Valeo對市光投資31.6%，共同研發電子後視鏡系統
	DENSO	國內最大、全球第2的綜合零組件廠商。TOYOTA體系	投資影像處理軟體創投公司Morpho 5%的資本，研發電子後視鏡
攝錄機器	Panasonic	車載機器、車載用電池等	投資全球的後視鏡大廠Ficosa（西）49%，投入電子後視鏡市場
	JVC KENWOOD	車載機器、業務用無線系統等	一個畫面無縫顯示三個相機的影像之電子後視鏡，並研發與電子後視鏡一體化的數位駕駛艙

資料：摘自各媒體報導，由BBT大學綜研製作

圖１４　課題是與攝錄相關或車載機器方面具有實力的廠商合作

電子後視鏡的開發・供給體制

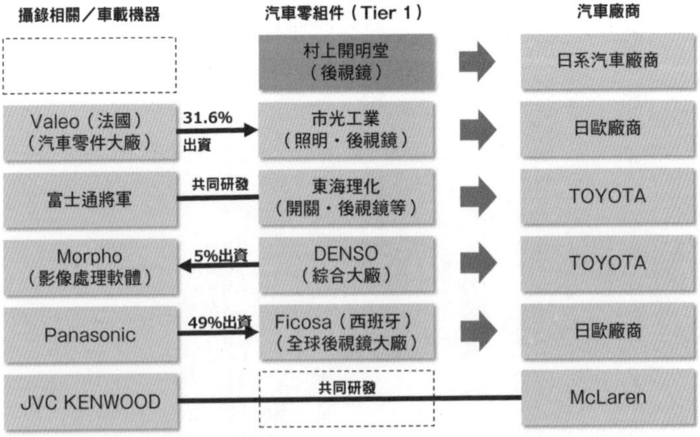

資料：摘自各媒體報導，由BBT大學綜研製作

在大量提供數位駕駛艙之前，就如同以前的汽車導航系統一樣，也可以先開發可加裝在舊車上的套件，也就是改裝的做法。在五到十年之間，先利用這樣的商品度過轉移期間。

以破壞價格與商品獨創性開發歐美廠商的銷售通路

以下從兩個角度提出村上開明堂的未來方向吧。

首先，針對村上開明堂的課題，要思考培養攝錄相關技術，以及開拓歐美汽車廠商的銷售通路。特別是開拓通路上，品質當然很重要，但是價格是對方判斷的重要標準。當傳統後視鏡要改裝成相機或顯示螢幕等數位產品時，一定會受到價格破壞的影響。而破壞這些數位產品價格的來源是台灣．中國的零組件廠商以及ＥＭＳ（電子代工廠）。

行車記錄器等車載相機在台灣早就已經很普及了。這些產品的核心零件組裝了OmniVision（豪威）公司的影像感測器，或是Ambarella（安霸）公司的影像處理晶片，再由台灣的ＥＭＳ組裝產品，然後投入市場。OmniVision與Ambarella都是台灣人成立的美國企業。所以在數位產品方面，必須多多運用台灣廠商的零件採購或是製造等供應鏈。

考慮這些因素之後，若想確保攝錄相關技術，同時又能夠以價格競爭力開拓歐美汽車廠商的銷售通路的話，就要檢討與夏普技術合作。夏普現在隸屬於全球最大代工廠，台灣的鴻海旗下進行重建。透過夏普的技術能力與鴻海的供應鏈，即可確保電子後視鏡與數位駕駛艙

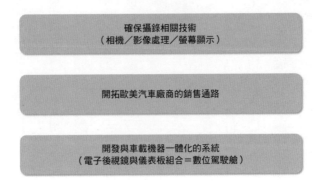

圖１５　課題是「確保攝錄相關技術」、「開拓歐美汽車廠商的銷售通路」、「與車載機器一體化」

村上開明堂的課題

確保攝錄相關技術
（相機／影像處理／螢幕顯示）

開拓歐美汽車廠商的銷售通路

開發與車載機器一體化的系統
（電子後視鏡與儀表板組合＝數位駕駛艙）

資料：BBT大學綜研製作

圖１６　與夏普及台灣的供應鏈合作，利用價格競爭力開拓歐美廠商的銷售通路

村上開明堂的方向（提案①）

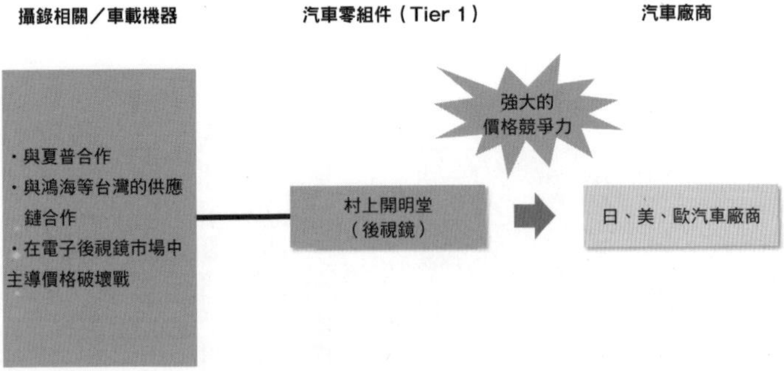
攝錄相關／車載機器
汽車零組件（Tier 1）
汽車廠商
強大的
價格競爭力
・與夏普合作
・與鴻海等台灣的供應鏈合作
・在電子後視鏡市場中主導價格破壞戰
村上開明堂
（後視鏡）
日、美、歐汽車廠商

資料：BBT大學綜研製作

的產品研發力與價格競爭力。特別是鴻海目前正加強投入嶄新的汽車零組件的事業領域，所以與一級零組件供應商的村上開明堂合作應該具有極大的吸引力（圖16）。這是第一個方案。

另一個方案就是把重點放在數位駕駛艙的概念，將電子後視鏡與儀表板合為一體（圖17）。這也必須再回到前一階段，與攝錄相關或車載機廠商合作。可考慮的合作廠商有JVC KENWOOD、富士通TEN、Pioneer、Clarion等在汽車導航系統方面擁都良好成績的廠商。村上開明堂的重要課題就是必須先與這些廠商攜手合作，開發數位駕駛艙系統，更進一步把這個開發產品與儀表板合為一體時，再與DENSO或Calsonic Kansei等儀表板的一級供應商合作。這個課題恐怕是最難，但也是最重要的部分。不過這項革命性的挑戰也正是我認為村上開明堂最應該採取的戰略。

圖17　與汽車導航等車載機廠商合作，把電子後視鏡組合到儀表板內

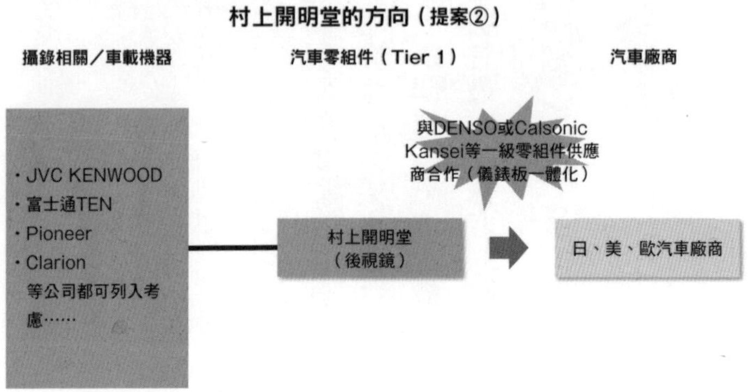
村上開明堂的方向（提案②）
攝錄相關／車載機器
汽車零組件（Tier 1）
汽車廠商
與DENSO或Calsonic Kansei等一級零組件供應商合作（儀錶板一體化）
・JVC KENWOOD
・富士通TEN
・Pioneer
・Clarion
等公司都可列入考慮……
村上開明堂（後視鏡）
日、美、歐汽車廠商

資料：BBT大學綜研製作

歸納整理

- 與夏普及鴻海合作，加強產品開發力與價格競爭力。在電子後視鏡市場中主導價格破壞，並擴大對歐美汽車廠商的銷售通路。
- 研發電子後視鏡與儀表板的整體化，形成「數位駕駛艙」，目標是創造ADAS（先進駕駛輔助系統）的高附加價值。
- 與攝錄相關／車載機廠商合作進行開發，並與儀表板一級供應商整合，藉此為汽車廠商提供整體的供給服務。

大前總結

單純的電子化≠數位化。只有數位還是不夠，應把目標放在創造高附加價值上。

國內的龍頭廠商卻僅占全球市占率的一小部分。應與攝錄相關或車載機廠商合作，同時加強價格競爭力・技術力，積極發展海外市場。不是只把既有的商品電子化，開發具獨創性的商品才是成功的關鍵。

CaseStudy

25

馬自達

營運順利的背後隱藏的「結構性課題」

假如你是**馬自達**的社長，新規格柴油引擎創造最高收益記錄，卻因歐洲柴油引擎造假事件而受影響，你要如何帶領公司度過這樣的困境？

※根據2016年2月進行的個案研究編輯・收錄

正式名稱	馬自達株式會社
成立年份	1920年
負責人	代表取締役社長兼CEO　小飼雅道
總公司所在地	廣島縣安芸郡
事業種類	汽車
事業內容	自小客車・貨車的製造、銷售等
資本金額	2,589億5,709萬6,762日圓（2015年3月期）
營業額	3兆339億日圓（2015年3月期）
員工人數	單獨：2萬1,295人（包含駐外人員） 合併：4萬4,035人（2015年3月31日）

因集中資源發展低耗能・高輸出功率的特有技術以及日圓貶值而創造高收益

銷售數量國內第六，全球第十四的汽車廠商

馬自達目前是日本國內銷售數量排名第六的汽車廠商。如果看二〇一五年的國內汽車銷售數量，位居第一的TOYOTA汽車是一百四十五萬輛，大幅拉開第二名Honda的七十三萬輛，呈現一強獨大的狀態。第三名鈴木是六十四萬輛，第四的DAIHATSU工業是六十一萬輛，第五的日產汽車是五十九萬輛，從第二名以下的四家公司都是相同規模的企業。

接著排名第六的馬自達銷售數量是二十五萬輛，不到日產的一半，被大幅拉開距離（圖1）。

如果從全球的銷售數量（二〇一五年）來看的話，國內第一名的TOYOTA汽車一樣居冠，有一千零一十五萬輛，第二名的是福斯汽車，為九百九十三萬輛，第三名的通用汽車是九百八十四萬輛，馬自達位居第十四，有一百五十四萬輛（圖2）。汽車業界進行全球性的重整，前幾名廠商的銷售數量飛躍性地成長。雖然馬自達的銷售數量也有增加，不過因為中國廠商也紛紛興起，想打入前十強並非易事。

圖1　馬自達是日本國內排名第6的汽車廠商

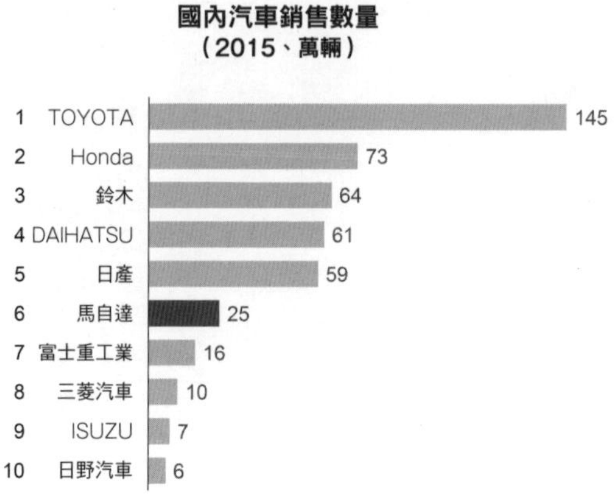
國內汽車銷售數量
（2015、萬輛）
1 TOYOTA 145
2 Honda 73
3 鈴木 64
4 DAIHATSU 61
5 日產 59
6 馬自達 25
7 富士重工業 16
8 三菱汽車 10
9 ISUZU 7
10 日野汽車 6

資料：摘自日本汽車工業會統計，由BBT大學綜研製作

圖2　馬自達是全球排名第14的汽車廠商

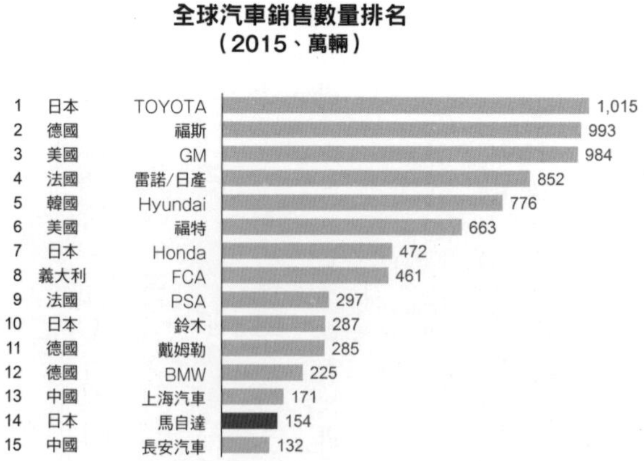
全球汽車銷售數量排名
（2015、萬輛）
1 日本 TOYOTA 1,015
2 德國 福斯 993
3 美國 GM 984
4 法國 雷諾/日產 852
5 韓國 Hyundai 776
6 美國 福特 663
7 日本 Honda 472
8 義大利 FCA 461
9 法國 PSA 297
10 日本 鈴木 287
11 德國 戴姆勒 285
12 德國 BMW 225
13 中國 上海汽車 171
14 日本 馬自達 154
15 中國 長安汽車 132

資料：摘自日本経済新聞社《日本経済新聞》2016/2/16、focus2move《World Car Group Ranking in the 2015》、各公司公布資料等，由BBT大學綜研製作

與福特取消資本合作關係，與TOYOTA進行綜合性業務合作

其次來觀察主要汽車廠商的資本・合作關係吧（圖3）。馬自達從一九九六年到二〇〇八年，一直處於美國三大龍頭之一的福特汽車旗下。不過，由於金融風暴的緣故，福特本身陷入經營危機而出售馬自達的股票，二〇一五年雙方完全解除資本合作關係。因取消了與福特的合作關係，同時長久以來馬自達與誰合作一直都是業界關注的重點，二〇一五年五月，馬自達與TOYOTA汽車締結綜合性的業務合作，這項消息也再次成為業界矚目的焦點。

在汽車業界中，總是全球性地進行「合縱連橫」策略，也就是透過各領域的合作來補強自家公司的弱點，將經營資源集中於自己擅長的領域。

對於與福斯爭奪全球銷售數量冠軍的TOYOTA汽車而言，馬自達只靠引擎就可做到與環保車一樣低耗能的「SKYACTIV技術（這是根據馬自達的品牌宣言「Zoom-Zoom」，同時追求「兜風樂趣」與「環保・安全」的新世代創新技術的總稱。包括以下各種技術，例如「SKYACTIV－G」的燃料直噴引擎可做到高壓縮比；「SKYACTIV－D」的乾淨柴油引擎可以透過低壓縮比，滿足國際規定的排廢標準；「SKYACTIV－DRIVE」擁有集各項優點的高效率，同時還有充滿加速感的六速變速箱等。（《MAZDA COMPANY PROFILE 2015》P.28））」是極具吸引力的。

另外，對馬自達而言也是一樣，由於把資源集中在提高引擎的效率上，就無暇顧及HV

圖－3　2015年與TOYOTA進行環境技術等綜合性的業務合作，與福特的資本關係完全取消

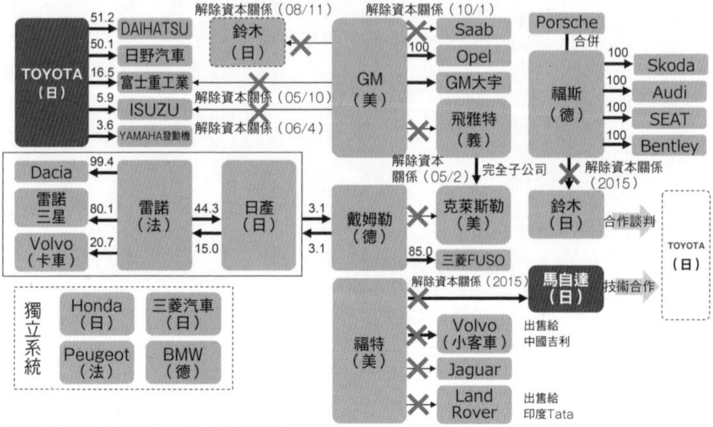

資料：摘自各媒體報導，由BBT大學綜研製作

圖4　除了與TOYOTA合作之外，也擴大範圍與日產、鈴木、ISUZU、飛雅特等公司合作

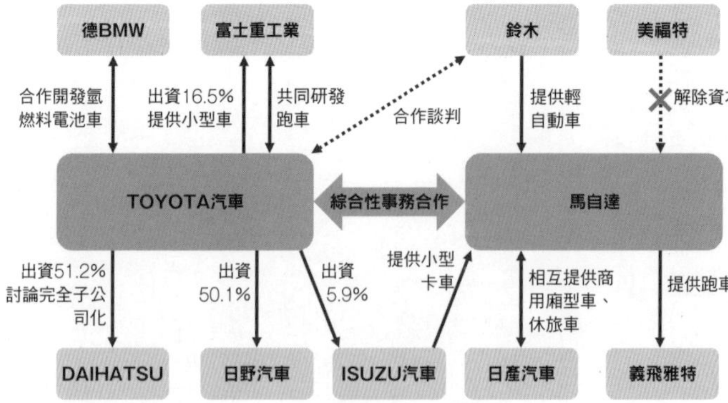

資料：摘自日本経済新聞社《日本経済新聞》2016/2/25，由BBT大學綜研製作

（混和動力車）與FCV（氫燃料電池車）等環保車款，所以兩家公司便透過綜合性的業務合作進行技術上的互補。

綜觀整個汽車業界，以前都是透過全球性的併購進行集團化，不過自從二〇一四年飛雅特與克萊斯勒合併之後，就再也沒有大型的併購，業界重整也呈現沉寂的狀態。

另一方面，由於環境技術、新世代技術競爭激烈，各家廠商也不斷尋求不同技術的合作對象。TOYOTA汽車與馬自達的合作關係是把未來環境．安全技術的研發納入視野的綜合性業務合作，不含資本上的合作（圖4）。

TOYOTA汽車出資富士重工業一六．五%，由後者製造輕型車，同時雙方共同開發跑車。另外TOYOTA也對日野汽車出資五〇．一%、買下DAIHATSU五一．二%的股份，更進一步考慮將其完全納為子公司。另外，TOYOTA也與BMW合作研發氫燃料電池車。

另一方面，馬自達則是與日產汽車互相供應廂型車與休旅車，從鈴木汽車獲得輕型車的供給，並供應跑車給義大利的飛雅特。不過，這些合作關係都遠不如與二〇一五年解除資本合作關係的福特汽車那樣的緊密。

集中資源在低耗能．高輸出功率的「SKYACTIV技術」以及新產品的暢銷

馬自達在九〇年代因為日圓升值的影響導致業績惡化，一九九六年福特汽車出資三三．

圖 5　度過金融風暴的低潮期之後，集中資源在低耗能・高輸出功率的「SKYACTIV技術」，因日圓貶值，新產品暢銷

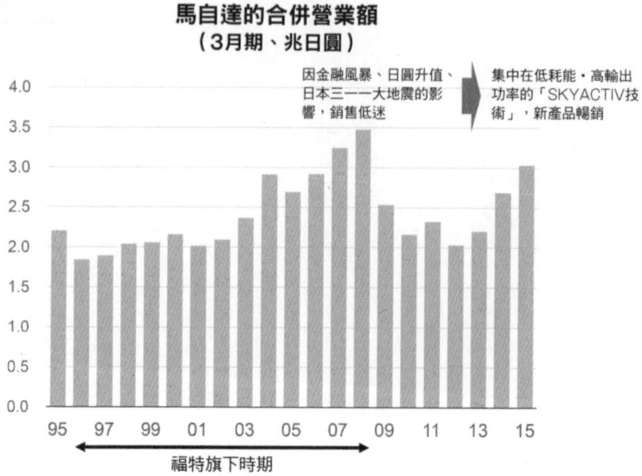

※1996年6月，福特汽車出資33.4%，2008年11月13%，2010年11月3.5%，2015年9月出脫全部股份

資料：摘自馬自達株式會社官網，由BBT大學綜研製作

圖 6　特別是海外業績成長，將近八成的營業額來自海外

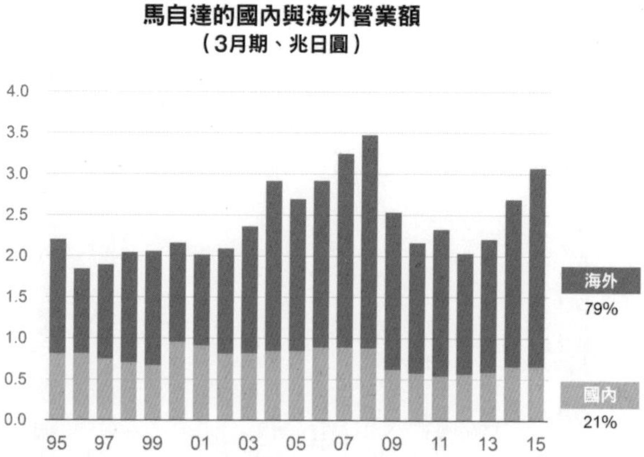

資料：摘自馬自達株式會社官網，由BBT大學綜研製作

四%，馬自達在福特旗下招聘經營群力圖重建，並且擴大營業額。不過，二〇〇八年九月因金融風暴的緣故而脫離福特。後來又因日圓升值與日本三一一大地震的影響，公司再度經營不振，結果一直到了二〇一二年，營業額都處於停滯狀態。

後來由於把經營資源集中在低耗能．高輸出功率的「SKYACTIV技術」上，再搭上日圓貶值的順風車，推出的許多產品都暢銷。可以說，為了擺脫業績低迷的泥淖，馬自達進行了結構改造而存活下來，也獲得豐碩的成果（圖5）。

提高海外生產比率的生產改革

海外銷售也成長到八成，在歐洲獲得高人氣

馬自達的營業額持續成長，如果觀察其中的細項，可以看出國內營業額仍舊低迷，不過海外營業額則有成長。目前海外營業額有七九%，國內營業額有二一%，海外的營業額是國內的三倍以上（圖6）。

更進一步以地區別來檢視海外營業額，可以發現北美的營業額已經回復金融風暴前的水準；歐洲也有復甦傾向，不過還沒回到金融風暴以前的水準；亞洲長期以來的營業額都有成

圖7　海外營業額方面，北美回升、亞洲成長、歐洲低迷

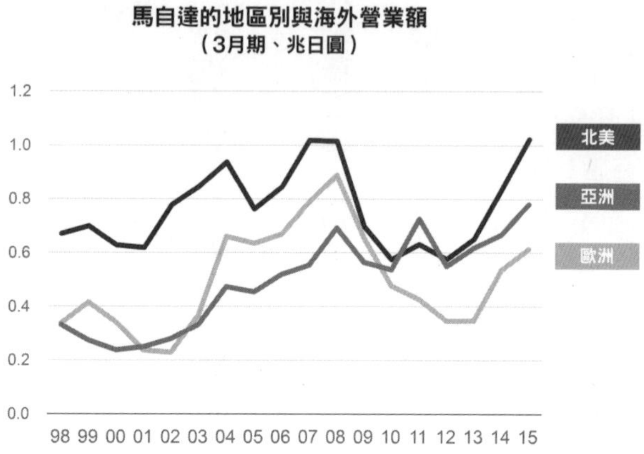
馬自達的地區別與海外營業額
（3月期、兆日圓）
1.2
1.0
0.8
0.6
0.4
0.2
0.0
98 99 00 01 02 03 04 05 06 07 08 09 10 11 12 13 14 15
北美
亞洲
歐洲

資料：摘自馬自達株式會社官網，由BBT大學綜研製作

圖8　馬自達接近七成在國內生產，業績受匯兌影響極大

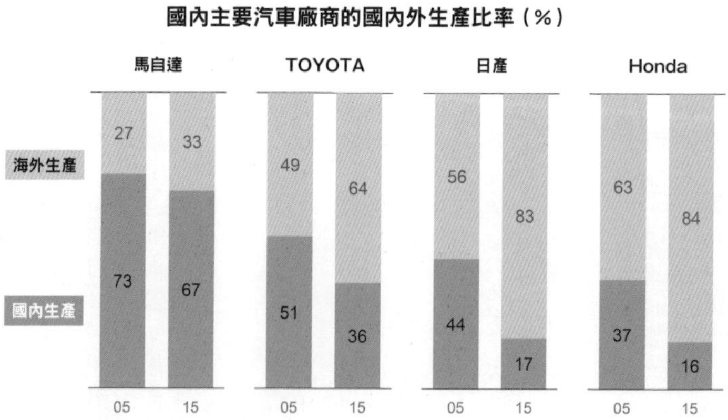
國內主要汽車廠商的國內外生產比率（%）
馬自達
TOYOTA
日產
Honda
海外生產
國內生產
27
33
73
67
49
64
51
36
56
83
44
17
63
84
37
16
05
15
05
15
05
15
05
15

※TOYOTA、Honda為1～12月期，日產、馬自達為4～3月期

資料：摘自各公司公布資料，由BBT大學綜研製作

長，規模已經超越歐洲的營業額。過去德國等歐洲各國對於馬自達汽車的設計、駕馭性能等都給予高度評價，該公司的感品也非常受歡迎。不過，現在人氣稍減，無論是營業額或受關注的程度都雙雙下滑。二〇〇八年超過零・八兆日圓的營業額，現在也只有零・六兆日圓的程度。以目前的地區別營業額來看，北美約一兆日圓，亞洲約零・八兆日圓，歐洲則約有零・六兆日圓（圖7）。

國內生產比率接近七成，受匯兌影響的收益結構

請看國內主要汽車廠商的國內外生產比率（圖8）。比較馬自達、TOYOTA汽車、日產汽車、Honda等四家公司於二〇〇五年到二〇一五年的國內外生產比率，可以看出三大企業都大幅度地將生產線移轉到海外，而馬自達在海外的生產比率則幾乎沒有變動。理由是馬自達的生產都集中在國內的廣島縣總公司工廠，以及山口縣防府工廠等兩個據點。二〇一五年馬自達在海外的生產比率只有三三％，而海外的營業額卻占了八〇％。如果與其他公司的海外生產比率相比，TOYOTA汽車為六四％、日產汽車為八三％、Honda為八四％，與馬自達有二～二・五倍的差距，可見馬自達在海外的生產比率有多低了。總之，馬自達從九〇年代因日圓升值而導致銷售低迷，至今經過二十多年，公司的收益仍然一直受匯兌變動的影響。

圖9　因日圓升值導致虧損的收益結構

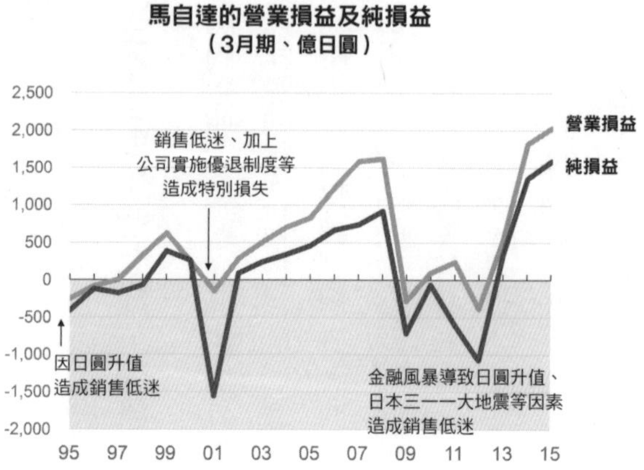
馬自達的營業損益及純損益
（3月期、億日圓）
2,500
2,000
1,500
1,000
500
0
-500
-1,000
-1,500
-2,000
95
97
99
01
03
05
07
09
11
13
15
營業損益
純損益
銷售低迷、加上
公司實施優退制度等
造成特別損失
因日圓升值
造成銷售低迷
金融風暴導致日圓升值、
日本三一一大地震等因素
造成銷售低迷

資料資料：摘自馬自達株式會社官網，由BBT大學綜研製作

圖10　目前正實施生產改革，目標是把海外的生產比率提高3～5成

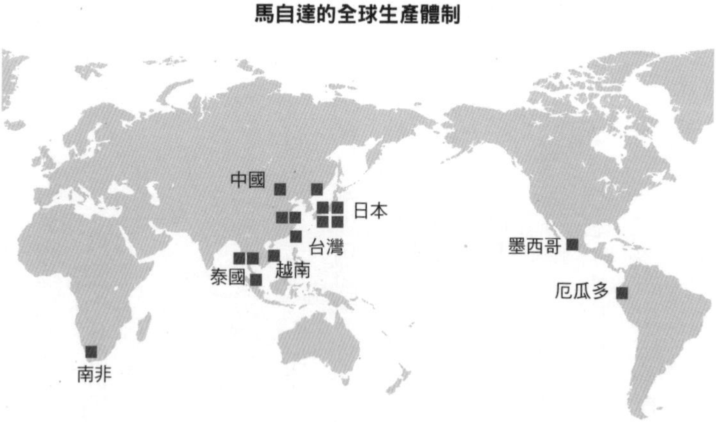
馬自達的全球生產體制
中國
日本
台灣
泰國
越南
南非
墨西哥
厄瓜多

資料：摘自Annual Report，由BBT大學綜研製作

觀察馬自達的營業損益以及純損益（圖9），一九九五年因日圓升值導致銷售低迷造成虧損，二〇〇一年主要是因為公司進行結構改革的花費造成虧損，到了二〇〇九～二〇一二年因金融風暴導致日圓升值，又加上日本三一一大地震造成銷售低迷等，連續四年都以虧損作收。就像這樣，只要遇到日圓升值，馬自達的營收就會產生赤字。

國內生產比率接近七成，受匯兌影響的收益結構

請看國內主要汽車廠商的國內外生產比率（圖8）。比較馬自達、TOYOTA汽車、日產汽車、Honda等四家公司於二〇〇五年到二〇一五年的國內外生產比率，可以看出三大企業都大幅度地將生產線移轉到海外，而馬自達在海外的生產比率則幾乎沒有變動。理由是馬自達的生產都集中在國內的廣島縣總公司工廠，以及山口縣防府工廠等兩個據點。二〇一五年馬自達在海外的生產比率只有三三％，而海外的營業額卻占了八〇％。如果與其他公司的海外生產比率相比，TOYOTA汽車為六四％、日產汽車為八三％、Honda為八四％，與馬自達有二～二．五倍的差距，可見馬自達在海外的生產比率有多低了。總之，馬自達從九〇年代因日圓升值而導致銷售低迷，至今經過二十多年，公司的收益仍然一直受匯兌變動的影響。

觀察馬自達的營業損益以及純損益（圖9），一九九五年因日圓升值導致銷售低迷造成

圖１１　關於全球汽車的銷售數量，以BRICs國家為主的新興國家持續成長

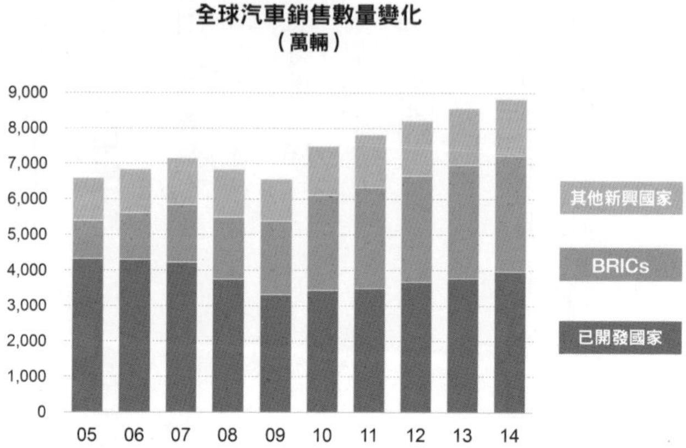
全球汽車銷售數量變化
（萬輛）
9,000
8,000
7,000
6,000
5,000
4,000
3,000
2,000
1,000
0
05
06
07
08
09
10
11
12
13
14
其他新興國家
BRICs
已開發國家

資料資料：摘自世界汽車組織（OICA）統計，由BBT大學綜研製作

圖１２　馬自達的銷售數量在北美位居12，在歐洲位居13

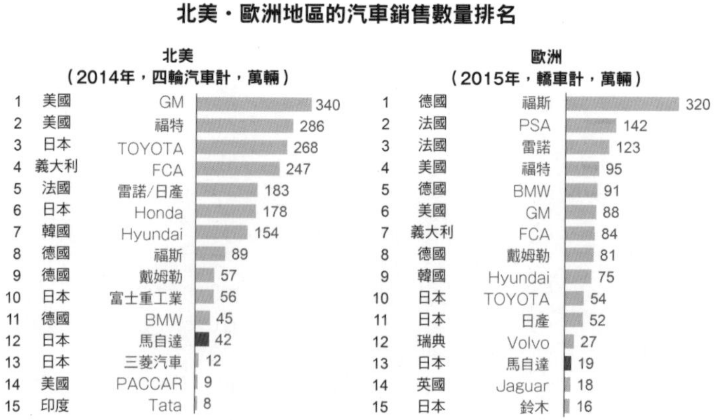
北美・歐洲地區的汽車銷售數量排名
北美
（2014年，四輪汽車計，萬輛）
1 美國 GM 340
2 美國 福特 286
3 日本 TOYOTA 268
4 義大利 FCA 247
5 法國 雷諾/日產 183
6 日本 Honda 178
7 韓國 Hyundai 154
8 德國 福斯 89
9 德國 戴姆勒 57
10 日本 富士重工業 56
11 德國 BMW 45
12 日本 馬自達 42
13 日本 三菱汽車 12
14 美國 PACCAR 9
15 印度 Tata 8
歐洲
（2015年，轎車計，萬輛）
1 德國 福斯 320
2 法國 PSA 142
3 法國 雷諾 123
4 美國 福特 95
5 德國 BMW 91
6 美國 GM 88
7 義大利 FCA 84
8 德國 戴姆勒 81
9 韓國 Hyundai 75
10 日本 TOYOTA 54
11 日本 日產 52
12 瑞典 Volvo 27
13 日本 馬自達 19
14 英國 Jaguar 18
15 日本 鈴木 16

資料：摘自フォーイン《世界自動車統計年鑑》2015、歐洲汽車製造商協會（ACEA），由BBT大學綜研製作

虧損，二〇〇一年主要是因為公司進行結構改革的花費造成虧損，到了二〇〇九～二〇一二年因金融風暴導致日圓升值，又加上日本三一一大地震造成銷售低迷等，連續四年都以虧損作收。就像這樣，只要遇到日圓升值，馬自達的營收就會產生赤字。

為提高海外生產比率而進行的生產改革

馬自達在亞洲的中國、台灣、越南、泰國，北美的墨西哥、南美的厄瓜多、非洲的南非等地都有生產據點。目前海外生產集中在亞洲地區，公司的目標是進行生產改革，把海外生產比率提高三～五成（圖10）。

關於全球的汽車銷售數量方面，已開發國家呈現低迷狀態，不過整體還是因為新興國家的引領而持續成長。馬自達的當務之急就是因應全球的需求動向，建構最佳的生產體制（圖11）。

馬自達的海外營業額占八成，如果看各地區的銷售排名，在日系廠商較強的北美市場中銷售四十二萬輛，位居十二（二〇一四年、四輪汽車計），在日系廠商較弱的歐洲市場中銷售十九萬輛，位居十三（二〇一五年、轎車計）（圖12）。另外，在龐大的中國市場中，也僅有二十四萬輛，位居第十四，若想採取量產的策略來擴大市占率，是不會有勝算的（圖13）。

圖13　在中國銷售量位居14，擴大市占率的戰略沒有勝算的機會

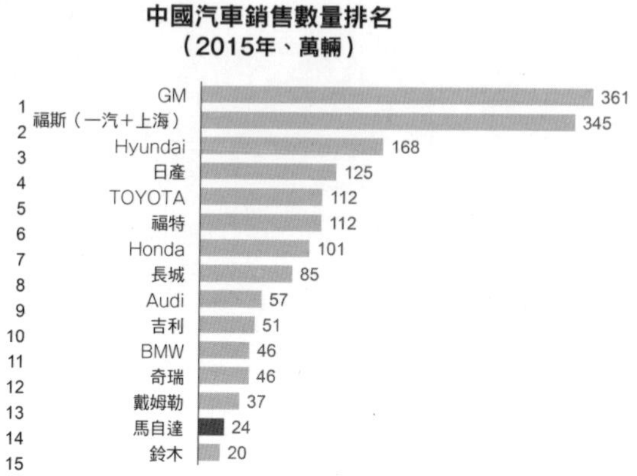
中國汽車銷售數量排名
（2015年、萬輛）
1 GM 361
2 福斯（一汽＋上海） 345
3 Hyundai 168
4 日產 125
5 TOYOTA 112
6 福特 112
7 Honda 101
8 長城 85
9 Audi 57
10 吉利 51
11 BMW 46
12 奇瑞 46
13 戴姆勒 37
14 馬自達 24
15 鈴木 20

資料：摘自日本経済新聞社《日経産業新聞》2016/1/13，由BBT大學綜研製作

圖14　課題是及早確立全球的生產體制以及擴大合作廠商

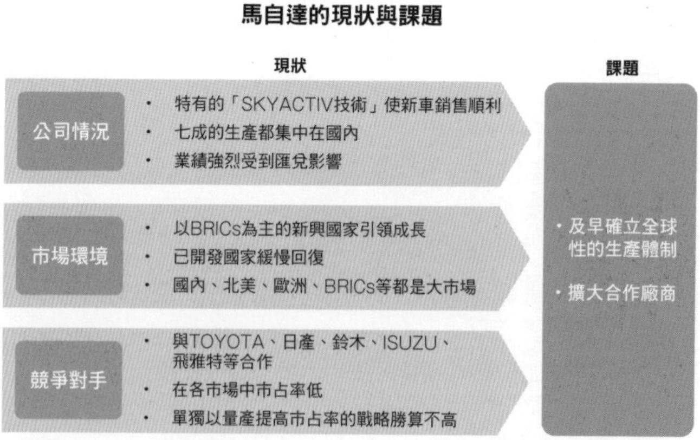
馬自達的現狀與課題
現狀
課題
公司情況
・特有的「SKYACTIV技術」使新車銷售順利
・七成的生產都集中在國內
・業績強烈受到匯兌影響
市場環境
・以BRICs為主的新興國家引領成長
・已開發國家緩慢回復
・國內、北美、歐洲、BRICs等都是大市場
競爭對手
・與TOYOTA、日產、鈴木、ISUZU、飛雅特等合作
・在各市場中市占率低
・單獨以量產提高市占率的戰略勝算不高
・及早確立全球性的生產體制
・擴大合作廠商

資料：摘自各類資料，由BBT大學綜研製作

突破馬自達現狀的兩個解決方案

關鍵在於「早期確定全球性的生產體制」與「擴大合作廠商」

以下整理馬自達的現狀與課題。雖然馬自達公司特有的「SKYACTIV技術」與「乾淨柴油」使得新車的銷售狀況順利，不過由於國內的生產量占總產量的七成，所以公司的收益很容易受到匯率變動的影響。

另外，預估未來的市場將由BRICs（註：原指巴西（Brazil）、俄羅斯（Russia）、印度（India）、中國（China）等四個新興國家，稱為金磚四國（BRIC），現又增加南非（South Africa），稱為金磚五國）等新興國家帶領，已開發國家的市場也會緩慢回升。總之，馬自達必須把日本國內、北美、歐洲、BRICs等視為一個大市場。由於目前馬自達的銷售是以已開發國家與地區為優先，所以對於新興國家等地區的關照並不十分周全。

關於與競爭對手的關係，雖然與TOYOTA、日產、鈴木、ISUZU、飛雅特等都有合作關係，不過由於在各市場中的市占率不高，想要單獨拉高市占率的戰略難有有成功的機會。不過，由於馬自達擁有引擎等獨特的技術，所以可以利用這點宣傳自家公司的優點。

圖15　與新興國家廠商合併生產，及早確立全球性的生產體制，對日美歐等市占率居上位的廠商提供OEM服務・擴大合作對象

馬自達的方向（提案）

及早確立全球性的生產體制

- 對新興國家廠商出資，嘗試合併生產
- 重新檢討在福特旗下時代與長安汽車的合併方案
- 檢討與Tata Motors等印度廠商的合作
- 目標是海外生產比率超過七成

擴大合作廠商

- 擴大對日美歐汽車廠商的OEM供給
- 與市占率居上位的廠商合作
- 運用SKYACTIV技術，共同擴大研發低耗能車款

資料：摘自各類資料，由BBT大學綜研製作

從以上的觀察，可以把未來的關鍵戰略鎖定在「及早確立全球性的生產體制」以及運用技術以「擴大合作廠商」等兩個方向（圖14）。

對新興國家的廠商投入資金，以及對日美歐廠商提供OEM服務

若想實施第一個戰略「及早確立全球性的生產體制」，應該考慮積極對新興國家廠商提出出資或合併生產的方案。馬自達在福特旗下時，曾在二〇一二年與中國的長安汽車以五〇：五〇的比例共同出資成立長安馬自達汽車，現在也可以重新檢討這個合併案。

另外，我認為把印度市場放入視野，

或許可以與印度最大汽車廠商Tata Mortors合作。特別是乾淨柴油這項可靠的技術能力，確實有市場上的需求。如果透過這些合作，將海外生產比率提高至超過七成，與日本其他汽車廠商相同水準，則將有機會避開匯兌風險。

針對第二個戰略「擴大合作廠商」，必須提高對日美歐汽車廠商的OEM供給量。本來看起來乾淨柴油技術領先的歐洲市場，因福斯汽車的排氣數據造假導致全歐洲的廠商都受到影響，也使得柴油引擎的未來變得無法預測。馬自達是否應該趁此機會考慮提供SKYACTIV技術給福斯汽車呢？對於福斯汽車而言，乾淨柴油是他們極渴望獲得的技術吧，而且藉此技術，福斯也可能回歸正常柴油引擎的戰略。與馬自達有綜合性業務合作關係的TOYOTA或許會對馬自達與福斯的合作表示反對，不過在法律上，這麼做絕對沒有問題。除了福斯以外，可以跟市占率高的廠商合作，運用SKYACTIV技術共同研發低耗能車款。透過這樣的宣傳，不僅可擴大合作廠商，也能夠在柴油社會的歐洲中，建構穩固的基礎（圖15）。

歸納整理

- ☑ 嘗試對新興國家廠商投資或合併生產。確立全球性的生產體制以提高海外生產比率，建構不受匯率變動影響的強健收益結構。
- ☑ 增加日美歐汽車廠商的OEM供給或運用特有的技術進行共同研發等，擴大合作廠商。

大前總結

只靠技術能力不可能獲得穩定收益，應透過全球平衡的生產體制提高收益能力。

雖然已經透過改革增加收益，不過國內生產比率高，容易受到匯兌影響。應盡速確立全球平衡的生產體制，並且運用技術力這個強項提高OEM供給量以增加合作廠商。透過全球生產・銷售對象的最佳配置，建構強健的收益結構。

CaseStudy

26

S G控股

成功實施「雙面戰略」

假如你是**SG控股**的會長，當宅配事業與亞馬遜分手，你現在要如何與Yamato做出差異並重新建構事業版圖呢？

※根據2014年2月進行的個案研究編輯・收錄

正式名稱	SG控股株式會社
成立年份	1957年（創業），2006年（成為持股公司）
負責人	代表取締役會長　栗和田榮一
總公司所在地	京都府京都市
事業種類	運輸業
事業內容	擬定・管理集團的經營戰略，以及附帶的業務
合併事業	宅配、承包企業物流、不動產等
資本金額	118億8,290萬日圓
營業額	9,433億日圓（合併：2016年3月期）
集團企業	佐川急便、佐川Global物流、SG REALTY、佐川advance等

持續擴大的宅配市場

國內一年的宅配件數有三十七億件

SG控股以日本國內宅配第二名的佐川急便（佐川）為核心企業，另外還發展物流（企業間物流）、不動產等不同領域的事業。二〇一六年三月期的合併營業額為九千四百三十三億日圓，其中宅配事業占七六・五％，物流事業占一二・一％，不動產・其他事業占一一・四％。

主力事業的宅配事業之國內市場不斷持續擴大（圖1）。一九八一年，佐川開始以便利商店為窗口收送貨物之後，一九八五年的宅配件數超過五億件，從那時起業務量開始逐漸成長，一九九〇年代末期快速成長到二十五億件。後來再加上網購市場擴大的緣故，業務量持續成長，到了二〇一五年業務量已經達到三十七億件。

宅配二強的Yamato運輸與佐川急便

日本國內宅配業者的市占率中，開啟宅配服務的先驅Yamato運輸（以下稱Yamato）擁有

圖1　由於網購市場擴大，宅配市場也持續成長

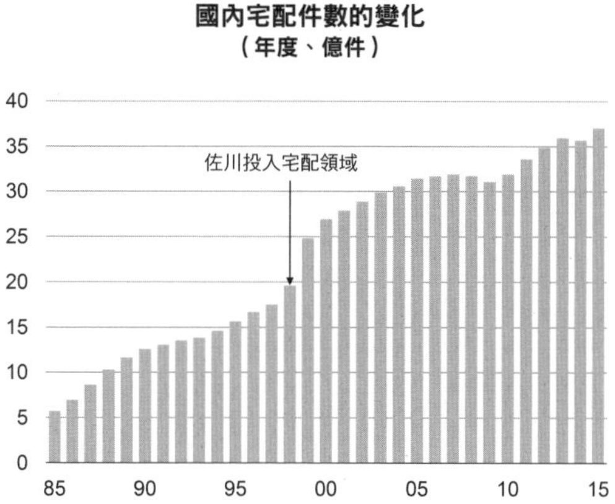

※2006年度以前，加計日本郵政的「一般小包」，由BBT大學綜研重新統計

資料：摘自国土交通省〈宅配便取扱実績〉、日本郵政公開資訊、媒體報導，由BBT大學綜研製作

圖2　佐川與Yamato二分天下，佐川與亞馬遜停止交易後，市占率下滑

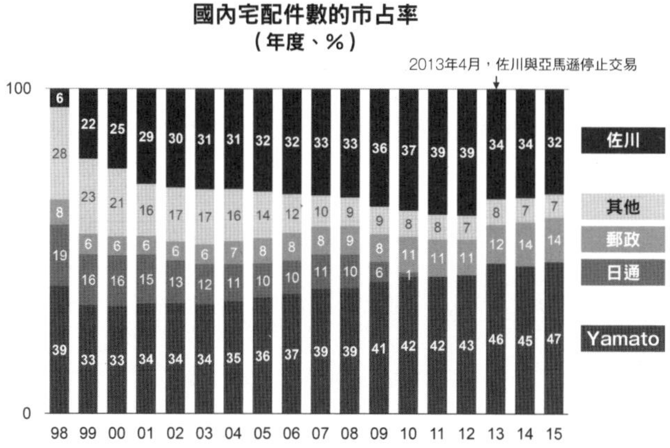

※2006年度以前，加計日本郵政的「一般小包」，由BBT大學綜研重新統計

資料：摘自国土交通省〈宅配便取扱実績〉、日本郵政公開資訊、媒體報導，由BBT大學綜研製作

較大的市占率。不過，一九九八年佐川投入市場以後，市占率逐漸提高，二〇一二年Yamato占四三%，佐川占三九%，國內市場幾乎是以二分天下的狀態成長（圖2）。然而，到了二〇一三年四月，佐川停止與亞馬遜的合作之後，業務量減少的部分由Yamato吸收，兩家公司從此拉開差距。

因配送能力拉開差距的佐川急便與Yamato運輸

相對於宅配件數增加，利益卻減少的佐川

佐川與Yamato是宅配市場上的二強，但其中的詳細內容差異甚大（圖3）。

首先是配送件數，佐川與亞馬遜停止交易前的二〇一二年度，Yamato為十四・九億件，佐川為十三・六億件，兩者配送的貨物件數就已經相差一・三億件；而二〇一五年度，佐川減少為十二億件，Yamato則持續成長為十七・三億件，兩家公司的差距更是擴大到五億件。

如果觀察營業額，Yamato隨著送貨件數增加，營業額也跟著成長，而佐川在二〇〇六～二〇一二年度送貨件數成長，營業額卻呈現停滯狀態。發生這種現象的原因是激烈的競

圖3　佐川與亞馬遜停止交易後，業績快速回升

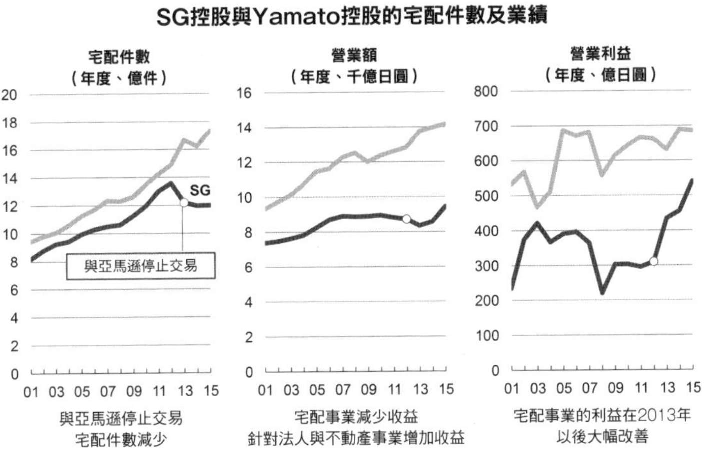

資料：摘自SGHD〈決算報告〉、ヤマトHD〈決算短信〉，由BBT大學綜研製作

爭導致宅配單價下降，後成立的佐川為了搶占Yamato的市占率，所以用比Yamato更便宜的價格接單，這就是營業額停滯的原因。與亞馬遜停止合作之後，佐川的宅配事業雖然減少收入，不過由於加強了法人的物流運送與不動產事業，所以整體的收入還是增加。

如果觀察營業利益，兩家公司的差異就更加明顯了。Yamato長期以來都是增加收益，而佐川在二〇一二年度以前的送貨數量增加，營業利益卻持續減少。更進一步觀察營業利益率，看得出Yamato的送貨件數增加，成本也保持一定的比率，營業利益率維持在五%前後；佐川隨著送貨件數增加，成本比率提高，看得出利益率有惡化的傾向（圖4）。所以，當佐川與亞馬

遜停止交易而減少送貨件數後，雖然宅配事業的營業額減少，但是多虧成本負擔也跟著減輕，反而使得營業利益與營業利益率急遽回升。

配送能力的差異就是成本結構的差異

兩家公司的成本結構差異源自於配送能力的差異（圖5）。雖然兩者的宅配數量沒有太大的差距，但是Yamato的營業據點是佐川的十五倍，駕駛、車輛與從業人員的數量也多了二～三倍，此配送能力的差異來自於Yamato原本就是以個人之間的配送為前提來設計配送網，而佐川是以企業之間的配送為基礎設計配送網。

這個配送能力的差異產生成本結構的差異。如果比較從收貨到配送之間的流程，其實兩家公司的收貨流程都一樣，收貨由自家公司的司機負責，配送中心之間的路線運輸則由外包公司負責。不過，在配送階段中，兩者的配送能力就產生差異。Yamato由於營業據點、司機、車輛都比較多，所以自家公司的司機可以配送所有貨物，但是佐川的司機無法完全配送，只能把業務轉包出去（圖6）。因為這樣的緣故，當配送量增加，佐川轉包出去的費用也會增加，利益就相對減少。前面提到與亞馬遜停止交易，業績反而回升就是因為配送件數減少而減少了轉包費用的緣故。

圖4　Yamato的宅配件數增加，成本比率也保持一定水準，相對於此，佐川的成本比率提高

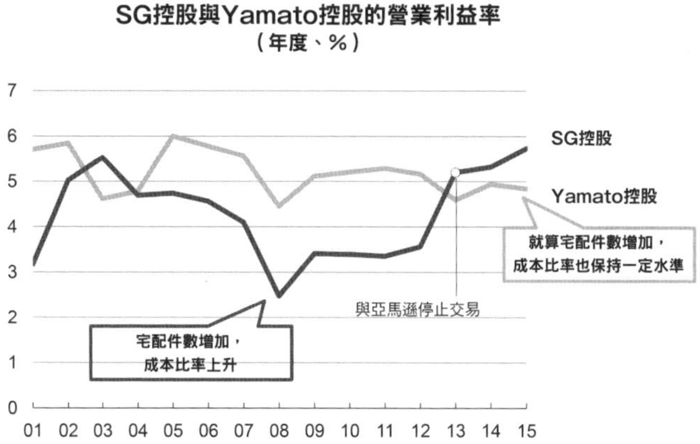
SG控股與Yamato控股的營業利益率
（年度、%）
SG控股
Yamato控股
就算宅配件數增加，
成本比率也保持一定水準
與亞馬遜停止交易
宅配件數增加，
成本比率上升
7
6
5
4
3
2
1
0
01 02 03 04 05 06 07 08 09 10 11 12 13 14 15

資料：摘自SGHD〈決算報告〉、ヤマトHD〈決算短信〉，由BBT大學綜研製作

圖5　佐川的配送能力不足以應付宅配件數增加的情況

佐川與Yamato的配送能力比較

	佐川急便	Yamato運輸	
宅配件數	11億9,800萬個	17億3,100萬個	1.4倍
事業據點	420	6,300	15.0倍
司機人數	約3萬	約6萬	2.0倍
車輛數目	2萬4,400	4萬4,600	1.8倍
從業人員	4萬6,800	16萬	3.4倍
配送網的特色	以企業間配送（B to B）為基礎設計配送網	以個人間配送（C to C）為基礎設計配送網	

資料：摘自SGHD〈決算報告〉、ヤマトHD〈決算短信〉、公司介紹資料、媒體報導等，由BBT大學綜研製作

脫離過度競爭，調整適當單價

後來佐川改變方向，調整宅配單價至正常價格，脫離不當的價格競爭。一直到二〇一二年為止，由於價格競爭的緣故，單價一直往下調，特別是佐川訂的單價比Yamato要便宜很多（圖7）。二〇一二年度的單價約四百五十日圓，只有Yamato的四分之三。不過，二〇一三年度與亞馬遜停止交易後，佐川也停止這樣的價格競爭，二〇一五年度價格調漲到五百日圓。

從宅配事業轉移到企業物流事業

與最大第三方物流的日立物流進行資本業務合作

以佐川目前的體制，宅配的件數增加越多，業績就持續惡化。所以，佐川在宅配事業方面避開與Yamato進行消耗戰，把力量傾注於針對企業的物流事業。因此而擬訂出來的計畫就如圖8所呈現的，大致分為「加強綜合物流解決服務」、「建構全球物流網路」、「加強・調整物流周邊事業」、「促進人才管理／IT運用」等四大項。

圖6　Yamato由自家公司的司機收件・配送，佐川無法完全由自己配送，而把業務轉包出去

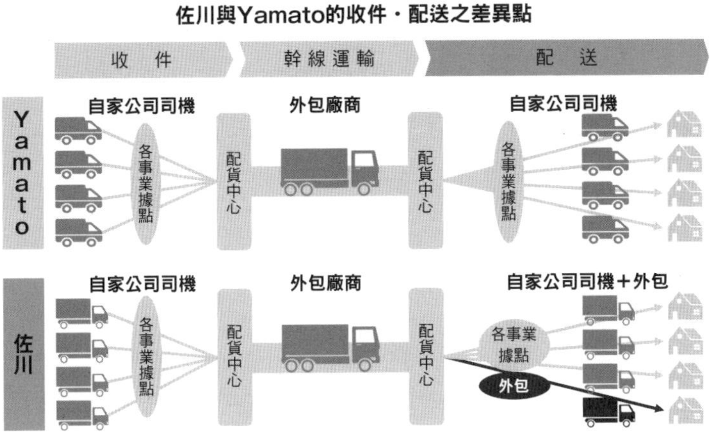

資料：摘自東洋経済新報社《週刊東洋経済》2013/9/28，由BBT大學綜研製作

圖7　脫離宅配市場中的過度競爭

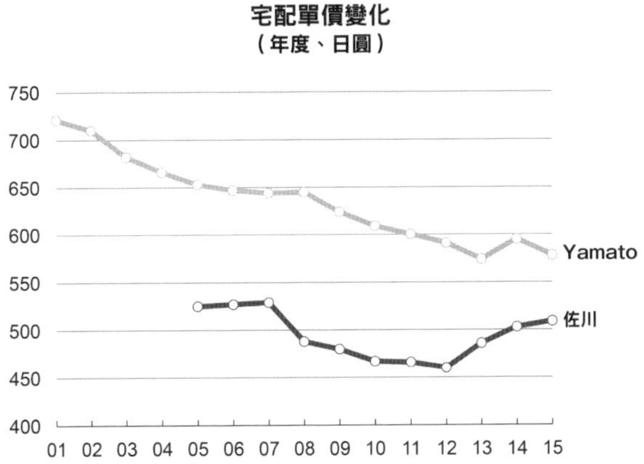

資料：摘自ヤマトホールディングス〈ファクトデータ〉、SGホールディングス〈決算說明資料〉，由BBT大學綜研製作

其中「加強綜合物流解決服務」的做法之一，就是在二〇一六年三月，把與最大第三方物流（Third Party物流，由第三方企業代替貨主企業擬訂最有效率的物流戰略企劃、提出建構物流系統的方案，或是統包受託代為執行的服務）的日立物流合併經營的做法納入視野，進行資本業務的合作。日本國內最大的物流企業是日本郵政，其次是日本通運與Yamato控股（圖9）。SG控股與日立物流分居第四、第五，而兩者合作之後便躍居第三，追過Yamato，合併營業額為一兆六千二百三十七億日圓。

日立物流與佐川合作的背景在於大型企業為了刪減成本，會出售物流子公司，並且把與事業活動相關的物流統一外包，這是目前業界時興的做法（圖10）。物流業者接收企業的物流部門與人才，並承包該企業的所有物流業務。透過收購，物流業者產生的多餘能力能夠更進一步接收其他企業的物流業務，也因此擴大事業。這是這十多年來物流業界的變化情況。

面臨的課題是建構雙面戰略的配送網，可同時支援宅配與企業物流

走向成長的兩個課題

以下來整理ＳＧ控股的現狀與課題吧（圖11）。

圖8　加強對企業客戶的綜合物流解決服務，同時擴充全球性一貫的運輸網

SG控股中期經營計畫之概要（2016～2018年度）

加強綜合物流解決服務	• 與日立物流進行資本業務的合作，加強對企業客戶提供解決方案的服務 • 提供涵蓋物流的上游～下游的整體服務 • 針對企業，加強24小時收件服務
建構全球性的物流網	• 運用收購的Expolanka公司，加強亞洲的物流網路 • 統一平台規格，以跨境EC為主，維護各國之間的線路 • 加強集團各公司的合作，藉此擴充國內外一貫的運送服務
加強・調整物流周邊事業	• 以不動產流動所產生的資金為本，更進一步投資不動產 • 加強物流附帶的「支付服務」，創造運用ＩＴ的新世代支付服務 • 除了設備搬運・搬家、代收 貨物、車輛相關之外，創造最佳的物流周邊事業
促進人才管理／ＩＴ運用	• 透過適當的人才管理，培育可協助公司晉身跨國企業的人才 • 運用ＡＩ、機器人、自動運輸技術等新技術，提供新型態的服務 • 運用新技術，提高服務品質・生產效率

資料：摘自SGホールディングス中期経営計画《First Stage 2018》，由BBT大學綜研製作

圖9　考量與最大的第三方物流日立物流合併經營，進行資本業務合作，加強針對企業客戶的物流服務

國內物流公司的營業額排名（2015年度、億日圓）

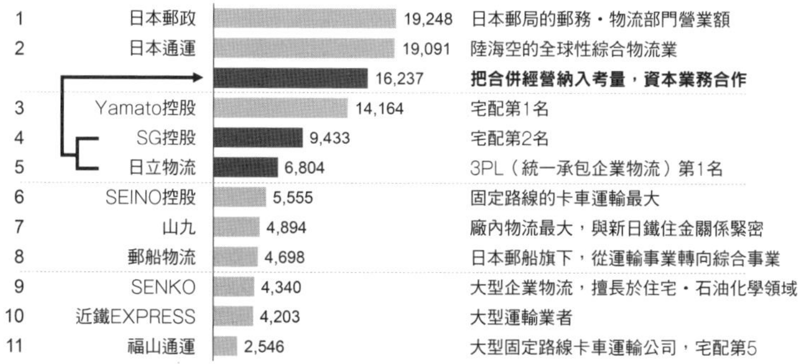
1 日本郵政 19,248 日本郵局的郵務・物流部門營業額
2 日本通運 19,091 陸海空的全球性綜合物流業
16,237 把合併經營納入考量，資本業務合作
3 Yamato控股 14,164 宅配第1名
4 SG控股 9,433 宅配第2名
5 日立物流 6,804 3PL（統一承包企業物流）第1名
6 SEINO控股 5,555 固定路線的卡車運輸最大
7 山九 4,894 廠內物流最大，與新日鐵住金關係緊密
8 郵船物流 4,698 日本郵船旗下，從運輸事業轉向綜合事業
9 SENKO 4,340 大型企業物流，擅長於住宅・石油化學領域
10 近鐵EXPRESS 4,203 大型運輸業者
11 福山通運 2,546 大型固定路線卡車運輸公司，宅配第5

※3PL（Third Party Logistics）＝對企業提出最佳的物流方案、統包物流服務
資料：摘自SGホールディングス〈2016年5月20日プレスリリース〉、東洋経済新報社〈会社四季報　業界地図2017〉2015/8/28、日本経済新聞社〈日経業界地図2017〉2016/8/26等，由BBT大學綜研製作

關於市場環境，由於網購市場成長，宅配的市場也持續擴大。另外，針對企業客戶方面，統包企業的物流業務也成為目前物流業的趨勢。

關於競爭環境，宅配事業方面Yamato與佐川互為競爭對手，不過論及配送能力與配送成本的競爭力，Yamato則遙遙領先佐川。另外，在企業物流方面，企業持續出售物流子公司，而各物流公司承包企業物流的業務競爭也非常激烈。

關於公司本身的狀況，由於配送網最後一步的配送能力不足，當宅配件數增加，外包費也跟著增加，因此壓縮到公司的利益。不過，與亞馬遜停止合作之後，公司也調整單價，利益得以獲得大幅度改善。另外，公司傾全力在企業物流與國際物流上，藉以取代宅配事業。

在這樣的狀況之下，佐川要面對兩項課題，首先是在宅配事業上加強配送能力，並建構需求增加利益也會提高的體制，其次就是在企業物流方面為了擴大承包事業，必須建構陸海空等跨國運送體制。

配送網最後一塊拼圖的關鍵在於郵局與便利商店

首先，宅配事業加強配送能力方面，應該考慮與日本郵政合作。日本全國約有二萬四千家郵局，如果雙方能夠合作，佐川配送網的最後一塊拼圖就可以獲得補足（圖12）。

只是，單純合併宅配事業並不容易。這話怎麼說呢？因為以前日本郵政要合併日本通運

圖10　企業加速出售物流部門，統一承包企業客戶的物流業務是目前物流業界的趨勢

大型企業出售物流子公司的經過

年／月	母公司	物流子公司	讓渡對象
2004年6月	富士通	富士通物流	DHL集團
2004年10月	TDK	TDK物流	ALPS物流
2007年4月	資生堂	資生堂物流服務	日立物流
2007年4月	OMRON	OMRON Logistics Creates	住友倉庫
2008年1月	日本IBM	日本IBM物流	安田倉庫
2010年9月	富士電機	富士物流	三菱倉庫
2012年4月	Panasonic	三洋電機物流	三井倉庫
2013年3月	柯尼卡美能達	柯尼卡美能達物流	DHL集團
2013年12月	NEC	NEC物流	日本通運
2014年1月	Panasonic	Panasonic物流	日本通運
2014年7月	三菱電線工業	菱星物流	TONAMI控股
2015年2月	日本電產	日本電產物流	丸全昭和運輸
2015年4月	SONY	SONY SCS	三井倉庫
2015年4月	JSR	JSR物流	日本Transcity
2015年10月	亞瑟士	亞瑟士物流	丸紅物流
2016年3月	**日立製作所**	**日立物流（※資本業務合作）**	**SG控股**

資料：摘自各類媒體報導、各公司有價證券報告書等，由BBT大學綜研製作

圖11　課題是因應宅配需求增加，建構可獲利的配送網；由於承包企業物流的業務擴大，必須建構全球性的運輸網

SG控股的現狀與課題

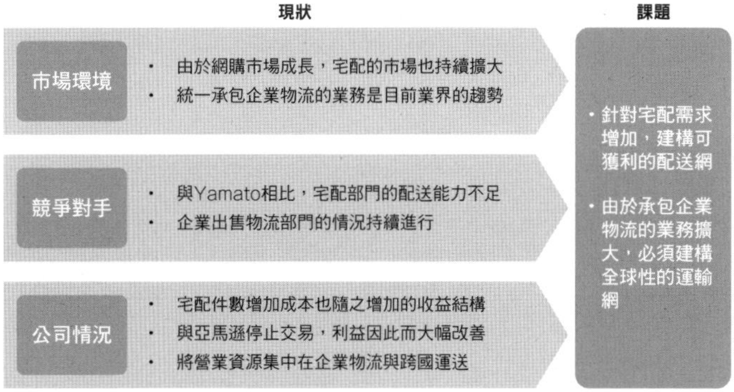

資料：BBT大學綜研製作

的宅配事業（Pelican）時，因系統及處理窗口發生大混亂的情況，導致客戶加速流失，宅配數量的市占率甚至比兩家公司合併前還少，單純合併宅配事業將可能伴隨極大的風險。因此，應該考慮的是採用合併以外的方法，慢慢地相互支援彼此的配送網，而此方法的關鍵就在於便利商店。還有，擔任佐川與日本郵政之間的橋梁就是便利商店LAWSON。

LAWSON與日本郵政的合作始於二〇〇三年。還沒民營化之前的日本郵政公社時代，就已經在LAWSON的所有店面設置收貨窗口。民營化後的二〇〇八年二月，雙方簽訂綜合性的合作關係，郵局與便利商店合為一體的商店「JP LAWSON」可以提供郵寄、銷售等各項服務。接著，LAWSON與SG控股於二〇一五年四月成立共同事業公司「SG LAWSON」，以LAWSON的店面為據點，發展配送．推銷服務。同時，全國的LAWSON也開始啟動收取佐川的貨物的服務項目。因便利商店業界重整導致跌落至第三名的LAWSON在店舖數量飽和的情況下，如何在二百公尺範圍內的小商圈內提高店舖的附加價值，就成為LAWSON需要面對的課題。另外對於SG控股與日本郵政而言，以便利商店為據點靈活運用也是不可或缺的策略。

因此，SG控股宅配事業在加強配送能力方面，也可以讓日本郵政加入與LAWSON合併成立的「SG LAWSON」，如此就能夠以LAWSON與郵局為據點，填補配送網中的最後一塊拼圖（圖13）。首先，可以在配送頻率高的首都圈展開，再逐漸擴大範圍。SG控股加

圖12　目標是與日本郵局的據點合作

佐川・日本郵便・Yamato的配送能力比較

	佐川	日本郵便	Yamato
宅配件數	13億5,600個	3億8,220個	14億8,700個
事業據點	約380處	約1,100處	約4,000處
司機人數	約3萬人	?	約5萬4,000人
車輛數目	約2萬6,000輛	約3萬1,500輛	約4萬4,000輛
從業人員	7萬600人	9萬8,600人	17萬7,000人
配送網的特色	以企業間配送（B to B）為基礎設計配送網	約2萬4,000家郵局的配送網	以個人間配送（C to C）為基礎設計配送網

資料：BBT大學綜研製作

圖13　為了加強配送網與日本郵政合作，透過合作・併購以加強企業物流的承包事業，藉此建構國際運輸網

SG控股的方向（提案）

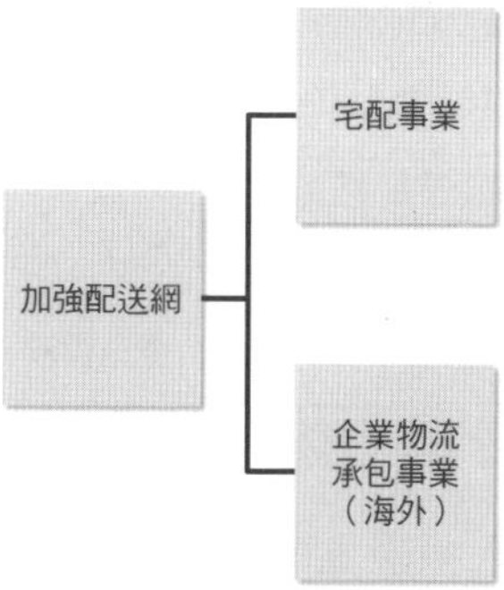

- SG控股、LAWSON、日本郵政三家公司合作
  - SG控股與LAWSON合併成立的「SG LAWSON」可以納入日本郵政
  - 以LAWSON與郵局為據點，三家公司共同建構配送網中的最後一塊拼圖
  - 從配送頻率高的首都圈開始，再逐漸擴大範圍
- 為了加強企業物流的承包事業，透過合作、併購以建構國際物流網
  - 與國際運輸所需要的「第三方物流業者」、「運輸業者」、「倉庫業者」合作・併購
  - 與三菱體系的倉庫・物流業者接洽

資料：BBT大學綜研製作

強配送網，日本郵政加強銷售物品的服務，LAWSON則加強商店的附加價值等，這是三贏的合作策略。

利用合作、併購戰略加強承包企業物流的業務

其次，針對企業物流承包事業方面，可以利用企業出售物流子公司的趨勢，積極合作或進行併購。SG控股已經把合併經營納入視野，與國內最大的第三方物流日立物流締結資本業務的合作。未來若想更進一步擴大相同事業，不可或缺的就是建構可支援企業的全球供應鏈之國際運輸網。

因此，合作對象或併購的候補名單，就可以考慮在國際運輸業務中擁有實力的「第三方物流業者」、負責國際運輸業務的「運輸業者」或是擁有國際運輸據點的「倉庫業者」等。

國際運輸業務中擁有實力的「第三方物流業者」方面，可以考慮日新或是綜合商社的物流子公司等。特別是SG控股透過與LAWSON的合作，也就容易與其母公司三菱商事建立良好的關係。三菱商事的物流子公司是在美、歐、亞都擁有據點的三菱商事物流，也是擁有強大實力的合作對象選項。

大型的「運輸事業」可以考慮日本郵船子公司的郵船物流、近鐵集團的近鐵EXPRESS等。由於這兩家公司都與日立物流有合作關係，所以可以更進一步強化彼此的合作關係，建

構內外一貫的運輸網。

大型「倉庫業者」方面，三菱倉庫、三井倉庫以及住友倉庫為國內三大倉庫業者。這三者都因為倉庫需求減少而開始投入綜合物流事業，企圖加強統一承包企業的物流業務。這三者當中，自然要先考慮三菱倉庫吧。

以上就是我為ＳＧ控股思考的戰略。

歸納整理

- ☑ 為了加強宅配事業的配送能力，SG控股與LAWSON合併成立的「SG LAWSON」可以讓日本郵政加入，以LAWSON與郵局為據點，填補配送網中的最後一塊拼圖。可以從配送頻率高的首都圈開始發展，再逐步擴大業務範圍。
- ☑ 承包企業物流事業方面，透過合作或併購以建構國際物流網。若想做到這點，可以考慮與國際物流中擔任重要角色的「第三方物流業者」、「運輸業者」或是「倉庫業者」等合作。

大前總結

因為起步晚，所以靠價格競爭搶奪市占率。若想成功轉型，必須徹底改善收益結構。

雖然可預見市場將會擴大，但是公司卻存在著無法增加收益的結構性問題。應主導業界重整，利用併購補強弱點，同時提高企業能力。不只是同業，也必須加強與其他業界的合作。

CaseStudy

27

京急不動產

運用地區特色的「再開發戰略」

假如你是**京急不動產**的社長，你要如何重新開發京濱急行電鐵沿線區域，以提高東京～橫濱之間的土地價值呢？

※根據2015年11月進行的個案研究編輯・收錄

正式名稱	京急不動產株式會社
成立年份	1958年
負責人	取締役社長　樫野敏弘
總公司所在地	東京都港區
事業種類	不動產業
事業內容	土地・獨棟建築・大樓等銷售事業、仲介事業、租賃管理事業
資本金額	10億日圓
營業額	68億3,842萬日圓（2015年3月期，單獨）
員工人數	147人（2015年3月31日）

以不動產開發為主軸的鐵路事業現狀

自一九九八年「羽田機場車站」啟用以來，運量有增加的趨勢

討論京急不動產之前，我們先來看看京急集團的核心事業，京濱急行電鐵（以下稱京急電鐵）的營運狀況吧。

京急集團把京濱地區到三浦半島之間的區域納為事業開發的範圍，以京急電鐵為主軸，開發沿線地區。主要是從泉岳寺車站到浦賀車站之間的京急本線，以及在泉岳寺車站延伸到都營淺草線。從京急本線的金澤八景車站到新逗子車站之間有新逗子線，京急川崎車站到川崎大師方面有大師線，從堀之內車站到三浦半島的三崎口車站之間有久里濱線，之外還有連結京急蒲田車站到羽田機場的機場線等，這整個地區期待會有很大的發展（圖1）。

關於機場線的沿革，始於一九〇二年通車的京急蒲田車站到穴守車站的穴守線。一九三一年羽田機場開始營運，除了京急以外，一九六四年從濱松町車站到舊羽田車站（現．天空橋車站）的東京單軌電車也開始營運。在那之後，一九九三年由於機場拓展的第一期工程，機場線羽田車站（現．天空橋車站）開始營運；一九九八年，機場拓展第二期工程完

成，由於羽田機場車站（現．羽田機場國內線航站車站）啟用，機場線的現行路線也終於完成。二〇一二年，完成京急蒲田車站高架化，從品川～羽田之間、橫濱～羽田之間的直達電車以每十分鐘一班的密集班距發車（圖2）。

改善了與羽田機場連結的結果，從一九九八年羽田機場車站啟用以來，京急電鐵的運量一直持續增加。一九九八年度超過四億人的運送人次到了二〇一四年度，增加到四億五千萬人（圖3）。

機場線引領運量，京急與單軌電車不相上下

請看京急電鐵的區間運量變化（圖4）。自從一九九八年羽田機場車站啟用以來，機場線的運量大幅增加。以一九九八年為計算基礎，約增加一．七倍以上。相對於此，京急本線微增，而久里濱線．逗子線則有減少的趨勢。

目前，往羽田機場的鐵路連結分別有京急與單軌電車等兩條路線。透過問卷調查計算民眾使用的交通工具之比率，可以看出單軌電車占二九％，京急也占二九％，兩者比率不相上下，其次則是公車占二一％。

從品川車站到羽田機場之間，如果搭乘機場特快車只需十多分鐘，這樣的方便性跟從濱松町車站轉乘單軌電車相比，不僅更舒適也更快速，獲得消費者好評（圖5）。

圖1　京急集團的主要開發地區在京濱地區～三浦半島之間，以京急電鐵為主軸，開發沿線地區

京急電鐵涵蓋的區域圖

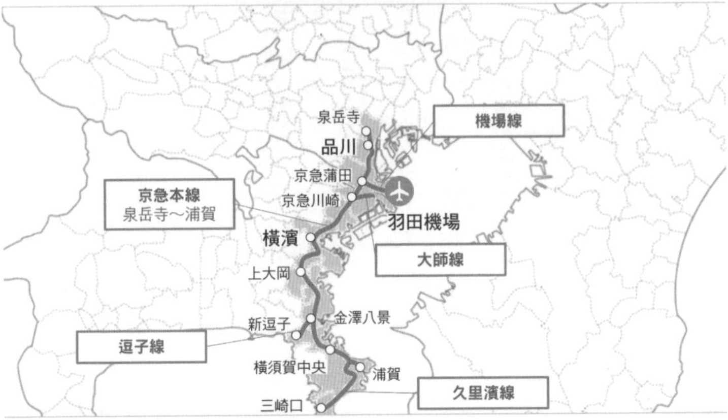

資料：BBT大學綜研製作

圖2　機場線（舊穴守線）於1902年通車，現行的機場線於1998年完成

羽田機場與京急電鐵的沿革

1902	穴守線、京急蒲田～穴守通車
1931	羽田機場啟用
1953	舊羽田機場車站（1993年廢除）啟用
1963	穴守線改名為機場線
1964	東京單軌電車、濱松町車站～舊羽田車站（現・天空橋車站）啟用
1983	政府通過地鐵延伸到羽田機場的延伸計畫
1993	機場延伸第一期工程結束，羽田車站（現・天空橋車站）啟用
	東京單軌電車、維修場車站～羽田機場車站（現・羽田機場第一航廈車站）啟用
	羽田車站（現・天空橋車站）與單軌電車的連絡運輸啟用
1998	機場延伸第二期工程結束，羽田機場車站（現・羽田機場國內線航廈車站）啟用（現行路線完成）
	羽田機場車站～成田機場車站的直達車「機場特快」通車
2004	東京單軌電車、羽田機場第二航廈車站啟用
	京急、機場第二航廈新設剪票口
2010	羽田機場國際線車站啟用（京急・東京單軌電車）
2012	京急蒲田車站高架化完成，品川～羽田之間、橫濱～羽田之間以10分鐘的間距通車

資料：摘自京急集團公司要覽、東京單軌電車資料，BBT大學綜研製作

沿線人口從二〇一五年為分歧點，預估將會減少

機場線的運量增加，經營順利的京急電鐵其實要面對的是未來沿線人口減少的嚴重問題。這個問題也是多數私鐵必須面對的問題。舉例來說，以高所得者多居住在沿線地區而聞名的關西阪急沿線，也是日本高齡化進展最嚴重的路線。高齡化使得居民不容易從良好視野的高級住宅區移動到車站周邊，而京急沿線也有這樣的傾向。

如果看京急沿線人口的變化以及未來的推算，預估沿線人口將會從二〇一五年的三百七十四萬人，減少到二〇四〇年的三百三十九萬人。可以預測二〇一五年將是人口反轉的分歧點，到二〇四〇年為止的二十五年當中，沿線人口將減少九・四％（圖6）。

京急沿線行政區的未來人口估計

針對沿線人口減少的狀況，我們來看看地區別的詳細情形。從二〇一五年到二〇四〇年為止，檢視京急沿線行政區每五年的人口估計變化，可以發現人數減少最多的是橫須賀市。想住獨棟建築而在橫須賀市置產，然後往都心通勤的人明顯減少。畢業於筆者成立的一新塾（一九九四年大前研一成立的日本未來領袖養成機構。二〇〇三年改成NPO的經營體制。截至二〇一五年八月，畢業生約有四千三百人。畢業生中，目前擔任國會議員的有七人，地方行政首長有十人，地方議

圖3　京急電鐵的運量自從「羽田機場車站」啟用以來，有增加的趨勢

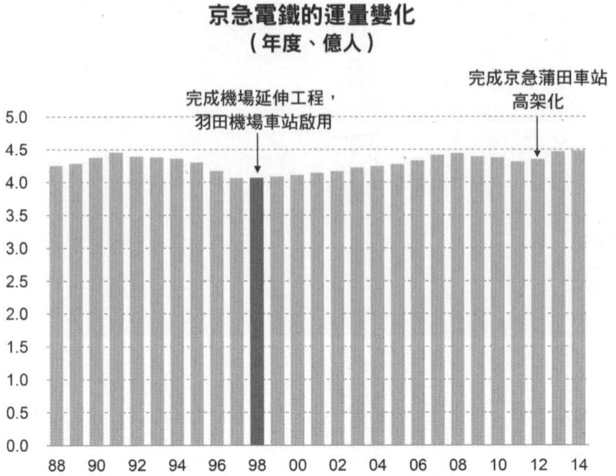
京急電鐵的運量變化
（年度、億人）
完成機場延伸工程，
羽田機場車站啟用
完成京急蒲田車站
高架化
5.0
4.5
4.0
3.5
3.0
2.5
2.0
1.5
1.0
0.5
0.0
88 90 92 94 96 98 00 02 04 06 08 10 12 14

資料：摘自交通統計研究所《鉄道統計データベース 索システム》、日本民営鉄道協会《大手民鉄の素顔》、有価證券報告書，BBT大學綜研製作

圖4　機場線引領運量，本線運量微增，其他區間的運量有減少的傾向

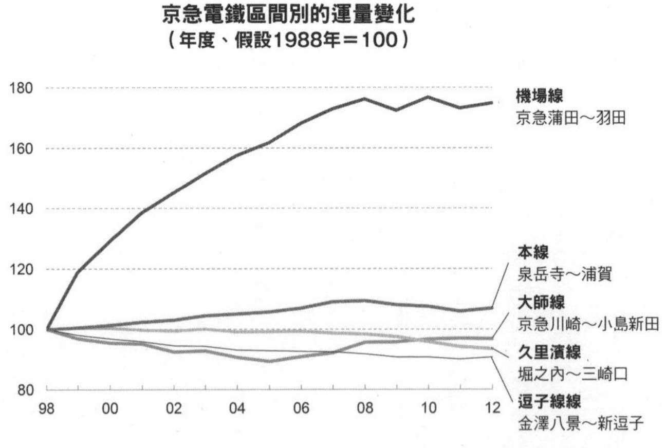
京急電鐵區間別的運量變化
（年度、假設1988年＝100）
180
160
140
120
100
80
98 00 02 04 06 08 10 12
機場線
京急蒲田～羽田
本線
泉岳寺～浦賀
大師線
京急川崎～小島新田
久里濱線
堀之內～三崎口
逗子線線
金澤八景～新逗子

資料：摘自交通統計研究所《鉄道統計データベース 索システム》、国土交通省《鉄道統計年報》，BBT大學綜研製作

員約有一百人，創業家約有二百人）之橫須賀市市長吉田雄人就經常詢問我這些人口減少的煩惱與現實上的問題。

沿線的各地區中，品川・羽田區域的港區，鶴見・川崎區域的川崎區與幸區，橫濱中心地區的神奈川區等可望維持現狀（圖7），除此以外的行政區人口則避免不了驟減的情況。曾經被稱為上班族宿舍的地區，可以預測人口將會明顯減少。

甚至，如果比較二〇一五年與未來二〇四〇年的人口增減率，可以看出離開都心越遠，減少的程度越嚴重。特別是從橫濱南部到三浦半島之間，這樣的情況更為顯著。預估三浦半島的三浦市在二〇四〇年的人口將會比二〇一五年減少約三〇％（圖8）。

進行新市鎮開發等不動產事業的京急不動產

京急集團的不動產事業由六家公司構成，占合併營業額一四％

以下來看看負責京急集團的不動產事業，京急不動產的情況。如果檢視京急電鐵二〇一五年三月期的合併營業額構成比，可以看到集團的不動產事業是由母公司京急電鐵，以及子公司京急不動產等六家公司組成，合併營業額占集團營業額一四％（圖9）。

圖5　往羽田機場的鐵路有京急與單軌電車等兩條路線，使用者的比率不相上下，搭乘巴士的人也很多

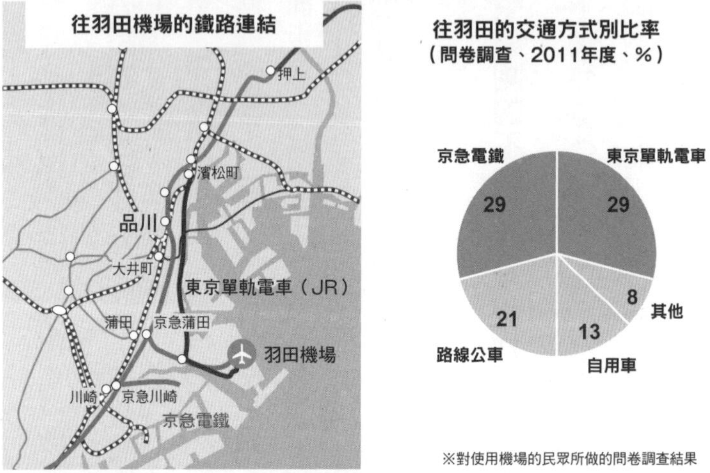

往羽田機場的鐵路連結
押上
濱松町
品川
大井町
東京單軌電車（JR）
蒲田
京急蒲田
羽田機場
川崎
京急川崎
京急電鐵
往羽田的交通方式別比率
（問卷調查、2011年度、%）
京急電鐵
東京單軌電車
29
29
8
其他
21
13
路線公車
自用車

※對使用機場的民眾所做的問卷調查結果

資料：摘自国土交通省《航空旅客動態調查》，BBT大學綜研製作

圖6　京急沿線人口以2015年為分歧點，預見將開始減少

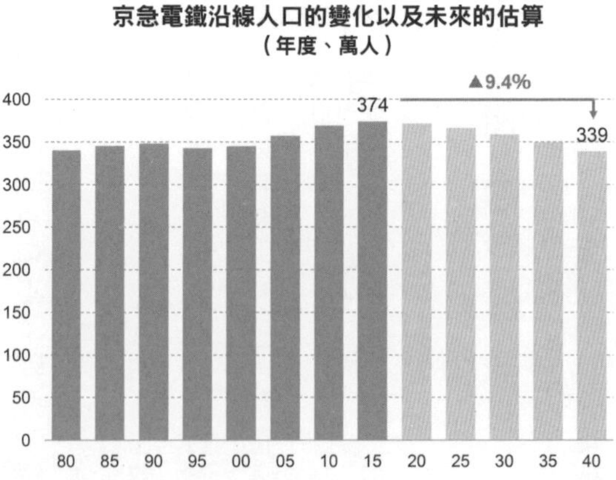

京急電鐵沿線人口的變化以及未來的估算
（年度、萬人）
▲9.4%
374
339
400
350
300
250
200
150
100
50
0
80 85 90 95 00 05 10 15 20 25 30 35 40

※京急沿線行政區人口總計、未來估算來自於國立社會保障・人口問題研究所

資料：摘自國勢調查、東京都統計、神奈川縣統計、國立社會保障・人口問題研究所，BBT大學綜研製作

京急不動產在集團內主要是負責與住宅相關的不動產事業，進行新市鎮開發、重劃區事業、土地．建物出售事業、大樓出售事業、仲介．租賃事業等服務（圖10）。另外，母公司的京急電鐵主要是開發車站以及車站周邊的商業大樓。

母公司的不動產事業低迷，營業額停滯，利益也跟著惡化

接著來看看京急電鐵各事業別的業績吧。集團合併的不動產事業營業額在二〇一五年三月期為四百三十億日圓，營業利益為三億日圓。京急不動產單獨營業額是六十八億日圓，營業利益為一點七億日圓。如果單看營業利益的話，自從二〇一一年以後，交通、休閒、流通等其他事業部都有成長，但卻只有不動產下滑，利益也跟著惡化（圖11）。

集團合併的不動產事業之所以低迷不振，主因是母公司京急電鐵負責開發車站以及車站周邊商業大樓的業務低迷，京急電鐵單獨計算的不動產事業的營業利益是虧損的。最近五年來，京急不動產單獨的營業額也有減少的趨勢，營業利益已經接近虧損邊緣（圖12）。

新市鎮、大樓開發，造成沿線的差異

京急不動產一直以來就是開發橫濱南部到三浦半島之間的新市鎮。主要的地區有橫濱南部的港南新市鎮、金澤能見台新市鎮、富岡新市鎮，三浦半島的湘南大津之丘新城、觀音崎

圖7　從品川・羽田地區到橫濱中心地區，人口減少的影響輕微

地方政府預估京急沿線未來人口估算
（2015～2040年、每5年、萬人）

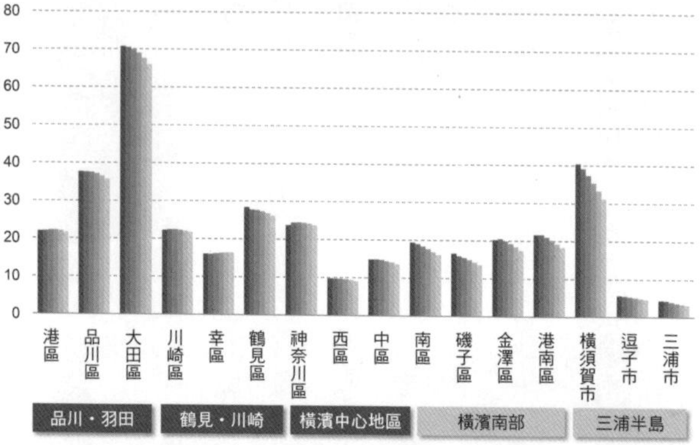

資料：來自國勢調查、東京都統計、神奈川縣統計、國立社會保障・人口問題研究所，BBT大學綜研製作

圖8　橫濱南部到三浦半島地區，預估人口將大幅減少

地方政府預估京急沿線未來人口的增減率
（2015年 vs.2040年、%）

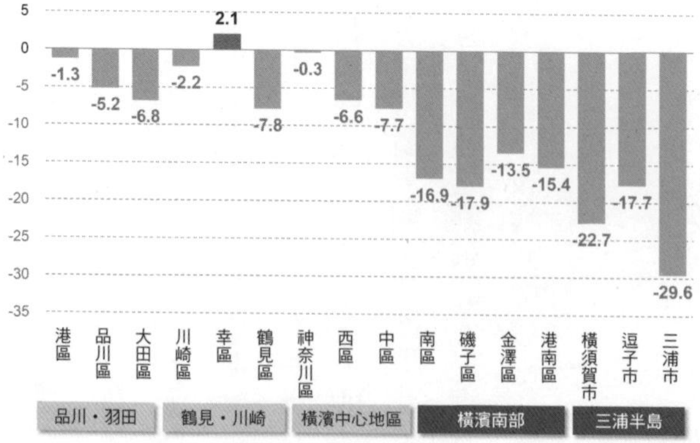

資料：來自國勢調查、東京都統計、神奈川縣統計、國立社會保障・人口問題研究所，BBT大學綜研製作

新市鎮、野比海岸新市鎮、Marine Hill橫須賀野比新市鎮、三浦海岸新市鎮，以及湘南佐島渚之丘新城等。住在這些新市鎮的，都是那些就算需要通勤一個半小時到都心上班，也想住在獨棟住宅的人們。然而，現在的狀況是這個世代的人們已經開始進入高齡，新市鎮就變成銀髮城鎮（圖13）。

目前，回歸都心的趨勢越來越強，為了滿足消費者的需求，建商開始開發大樓物件，目前有川崎．港町站前大樓「Riverie」、Prime川崎矢向、Prime橫濱屏風浦、The Tower橫須賀中央等。雖說如此，畢竟橫濱屏風浦或橫須賀中央等地都離都心太遠，而都心到川崎之間的距離則是可以滿足回歸都心需求的區域（圖14）。

以下整理京急不動產的現狀與課題。可以說，未來京急沿線將會以「北高南低」的差距進展。由於從橫濱南部到三浦半島之間，沿線南部區域的人口減少，需求也會逐漸降低。相對於此，從橫濱以北到川崎．羽田．品川周邊等沿線北部的區域，雖然大田區等各區人口日益減少，不過由於使用羽田機場的消費者增加，以及品川周邊因回歸都心的因素，預估需求將會增加。

圖9　集團的不動產事業由京急不動產等六家公司組成，占集團合併營業額14%

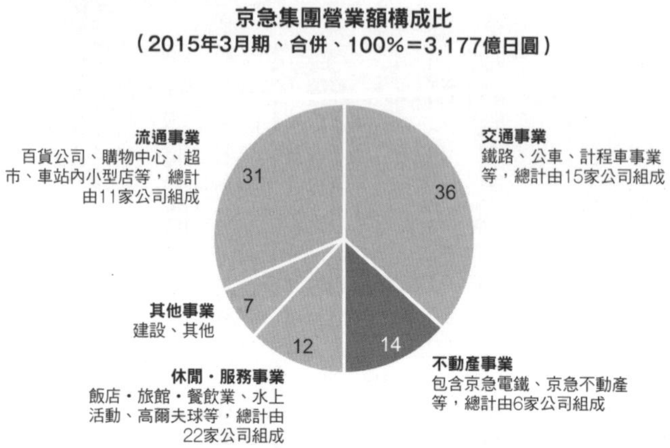
京急集團營業額構成比
（2015年3月期、合併、100%=3,177億日圓）
流通事業
百貨公司、購物中心、超市、車站內小型店等，總計由11家公司組成
31
交通事業
鐵路、公車、計程車事業等，總計由15家公司組成
36
其他事業
建設、其他
7
12
14
休閒・服務事業
飯店・旅館・餐飲業、水上活動、高爾夫球等，總計由22家公司組成
不動產事業
包含京急電鐵、京急不動產等，總計由6家公司組成

資料：摘自京濱急行電鐵IR資料，BBT大學綜研製作

圖１０　京急不動產在集團內主要負責住宅相關不動產事業

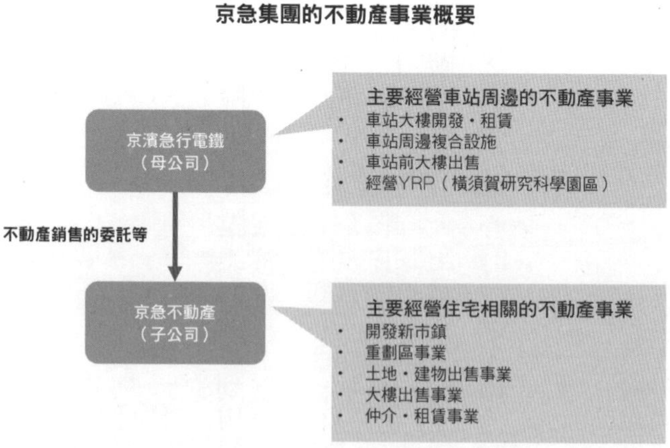
京急集團的不動產事業概要
京濱急行電鐵
（母公司）
主要經營車站周邊的不動產事業
・車站大樓開發・租賃
・車站周邊複合設施
・車站前大樓出售
・經營YRP（橫須賀研究科學園區）
不動產銷售的委託等
京急不動產
（子公司）
主要經營住宅相關的不動產事業
・開發新市鎮
・重劃區事業
・土地・建物出售事業
・大樓出售事業
・仲介・租賃事業

資料：摘自有価證券報告書、京急集團公司要覽，BBT大學綜研製作

運用沿線區域的特性重新開發

運用京濱運河的水路創造「東洋威尼斯」

根據上述的現狀，我建議京急沿線未來重新開發時，應採取以下的戰略。

我建議以「東洋威尼斯」的概念為基礎，沿著京濱運河重新開發工業住宅區的舊址。從東京的品川附近到橫濱的大黑碼頭為止，沿著京急線的近海側剛好有條京濱運河。這條運河的中間會遇到羽田機場及機場線，離橫濱的港區未來也非常近，是非常具有吸引力的一條路線（圖15）。

雖然是沿著京濱運河重新開發，不過輸送乘客的主要交通工具還是京急電鐵。京急電鐵不僅連接運河沿岸，如果從京急的特急列車停駐站延伸路線到運河周邊，就能夠載運往東京通勤的客人。假如連結到可以轉乘ＪＲ或新幹線的品川車站，可以預測使用者將會增加，這樣路線的價值應該也會提高吧（圖16）。

隨著運河的重新開發，目前京急線的橫濱車站也可以考慮繼續延伸地鐵路線。單軌電車對於船隻往來頻繁的港口周邊地區不夠實際，但是透過水路的運用，應該能夠把橫濱港、元

圖11　京急集團的不動產事業停滯，利益也持續惡化

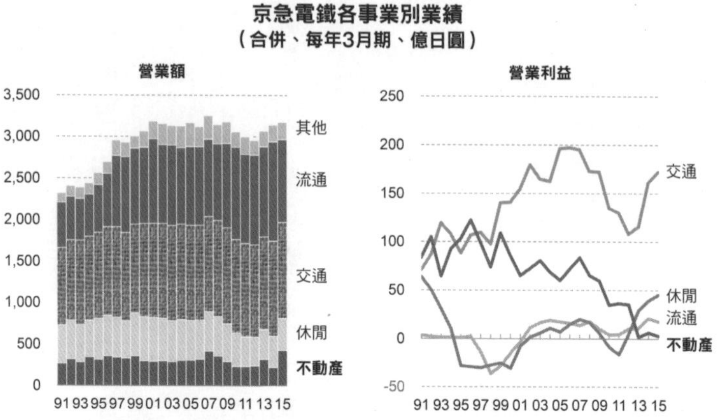

※集團合併的不動產事業營業額＝430億日圓，營業利益＝3億日圓（15年3月期）
※京急不動產的單獨營業額＝68億日圓，營業利益＝1.7億日圓（15年3月期）

資料：摘自京濱急行電鐵IR資料、東京商工調查，BBT大學綜研製作

圖12　不動產事業低迷的主因是京急電鐵負責的站前商業大樓事業不景氣

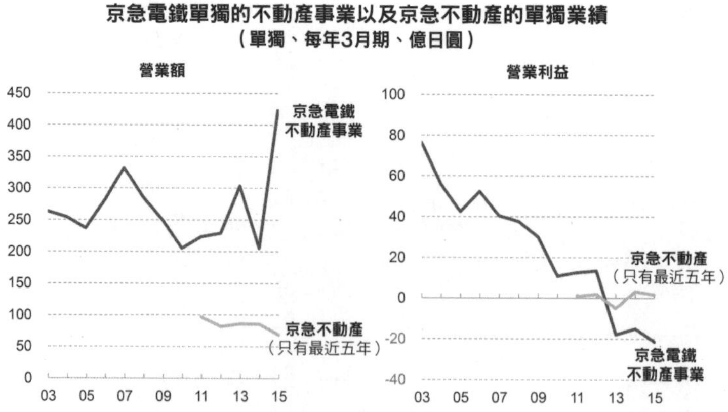

※京急電鐵單獨的不動產事業營業額＝423億日圓，營業利益＝－21億日圓（15年3月期）
※京急不動產的單獨營業額＝68億日圓，營業利益＝1.7億日圓（15年3月期）

資料：摘自京濱急行電鐵IR資料、東京商工調查，BBT大學綜研製作

町、中華街、石川町等中村川周邊區域重新開發成更方便、也更具有魅力的地區吧（圖17）。

透過墨爾本型態的發想，將以前的工業住宅區改造成高級豪宅區

以下介紹澳洲墨爾本的重開發案例（圖18）。這個被稱為墨爾本型ＰＦＩ（Private Finance Initiative，一九九〇年代前半源自於英國的方法。是從官民合作，實現有效率且有效的高品質公共服務設施的ＰＰＰ《Public Private Partnership，公司合作關係》的概念產生的方法之一。運用民間的資金與經營能力、技術能力，設計、建設、修改、更新或維護管理、經營公共設施）的方法是向贊同此開發概念的企業或投資者募資，在架構之下自由開發的方式。

在這類的開發案中，地方政府會委託開發公司擬定重新開發港灣的主要計畫，同時向投資者募集資金。讓多家公司針對不同區塊的各種概念提案、競標，並選擇最符合概念的開發公司。被選上的公司一邊刪減成本邊自由地進行開發，這樣就能活化已經沒落的港灣地區。

可以說灣岸城市墨爾本的地理條件與橫濱很類似。

如果把這個方法應用在京濱運河上，同時也是為了提高沿線價值，就必須把以前的工業住宅區當成一個新市鎮重新開發。從造鎮開始做起，並且大量建設如目前台場周邊的高級住宅。

圖13　橫濱南部到三浦半島之間，新市鎮開發持續進行

京急不動產主要的新市鎮開發

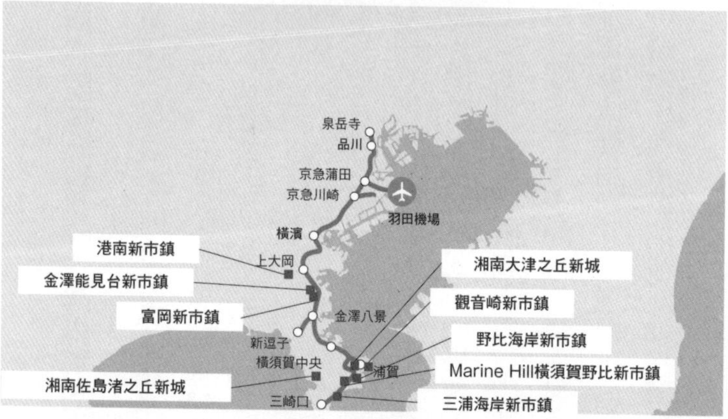
泉岳寺
品川
京急蒲田
京急川崎
羽田機場
橫濱
港南新市鎮
上大岡
金澤能見台新市鎮
富岡新市鎮
金澤八景
新逗子
橫須賀中央
浦賀
湘南佐島渚之丘新城
三崎口
湘南大津之丘新城
觀音崎新市鎮
野比海岸新市鎮
Marine Hill橫須賀野比新市鎮
三浦海岸新市鎮

資料：摘自京急不動產官網、京急集團公司要覽，BBT大學綜研製作

圖14　透過大樓開發以吸引回歸都心的消費者

京急不動產主要的大樓物件分布

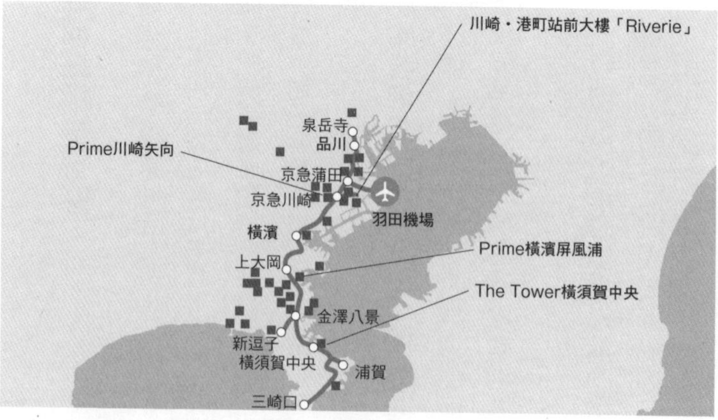
川崎・港町站前大樓「Riverie」
泉岳寺
品川
Prime川崎矢向
京急蒲田
京急川崎
羽田機場
橫濱
Prime橫濱屏風浦
上大岡
The Tower橫須賀中央
金澤八景
新逗子
橫須賀中央
浦賀
三崎口

資料：摘自京急不動產官網、京急集團公司要覽，BBT大學綜研製作

二〇二〇年日本將舉行東京奧林匹克運動會。由於這場賽事受全球矚目，也能夠期待向全球的開發商籌措資金。如果以「親水河岸」為訴求概念，運用京急電鐵交通網重新開發京濱運河周邊，如此京急不動產就將成為主導造鎮的核心角色。

圖15　以「東洋威尼斯」為概念，沿著京濱運河重新開發工業住宅區的舊址

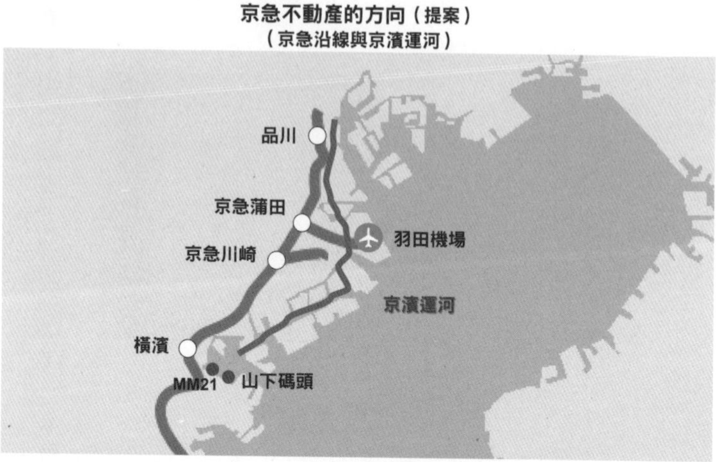

資料：BBT大學綜研製作

圖16　運用水路重新開發的示意圖（橫濱港）

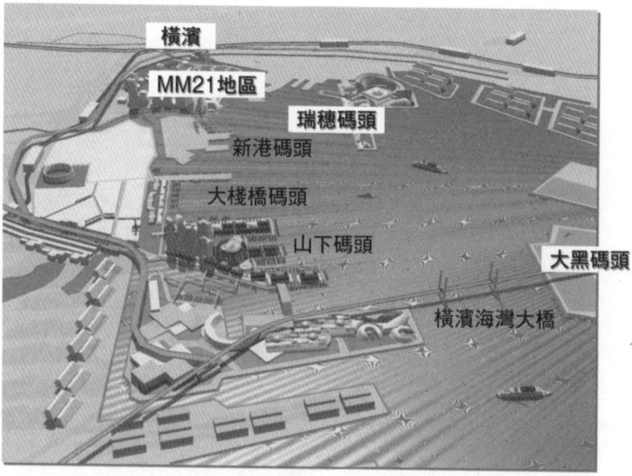

資料：摘自向研会《地域活性化》2012/3資料，BBT大學綜研製作

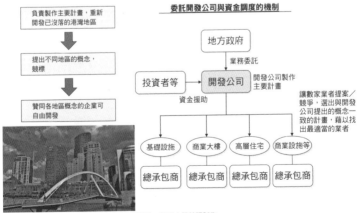

圖17　運用水路重新開發的示意圖　中村川（元町・中華街之間，面向石川町往山下碼頭方向）

中華街
狩場線
元町
中華街
狩場線
元町

資料：向研会《地域活性化》2012/3資料，BBT大學綜研製作

圖18　向贊成開發概念的企業或投資者募集資金，讓開發者在架構之下自由開發的方式（墨爾本型PFI）

澳洲墨爾本重新開發案例

負責製作主要計畫，重新開發已沒落的港灣地區

↓

提出不同地區的概念，競標

↓

贊同各地區概念的企業可自由開發

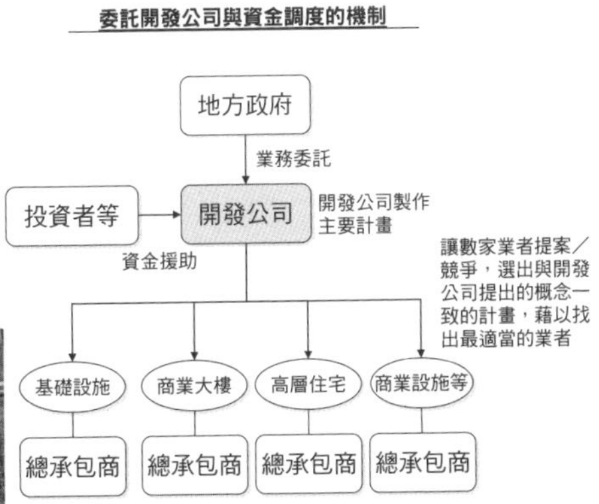
委託開發公司與資金調度的機制
地方政府
業務委託
投資者等
開發公司
開發公司製作主要計畫
資金援助
讓數家業者提案／競爭，選出與開發公司提出的概念一致的計畫，藉以找出最適當的業者
基礎設施
商業大樓
高層住宅
商業設施等
總承包商
總承包商
總承包商
總承包商

資料：摘自向研会《地域活性化》2012/3資料，BBT大學綜研製作

歸納整理

- ☑ 以「東洋威尼斯」為概念，運用京濱運河的水路重新開發
- ☑ 具體的開發手法可以參考澳洲墨爾本型PFI方法的成功案例。京急與地方政府合作，製作主要計畫。
- ☑ 在京濱運河兩岸的工業住宅區舊址開發新市鎮，連結新交通路線與京急電鐵，藉此提高沿線價值，改造成新的住宅區。

大前總結

目標是「東洋威尼斯」。參考墨爾本型PFI方法，根據概念進行開發。

目標是開發新市鎮。提出一個具有吸引力的概念，以一個受注目的區域吸引來自全球的資金，如此可以得到多家開發商的提案。以活化城鎮為主軸，運用沿線地區的特色進行開發，藉此實現「親水河岸」的願景。

國家圖書館出版品預行編目資料

從破壞開始的成功商業模式：後發也能制人的大前流戰略思考 / 大前研一作；陳美瑛譯. -- 一版. -- 臺北市：臺灣角川, 2018.11
面； 公分. -- (職場.學；29)

譯自：勝ち組企業の「ビジネスモデル」大全
ISBN 978-957-564-597-7(平裝)

1.企業經營 2.個案研究 3.日本

494.1 107016300

職場學 Work Smart

從破壞開始的成功商業模式
後發也能制人的大前流戰略思考

原著名＊勝ち組企業の「ビジネスモデル」大全

作　　者＊大前研一
編　　著＊商業突破大學綜合研究所
譯　　者＊陳美瑛

2018年11月29日 初版第1刷發行

發 行 人＊岩崎剛人
總 經 理＊楊淑媄
資深總監＊許嘉鴻
總 編 輯＊呂慧君
編　　輯＊林毓珊
設計指導＊陳晞叡
印　　務＊李明修（主任）、黎宇凡、潘尚琪

台灣角川

發 行 所＊台灣角川股份有限公司
地　　址＊105台北市光復北路11巷44號5樓
電　　話＊（02）2747-2433
傳　　真＊（02）2747-2558
網　　址＊http://www.kadokawa.com.tw
劃撥帳戶＊台灣角川股份有限公司
劃撥帳號＊19487412
法律顧問＊有澤法律事務所
製　　版＊尚騰印刷事業有限公司
I S B N＊978-957-564-597-7

香港代理＊香港角川有限公司
地　　址＊香港新界葵涌興芳路223號新都會廣場第2座17樓1701-02A室
電　　話＊（852）3653-2888